com binatory urban ism

combinatory urbanism:
the complex behavior
of collective form

复合城市行为

（修订版）

[美] 汤姆 · 梅恩（Thom Mayne） 编
丁峻峰 王青 孙萌 郝盈 译

江苏凤凰科学技术出版社

图书在版编目（CIP）数据

复合城市行为 /（美）汤姆·梅恩编 ；丁峻峰等译
. -- 修订本. -- 南京 ：江苏凤凰科学技术出版社，
2019.1

ISBN 978-7-5537-9767-0

Ⅰ. ①复… Ⅱ. ①汤… ②丁… Ⅲ. ①城市规划
Ⅳ. ①TU984

中国版本图书馆CIP数据核字(2018)第239805号

复合城市行为（修订版）

编　　者	[美]汤姆·梅恩（Thom Mayne）
译　　者	丁峻峰　王青　孙萌　郝盈
责任编辑	刘屹立　赵研
特约编辑	曹蕾
出版发行	江苏凤凰科学技术出版社
出版社地址	南京市湖南路1号A楼，邮编：210009
出版社网址	http：//www.pspress.cn
总　经　销	天津凤凰空间文化传媒有限公司
总经销网址	http：//www.ifengspace.cn
印　　刷	天津图文方嘉印刷有限公司
开　　本	889 mm×1 194 mm　1／16
印　　张	14.75
版　　次	2019年1月第1版
印　　次	2019年1月第1次印刷
标准书号	ISBN 978-7-5537-9767-0
定　　价	158.00元

图书如有印装质量问题，可随时向销售部调换（电话：022-87893668）。

目 录

Contents

绪 言
Preface

在过去的几十年中，建筑和城市规划发生了巨大的变化，不单作为独立的学科和实践，也更多体现在两者彼此的关联中。社会和政治的变化，使传统设计理念已经过时。基于对未来发展的预测，城市规划作为控制城市增长的措施，也逐渐失去作用，简单来讲是因为未来的发展，还无法在目前充满变数的社会动态下被准确地预测。此外，在传统的城市规划体系中，建筑不论规模大小均被视为可被简单纳入城市规划网络的单体建筑物，这个体系，已不再满足人们适应高度流动和都市社会不断变化的需要。人类和自然力量的复杂相互作用塑造着城市的今天和未来，它要求建筑超越传统建筑物和用地的界线去给予活跃的都市作用力以形态，并且要求大型规划采取灵活性和适应性更强的空间结构，能够打破传统的城市与建筑的藩篱，形成相互的融合统一。如果我们要在思想和实践上去适应这些前所未有的变化，就必须创造新的设计理念和方法。

城市建筑的模糊区域：运转在不同规模之间

本书 12 个项目都是在一个十年的时间段内建造的。这些项目第一次以城市作品合集的形式被归纳到一本集子里。项目规模从 6.5 万平方米的世界贸易中心，到 210 平方千米的新新奥尔良城市开发——这些项目位于建筑—都市设计连续体的不同部分。每个项目均处于一个模棱两可的“中间”地带，在这里尽管物理尺度都超出了建筑的范畴，在大的环境背景中依然需要建筑的品质。不管是一个校园的整体规划，一个新城区设计，或是对现有城市肌理的再造，每个项目都涉及中间尺度的城市生产，在这里建筑形体的概念不可避免地扩展以包容旨在解决当代任何一个项目中内在的多样性需求的设计参数。相应地，各个项目在形式和系统表达的跨度上变化非常大：新新奥尔良城市开发项目以策略为重（一张没有关联形态的规划分区地图），而浦东文化公园则试图以形式来补偿或许存在但不明确的场地文脉。

任何规模下的“城市”识别力

建筑师可以而且应该在任何规模的项目中处理城市问题。我们的项目一直以来都被深深植入城市环境中，反映其分层化和片段化的本性，甚至是最小的住宅项目（图 01）也没有一味主张个体独特性，而是取决于并表达出城市的具体条件。随着时间的推移，项目在规模和范围上都不断扩大，为了使目标更加明确，我们的研究范畴已经超越了建筑本身，持续深入到建筑 / 城市的混合形态。巴黎世博会建筑乌托邦项目（1989 年，图 02）和维也纳世博会 '95（1990 年，图 03，该届世博会因故取消）揭示了我们对大规模城市设计方案思考的开始，这需要有一个一体化的方法，一个整体系统的角度。它们不可能通过一种先天的或者预制的计划得以解决，而是需要一个生成过程的发展，最终的形态只有到了最后才会被看到。这些早期调查、实验和思考过程与书中的 12 个项目有直接联系，并且应该被理解为源头素材。

在理性和直觉之间

我们没有把建筑和城市规划看做是两个相互孤立的领域；也没有把它们理解成为占据特定尺度的领域。传统上，规划师通过定量、理性和分析的方法来工作，而建筑师则选择直观或定性的方式工作。我们的工作方法寻求一种介于直觉和理性之间的综合性方式。通过影响和作用之间的频繁互动，我们在工作中不断寻求人类情感和使用价值之间的平衡。最终，当项目在设计过程的非物质想法与设计完成的有形产品之间寻求一种平衡，同时也建立起了新的对项目理解、评估以及利用的评判标准。最终，我们寻求一个新的基础，将过程与作品紧密相连：前者不断地构造和再构造后者，以允许我们可以更精确地定义人们需求的完整范围。

每个项目以调查研究作为作品的主要动力和出发点。调研的目标是针对问题形成议题，这将会辅助我们建立在研究初期也许还不明显的新连接或关系。这个反复的方法通过对项目演变参数的持续研究，不断扩展探索和发现的过程。城市研究项目的创建与我在加州大学洛杉矶分校的研究实验室并行运行——例如四期《洛杉矶现状》（*L.A. Now*）（图 04）的出版，我们为荷兰建筑协会展览所做的对新奥尔良卡特里娜飓风之后的城市研究，以及最近我们在《马德里现状》（*Madrid Now*）（图 05）中对于马德里周围新镇（图 06）的分析——允许我们把原本更强调形式的方式重新矫正到在思考层面更具策略和战术的方法上来。我们相信建筑师的责任就是去参与最困难的城市问题，客观地分析它们，毫不妥协地致力于实现实际和诗意的城市解决方案。

图 01：第六街住宅，1992 年

图 02：巴黎世博会建筑乌托邦项目，1989 年

图 03：维也纳世博会 '95，1990 年

图 04：《洛杉矶现状》，第一期（2001 年），第二期（2002 年），第三期和第四期（2006 年）

图 05：《马德里现状》，2007 年

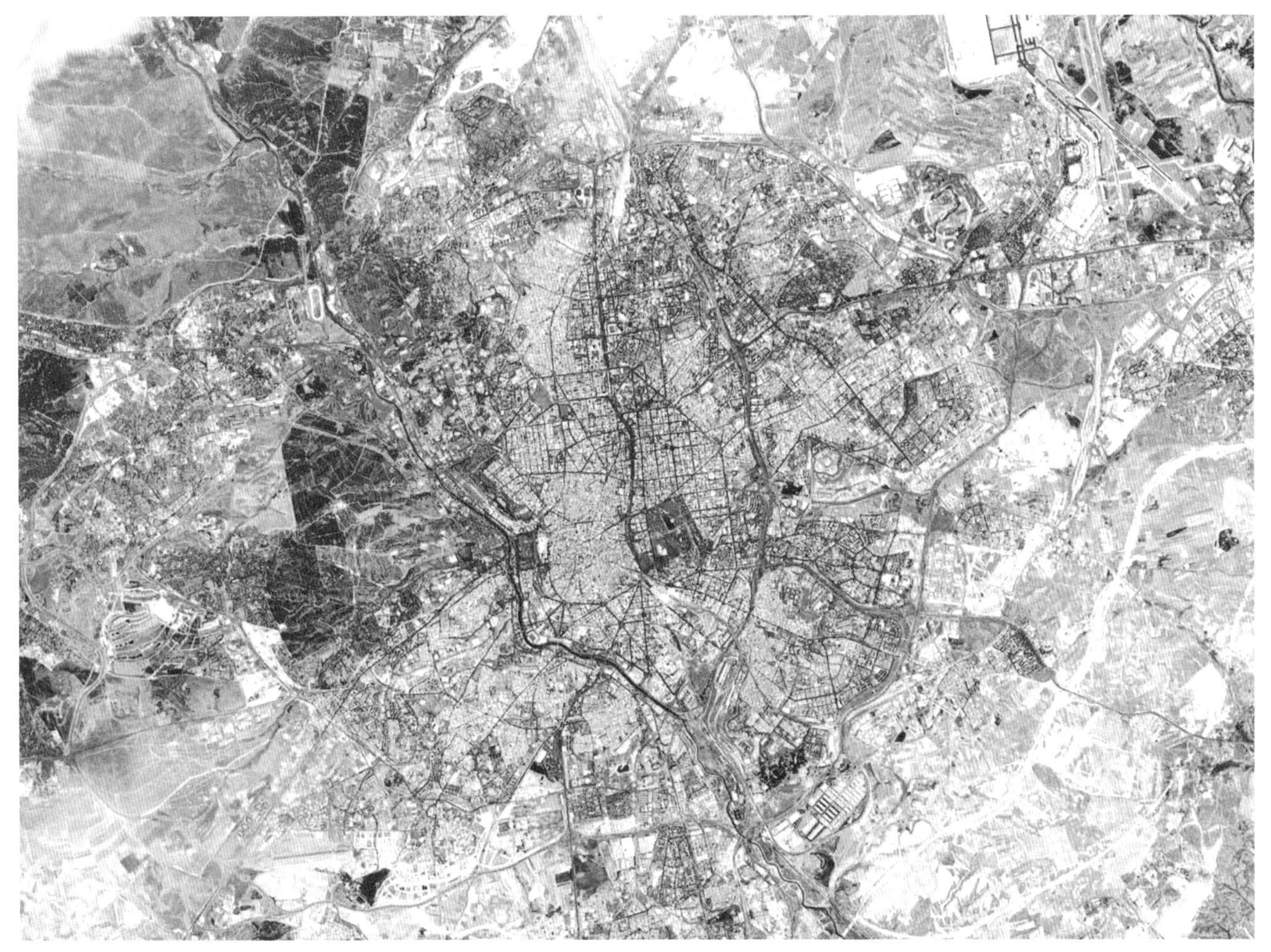

图 06：美国宇航局（NASA）摄制的西班牙马德里卫星图

焦点转移：空间超越到实体之上

本书可以清晰地展示我们的设计哲学，将宣言和专著合一。在这里文字和图像一起以最简单的语言来阐述、解密和解释复杂的过程和空间。目的是将探讨聚焦到空间和系统的操作中，而作品的形式特征正是通过这些操作得以显现。我们的设计方法远远超出了传统的城市肌理的观念：将实体置于场地之上并强调主要的形式联系。传统的方法忽略了作为设计结果而出现在城市中的偶然空间的重要性，而这些空间对于城市的生命力、神秘性和美丽是至关重要的。我们寻求的形式是可以雕琢、围合，并创造多样种类和次序空间的，而不是寻找一个城市空白处的实体本身。我们创造的建筑形式的复杂性与其所涉及的人类经验的复杂交织特性是有直接联系的。

整体的设计策略需要我们去制定一系列将建筑和城市的问题结合到一起的具体协议。这些项目最难能可贵之处在于，它们体现了可以支撑进一步发展和划分的新型分区规划方法。我们相信多样性和多变性不再来自于一个单一权威，因此我们城市尺度的提案所包含的策略将被无数的利益相关者随着时间不断执行完善。

参数建模，特别是关系到增量式分期和不对称积累，允许甚至是鼓励进一步转变，以满足使用者不能预测、不断发展的需求和需要（图 07）。在计算科学上的新发展可以满足基于体量和空间三维关系的无穷尽的分析模型。这与传统的平面叠加式的普通设计方法大相径庭，它允许我们去创造极富个性化但又整合在一起的空间。这里还有关于形式方面我们觉得需要提及的其他几点。

首先，是关于“风格”的问题。即使承认我们的作品有与众不同的“样子”或外观，我们也拒绝采用“风格”这一概念。我们的与众不同不是在每个项目上安放预先决定的形体，而是从我们建立的分析方法中形成的，能够发现和传达每个项目的功能、场地和时间的精确情况的独特性。对在此展示的 12 个项目稍加留意，将会发现每个项目对应于独特周围环境的几何形态及系统的差异多样性，也会发现各个项目共同的形式复杂性，12 个项目不仅清楚地阐述了我们包容性的设计理念，也阐述了我们对人类的城市实践经验中起伏的微妙差别的兴趣。

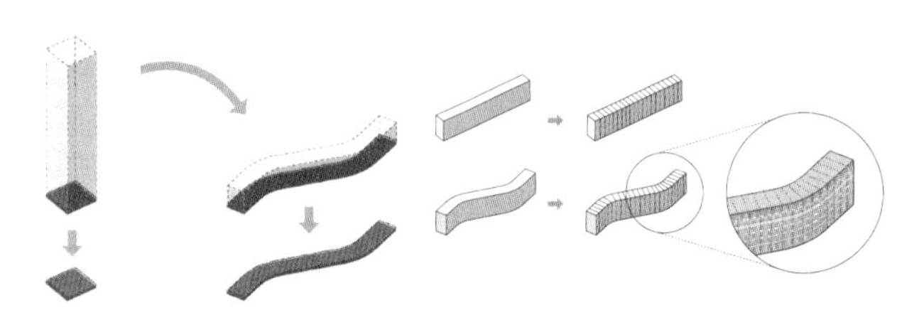

图 07：规划分区的带状图

其次，是城市建筑和现有景观关系的问题。我们不认为两者是在一定程度上通过设计结合在一起的分离的实体，相反，我们将它们视为一个更大的整体的部分，利用它们的相互依存性作为创造性张力的引擎来鼓励设计。我们的方式超越了诸如可持续发展这样的观点，综合了生态平衡和系统性的战略，寻求设计和自然之间新的和混合形式的交换。我们的方式不是一种辩证法，也不是一种对立面的碰撞，而是一种合成的方式，其中设计是实现新的和谐层面的工具。

最后，我们希望提出当今城市诗意建筑的需要——在建造和重建我们这个世界的过程中，设计带来的是难以探讨却是最重要的品质。当然，这个想法激发了生活的乐趣，同时也展现生活中的矛盾，这是人类生存情况的波谱。我们没有假装比别人更理解这种情况的深度和高度，我们承认建筑学在表达人类经验的范畴上，常常被认为比其他艺术更具有局限性。然而我们也同样为其争辩：正是这种局限性让建筑成为既苛求又有益的学科。诗意不可能由设计单体或者由单个设计师创造，相反，它来源于设计中特殊的洞察行为和在每一项细微的工作中留下痕迹的行为所释放的物质的、智慧的和感情的能量。诗意将我们的经验与一种不寻常的清晰而统一的感觉融合在一起，并且让我们保持了对工作创意性的激情。

寻找格式塔

本书汇集的项目展示了关于空间次序和塑造的更博大的设计理念。只有现在，基于对自身创作过程的十年的观察，我们才可以开始清楚地表达在很长时间内模糊存在于我们的作品中的一系列方法论。

为了让我们的工作方法更加透明化，我们解码了每个项目可以被称作基因组成的部分。本书将每个项目分成 4 个独立部分：场景、项目功能、绿化空间和基础设施。构成项目的格式塔或引导形式。因此，在此展示的“最终”的设计应该更多地被解读为引发思考的呼吁而不是结论性的最终状态，它们由于揭示了创造它们的设计哲学和过程而被收录于此。我们希望所有涉及城市建筑工作的人都会发现这部作品具有启发性，而且以他们定义的方式来看，是有用的。

复合城市行为：集群形态的复合行为

Combinatory Urbanism：The Complex Behavior of Collective Form

汤姆·梅恩（ThomMayne）

第一部分：抑制流行模式

复杂空间系统需要更有活力的策略

当代城市环境是由每个人每天围绕实际和虚拟的行程路线构成和重构的，与固定的场所排列并不相关。

——阿尔伯特·波普（Albert Pope）[01]

当代城市从来不是静止的，而是动态的、不稳定的，很难用线性过程描绘。传统城市提供稳定和分级的空间组织，与曾经相对统一的社会构成和集中政治力量相适应，然而当代城市已溶解成为一种分散式城市形态——一个拥有多个中心区域或市中心的组群，其中的建筑不过是一个由基础设施作为移动矢量的网络（图 08）。

如同生物进化，随着时间的发展不断产生复杂的生命形态，城市是一片永恒的起源地；随着系统的持续变化，社会结构的进化也越来越趋于复杂。系统永远不会变得更简单。[02]

图 08：柏林施普雷沙湾（Spreebogen）国际竞赛方案，1993 年

我们这个时代的痛苦在于它无力去组织，更不用说去开发利用它自身所产生的各种可能性。尽管我们主要依赖量化和可控制的物理和几何框架来定义和管理那些看似令人费解的事物，[03] 质化和近似的生物世界正在成为对科学和哲学解释更有帮助的模型。生命科学、生态学、数学、系统理论及计算科学的发展在过去数十年已经影响到了我们构想组织过程的“规范转变”。[04] 与这些新概念框架同步，城市的形成机制如今被理解为由各种自发无序的元素累积而成，这些元素重叠分裂，与金融、迁徙、交流、资源等一起形成整合的网络，所有这一切均以极不稳定的、随心所欲的状态演化和突变。这些系统一旦结合，随着系统组成成分的千百万个微观层面的摆动，具体行为将迅速改变，从而使得城市系统结构与城市地貌更加契合。[05]

尽管我们更放松地允许生物模型（鸟类迁徙、蚂蚁聚居等）影响我们对城市建构的感知，最终我们必须将人类的行为模式转化成城市的系统和空间。建筑实践传统上一直与永久性和稳定性相结合，而今必须加以改变以适应并利用当代社会快速变化和日益复杂的现实。

01：阿尔伯特·波普，《阶梯》（休斯敦：莱斯大学建筑学院；纽约：普林斯顿建筑出版社，1996 年），第 32 页。

02：体现系统复杂性的一个典型例子便是银行的分解：从一个单一集中的机构，首先分解为支行，随后分解为数百万个自动提款机。这些寄生性的移动装置如今遍地皆是，附着于任何可能的事物——酒品店、机场、教堂，通过这样的方式，它们将银行从一种建筑类型（同时具有场所和特点）变为一座网络，现在只能通过图案以识别。随着在线金融交易的日益增加，传统银行湮没成一种抽象概念的速度越来越快。今天的银行不仅是没有形态及空间的，它还是没有地址的。

03：根据天文学家卡尔·萨根（Carl Sagan）所说，地理学领域最后一次大的规范转变是关于尺度的重要性（卡尔·萨根，“新星”节目，美国公共广播电视台，1994 年）。

04：我们明白“规范转变”代表着“概念、价值、感受及实践的集合由一个社区共享，这个社区形成一种对现实的特别设想，这一设想是社区自身组织方法的基础。”弗里特乔夫·卡普拉（Fritjof Capra），托马斯·库恩（Thomas Kuhn），《生命的网络：一种新的对生存系统的科学理解》（纽约：船锚出版社，1996 年，第 6 页）。

05：现代城市不再被认为是一个实体——一个由连贯场所组成的空间，而是一个由不连续流线组成的空间，就像曼纽尔·卡斯特（Manuel Castells）描述的，它是一种从“场所空间”向“流线空间”的转变。《网络社会的诞生》，第二版（马萨诸塞州莫尔登：布莱克韦尔出版社，2000 年，第 406 页）。

城市建筑真正的创新领域不在于创造柏拉图式的实体，而在于设计可操作的策略以应对多样而重叠的力量，这些力量来源于高度复杂且完全不确定的“集群形态”（Collective form）。[06] 复合城市行为提供了另一种不同的城市创造方式，这种方式设计出灵活的关联式系统框架，在这些框架中，各种活动、事件和项目能够有机地自我演绎。因此，复合城市行为赋予静态形式以连续过程的前提，由此展现了激活城市的新途径。

城市进程标准化带来集群标准化的危险

如果用途的一致性不加掩饰地展现出来，那只有一种效果——单调。从表面上看，这种单调或许可以被视为是一种秩序，尽管毫无生气。但是从审美效果上来看，很不幸，这种单调性实际上表现出深层次的混乱：一种失去方向感的混乱。

——简·雅各布（Jane Jacobs）[07]

当我们从生产技术主导的经济模式走入复制技术主导的经济模式，事物之间的差异似乎不如图像的潜在一致性重要了。

——斯坦·艾伦（Stan Allen）[08]

在《混沌：开创新科学》一书中，詹姆斯·格雷克（James Gleick）认为看似混乱的情况实际上隐含着有序的原则。事实上，混沌研究最重要的发现不是乱中有序，而是那些看似混乱的系统其实是真的很复杂。[09] 尽管人们对复杂性理解进一步提高，且更加敏锐的理解表面秩序并不一定能揭示组成复杂有机体的深层系统秩序的存在，然而单一的组织系统依然大为流行。都市学语境下的结果就是通用空间的同质化。今天大多数城市建筑——尤其是新城市主义建筑——危险地采用笛卡尔格网规划为默认及唯一的方式来划分土地及组织居民。格网的基础设施否定了诸如地形、文化差异等环境特征。事实证明，对这种模式的过度依赖多数情况下无力创造富有都市价值的复杂的新场所。即使这样的空间真的成功出现，它们也不是按照建筑师的意愿出现的。建筑师总是热忱地试图用一种管理的方式组织居民，“将人类活动划分为不同的事件，用时间、地点、语言、流派及学科进行标记。”[10] 这样的规划方法和社会干预——管理型城市化的做法——无法应对联系日益紧密的多样化新世界（图 09）。

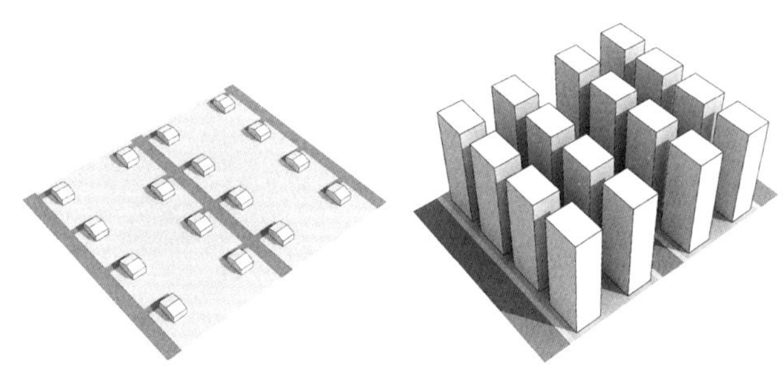

图 09：泛型郊区 VS. 泛型城市

06：槙文彦（Fumihiko Maki）在其《集群形态调查》（圣路易斯：华盛顿大学建筑学院，1964 年）一书中的研究将建筑和城市与总体系统理论相结合，是将这些概念应用于实际建成项目的极少几个例子之一，因此使其从理论的迷雾中脱颖而出。我们的著作在四十年后，从槙文彦停下的地方开始继续探讨，希望可以进一步发展他的理论。

07：简·雅各布，《美国大城市的死与生》（纽约：兰登书屋，1961 年），第 223 页。

08：斯坦·艾伦，《点 + 线：关于城市的图解与设计》（纽约：普林斯顿建筑出版社，1999 年），第 14 页。

09：詹姆斯·格雷克，《混沌：开创新科学》（纽约：企鹅出版社，1987 年）。复杂性和混沌理论已经被证明比欧几里得理论更恰当——这个世界上就是有比线性事物更多的非线性事物。然而仅仅是在最近 25 年左右的时间里，科学家才开始对不确定的思想感兴趣。非线性系统中的发现震惊了物理学者们，他们从没想过可以用这样的计算方法解释一个弹跳的球或一个旋涡气流。同样的，它也震惊了生物学者们，他们从没意识到麻疹接种会带来波动性的流行病。但是正如罗伯特·梅（Robert May）所说的，令人惊讶的并不是混沌成为一种科学，而是它的形成居然花费了如此长的时间。全世界很多应用数学家此前都曾遇到过这种现象，但从未理解它的程度和重要性。为什么呢？一部分原因是他们都局限于自己的学科，而忽视了其他学科；两种学科临界的地方往往正是科学走向妙境之处。另外，由于达尔文和维尔纳·海森堡的成功，决定论统治着科学。其三，直到不久以前，复杂性一直不为科学家所喜爱：混乱的系统的复杂性源于简单根源。科学一般偏爱寻找简单根源（罗伯特·梅，《逻辑形态的结构和起源》，马萨诸塞州剑桥：麻省理工学院出版社，1985 年）。

还原性的、自上而下的及二维的规划方式盲目地侧重速度和效率，消极地服务于现状，制造出泛型、分裂和静止的空间。这种城市标准化的做法带来公民被标准化的危险，这是我们必须积极抵制的。当空间和公民被根据事先制订的门类进行划分时，他们变成了被分裂的颗粒，只呼应其自身，被迫与一个缺乏结缔组织的世界对话，而这种结缔组织恰可以将建筑单体编入一个集群。由于不能培养社会协作或创造一种有保证的公共氛围，个体将会向内撤退，直至进入自我的私有空间（图 10）。[11]

图 10：纽约州莱维敦（Levittown，New York）郊区开发项目，在建中，1969 年

10：马歇尔 · 伯曼（Marshall Berman），《一切坚固的东西都烟消云散了：现代性体验》（纽约：企鹅出版社，1988 年），第 15 页。

11：“每个沉溺于自身的人都表现得与他人形同陌路。孩子和好友组成了他世界中全部的人。为了与其他人进行交易，他可能会混入人群，但他对他人视而不见；他触摸他人，但感觉不到他人；他只存在于其自身，只为自己而存在。由此来看如果说他心里还尚存一丝家庭观念的话，社会观念却已不复存在了。”亚历克西斯 · 德 · 托克维尔（Alexis de Tocqueville），《论美国民主》。

现代主义的进化：从单一系统到多样系统

极权主义不只是地狱，它还是对天堂的梦想——在这个古老梦想中的世界里，人们因为共同的愿望和理想联合在一起，生活在和谐之中，彼此间没有秘密。安德烈·布雷顿（André Breton）在谈及他渴望居住的玻璃房子时梦想过这个天堂。如果极权主义没有利用过这种深藏于我们每个人内心深处和每种宗教之中的类型，它不可能吸引如此多的人，尤其是在它出现的早期。当这个天堂之梦开始变为现实，人们开始清除那些挡道的人，因此天堂的统治者们必须在伊甸园的这一侧建设一座小集中营。随着时间的推移，这座集中营越来越大、越来越完美了，而毗邻的天堂部分则越来越小、越来越穷困了。

——米兰·昆德拉（Milan Kundera）与菲利普·罗斯（Phillip Roth）的对话[12]

在单一的规划系统下操作是一种晦涩难解的空间创造方式，是现代主义的遗骸。现代主义曾经使用当时仅有的工具乐观而有效地规划肮脏拥挤的城市。对勒·柯布西耶（Le Corbusier）而言，它是当代城市（Ville Contemporaine）中对生活、工作和社交环境的划分（图 11）；[13] 对希尔伯施默（Ludwig Hilberseimer）而言，它是高层城市（Hochhausstadt）中的拓扑层化（图 12）。[14] 正如我们今天所了解的，城市是很难驾驭的有机体，不可能仅使用一种模型规范（城市不是一座大房子），我们寻找各种设计工具来设计建筑，这座建筑包含多种变量，通过裂缝、接口、碰撞和随机交叉来丰富环境。[15] 参数化编程软件等先进的计算工具使我们既可以创造错综复杂的环境，又能快速评估它们的效果，保证这样的复杂性可以产生社会价值，而不是仅仅表达其苦闷的矛盾。[16]

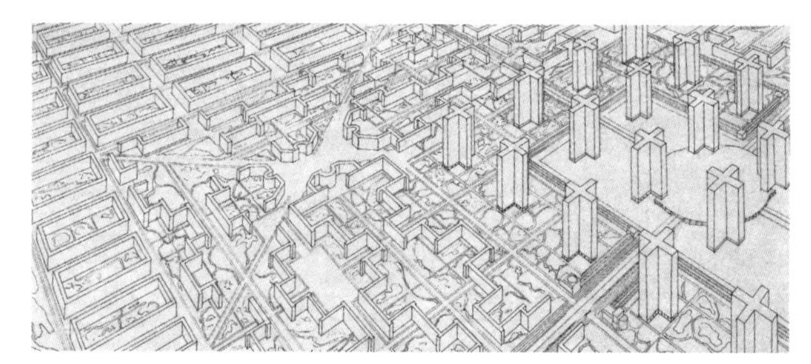

图 11：当代城市，勒·柯布西耶，1922 年

图 12：高层城市，布尔伯施默，1924 年

12：米兰·昆德拉与菲利普·罗斯的对话，昆德拉，《笑忘书》后记（纽约：企鹅出版社，1981 年）第 233 页。

13：在“当代城市”中，勒·柯布西耶设想将基本功能和服务设施都本地化地浓缩于建于桩子上的摩天楼中。大片由便捷客运交通连接的公共空间分散了这些摩天楼。他乐观地为异于传统混乱城市制造模式的功能解放了城市布局，然而结果却是无趣、空洞、缺乏活力的城市空间。

14：在高层城市中，希尔伯施默将不同功能的单元置于不同高度，与这座高层城市的数学逻辑、公理几何及项目分配结合：“简单的实体——立方体、球体、棱柱体、圆柱体、棱锥体、圆锥体——这些纯粹的组合元素是所有建筑的基础。需要以清晰的形式对它们进行准确的定义，并以最明确的方式在混乱中理出秩序。”希尔伯施默，引自迈克·海斯（K. Michael Hays），《现代主义与后人文主义：汉斯·迈耶与路德维希尔伯施默的建筑》（马萨诸塞州剑桥：麻省理工学院出版社，1992 年），第 255 页。

15：建筑师、规划师、批评家总体来讲都认为现代主义死板的观念定位和低适应性倾向导致用以应对混乱人类环境现实的方法过于贫乏。第一，他们结合抽象的乌托邦空间定义重组城市，在此过程中清除历史背景，一手抹去几个世纪的文化产物。第二，他们重点发展机械和概念的同一性，在重叠的项目上使用一致或重复的形式，制造出典型地缺乏交叉性城市实质的空间（他们典型的平面布局、空旷的广场，以及庞大的建筑模块不能带来生产力、创造力和社会联系）。最后，由于忽略了城市组织变量之一的 Z 轴，建筑模块很难提供适应性和动态变化，以及现代生活必须的灵活性。

16：按英国动物学家彼得·梅达沃（Peter Medawar）的说法，科学是“可溶性的艺术”，“生态学家想了解的是塞伦盖蒂平原（Serengeti）是如何维持稳定的，而不仅仅是他们实验室里的三个物种是如何吃掉对方的，也不是为什么一条鲱鱼产一百万个卵，而信天翁只产一个蛋。神经学家想了解的不是一个细胞在受到刺激时如何影响相邻细胞，而是整个网络是如何反应的。气候学家想了解大气温度上升 3 度的时候，世界的哪些部分会更湿，那些会更干。经济学家想了解贸易；规划师想了解交通。由于如今有了简化复杂性的工具——计算机，问题突然变得有趣了。”彼得·梅达沃，《科学的极限》（牛津：牛津大学出版社，1988 年）。

百万双手，百万次计算：用数字力量替代人力

我们钦佩那些工作了数十年、数百年的一代代的城市创造者们。我们必须在我们有限的学习时间跨度中理解他们所做的一切。更重要的是，我们必须在我们自己的环境中和缩短了的时间里进行建设。

——槙文彦（Fumihiko Maki）[17]

我们不再过多关心现代主义者们对高效措施的嗜好，而是更加关注现实的复杂性和复合性，更加重视源于城市有机发展的文化、行为和空间惊人的多样性以及丰富性，与具体的气候、地理、文化和历史相呼应，随着时间的推移逐渐增长并发生波动。[18] 但是现在经济的加速增长需要我们以更快的速度进行建设。无论是在郊区扩张和城市边缘开发中，还是在最近中国和阿联酋的“一夜城市”中，增长都是巨大而难以控制的，本质上都与全球化紧密关联（图 13）。[19] 随着政治和经济实体不断聚集，建筑体块越变越大，且这一变化的时间越来越短。这种时间的剧减破坏了本应由大众双手做出的大量微观决定（一个社会的标志和行迹），而这种大众选择的累积效果对任何城市而言都是最基本的（图 14）。

因此我们自问：真的可以如此缩减城市发展所需的时间，用一年时间完成曾经需要百年的进程吗？

我们智慧地使用参数化工具可以提供令人兴奋的可能性。这些工具能迅捷处理大量决策，用数字力量替代人力，从而可以潜在地缩减时间，或者至少可以产生类似的效果。这种新兴的能力可以控制和校准各种精确并且机动的机制，允许城市建筑在形态与行为之间建立新的类型，使其摆脱公式化的状态，趋向“随意”。然而，我们如何才能将传统场所建构方式的最优之处（特点、质量以及场所感）与最新的科学技术结合以产生一种复杂而又连贯的都市？使其既不随便，又不单一？我们如何才能增强城市的性能，创造富含意义的空间，使其可以应对初始状况及后续的影响？最后，我们如何才能超越项目生命周期的时间跨度，顺应无法预见的空间特性，为临时变化、自发情况和特定构成预留空间？

图 13：阿联酋迪拜的在建项目

图 14：中国深圳的住宅街区

17：槙文彦，《集群形态调查》，第 30 页

18：莫里斯·梅洛-庞蒂（Maurice Merleau-Ponty）写到：“体验一个结构并不是被动地接纳它，而是要居住其中，拥抱它，想象它，并发现它内在的重要性。”莫里斯·梅洛-庞蒂，《知觉现象学》（伦敦：罗德里奇和基根·保罗出版社，1962 年），第 100 页。

19：“在其现代化进程中，中国简直是在从头开始创造城市；已经有 166 座百万人口级城市（美国只有 9 座这样的城市），400 座新的城市将在未来 20 年内加入这个行列，中国已经在消耗世界一半的水泥，三分之一的钢铁和超过四分之一的铝。”Kyong Park，“资本主义乌托邦的终止？”，“中国新都市”特刊，廖维武编辑，《AD 建筑设计》第 78 期（2008 年 9 至 10 月），第 72 页。

第二部分：作为新型操作典范的复合城市行为

新兴产物

我们通过这些问题找到了新的答案。技术和意识形态的规范转变已经带来了更多面的内容输入，也带来了将其物化的更好的工具。综合复杂的结构由场地中的多样而非对称的力量塑造。每一个新变量的加入都会造成极大的复杂性（图 15、图 16）。[20]

这些力量的重量和类型都独一无二，在争夺等级的过程中不断变化。但是与风或太阳等自然力不同，影响人类建造活动的这些力量的效果还会因为我们赋予它们的生态价值而产生片面性。因此在某种程度上，对建筑师和城市规划师来说，他们感兴趣的这些力量是既协作又冲突的。的确，加强与冲突可以说是城市创造的两种驱动力，我将这样的城市创造称为复合城市行为。管理型城市主义在预定的模式中优先选择简单固定的安排，与此不同，复合城市行为是由过程主导的，既需要释放不受建筑师控制的自然力量，又需要慎重认真地疏导那些可能带来影响的其他力量。与隔离和分区相比，复合城市行为更倾向于互动和混合，它最终能够制造与背景密切相关、高度结合且极其灵活的解决方式。这个目标可以通过一系列手段达到，依照的原则如下：

- 方法在各种逻辑和多种尺度间均可操作；
- 战略分析引导设计；
- 网络综合且互动；
- 产出源于投入，与场所环境紧密相关；
- 策略及由之产生的组织方式灵活有弹性。

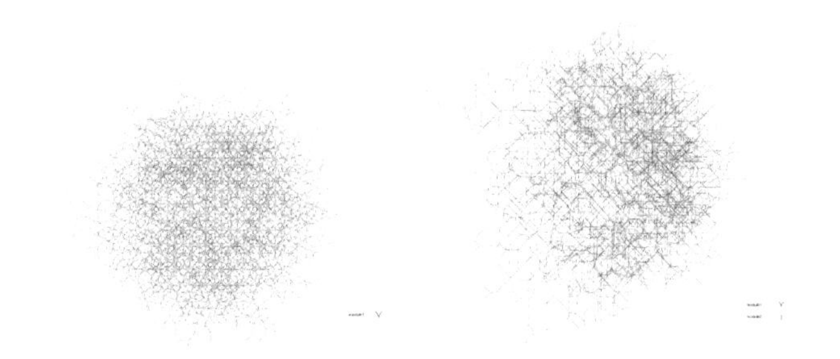

图 15：单变量与双变量随机自动化比较示意图

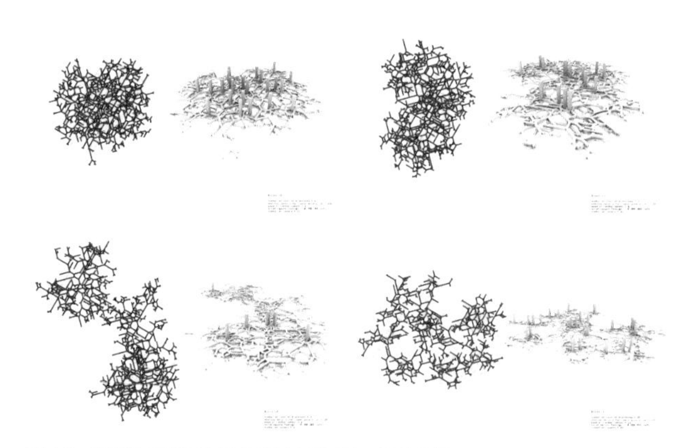

图 16：新维加斯项目初步研究示意图，2006 年

各种方法在各种逻辑和多种尺度间均可操作

设计的趋势是从一个相对不重要的状态（一种装饰美学）开始演变，不断汲取力量以承担最重要的任务：重组集群。城市建筑师如今需要为集群设计组织系统，充当信息革命翻译者的重要角色，并成为决策者和系统建筑师。我们获得的并非乌托邦式的野心，而是实际的机遇，我们需要处理一系列伴随这种责任出现的新问题。我们不能继续沉溺于自己单一的学科，而需要在多样的世界里自如行动，同时考虑功能、政治、金融、社会、审美及生态等问题。与顾问、分析师、政治团体等多方协作，我们可以一同发展应对今天错杂异化的城市现实的能力。

我们不预先制定设计目标，而是运用基于研究和数据的方法来扩大作用于特定场地上的力量范围。我们撒下一张网，大到足以超过任何参量的极限和项目要求，目的是建立一个大环境，用以实证，研究未知重要性之间的联系，激发潜在机遇的产生。新新奥尔良城市开发项目（2007 年）方案远远超出了设计一座住宅的最初设计界限，为后卡特里娜时期的新奥尔良贡献了协调人居和自然环境的重要方法。我们提出了很多问题，包括如何才能安全、有效、经济地进行建设，这些问题揭示出，与盲目重建堤坝系统相比，一种更为明智、可持续及利于财政的方法是将一部分低洼城区回归自然并巩固城市高地。因此，基于对地点及事件现实的清醒认识，我们提出了这个宏观方案（图 17）。

20：在新维加斯项目（2006 年）的初步研究中，使用变化的输入值，制作了一系列假设产物。即使仅有两个输入值被使用，与单一影响相比，复杂性的急速增长还是很显著。我们今天看到的方案即使为复杂性提供空间或采用参量控制的方法，它们中的大多数依然由单一变量操控。这主要是因为任何一个变量的加入都会立即导致结果复杂性的急速增加。

随后的方案也源自各种不同视角，它们同样需要利用多样的逻辑进行衡量，这些逻辑的发展、后退和联合，能对复合城市行为中平行发展的无限可能性作出反应。

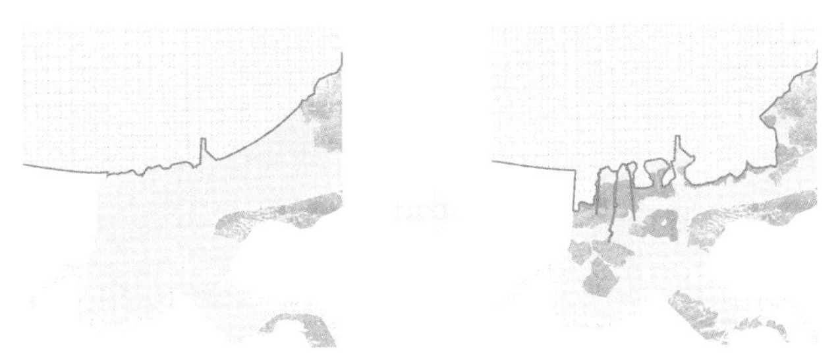

图 17：现状 VS. 规划图，新新奥尔良城市开发项目，2007

战略分析引导设计

通过先进的数字工具，我们现在可以用每个系统自己的语言（定义其边界、内在特点等）来衡量它们，或是通过一个系统与其他系统的关系判断其协同效应和共同利益。[21] 通过将大量信息集成写入数字框架，我们可以提高、检测并优化每个独立系统性能及其对集群的影响；当我们改变任一变量时，对其他变量造成的影响将被反复模拟。

流畅的信息交换和快速（实时）的反馈赋予设计更大的自由，首先扩大可能性，继而增强可行性。因此，我们在方案中有意地将“什么是可能的”图示化，在进行应用研究之前，通过数据收集和概念交流确立可测试的假设条件。在校准数据的过程中，方案不再是结论性的，而是充满可能性的，且始终基于实际性能的。

世界联系日益紧密，我们的工作需要战略性的分析，这样的分析必须先于设计进行，以保证可以建设重要、高效和有影响力的空间。我们跨越多个尺度提出多种价值的问题，联系各方力量，结合更大的趋势最终在研究与决定方案间搭建桥梁，通常要随时重新定位真正的问题。在洛杉矶州立历史公园项目（2006 年）中，我们的讨论由“如何修建一座公园”转移到更大、更具战略意义的环境影响重组问题上。指定的场地成为更大的设计挑战的起点，引发广泛的需要解决和应对的问题：迁移一座陈旧体育场的需要；对地铁系统的合理扩大；减少高速公路拥堵的机遇；开发中心城区边缘一块用地的经济可能性；连接一系列公园以整合资源并创造标志性空间的可能性（图 18）。

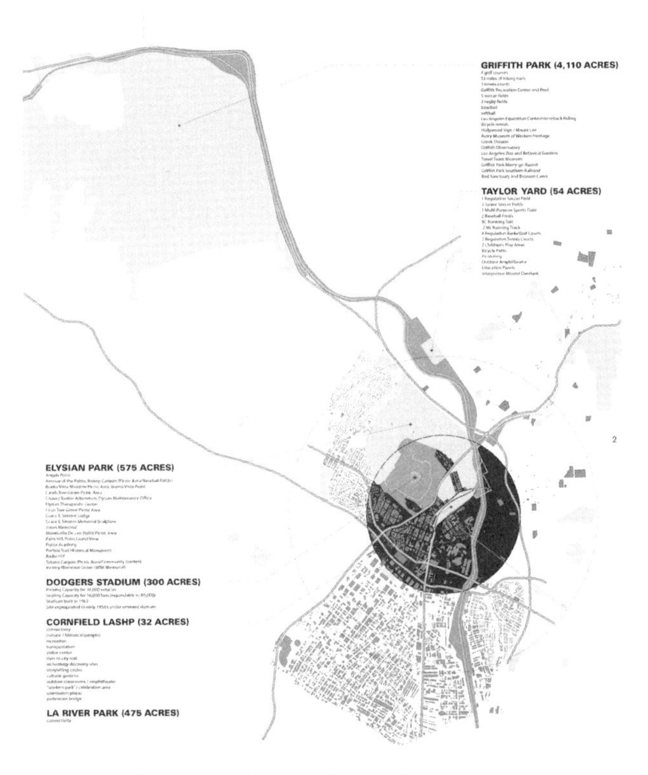

图 18：洛杉矶州立历史公园项目竞赛方案，2006 年

所有建筑的概念规范中，性能（Performance）是唯一设法评估建筑目标效能的因素。不同于仅关注建筑本身，性能探索建筑与其所在系统之间的反馈循环。孤立的形态、过程和构造等问题不再是建筑的先天条件。性能要求的不是一个形态的样貌，而是其可以提供的能力。它不关注设计的过程，而是关注这个过程可以在设计中产生什么。因此性能因素将重点由事物的实质转移到了其效果。关键不是它是什么，而是它能做什么。

——安德烈亚斯 · 鲁比（Andreas Ruby）[22]

21：数字软件可以根据预设的审美、成本及性能参数计算产出，在它们的帮助下，无须独立设计每座建筑，而是可以为整个场地甚至城市提供多样的选择方案。只改变很少的一些变量就可在复杂的几何体上制造巨大的改变，使我们可以迅速开发关联紧密的复制版本，制造 5 年前尚不可能出现的城市、场地和结构。

22：安德烈亚斯 · 鲁比，“性能”摘自《建筑城市宇典：信息时代的城市，科技和社会》，苏珊娜`克罗斯（Susanna Cras）编，（巴塞罗那：Actar 出版社，2003）

网络是综合性的且互动的

人们不应逻辑化地建立几何，而应在几何中建立逻辑，从而全面认识这个由突现与内生组成的世界：突现相对难以理解；内生则带有隐藏的特征，由源头产生的有效因素孕育于其他新兴模式中，产生可察觉的效果。

——勒内·托姆（Rene Thom）[23]

空间是宽阔的，充满了可能性，各种位置，交叉路口，通道，弯路，U 形转角，死胡同，单向街等。

——苏珊·桑塔格（Susan Sontag）[24]

城市不再被认为是一种单一的操作系统。它是由“突现”和“内生”组成的累积——一种巨大的总合，大到可以反抗一切征服、隔离或是分类的企图。我们的工作关注城市和自然系统，与集群形态进行对话，从而创造流动的、动态的空间，互相竞争的层次在非线性的过程中分离、粉碎。随着已知形态的聚合与消逝，未知形态逐渐产生。[25] 土地形态、水形态、建筑形态、项目以及基础设施一同制造不再对立或自治的混合形态，每种事物现在都成为某种类型上的混合体（图 19）。

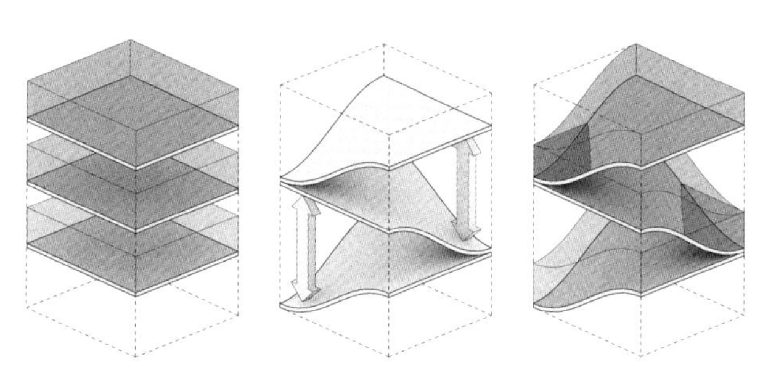

图 19：3 种不相关层次的变异和重叠，新（混合）类型产生

混合形态之于复杂过程如同一般形态之于线性过程。所有城市网络都被包含在设计过程之中，建筑形态不再凌驾于其他一切方面之上。基础设施从隐藏或埋在地下的工业管道逐渐转变成为被揭示、暴露、跟踪及记录的持久线路。[26] 在世界贸易中心项目方案（2002 年）中，我们利用步行道、船运、地铁、高速路、铁路以及公路等多种移动矢量来重建和连接这块支离破碎的场地。交通流线穿过场地，留下标记历史的印迹，记载那些每天经过这个交通枢纽的生活着、工作着和忙碌着的人们。确定场所的主导地位之后，形态与之配合，重组交通流线和聚集空间（图 20）。

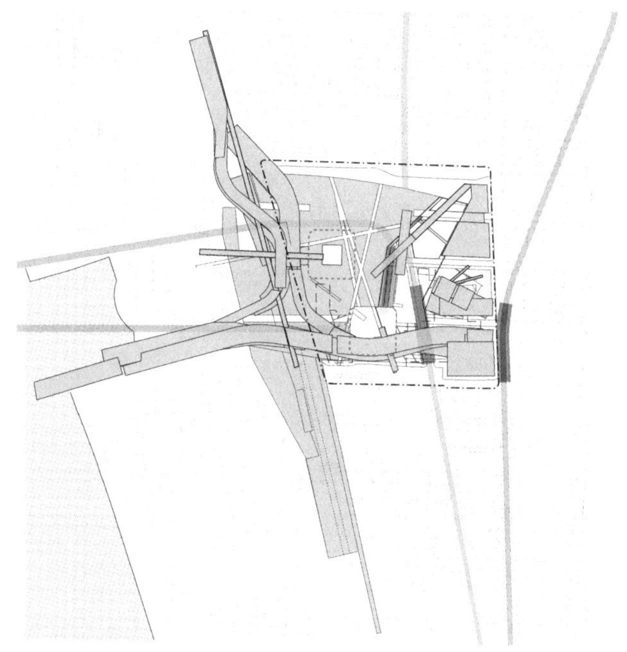

图 20：世界贸易中心项目方案，2002 年

对城市规划师而言，当形态包围住促进重叠和复杂社会交流协作的空间时，其表现是最佳的。

——小威廉·H·法伊恩（William H.Fain Jr.）[27]

23：勒内·托姆，《信息物理学纲要：亚里士多德物理学和突变理论》（巴黎：杜诺出版社，1988 年）。

24：苏珊·桑塔格，《在土星的标志下》（纽约：法拉，斯特劳斯和吉鲁出版社，1980 年），第 117 页。

25：城市网络重叠纠缠时，它们动态地结合成为源于项目的混合城市化的新形态：一座建筑不再是其功能组成的象征或反映。这种城市化的可伸缩性和效果相互关联，但所有其他属性不总是一对一的关系：数量（长度、面积、体量）可以被划分，质量（温度、压力、速度）却不能。

26：“当人们将运动看做城市建筑的主体时，更革命性的形态出现了。”艾莉森·史密森（Alison Smithson），《十次小组初步理论》（马萨诸塞州剑桥：麻省理工学院出版社，1968 年），第 60 页。

27：小威廉·H·法伊恩，与作者的对话，2009 年 9 月 23 日。

人工和自然环境曾经被清晰地界定，今天这些社会组成部分正在融合；没有什么是完全自然的；在某种程度上每个事物都是合成和多标量的。[28] 此外，图底关系正在淡化，建筑与场地、城市与乡村、内在与外在的界线也在逐渐模糊。在任何网络化的结构中，系统与环境之间不存在绝对的区别：对某一过程而言是系统的事物也可能是另一过程的环境。

图 21：浦东文化公园项目方案，2003 年

自然界中并不存在对立物。什么会是这株玫瑰或那棵奥地利松的对立物呢？只有人类的思维创造对立物。个体和集体都没有对立物；颜色、声音、材质、感受也没有。

——沃尔特 · 考夫曼（Walter Kaufmann）[29]

在浦东文化公园项目（2003 年）中，公园和文化中心汇聚于同一用地，在地形上融合起来。互相竞争的系统也彼此相互影响，在该方案中公园景观重于建筑形态。[30] 当景观浮现于或支撑升华建筑形态时，景观的厚度足以成为可用空间并容纳功能节点（图 21）。随着材料、空间及效果的交叉、跨越、混合和重叠，它们多出的部分可以被重新利用，服务于其他目的，或是与另外的网络系统结合。这种设想运用最大化的肌理多样性（活动场所、休憩场所、混合功能区等）产生灵活的事物形态——全球一致性背景中的本地差异化。每个事物都相互关联，与下一个事物衔接，共同组成一系列事件，而不仅仅是场所。

当众多力量在一块场地上发明、改变并制造“事件”时，它们一起转化为一种前所未有的城市建筑形态。在纽约 2012 年奥林匹克村项目（2004 年）中，一系列决策共同决定了最终的实施方案。我们的目标是最大化地提升建筑项目的效能，从而尽可能地保留用地作为公共公园。开发商和大众都由此获得了利益——前者增加了建筑密度和项目，后者获得了公园。考虑到阻挡来自东河的强风和欣赏曼哈顿风景等因素，这些决策影响了形式上的反应，当然这并不是唯一可能产生的结果，但可以作为对事物立见分晓的检验，自始至终满足空间的社会议程。当然其成果并不仅此而已。在这个过程中，我们在建筑和城市力量之间找到出路，创造了一种形式产物，比两者中任何一方的单纯感性推演都更具有意义（图 22）。

图 22：纽约 2012 年奥林匹克村项目方案，2004 年

28：在我们的工作中，景观和建筑不断地交织在一起，形成一种共生的关系，二者之于对方都必不可缺。这种关系源于调查研究，它们挑战将地面视为单一平面的传统解读方式。对挖掘、雕刻及扩大用地的总体兴趣首先被结合于巴黎世博会乌托邦建筑竞赛方案（1989 年）中，继而在维也纳世博会’95 竞赛（1990 年）中被深化。
29：沃尔特 · 考夫曼，《没有罪恶感和正义感：从决策恐惧症到自我管理》（纽约：怀登出版社，1973 年），第 76 页。
30：这种方式与视建筑为图标的观念相反，强调建筑应采用大的组织尺度，而不是巨大的物理尺度、体量或密度——建筑不再是纪念碑式的。

产出源于投入，与场地环境密切相关

随着可持续性和生态连续性等议题进一步影响我们的建造和行为方式，对本地特点的重视程度将日益增加——分析内置能源以及其对全球变暖影响后产生的结果之一。

——理查德 · 温斯坦（Richard Weinstein）[31]

无论结果如何，所有组合形态及它们的行为特点都来自于过程，只有过程才能够创造扎根于现实、富含意义、与文化和时代广泛相关的真实场所。培养看待特殊事物的见解，识别风险，[32] 未完成和复杂的事物——本质上讲，所有这些都意味着现代和城市。从这个方面看，各个场地如同海绵，吸取多样的功能和信息以体现本地化的特点，既不是远程传递型的，也不是便携式的（图23、图24）。[33]

回顾过去并不是为了学习其风格，而是了解其结构。在最成功的城市形态中，多样的力量、历史和文化相互融合，共同制造了独特的场所感受。例如西班牙的科尔多瓦市（Cordoba，Spain），历史上罗马人、西哥特人、伊斯兰教及基督教的统治先后影响着这座城镇的成长、特点和构造。还有什么其他的历史过程能够使曾经的科尔多瓦清真寺转变成为罗马天主教堂吗？即使是在如今缩短了的时间框架中，复合城市行为依然可以为同等丰富的城市肌理创造多样的概念和空间。

无论是强化某些已发现的条件，还是激发其他条件产生，我们的项目总是植根于当地的偶然性条件——气候、地形、城市肌理、基础设施系统，以及信息流——寻求针对场地的反应。[34] 在东达令港开发项目（2006年）竞赛中，我们重建了悉尼 1.6 千米长的海岸线，重塑了城市的边缘条件，将居民和旅游者吸引至海边。一系列形态结构呼应其低、中、高的对应物（与周边社区的起伏相称），同时尽可能多地创造通往海边的连接（图25）。

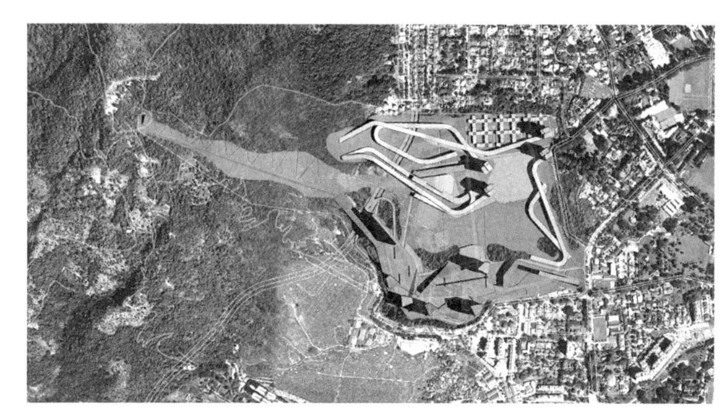

图 23：槟城跑马场俱乐部项目方案，2004 年

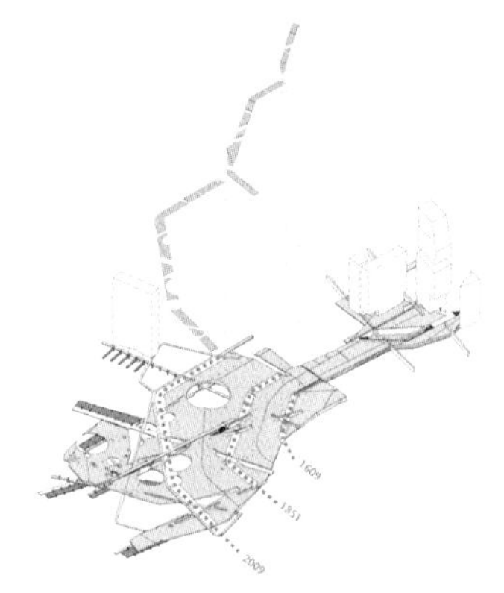

图 24：格林威治南部远景规划方案，2009 年

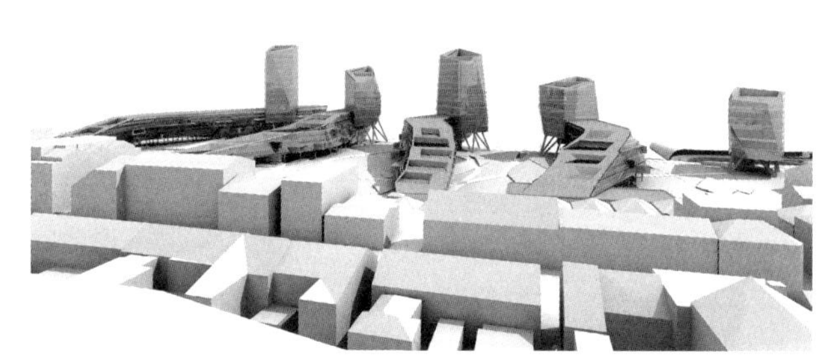

图 25：东达令港开发项目方案，2006 年

31：理查德 · 温斯坦，与作者的对话，2009 年 11 月 12 日。

32：约翰 · 福尔斯（John Fowles）探讨了这样的观点，即危险实际上是我们了解的现实。一个人活着或者死去，危险在两者之间协调。他继续解释，危险对进化过程而言是必要的。危险的目的在于促使我们及其他一切事物进化。约翰 · 福尔斯，《法国中尉的女人》（波士顿：小布朗出版社，1969 年）。

33：在艾尔莫萨海滩开发项目（1982 年）城市方案中我们第一次运用了依据环境条件设计建筑的方法。如今这种方法成为每个项目的出发点，从波茨坦广场项目（1990 年）和迪斯尼学院及镇中心项目（1993 年）到槟城跑马场俱乐部总规划（2004 年），以及最近的格林威治南端的远景规划（2009 年）。

34：随着可持续性和生态连续性等议题进一步影响我们的建造和行动方式，对本地特点的重视程度将日益增加——分析内置能源以及其对全球变暖影响后产生的结果之一。产于本地的自然系统将被提倡结合于相应的建筑形态中，适应出现的增长极限。这将创造一种自然和人类系统间新的亲密关系。

曼萨纳雷斯河公园开发项目（2005 年）中，我们将私人住宅与即将实施的公建项目结合，使一片长 6.2 千米的滨海公园恢复活力。充分利用公共投资，控制并导引线形公园的走向，使之穿过位于马德里核心区的项目场地，在公园边缘布置混合功能的项目，为城市结构增添了富含意义的互利空间。确定建筑位置和造型的过程中，没有另行创作，而是结合现有条件，利用一系列经过场地及周边的轨迹。一条由开放空间、交通空间及流线组成的特定溪流将河与公园引入场地，同时，一个由梯田状通道或台阶组成的系统理性地将公园的有机特色与马德里矩阵式的城市系统相结合（图 26）。

图 26："流线"和"台阶"示意图，曼萨纳雷斯河公园开发项目方案，2005 年

策略及由之产生的组织方式灵活有弹性

形态无一例外可以被解释为是由力的作用而产生的。简而言之，事物的形态是一种"力的示意图"，至少从这个角度而言，我们可以从事物形态判断或推论正在作用和已经产生作用的力。

——达西 · 汤普森（D'Arcy Thompson）[35]

尽管结构的展开（同时汲取时间和空间）注定由空间需求决定，但无论从组织的或形式的角度来看，事物都将会随着时间改变、增长和进化。组合的形式显示出一种几何上的不纯粹，明显不对称，这是对多系统同时运行时产生的不定性和不可预知性的形式回应。这与城市中充斥的大量对称而单纯的建筑正好相反，这些建筑体现出一种自然界中几乎不存在的纯粹性和静止状态。

形态是作用于其上的力量的图示，它恰当地体现一种层化的未完成的美，以一种开放的姿态向天空伸展，召唤着未来。组合形态非常周到地反映作用于它们的临时力量，最终展现现状之上的正在形成的事物。例如，建筑本体论关注的从来不是建筑是什么，而是建筑将成为什么。

如果进化的结局是一种完美的状态，那将是荒谬的。如果进化除了消亡之外还可能有其他结局，那也将是荒谬的。如果进化向着进化本身发展，那么进化将是没有意义的。世上只有存在或不存在。一种更好的状态，一个更好的设计，一个更好的自己，一个更好的世界；然而这些总是现在存在的。

——约翰 · 福尔斯（John Fowles）[36]

我们试图表达是什么和将成为什么之间的过渡，将概念结构归因于以不可预知的方式出现的三维活动——现存和预计的物质流及能量流，但这个时候，难题出现了。临时概念的必然具体化（由遮蔽物的坚固性、建筑材料及实用性规定）要求新技术将城市实质融入富含意义的有效空间，同时不能限制社会联系及适应性。我们必须同时设计场所和过程。我们的方案设计灵活地适应演变的偶然性。分期计划、方案规划以及多版本策略以适应不断改变的当代现实，在规划的实践性与相应的开放灵活的实用性之间相协调。

深度适应性是复杂系统理论与建筑问题之间最有效的结合点。

——克里斯托弗 · 亚历山大（Christopher Alexander）[37]

35：达西 · 汤普森，《生长和形态》（剑桥：剑桥大学出版社，1969 年），第 11 页。
36：约翰 · 福尔斯《贵族们》，（波士顿：利特尔布朗出版社，1970 年），第 176 页。
37：克里斯托弗 · 亚历山大《秩序的天性：一篇关于建筑艺术和宇宙属性的随笔》（加州伯克利市：环境结构中心，2002 年）。

在新城公园项目（1999 年）中，我们分离了功能的一部分用作核心基础设施，供其他移动性功能附着。在一定程度上将娱乐与系统结合，为尚不知晓的未来事件设计了平台。设计的真正问题在于如何设计灵活的非固定框架。为此，我们制造了一百次重复操作，以表现无数种的可能结果（图 27）。与此类似，在罗格斯大学学院路总体规划中，我们将规划最先建设的核心节点分离，以便未来的建设能够灵活可替换地进行，从而适应大学未来需求的改变：如资金流的改变（地方、城市、私人）、学生群体组成以及未知的学术演变等（图 28）。

我们的工作告别了稳定的直线排列模式，向着以分裂性质和多样化未来为特点的开放式关系发展。连续空间创造过程中的这部分使观察者可以预测下一次变化。一份工作的结束标志着下一份工作的开始。这种永恒起源的概念是一种新的常量，随之而来的正是城市规划性质进化的可能性。正如鲁珀特 · 谢尔德雷克（Rupert Sheldrake）的提问：“我们怎能排除自然法则进化的可能？”[38] 如果我们承认城市化的组织模式是极易改变的，那么传统的规划工具最终将失去其主导地位。一旦这样的情况发生，一切都需要重新商议。

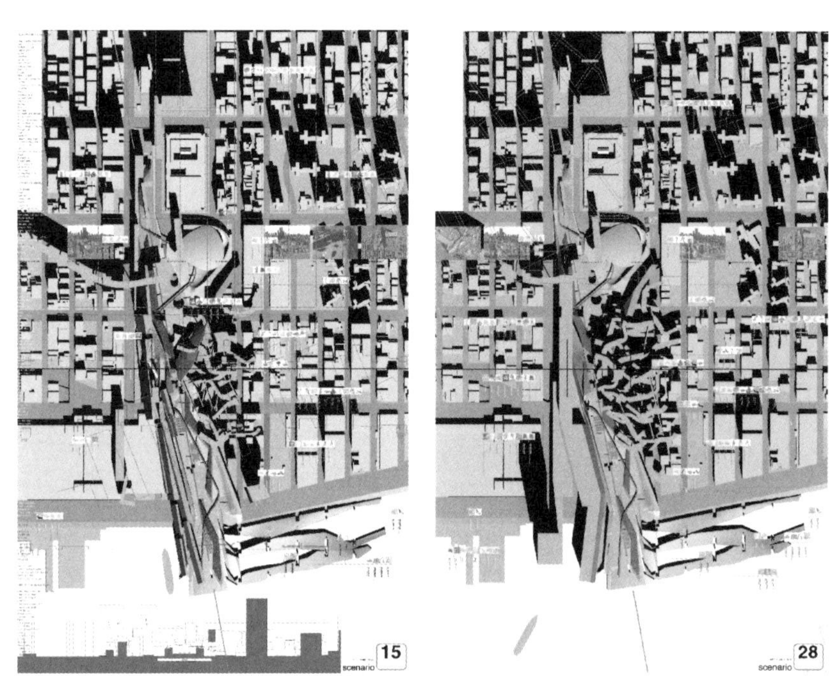

图 27：场景 15、28 和 33，新城公园项目竞赛方案，1999 年

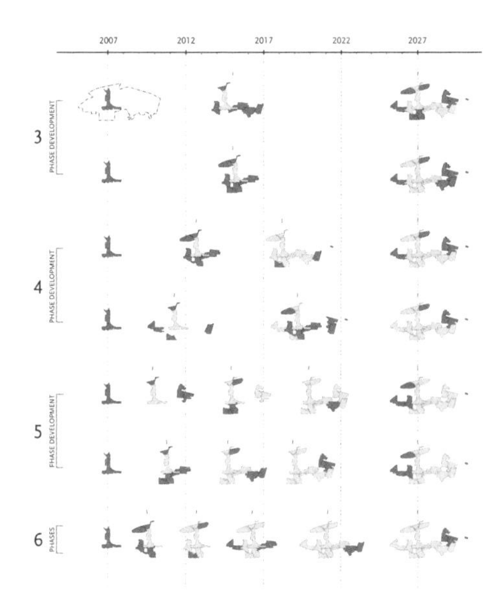

图 28：学院路校园总体规划方案，2006 年

38：鲁珀特 · 谢尔德雷克，《过去的存在》（纽约：维太奇出版社，1989 年），第 18 页。

汤姆 • 梅恩的信息景观

Thom Mayne’s Information Landscapes

斯坦 · 艾伦（Stan Allen）

汤姆 · 梅恩以一位设计复杂建筑作品的建筑大师而闻名。他属于这样一代建筑师，他们的作品规模随着时间在不断扩大：从单幢房屋到公共群体建筑，再到城市片段。这本书记录了梅恩十年间完成的一系列的城市设计项目，揭示了超越单幢建筑规模之外的一个连续的设计研究思路。本书提出，建筑就像其他的复杂组合体一样，当比例被扩大的时候，会经历一个状态的转变。这种转变需要新的规则和技术。梅恩是以一个建筑师（而非社会学家、城市设计师或者规划师）的身份来触及城市化问题的。他相信城市不仅是一个形式和设计的问题，城市化需要一系列不同的设计工具——一种适应城市自身复杂性和不确定性的新概念。在这部以城市为框架的作品中，梅恩已经发现了在他对于复杂"造型"的倾向和一系列需要复杂解决办法的问题之间的十分紧密的关系。

首先这本书以清晰的学术性结构为特色。配以平行的文字叙述和图示，每个工程的故事在方案和概念中娓娓道来，依次展开。复杂的场地和项目被分解成片段后再重新组合成一个新的整体。设计方案倾向于分层的轴测图。这产生了两个结果：一方面，当一个项目要经过复杂的政治现实的贯彻过程时，它反映了一种意识，即城市化是一种公共事业，需要具有清晰性。城市形态是一种集合形式，是多重中介和延续的时间框架的产物。另一方面，分层轴测图的概念性很强，暗示了复杂综合体是相对简单体的合成结果：简单的规则产生了复杂的结果。它具有实际性，反映了当与一个大型团队合作时，需要把一个工程拆散为很多部分来操作的必要性，但是同时也具有建议性。通过冲撞和并置，单层之间在场地上互相倾陷，产生了一种复杂形式的效果。

这本书另外一个重要的贡献就是重新评估了槙文彦（Fumihiko Maki）的集群形态的理念。1964 年槙文彦发表了基于1960年早期文章的名为《对集群形态的调查》的论文。[01] 梅恩在对槙文彦表示尊敬的同时，建议一种在新的复杂性范畴的基础上，从"形"到"行为"的切换。今天读槙文彦让人觉得惊讶地熟悉。城市社会被描述为一种"相互关联力量的充满活力的领域"；总体规划被拒绝，取而代之的是总体功能，"因为后者包括了时间维度"。

集群形态是槙文彦用以称呼建筑群或者城市片段的一般术语。这个术语特别适合来描述本书中的一些项目。集群形态包括组合形式、巨型结构和群体形式。在没有完全排斥的前提下，槙文彦把组合形式——将建筑排列在一个组成的整体中而几乎不考虑功能——描述为静止的和形式化的。他自己的研究发展于巨型结构方面，而且他还把巨型看做是一个"用以来组织大规模的组团碎片的合乎逻辑的方法"。槙文彦是技术决定论和巨型

槙文彦，集群形态的图案，组合形式（左），巨型结构（中），和群体形式（右）[02]

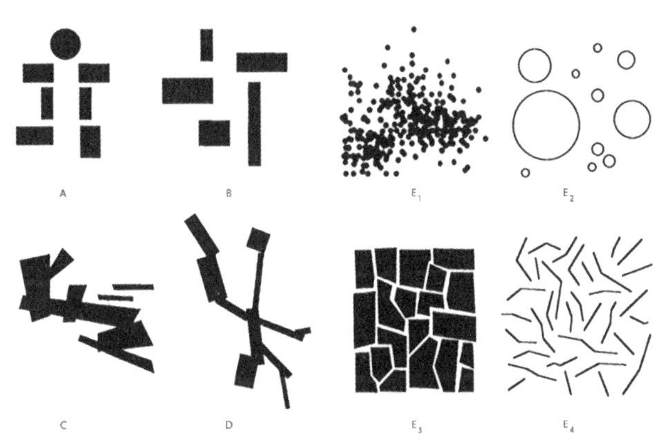

斯坦 · 艾伦——现代和经典组织策略，1995 年
A. 轴向组合 B. 向心组合 C. 片段碰撞 D. 连接元素 E_{1-4} 场域状态

01：见槙文彦，《对集群形态的调查》（圣路易斯，建筑学院，华盛顿大学，1964 年）。本文所有的引用都是来源于此。
02：槙文彦的图例让我回想起我在 20 世纪 90 年代中期完成的用以表达所谓的"场城状态"（field conditions）的一系列图案，一个与槙文彦的集群形态想法相差不远的概念。

结构的巨大规模的怀疑论者，对于槙文彦来说，它们有一种将人类活动冻结到静止形态上的威胁性。他写到："理想，是一种可以移动到永远新的平衡状态的质模，从长远来看，还维持着视觉的持续性和连续性秩序的感觉"——群体形式是他的第三个也是最独创的概念。群体形式"起源于一个空间中有生产能力元素的系统。"槙文彦描述了一个充满活力的反馈和适应过程："这个元素预示了一个成长的方法，反过来，需要这一元素在类似于反馈的过程中进一步地发展。"对于所有理论的抽象概念，槙文彦仍把形式的潜在性理解为一种催化剂作用，并且视功能性模式为"结晶化的活动模式"，也就是说，他认为介于形式结构和复杂的整体之间的互动是城市设计的一个关键因素。

数十年来，可以说梅恩赋予槙文彦的理论一种延伸和更新。槙文彦的工作保持了相对静止性，不情愿去接受关于巨型和群体形式更为激进的可能性。梅恩有自己独特的"工具箱"。他不仅获益于新的电子设计技术而且还得益于数十年间的建筑和相关领域的新概念。槙文彦是在一个从部分到整体的层次体系里工作，而梅恩的工作对象是一个单体项目的放大和缩小的比例。城市也在演变和变化着，产生着新的和神奇的城市结果。对于梅恩来讲，集群形态的概念需要更改：一方面，被复杂和不能预测的当代生活改变，另外一方面，被新的、更为多样化的设计技术改变。就这一点而言，注意集群形态中的"形"的持久性就十分重要：梅恩，像槙文彦一样，意识到城市是一个项目、政治和活动的动态的综合体，但是建筑师主要的职能是定义"形"，现在在一种新的构造中去促进而不是限制因时间而发生的改变。对于这两方面，城市还是一个关于"形"的问题，但是永远不能被降级为一个静止的"形"。

如果新的设计问题需要新的解决办法，生成的项目也需要一种新的解释性框架；无论是基于目标的批判或是一个纯粹的社会学批判都无法完全描述这一新的工作。由此产生了"信息景观"这一概念，并吸引了一批像葛瑞利 · 贝特森（Gregory Bateson）那样的思想家。这些人在信息交流的大框架下分析了从形态产生到家庭动力学等诸多问题。写于 20 世纪 70 年代早期，贝特森的作品有很高的建议性，反映了一个倾向于那个时代十分机敏的、非物质化的符号学特征。从今天的角度来看，对于复杂系统和物质实践思考中得到信息，贝特森提供了一种摆脱围绕着当代设计的"非此即彼"的困境的方法：不是部分或者整体而是具有衍生的秩序，不是形态或者程序而是组织化的行为，不是抽象化的图表或者具体建议而是信息景观。贝特森写道"生态的理解，必须是生态学的。"[03] 也就是说，为了理解任何组合体，就必须要演化一种工作和思考的方式与自然生活的流动性、适应性和循环性相对应。生态系统趋向于跨越界限和展示复杂的、相互交织的活动。他们不能被减少到只剩下物体或者脱离文脉。贝特森自己把这个"生态"的理解应用到很多领域：包括宗族的结构、家庭多样化、交流的理论、形态学、物种的交织以及自然形态的演化。生态系统——像当代城市一样——常常都在控制的边缘。而不是势力、力量和竞赛的外延的关系，贝特森发展了一种基于交换信息的关于图案、文脉和形式的认识论："总的来讲，所有的隐喻来源于物质世界的冲击，力量和能量等，当这些隐喻用于解释生物学世界有关信息、目的、关联、组织、意思（产生的）事件和程序的时候，是不能被接受的。"[04]

这是违背直觉的，因为过去习惯于把信息想象成是一种讯息的交换。但是对于贝特森而言，在信息、形式和生态之间的连接是更为细微不同的。信息不是形式的对立面；相反，形式被理解为是嵌入的信息。在贝特森的最有名的陈述中，他把信息定义为"任何能制造差异的差异"；在其他地方他又把信息定义为"作为形式的形式"。形式从来不是静态的，而且意思从来不是独立存在的，因为单个的形式是静态，永远不会在背景环境里被察觉。仅仅是当构成、图案，或者形状这些因素被作用在更大范围的差异上的时候，它们之间的差异才有意义。变化被重新定义为跨越时间的差异，基于间断和改变，所有的形式是有关联性的。

在建筑学中，形式被理解为差异，被植入的信息穿破了形式 / 功能的二分法则。像"一个形式的形式"的差异将注意力转移到形式本身行使功能的能动性。并且把形式从意义和形式主义的范畴里脱离开来。形式作为被植

03：彼得 · 哈里斯 · 琼斯（Peter Harries-jones），《一个循环的景象：生态理解和格雷戈里 · 贝特森》（多伦多：多伦多大学出版社，1995），第 7 页。

04：引用同上，第 47 页。

入的信息暗示了组织性，并表明具体的结构可以被精确地设计，行为可以及时精确地加以分析。这给建筑师提供了一系列有力的、概念性的、实践性的工具，并通过这个组织的能动性，同时作用在形式和程序上。

在信息交换方面重新思考建筑、城市化或景观是违背直觉的，但是概念上是强大的。如果想恰当得分析一个城市景观，比如中央公园，则需要一整个系列的范畴：交通和移动、空间和地势、程序和事件。需要涉及土木环境工程、园艺学、城市和社会历史、地理学、地质学、建筑学、景观设计等诸多方面，更不要说资金、规章制度和管理了。这里有一个难以控制的实体（石头、泥土、铺地）和抽象（钱、时间、规则）的混合体。每个范畴可以被重新思索成嵌入式信息，它们多重的可能性及时的相互作用重新铸就为信息交流。给定的通道的结构不是一种交通并非出自交通分隔河流线的考虑和流线，而是作为一种组织性的图案，可以让一种开放但不是无限的系列的运动和连接。一个地势起伏的表面在与雨水动态的信息交换中，可以排泄和滞留雨水，这使得项目与使用者之间实现动态的信息交换。在“启示的”生态学的理论里，物种战略性地使用特殊景观的特征（另外一种信息交换），在这里也可能有用的。[05] 土壤化学和水文、园林本身的特性，与气候的变因相互作用，决定了一个场地上哪种植物可以生长，哪种不可以生长。景观和城市基础设施完成工作的能力（过滤水；移动物体、人、周围数据；加工有机物质等）可以被想象为另外一种跨越时间的信息交换。甚至管理结构——所有私有的和公共的机构以及在城市和景观文脉中重要的法规和规则的组织——可以被想成不同的嵌入式信息，在那里组织结构同样是决定性的。信息对它的物质表达来说是无关紧要的；它能够很容易地展示法规和管理结构的抽象体，就如同它展示景观中一块石头的物理性质。

本书中包含的项目的数量是非常可观的，从这个角度来看，开始于景观和基础设施，对于它们之间的建筑和空间给予同样的重视。这样就把场地看做一个连续的矩阵，局部各不相同：移动、建筑、结构或者开放空间。传统理念把建筑作为一个平整的绿化场地上的垂直因素，但是将垂直向的轴被物质化为建筑，水平轴被物质化为基础设施和绿化。两者都在场地上得到了相同展现。水平和垂直交织在一起，两者都被理解为建筑材料——或者也许是“准建筑”。场地是活跃的，而且时间的维度通过图解和场景设定而标志出来。项目融入了数量可观的数据和分析，而且对流线、分期和功能有密切关注。

在浦东文化公园和槟城跑马场俱乐部两个项目中，生态学的分析非常明显。在这两个项目中，一个土丘和平面形成的复杂网络产生了一个密集的分层矩阵，在那里建筑程序得以生成，有介于地形和建筑形之间最少的差异。绿化是材质化的和图案化的（雷姆·库哈斯 Rem Koolhaas 的“用可能性来灌溉场地”思想），建筑被定义成在这个流动的信息矩阵上，本地化的有具体性和密度的点。在槟城跑马场俱乐部项目中，这个交织的类推是被具体化的，但是在浦东文化公园项目中“培育”的概念被介绍为一种对当代城市项目杂交形态做出的回应。

信息交换在设计过程中也是很明显的。贯穿全书，概念在项目之间繁衍和混合。在学院路校园总体规划项目（2006 年）中，零零星星的建筑和带状网络般的路径让人们想到了一个交通流线图，暗示了一个在电路系统中飞速交换的信号，然而，在新城公园项目（1999 年）的多个场景里，城市场域被控制的不可确定性被具体化。甚至在洛杉矶州立历史公园项目（2006 年）中，需要用更多二维的图案和重复，并且要整合到一个大比例的建筑体上（道奇体育馆的替换），景观、基础设施和建筑的水平和垂直的平衡关系得到维持。

在所有的这些项目里，场地被当做嵌入式信息对待，能以一种高度的建筑学的具体性被塑造和支配，而且在一系列开放型场景中，跨越时间间隔被激活。建筑师的工作就是去设计一个有很多信息的“厚”矩阵，能不断进行修改与再造。这些场景让人想到槙文彦关于“移动到常新的平衡状态主要形式，然而从长远来讲维持视觉的持续性和一种有连续性秩序的感觉”的描述。对于原始条件的精确设计，辅助以对于改变必然发生的意识。这些项目的综合的贡献就是表明了：在城市的舞台上，建筑并不是指在一个给定场地上的具体建筑，而是指场地本身的建筑。

05：詹姆斯·吉布森：“预示性论”，《视觉感知的生态方法》（希尔斯代尔，新泽西：美国劳伦斯·艾尔伯协会，1986），第 127~146 页。

12 个城市规划方案

12 Urban Proposals

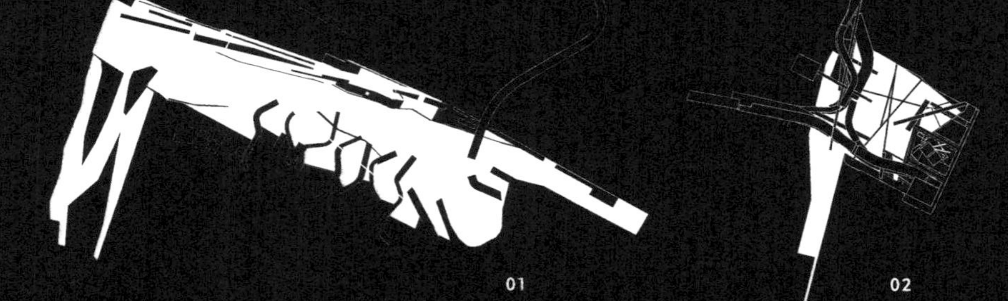
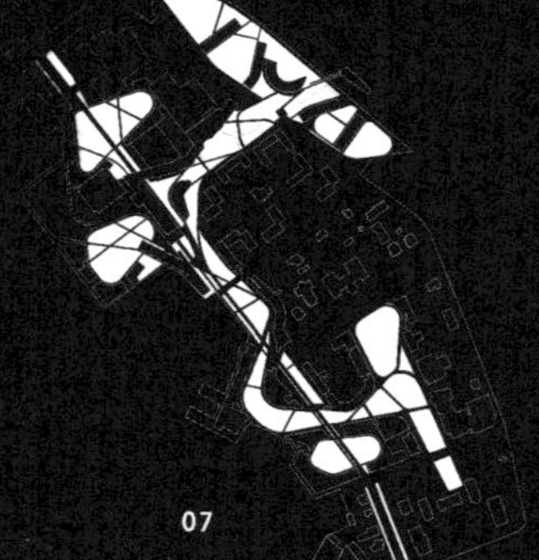
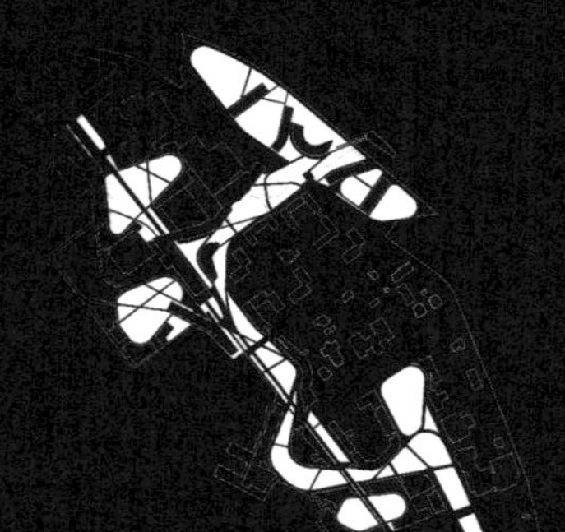
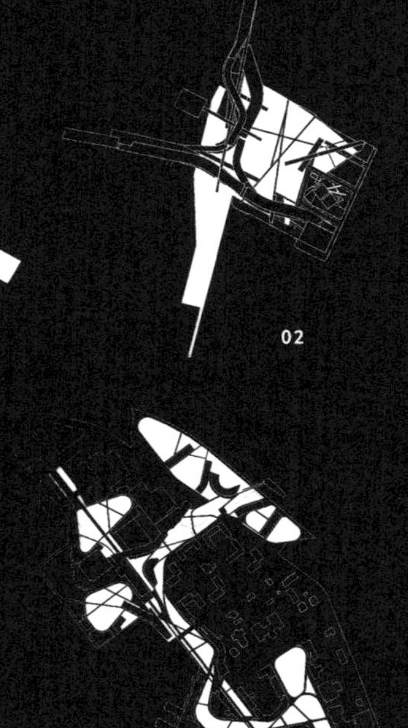
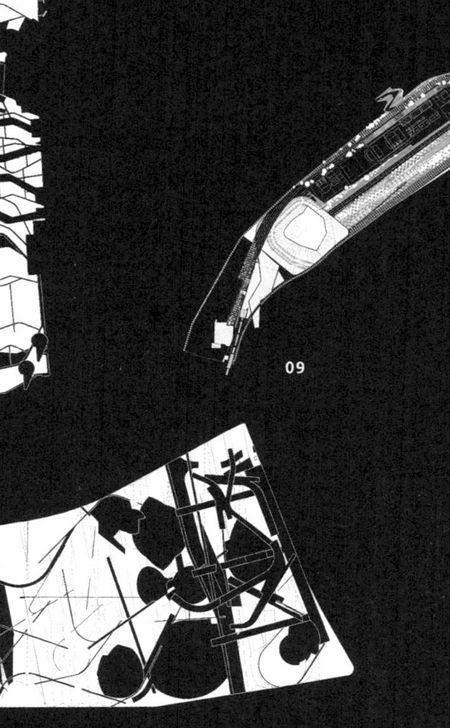
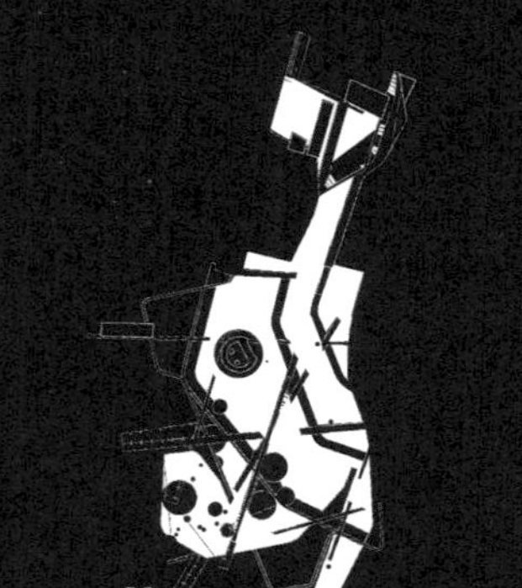

12个城市规划方案

- 01 新城公园
- 02 世界贸易中心
- 03 纽约2012年奥林匹克村
- 04 槟城跑马场俱乐部
- 05 曼萨纳雷斯河公园开发
- 06 新奥尔良爵士公园
- 07 学院路校园总体规划
- 08 东达令港开发
- 09 洛杉矶州立历史公园
- 10 新新奥尔良城市开发
- 11 格林威治南部远景规划
- 12 浦东文化公园

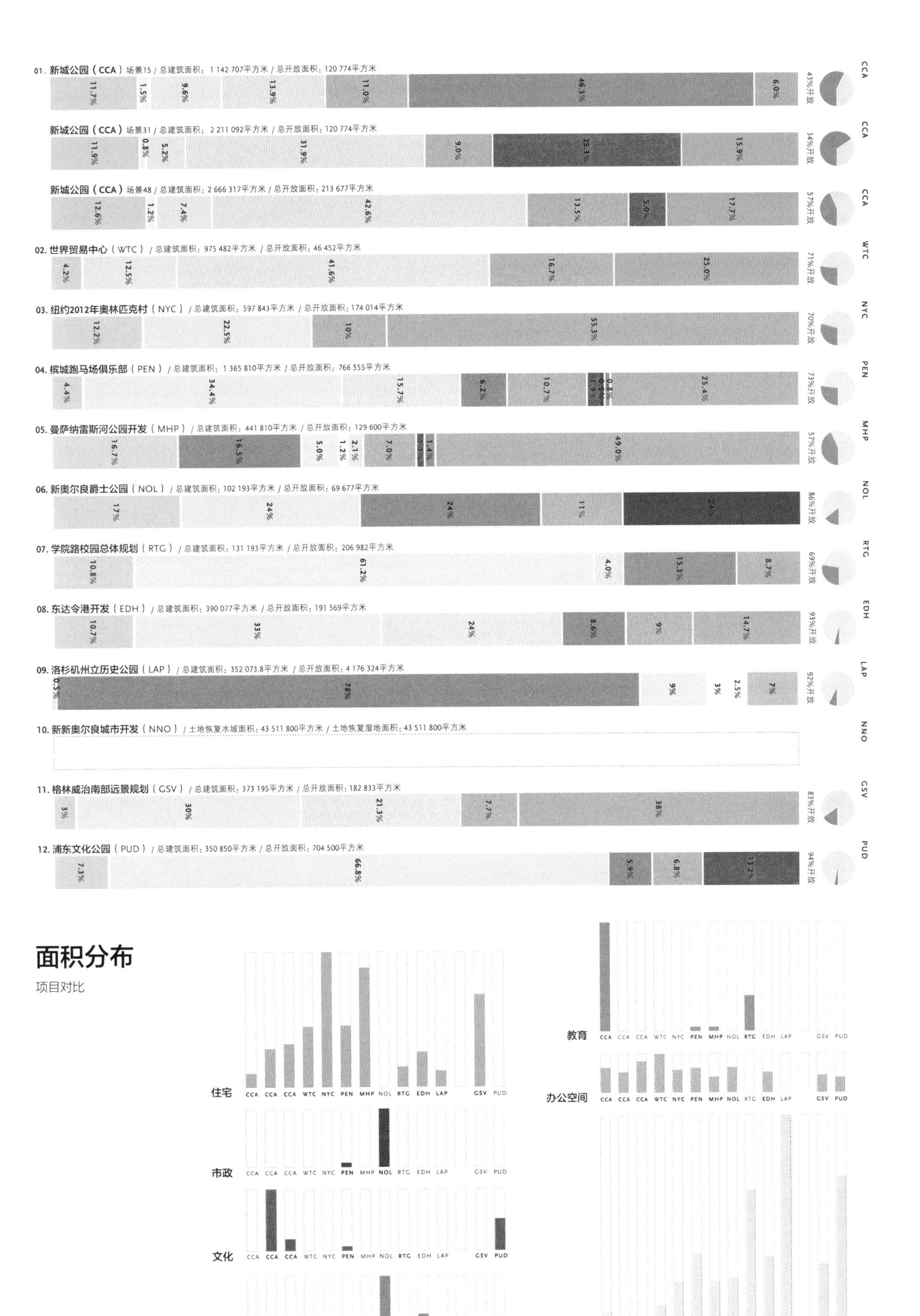
01. 新城公园（CCA）场景15 / 总建筑面积：1 142 707平方米 / 总开放面积：120 774平方米
11.7% 1.5% 9.6% 13.9% 11.0% 46.3% 6.0%
43%开放 CCA
新城公园（CCA）场景31 / 总建筑面积：2 211 092平方米 / 总开放面积：120 774平方米
11.9% 0.8% 5.2% 31.9% 9.0% 25.3% 15.9%
34%开放 CCA
新城公园（CCA）场景48 / 总建筑面积：2 666 317平方米 / 总开放面积：213 677平方米
12.6% 1.2% 7.4% 42.6% 13.5% 5.0% 17.7%
57%开放 CCA
02. 世界贸易中心（WTC）/ 总建筑面积：975 482平方米 / 总开放面积：46 452平方米
4.2% 12.5% 41.6% 16.7% 25.0%
71%开放 WTC
03. 纽约2012年奥林匹克村（NYC）/ 总建筑面积：597 843平方米 / 总开放面积：174 014平方米
12.2% 22.5% 10% 55.3%
70%开放 NYC
04. 槟城跑马场俱乐部（PEN）/ 总建筑面积：1 365 810平方米 / 总开放面积：766 555平方米
4.4% 34.4% 15.7% 6.2% 10.7% 1.9% 0.8% 25.4%
73%开放 PEN
05. 曼萨纳雷斯河公园开发（MHP）/ 总建筑面积：441 810平方米 / 总开放面积：129 600平方米
16.7% 16.5% 5.0% 1.2% 2.1% 7.0% 1.4% 49.0%
57%开放 MHP
06. 新奥尔良爵士公园（NOL）/ 总建筑面积：102 193平方米 / 总开放面积：69 677平方米
17% 24% 24% 11% 24%
86%开放 NOL
07. 学院路校园总体规划（RTG）/ 总建筑面积：131 193平方米 / 总开放面积：206 982平方米
10.8% 61.2% 4.0% 15.3% 8.7%
69%开放 RTG
08. 东达令港开发（EDH）/ 总建筑面积：390 077平方米 / 总开放面积：191 569平方米
10.7% 33% 24% 8.6% 9% 14.7%
93%开放 EDH
09. 洛杉矶州立历史公园（LAP）/ 总建筑面积：352 073.8平方米 / 总开放面积：4 176 324平方米
0.5% 78% 9% 3% 2.5% 7%
92%开放 LAP
10. 新新奥尔良城市开发（NNO）/ 土地恢复水域面积：43 511 800平方米 / 土地恢复湿地面积：43 511 800平方米
NNO
11. 格林威治南部远景规划（GSV）/ 总建筑面积：373 195平方米 / 总开放面积：182 833平方米
3% 30% 21.3% 7.7% 38%
83%开放 GSV
12. 浦东文化公园（PUD）/ 总建筑面积：350 850平方米 / 总开放面积：704 500平方米
7.3% 66.8% 5.9% 6.8% 13.2%
94%开放 PUD
面积分布
项目对比
住宅
市政
文化
酒店
教育
办公空间
绿化空间
CCA CCA CCA WTC NYC PEN MHP NOL RTG EDH LAP GSV PUD

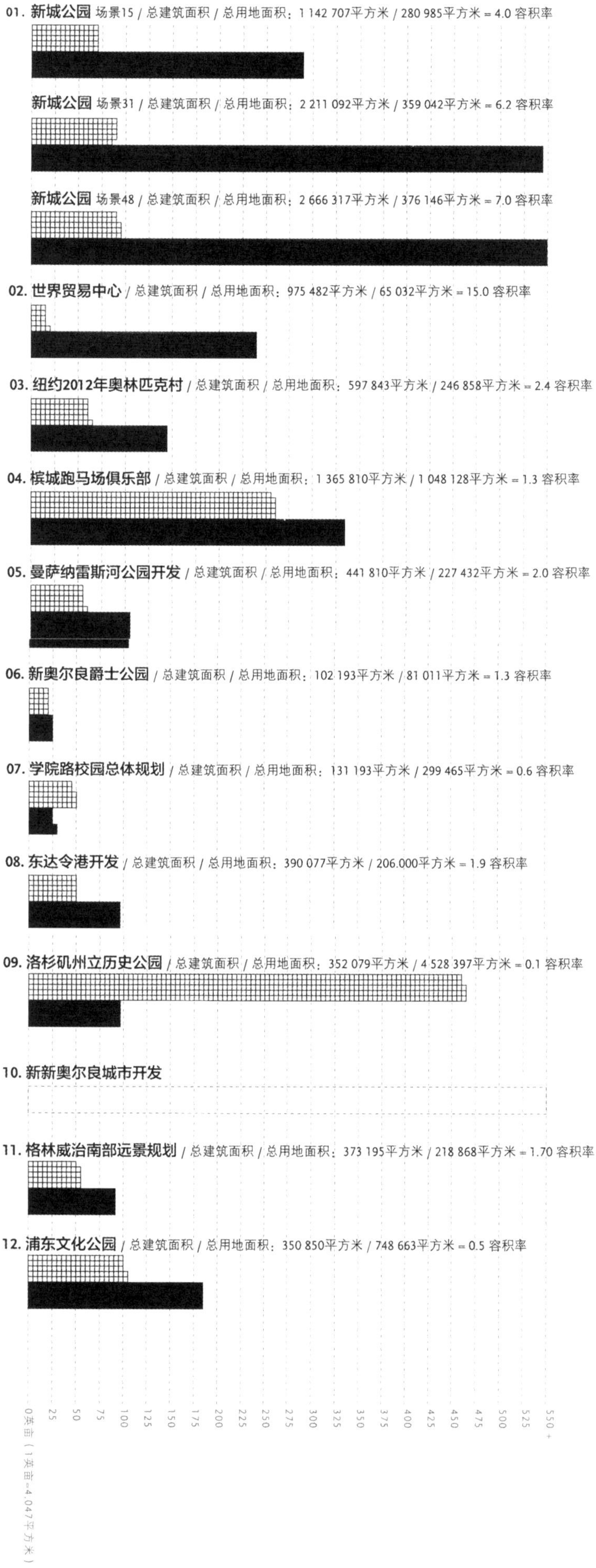

01. 新城公园 场景15 / 总建筑面积 / 总用地面积：1 142 707平方米 / 280 985平方米 = 4.0 容积率

新城公园 场景31 / 总建筑面积 / 总用地面积：2 211 092平方米 / 359 042平方米 = 6.2 容积率

新城公园 场景48 / 总建筑面积 / 总用地面积：2 666 317平方米 / 376 146平方米 = 7.0 容积率

02. 世界贸易中心 / 总建筑面积 / 总用地面积：975 482平方米 / 65 032平方米 = 15.0 容积率

03. 纽约2012年奥林匹克村 / 总建筑面积 / 总用地面积：597 843平方米 / 246 858平方米 = 2.4 容积率

04. 槟城跑马场俱乐部 / 总建筑面积 / 总用地面积：1 365 810平方米 / 1 048 128平方米 = 1.3 容积率

05. 曼萨纳雷斯河公园开发 / 总建筑面积 / 总用地面积：441 810平方米 / 227 432平方米 = 2.0 容积率

06. 新奥尔良爵士公园 / 总建筑面积 / 总用地面积：102 193平方米 / 81 011平方米 = 1.3 容积率

07. 学院路校园总体规划 / 总建筑面积 / 总用地面积：131 193平方米 / 299 465平方米 = 0.6 容积率

08. 东达令港开发 / 总建筑面积 / 总用地面积：390 077平方米 / 206.000平方米 = 1.9 容积率

09. 洛杉矶州立历史公园 / 总建筑面积 / 总用地面积：352 079平方米 / 4 528 397平方米 = 0.1 容积率

10. 新新奥尔良城市开发

11. 格林威治南部远景规划 / 总建筑面积 / 总用地面积：373 195平方米 / 218 868平方米 = 1.70 容积率

12. 浦东文化公园 / 总建筑面积 / 总用地面积：350 850平方米 / 748 663平方米 = 0.5 容积率

0英亩（1英亩=4 047平方米） 25 50 75 100 125 150 175 200 225 250 275 300 325 350 375 400 425 450 475 500 525 550 +

容积率（F.A.R.)*

* 图中每个白色方块表示面积 4 047 平方米。

人口密度 *

* 基于每位居民 74 平方米 / 每位上班族 12 平方米。

* 表示居民，表示上班族。

项目工程

项目一：新城公园 New City Park

数 据：

场地面积：

323 749 平方米（本场地）

项目规划：

场景 15：校园规划
占地总面积：1 263 481 平方米
总建筑面积：1 142 707 平方米
总开放面积：120 774 平方米

场景 31：娱乐休闲中心
占地总面积：2 331 866 平方米
总建筑面积：2 211 092 平方米
总开放面积：120 774 平方米

场景 48：城市商业公园
占地总面积：2 879 994 平方米
总建筑面积：2 666 317 平方米
总开放面积：213 677 平方米

建筑类型：

公共公园，一个交通枢纽和多种针对特定场景的项目规划

地理坐标：

40° 47′ N，75° 58′ W

弹性城市化：重组的类型和计划的结果

新城公园为曼哈顿新街区的开发提供了多种视角，使城市环境保持一致性的同时，也适应随时间而出现的各种功能和概念的可能性。

在这里，着重介绍由已经计划的或正在进行的城市需求所形成的三种可想象的场景结果。从校园到公园到娱乐中心——每一个场景的功能被区域化和分散化，场地内不同地区所关注的活动也就不同：内城区交界处，中心城区和沿海的外围地区，这些地区完全不同的密度把提议的项目与对应的环境联系起来，更紧密地结合当代城市环境的复杂性，使其充满多样性、不确定性和模糊性。

通过促进在 MTA（大都会运输管理局）铁路调车场的轨道之上的一个新兴中心的增长，以及建立一条从宾夕法尼亚站到哈德逊河（Hudson River）的线形公共绿地，这三个场景缓解了中城（Midtown）的压力。新的东西方向轴形成，穿过曼哈顿西边，加强了横向连接，激活了边缘地区。

三个场景都是依靠核心项目的坚固的公共枢纽和次要功能所依附的基础设施。通过具体的分区范围，运用形态学使其功能与形式相配，并拥有应对紧急事件的协调能力。

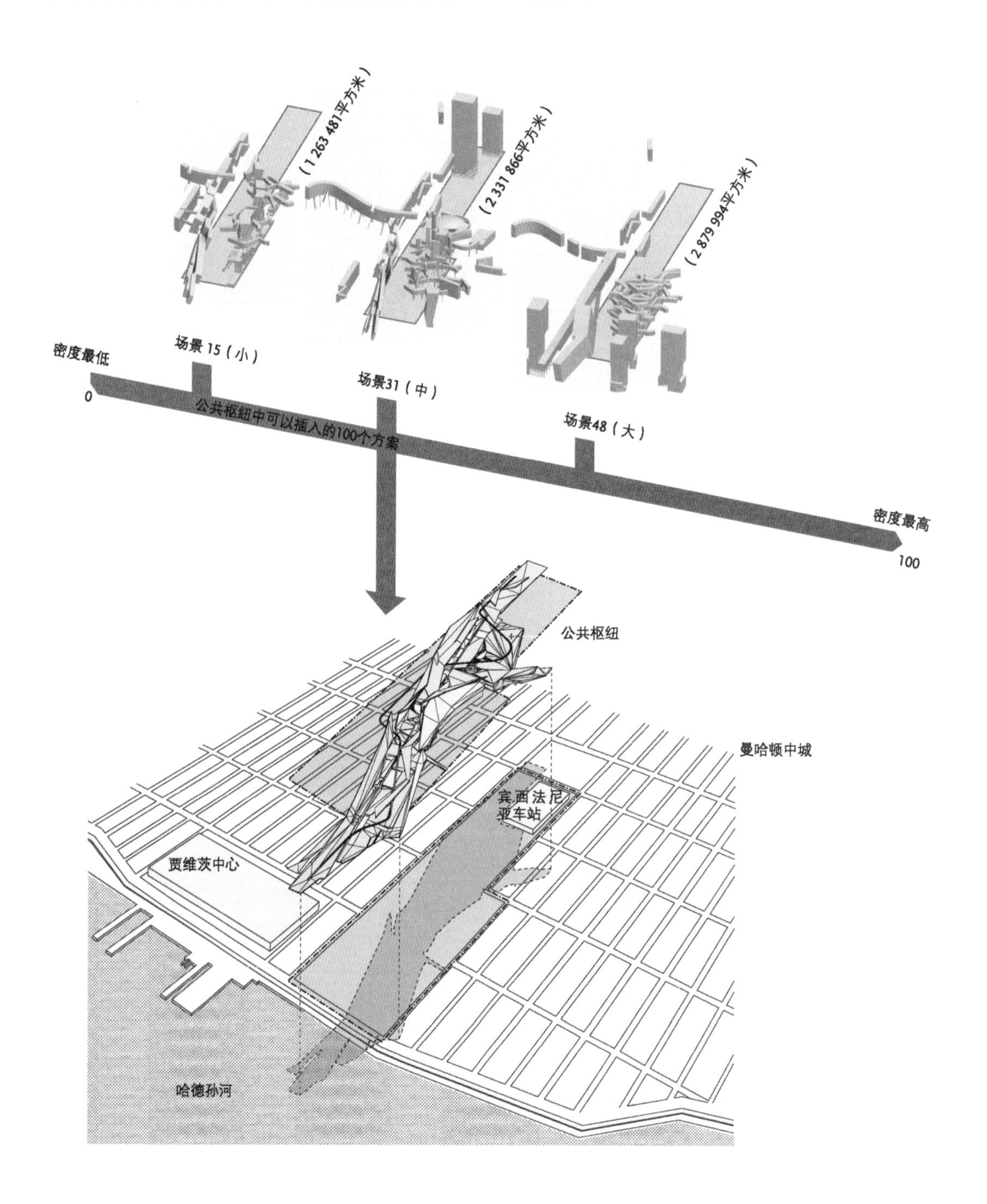

规模问题：城中城

如果场地计划居住人口为 9 016 人，就能体会到建筑物的庞大：在本质上定义了一个新的区域和群落。[01] 预计建筑面积相当于九座帝国大厦。[02]

新城公园远远超过了建筑的范畴，是城市设计上一个巨大的挑战，从本质上来说，它是在纽约城里建立的一座新城。计划白天的人流量将达到 156 016 人次，相当于英国的布莱顿（Brighton），法国的格兰诺布（Grenoble），美国俄亥俄州的代顿（Dayton,Ohio）等城市的日人流量。[03]

英国布莱顿日人流量达到
156 016 人次

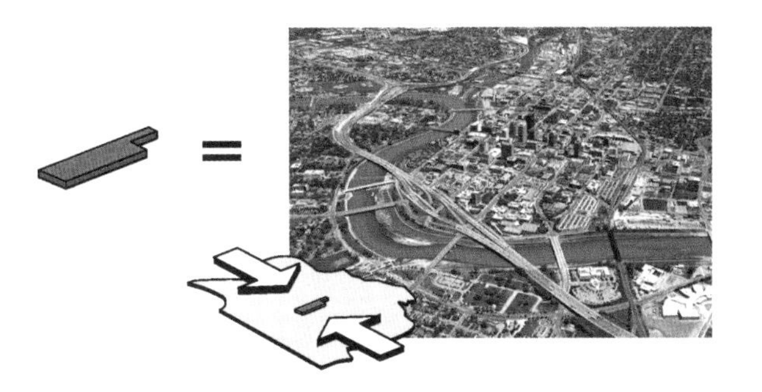

法国格兰诺布日人流量达到
157 000 人次

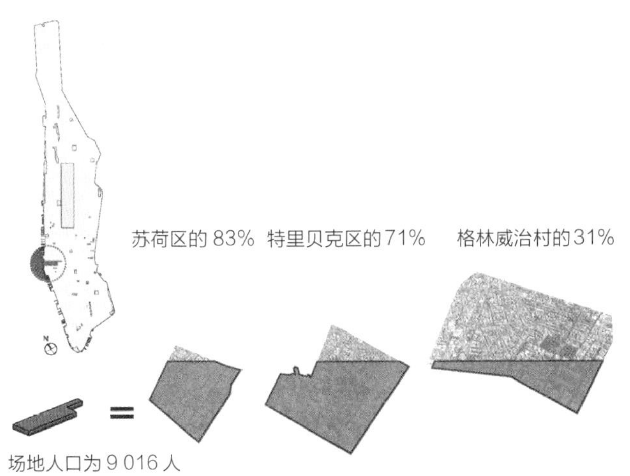

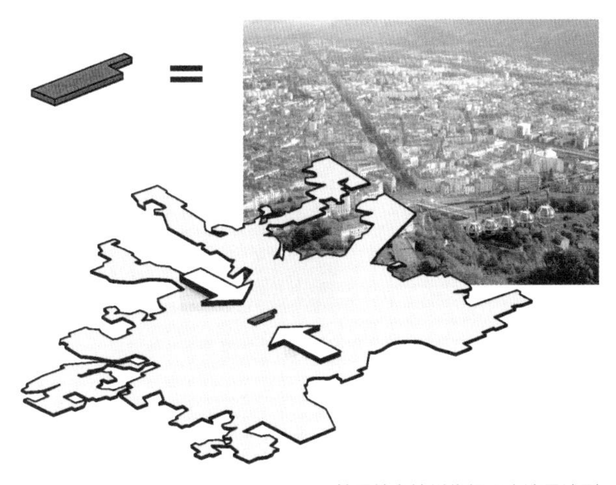

美国俄亥俄州代顿日人流量达到
155 467 人次

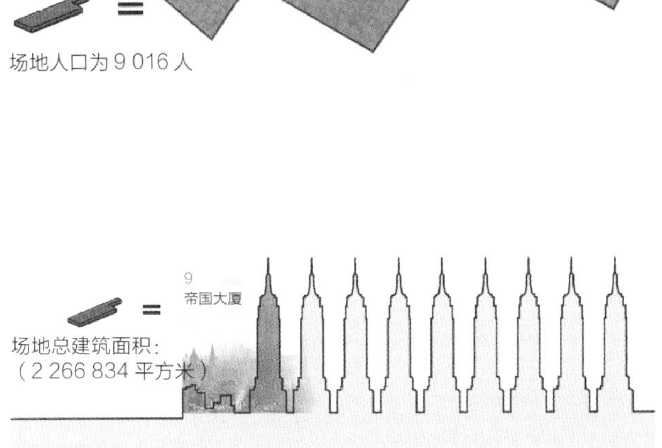

01：该方案超越了单一视野的范围，必须有一个策略指导其发展。如何立即设计一个微观城市，同时抓住历史名城几个世纪来发展出的城市生命力？大规模的规划需要一个灵活的可以预测城市发展复杂性和不确定性的版式。

02：实际上，建筑面积从 1 027 740 到 3 251 604 平方米不等。对比计算结果是基于提案场景 48 整个建筑面积上的，不包括公园面积。

03：基于建造帝国大厦每立方米的人数的比例，我们计算出人数约为 147 000。再加上 9 016 人的居住人群，使得白天的人数达到 156 016。根据这些数据，新城公园会成为美国第 147 个大城市。通过比较这块场地的面积与日人流量大致相同的其他地方的面积，人们能够测量出所要求的高密度。请见：美国城市的人口——Wikipedia,http：//en.wikipedia.org/wiki/list_of_United States_cities_by_population.

密度图

潜能最大化：覆盖铁路来增加价值

作为城市最后的空地之一，此场地不同于其他作为空地的公园和公共空间。MTA 铁路调车场[04] 并没有提供公共价值和宜人空间，只是停放火车的空间。在如此宝贵的地块停放火车的成本比每年损失的房地产租赁和出租收入还要多 10 亿美元，还不包括纽约市由此损失的税收。[05] 因此，把铁路和土地开发结合起来将提供一个独一无二的巨大的发展机会，可以让其成为繁华的市中心商业区。[06]

现存哈德逊庭院及曼哈顿中城

04：当前该场地用做美国铁路公司、新泽西运输铁路和长岛铁路露天铁路和仓库。其周边是到林肯隧道（Lincoln Tunnel）、未来的西街（West Street）和哈德逊河公园的入口和出口。大都会运输管理局拥有铁路调车场，计划开发该场地，将其定义为 6 个街区，由东边第 8 大道，西边哈德逊河（Hudson River），北边第 34 大街和南边的第 30 大街围合起来。

众所周知的哈德逊庭院现在是一个由工厂停车场、仓库、林肯隧道的入口和几十条进出宾夕法尼亚车站的铁轨组成的狭长地带。其多样化的、有纪念意义的构筑物、铁轨和仓库的集合构成了为数不多的见证纽约工业历史的遗迹之一。

05：一年内将零美元变成 10 亿美元的构想是基于曼哈顿办公楼和住宅的租赁利率和方案中场景 48 预期的功能的。

06：根据市政规划，曼哈顿中城将在 2025 年增加一个约 4 180 637 平方米的商业开发区。然而在竞赛简要里，则要求 1 207 740 平方米的开发面积，即使是将整个开发区域都变成商业空间，这个数字仍无法满足示范要求。很明显，高密度的开发是必需的，但空的或未开发的地块基本不存在。MTA 铁路调车场事实上是曼哈顿中城为数不多的未开发地块之一。场景 48 可以缓解中城的压力，提供 1 579 352 平方米的商业和办公开发区域，满足了到 2025 年 40% 的商业需求。

在开发哈德逊庭院上，挖掘出一段类似的案例并不是很困难的事情。1903 年，拥挤和污染使得纽约人重新思考之前被忽略的土地：纽约中央铁路连接到中央车站的铁轨。在铁轨上建设了一个平台，从而给予了城市一条繁华的公园大道及可供 160 000 人谋生的地方。

场地具有商业、文化和娱乐繁华地区所有的特质。多重基础设施的连接和临近水域，[07] 赋予场地一流城市的优越地理位置，因此对已开发空间和绿化面积的需求也迅速增加。但其最有价值的资产——从宾夕法尼亚车站开出并停靠的大量的火车组——却阻碍了其发展。伴随着新城公园的出现，主要的设计元素——一个美化环境的铁路覆盖物对场地进行了重构。

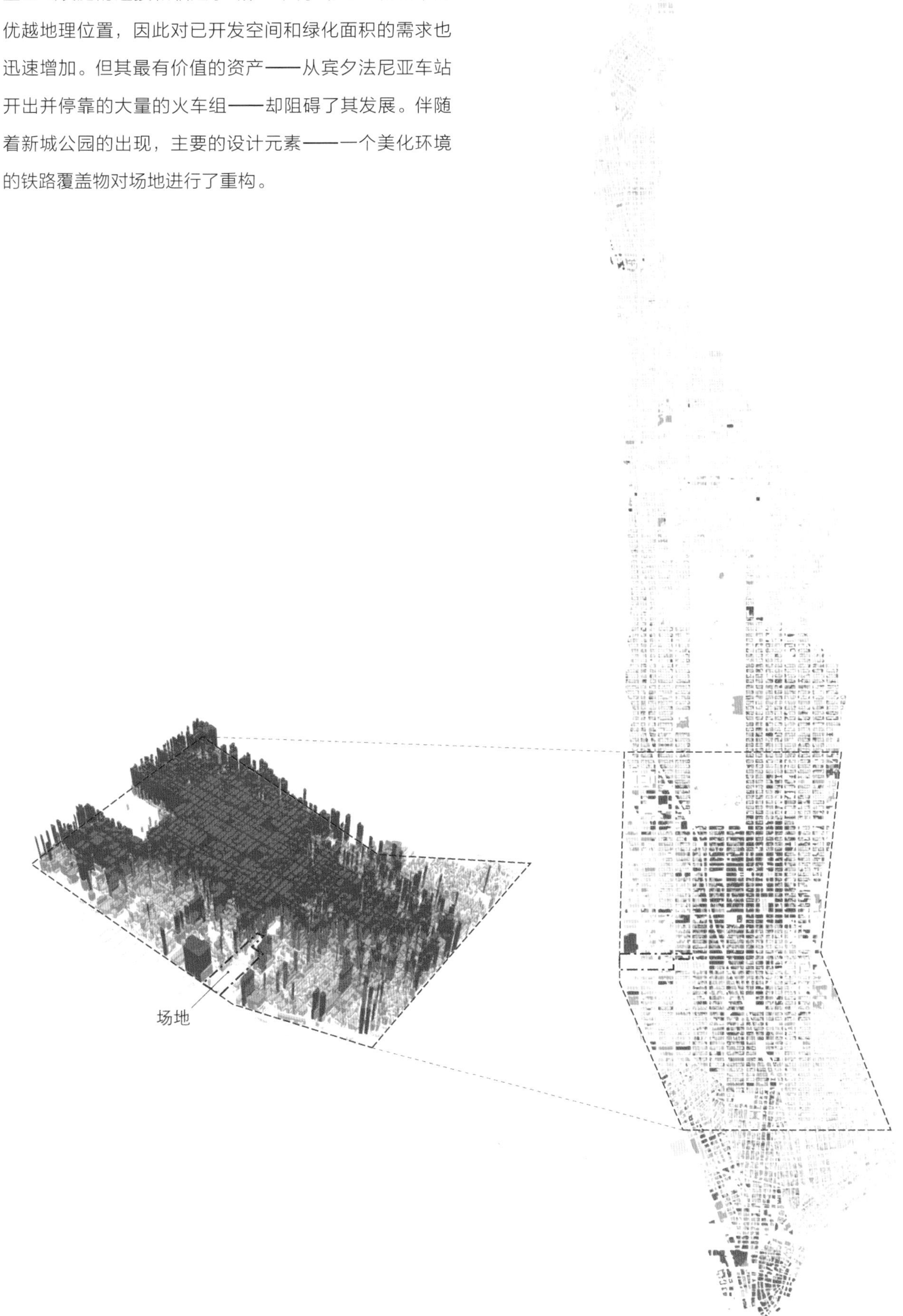

07：该场地拥有城市密度最高、最集中的交通，但当前缺乏重要的枢纽和规划来将其转变成一个繁华地区。

位置机遇：增强交通枢纽的功能

当前场地和其周边 800 米的地区作为进入曼哈顿的关键门户，许多大型的交通流线系统在此交会。事实上，在宾夕法尼亚车站、港局车站、林肯隧道和其他许多地铁车站之间，该场地集合和分散了大量进入和离开城市的上班族和游客。[08] 因此，该场地拥有成为主要门户和标志性交通枢纽的巨大潜力。

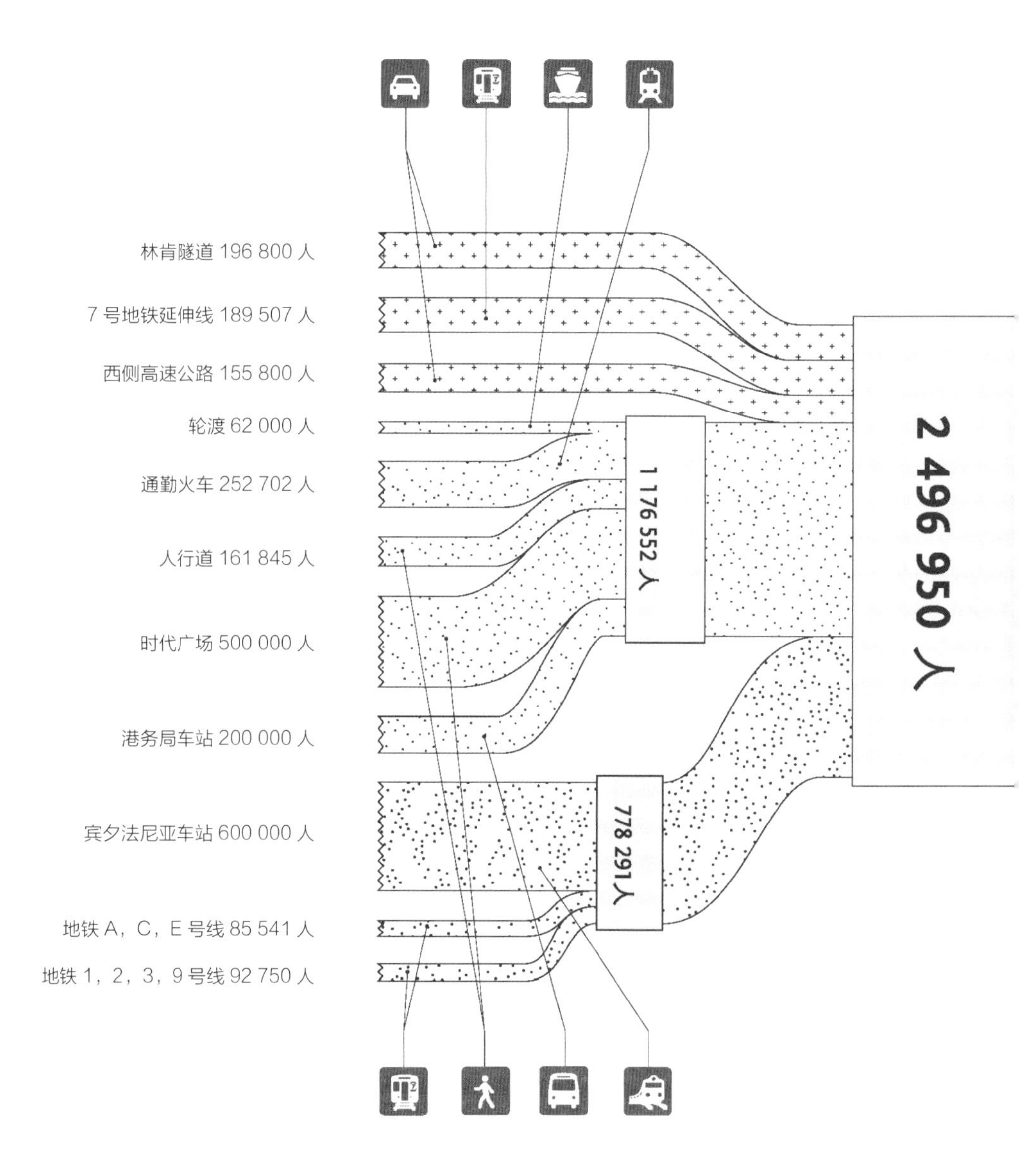

08：开发和连接交通工具不单对这个地区，对整个地区功能来说，都是很重要的。现在，宾夕法尼亚站位于该场地的东边、麦迪逊广场花园下方，拥有将近 4 倍于中央车站的人流量。该场地可以为长途和区域内铁路公司服务，包括从华盛顿到波士顿、大都会新泽西交通和长岛铁路的高速服务。而且，在第 34 街连接第 7 和第 8 大道地铁线。往返曼哈顿的渡轮停泊在该场地的北边，靠近林肯隧道——提供了去往新泽西的入口。

在该场地及其周边 800 米的区域每天大约有 250 万人工作、生活、参观或经过（见下图）。[09]

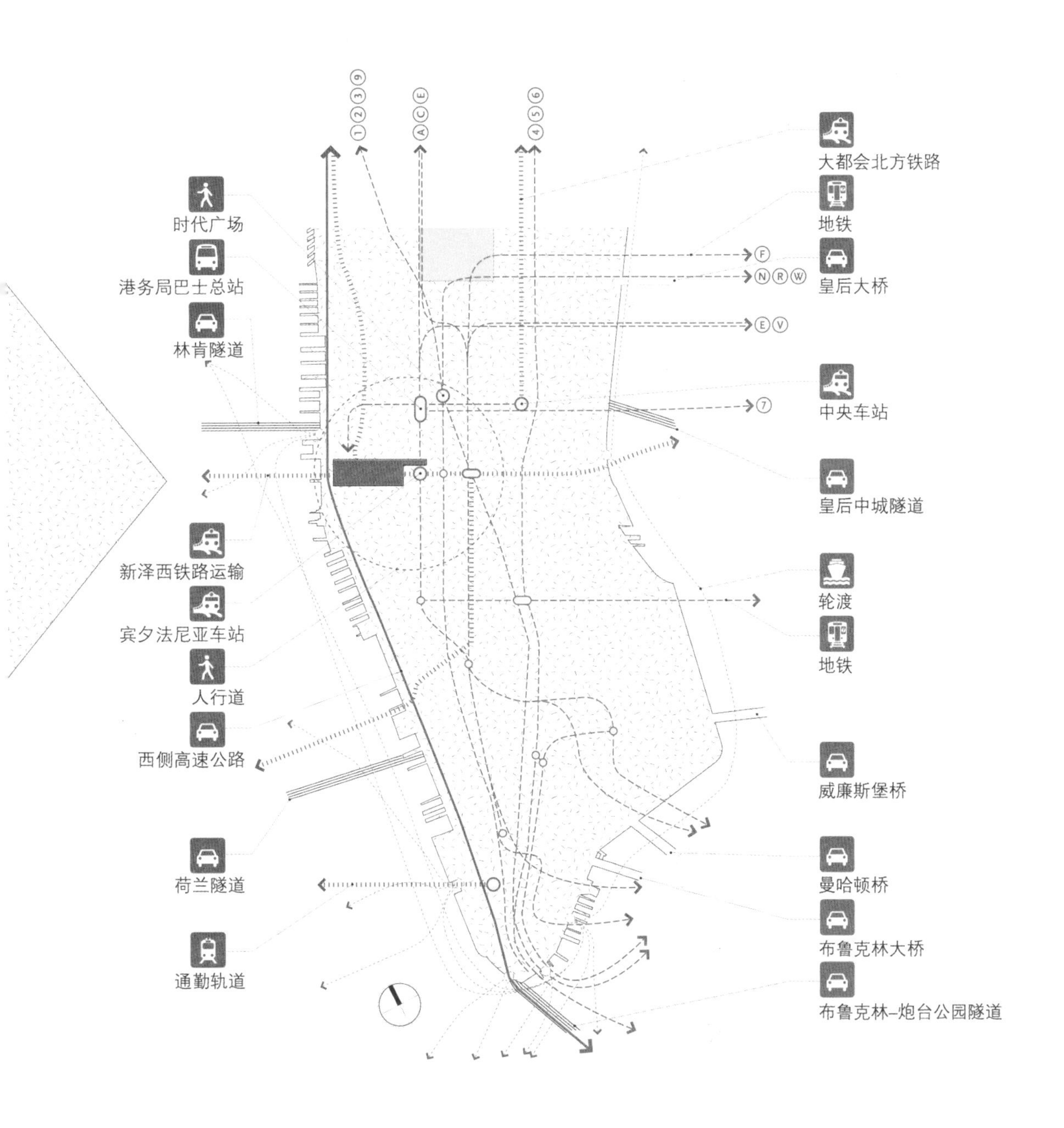

09：这张图显示了通过不同枢纽的不同路线，所以这不是单一访问者的数量，而是在一天中某个时间经过该场地附近的人流量。

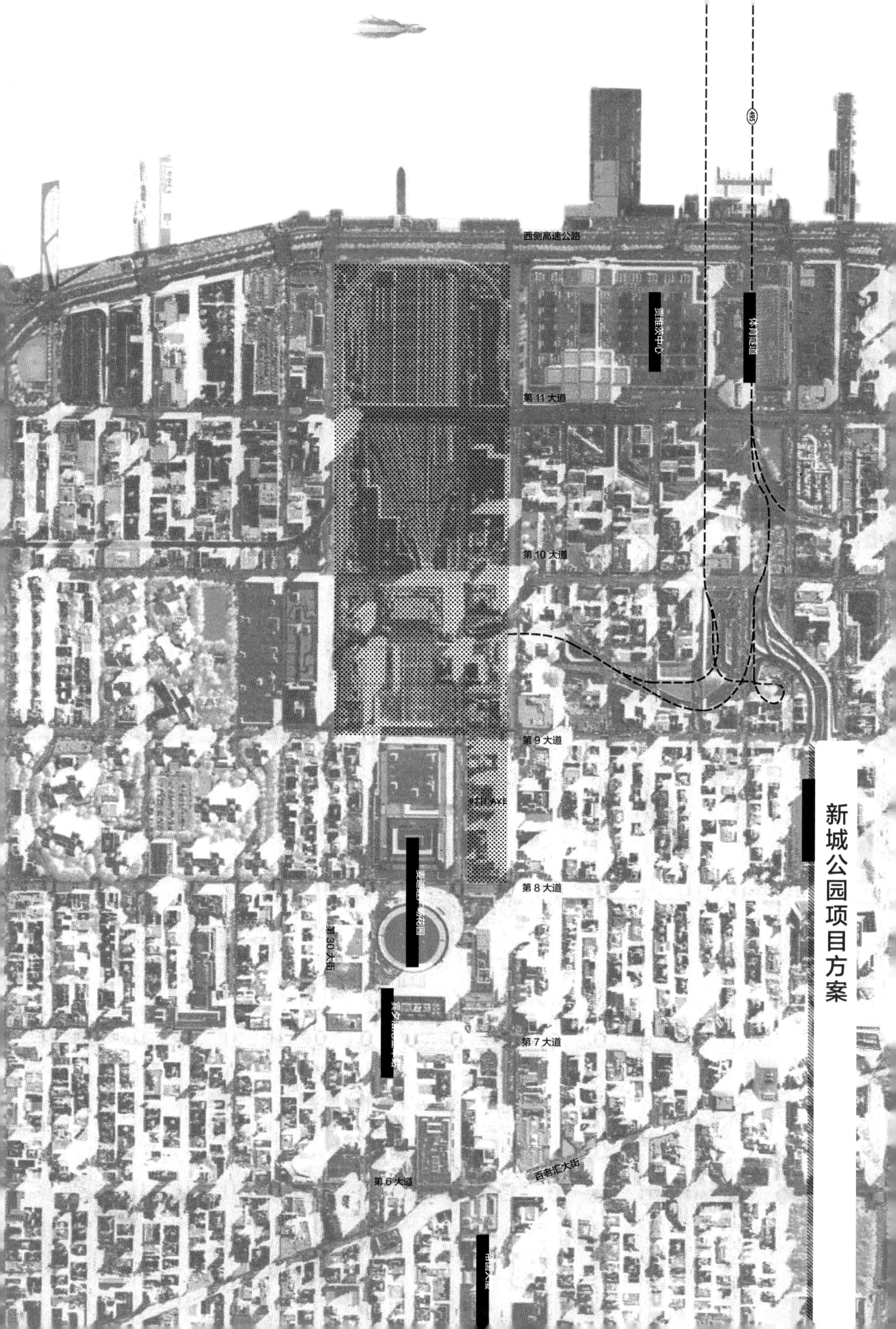

495
西侧高速公路
贾维茨中心
体育隧道
第 11 大道
第 10 大道
第 9 大道
第 8 大道
第 30 大街
第 7 大道
第 6 大道
百老汇大街
新城公园项目方案

一个核心结构将所有交通方式连接起来，构成一个由重要项目支持的中央枢纽，并都融入一个绿色基座之下。

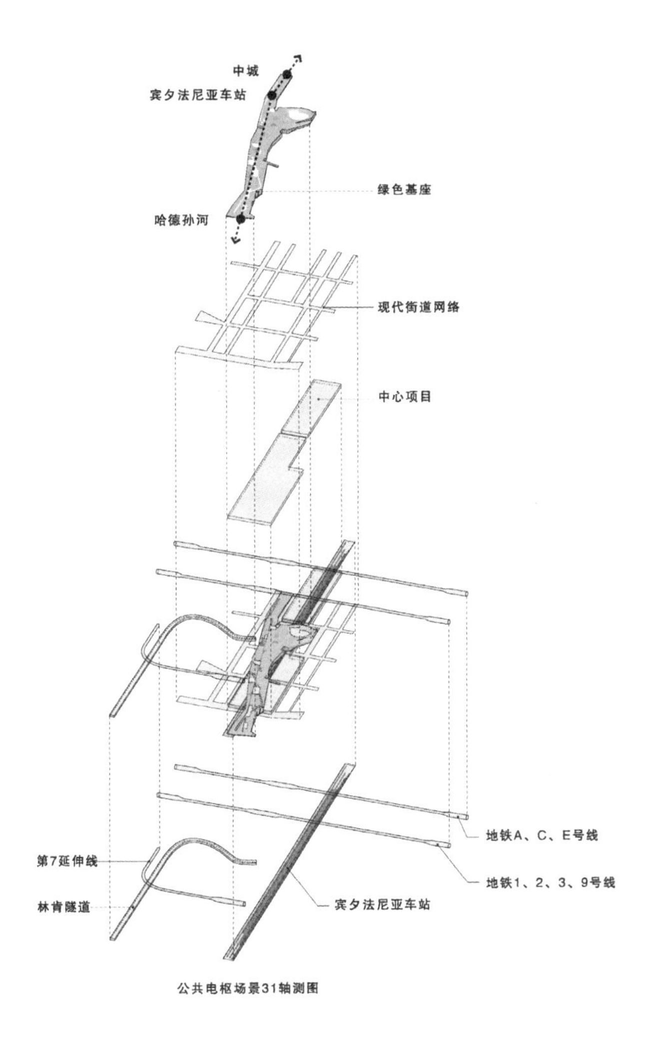

公共电枢场景31轴测图

这个扩大的枢纽成为该场地的中枢，提供不断变化的系统及其子系统的庞大组织。即使是一开始为缺省结构，它也会根据一定的周边力量迅速变形和变异。然而大多数情况下，该枢纽作为一个应用于多种场景的恒量，为地区的建筑项目和地区特性添加了无限的可能性。

场地的中枢：一个公共的枢纽

通过嵌入项目的基座把城市竖向分层，公共枢纽可以充分利用其水平底层面积，在一大块狭长的土地上开发丰富的项目。在地形组织上，重新将项目功能引导至更低层。焕发生机的屋顶风景（公园），伴随着下方的项目，从宾夕法尼亚车站开始，越过调车场，顺流而下，一直到海滩浮台，提供了全年使用的多样性。创建的一个公共空间的枢纽，连接了城市内部和哈德逊河，增加了周边到达岛屿的便利性。当项目和交通路线相互交织、相互连接成灵活和通达的空间时，一个公共枢纽便形成了。

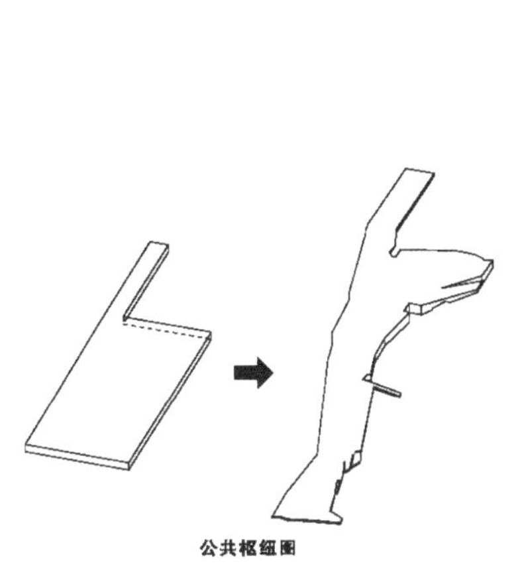
公共枢纽图

规划公共枢纽，激活河岸地区，增加地区价值

切尔西码头提供了健身设施，但仍缺乏更大面积的体育场地和设施。通过创建一个从切尔西码头延伸至中城的综合性娱乐中心，建筑师最大限度地提高了周围设施场所的有效性并通过增强地区个性的设施来完善其功能。所以，击球区（位于切尔西码头）将与棒球场（位于新城公园）连成一组，舞蹈室和表演大厅连成一组，形成一个包括各种场地和地形的混合区域提供额外的体育练习和竞赛的空间。这样的设施为社区提供了无价的资产，丰富和激发了地区的私人开发。[10]

如果想建立一个人们想要停留的地方，首先要建立一个人们想要去的地方。

规划的公园增建了二十四个网球场、两个足球场、一个橄榄球场、一个室外跑道和十个篮球场和此外还有路步小径、跑马训练场、延伸的码头、温泉疗养、健身中心、娱乐中心、小型健身泳池以及一片人造海滩。这些公共项目功能是为了激励私人开发，以此负担维护资金。

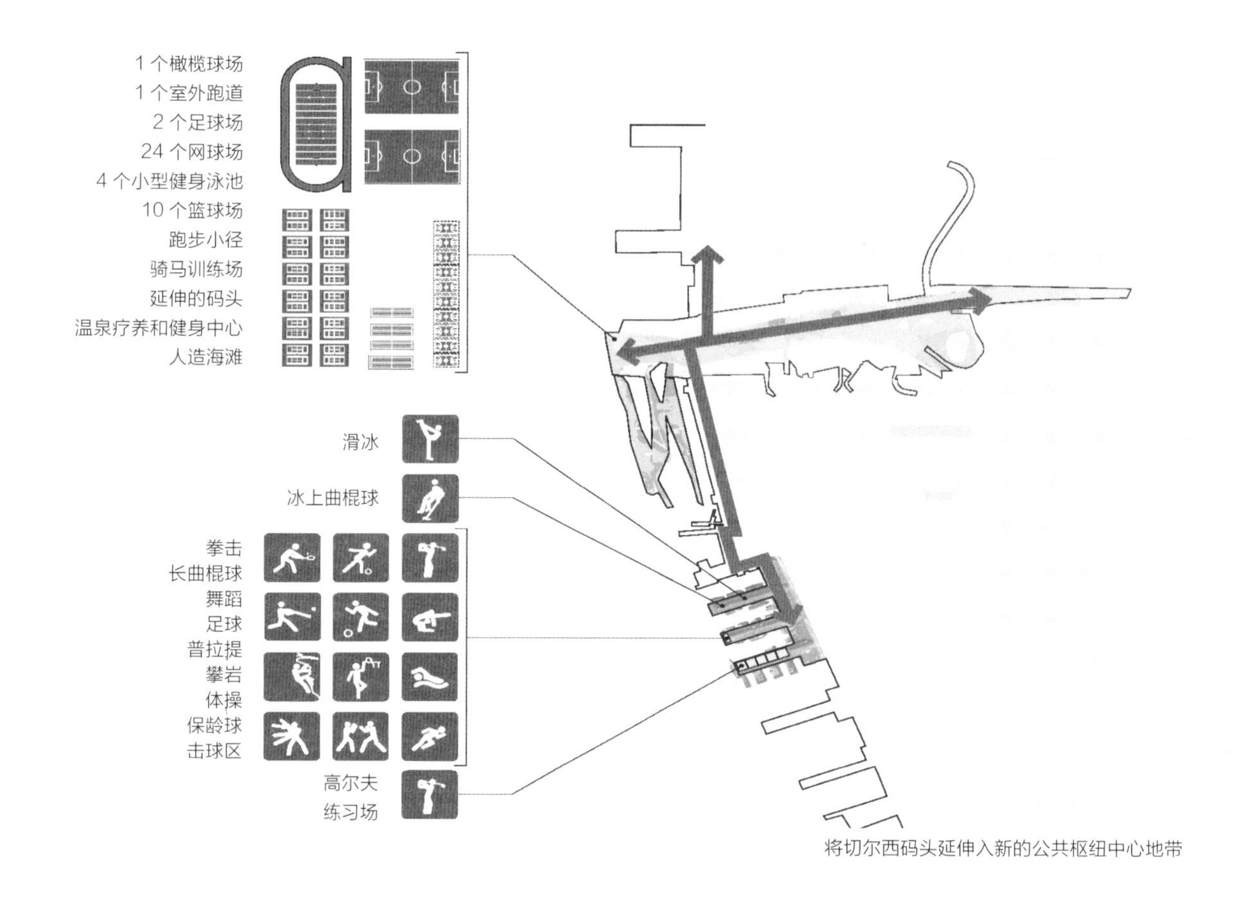

将切尔西码头延伸入新的公共枢纽中心地带

10：利用公共设施来吸引私人投资的策略是屡见不鲜的。（高尔夫球场社区）开发商策略所反映的，正如公共公园和开放空间支持者提倡了将近一个世纪的那样，公园和娱乐设施是一个投资而非耗费，因为它们为城市创造的不动产税要远远高于其所花费的年设施检修费用。一个持续的研究报告表明，自从弗雷德里克·劳·奥姆斯特德在“纽约中央公园 1865 至 1873 年间对周围房地产价值的影响”的文章中最先提及到公园的价值后，公园的价值提高效应便出现了。（约翰·L. 克劳顿，“公园和开放空间对资产价值和地产税收基准的影响”，2000 年，http：//rptsweb.tamu.edu/faculty/pubs/property%20value.pdf.）

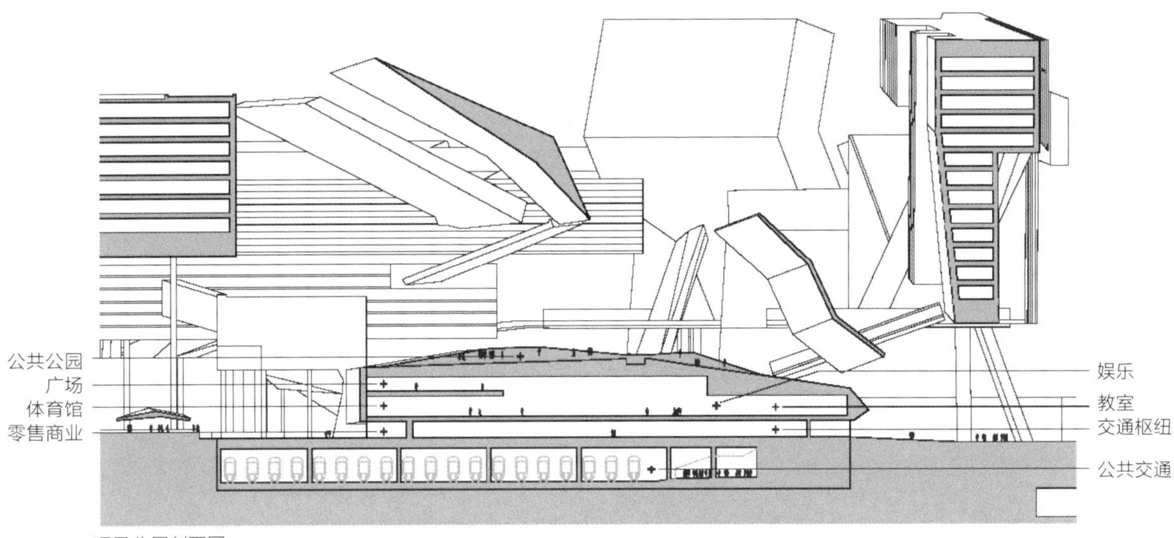

项目分层剖面图

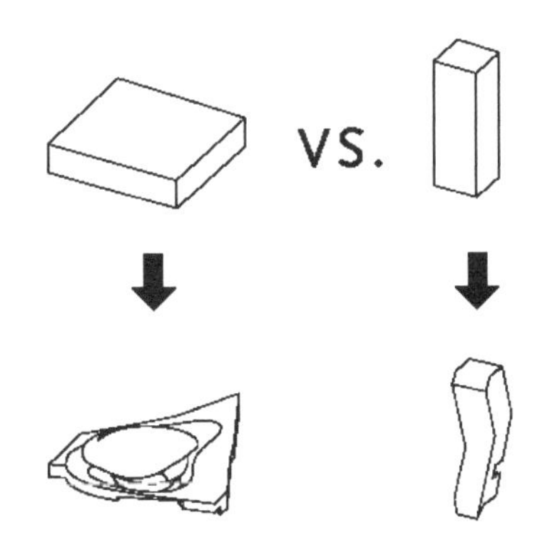

开放式形态学及其形式生成

在公共枢纽之外，基于不断变化的项目需求，各种建筑形体聚集，以不同的方式组合配置。为了不妨碍城市、开发商或居民对场地的需求，在一个需要耗时多年的工程动工之初，建筑师就设计了一个预载了建筑元素的基础设施，当有需要的时候，就可以被实现。代表了不同的项目、功能和用途，这些三维分区的选择是基于它们内在的空间和功能的。形式参数限制着其功能范围，决定着最有益于理想效果的形式。例如，一个低矮体量可能容纳大规模的零售中心或一个会展中心，一座高楼更适合用做办公楼或住宅楼。建筑多样化可以容纳人口群体多样性的增长，而且具有灵活性以支持个人（私人）开发策略。当场景采用了具体的类型，根据其功能特征，接入、利用并加强公共枢纽。

模型：场景 31

蛇形

形　式：体积大的线形（多方向的）
标志语：林肯隧道空间使用
项　目：办公、住宅、老房子、服务、商业

蛇形 [M03]

条状

形　式：线形
标志语：连接
项　目：办公、住宅、机构

条状 [M02]

征服者

形　式：大型竖向体量
标志语：收益、力量、志向、无限
项　目：商业、办公、酒店、高层住宅、文化、机构

带状

形　式：大型横向体量
标志语：临近综合设施
项　目：办公、教育、机构

漂浮状

形　式：水上构造
标志语：休闲
项　目：海滩、船坞、商店、咖啡厅、夜店、潮汐涡轮机

漂浮状 [M10]

连接器

形　式：各种尺寸和形状
标志语：扣件、模拟过渡
项　目：办公、教育、机构

盒状

形　式：独特的形式 - 强大吸引力
标志语：娱乐
项　目：哈德逊河生态水族馆 - 船屋 - 植物园 - 麦迪逊广场花园 - 宾夕法尼亚车站 - 海滩 - 曲棍球和滑冰场通道

盒状 [M09]

通道

形　式：定向客积线
标志语：连接环路 - 高速公路
项　目：桥 - 风景

点状

形　式：网点 X．Y．Z
标志语：KIOSKS
项　目：数据 - 工程 - 娱乐

导弹型

形　式：中小型竖向体量
标志语：透明性
项　目：办公 - 工作和生活 LOFT

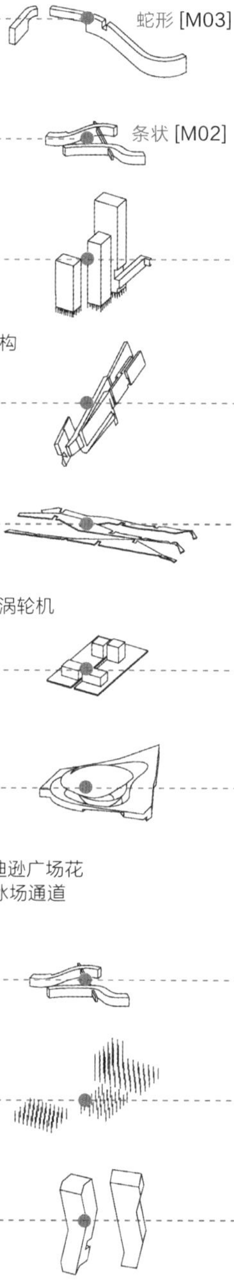

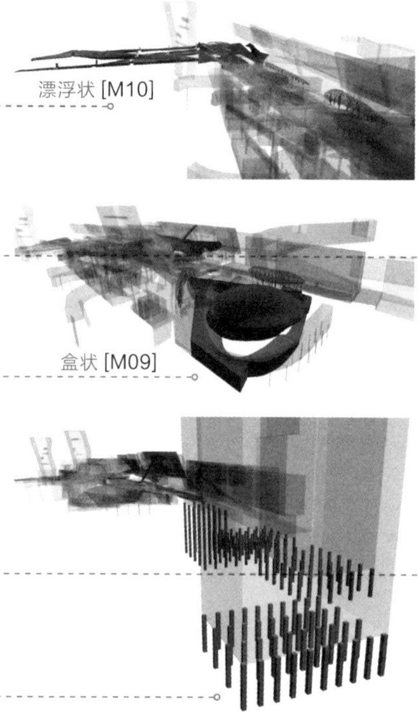

PODS

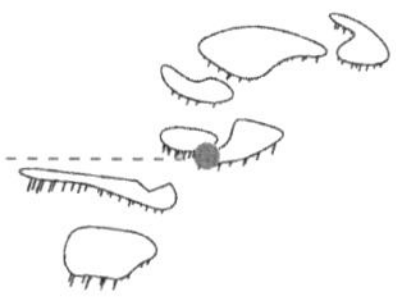

形　式：底层体量
标志语：边界边缘
项　目：景观、小树林、绿化、花草

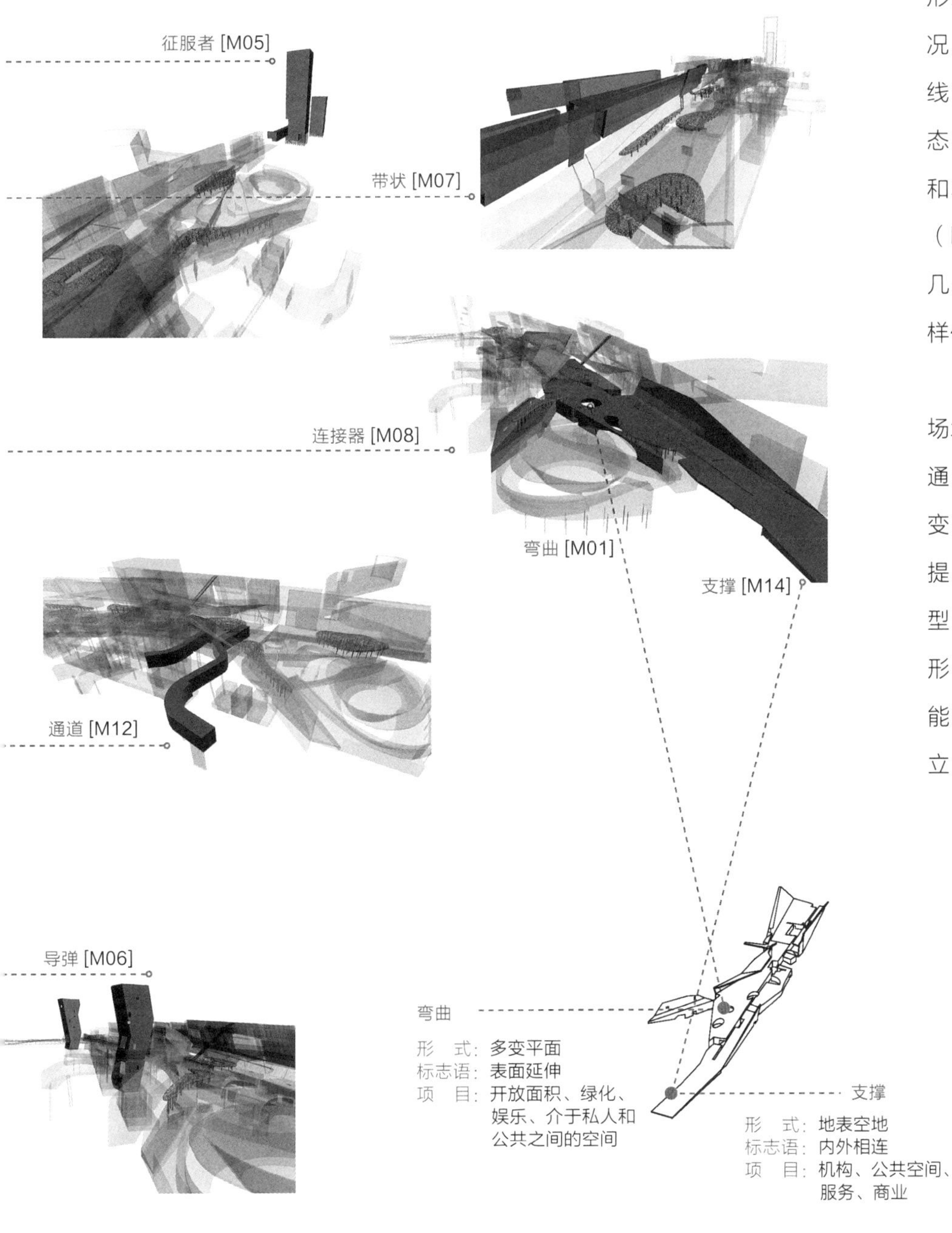

形态学的分类

通过从中选择特定的形态，场地可以根据一个具体的方向和项目意图进行开发，但形态开放式的特性允许新的情况产生，可以灵活地改变路线。不同于闭合的、理想的形态拥有严格的界限，由片段和轮廓组成的基本的建筑模块（M01-M16）拥有不规则的几何形状，构成更加动态和多样化的空间环境。

旨在分层、重叠、交织，场地形态鼓励连接性和复杂性。通过所包含的选择、复制和改变的冲突，变形的发生无法被提前设计、决定或预知。当类型重新组合时，其总体体量变形成动态的空间，并且偏离只能在静态的空间中形成的“中立”形态。

项目和分布各异的一百个场景中的三个场景

在许多与背景环境相对应的场景中，一百个场景因其可以根据不同的项目需求来调整场地而被隔离开。随机选择的场景 15、31 和 48 作为众多可能的结果之进一步强调每一个场景的示范性、建议性和多重叙事代替单一叙述的普遍倾向性。

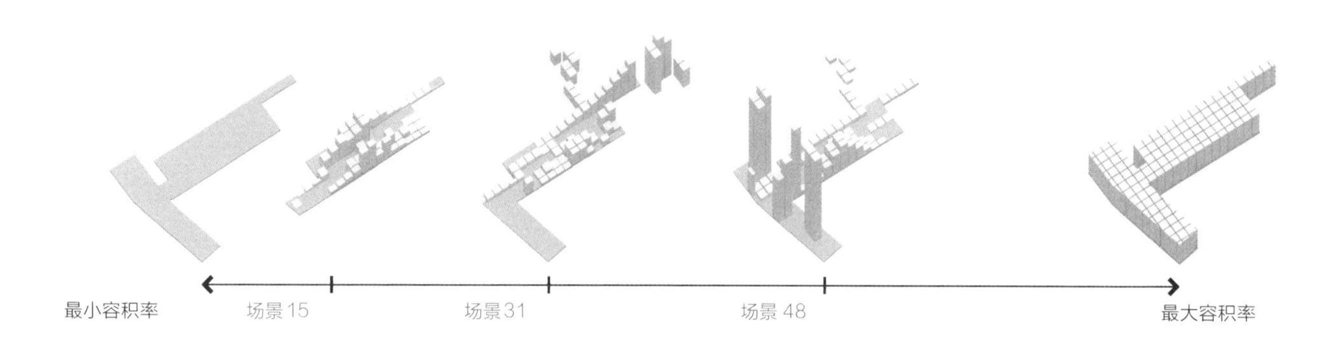

场景 15：**校园规划**

（13 600 000 平方英尺 / 1 263 481 平方米）

应用特定的类型来补足校园规划：宿舍、教学楼和服务项目。从其他城市校园可以得到提示，例如哥伦比亚大学，建筑物围绕着方形的绿色场院而建，通过交错的人行道连接起来。

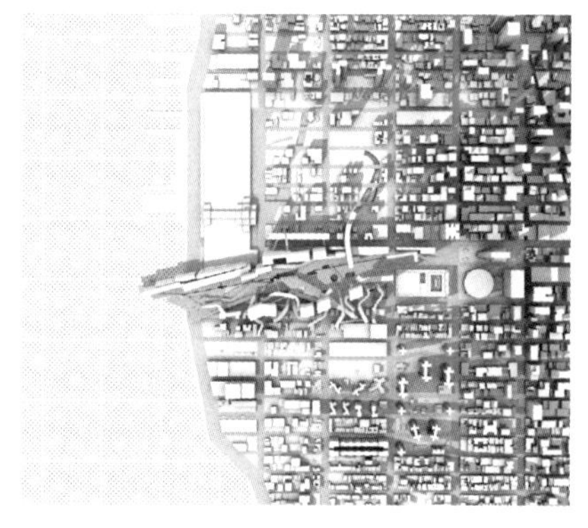

场景 31：**娱乐休闲中心**

（25 100 000 平方英尺 / 2 331 866 平方米）

比邻的宾夕法尼亚站在该场地上重建，同时伴有娱乐设施项目，如时代广场（Times Square），提供一个通达便利的多重功能、多重刺激的娱乐休闲中心。

场景 48：**城市商业公园**

（31 000 000 平方英尺 / 2 879 994 平方米）

一个大型的绿色休闲空间占据了场地的大部分。为了满足项目需要，周边的项目增加了密度，把公园连成一线，如同中央公园的模式。鉴于项目的特性（密集的商业和住宅区俯瞰公园），建筑高度、规模增大。

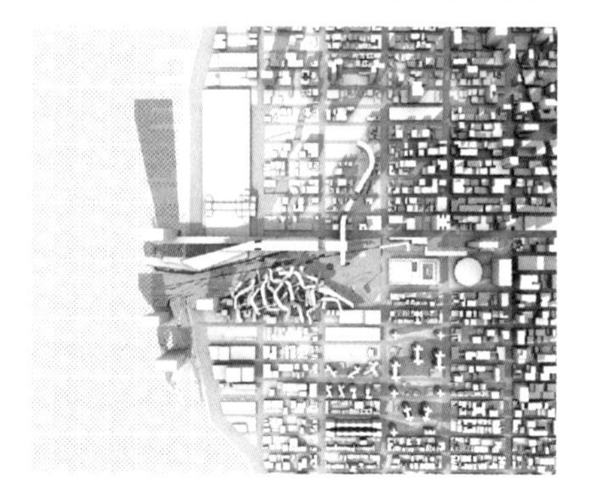

差异中的共性

无论这个地区是否需要一个公园、校园或是娱乐中心，不同的形态重叠和交织，以产生临接、开口和独一无二的空间体验。三个场景通过在项目参数之内放大的不同密度具有本质的差异性，但确实拥有一定的共性，始终保持着一个整体形象定义并提升了新城公园地区的地位。

运用同样的形态学，根据不同的项目目标改变数量和联系，使得这些场景实现了不同的结果。例如，一个场景可能包含一个密集的住宅空间组合，通过重叠“条状”形态（M-02），产生了一个更私密的公共空间，而另一个场景，作为一个娱乐中心，运用更为开阔的“盒状”形态（M-09），可以在建筑场之间产生更广阔的公共空间。

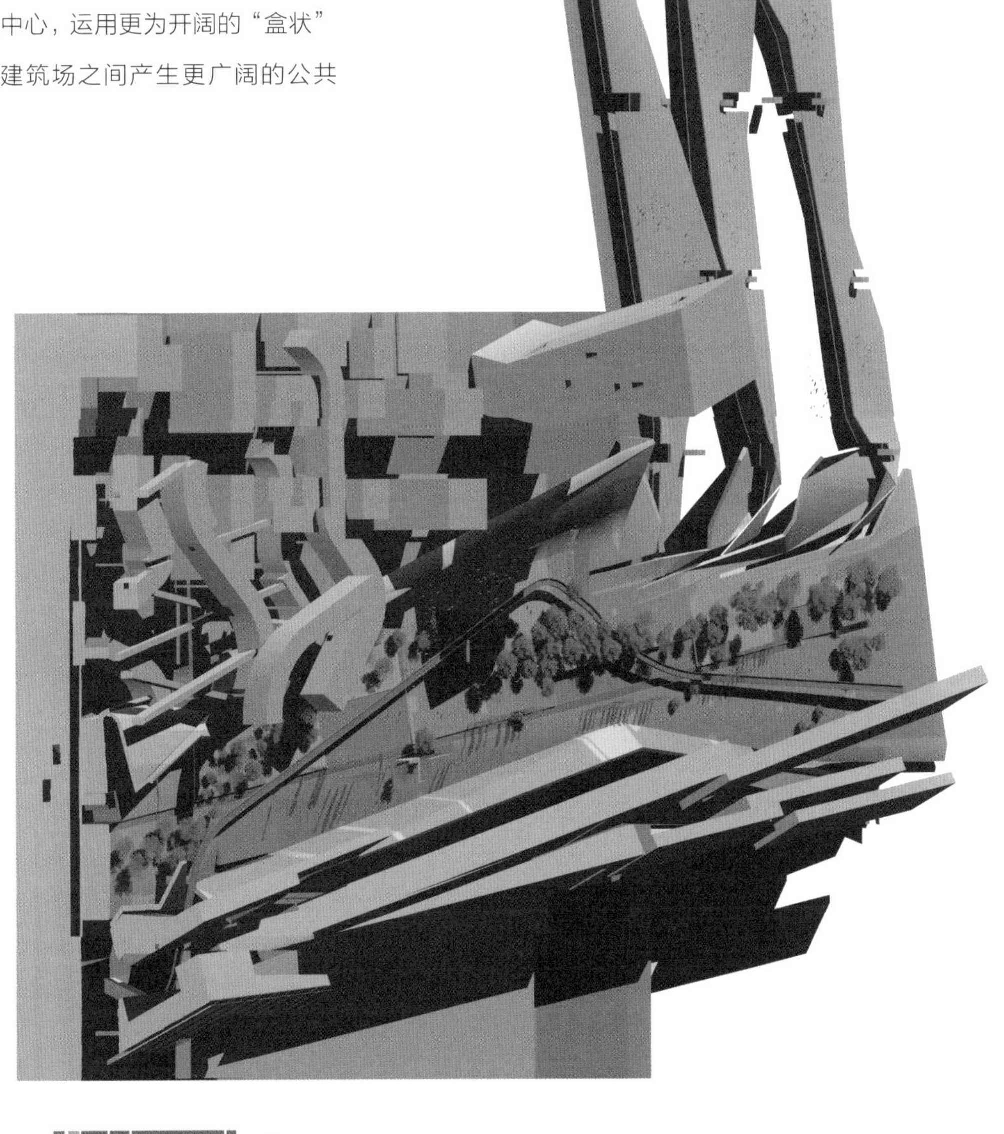

项目分布

场景 15：校园规划是三个场景开发中规模最小的，面积大约为场景 31 和 48 的一半。主要项目是低密度的教育设施、公共设施如林荫草地周边的方形场院。

场景 31：娱乐休闲中心体现了城市的每日节奏、强调了交通枢纽、创建了一个充满文化设施的娱乐终端。

场景 48：城市商业公园呈垂直方向分布。其大量的项目与最高的形态相匹配，因此可以在地面上建立三个场景中最大的公园——约为其他场景公园的两倍。

面积分布
场景 15

比例	类型	面积
6.0%	住宅	74 322 平方米
46.3%	教育	585 289 平方米
11.0%	商业	139 355 平方米
13.9%	办公	176 516 平方米
9.6%	绿化空间	120 774 平方米
1.5%	广场	18 581 平方米
11.7%	基础设施	148 645 平方米

43% 开放面积

总建筑面积：1 142 707 平方米
总开放面积：120 774 平方米
总用地面积：280 985 平方米

面积分布
场景 31

比例	类型	面积
15.9%	住宅	37 161 平方米
25.3%	文化	589 934 平方米
9.0%	商业	209 032 平方米
31.9%	办公	743 224 平方米
5.2%	绿化空间	120 774 平方米
0.8%	广场	18 581 平方米
11.9%	基础设施	278 709 平方米

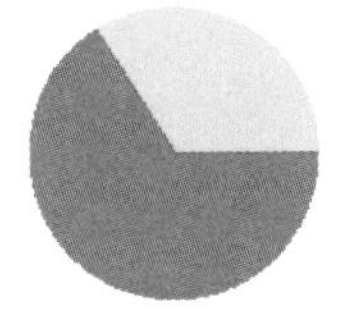

总建筑面积：2 211 092 平方米
总开放面积： 120 774 平方米
总用地面积： 359 042 平方米

34% 开放面积

面积分布
场景 48

比例	类型	面积
17.7%	住宅	510,967 平方米
5.0%	文化	176 516 平方米
13.5%	商业	390 193 平方米
42.6%	办公	1 189 159 平方米
7.4%	绿化空间	213 677 平方米
1.2%	广场	37 161 平方米
12.6%	基础设施	362 322 平方米

总建筑面积：2 666 317 平方米
总开放面积： 213 677 平方米
总用地面积： 376 146 平方米

57% 开放面积

场景 15：校园规划

此场景规模虽小却是公共密集区域，密布的教育项目配置了特殊的形态来定义建筑时界定了具体形态的选择从而明确了建筑类型。

校园布局与城市阶层相互交织，共同建立了一个动态的项目场域，将周围物资流、信息流和基础设施流渗透入一个重新定义校园体验的方案。校园既是一个自主的实体，又不可避免地与周边环境交织。重叠、增加和分层建造了多重平面，将校园宿舍楼和教学楼与娱乐、文化和社区项目相融合。

该方案提高了场地的利用率，而不牺牲开放空间。大片草坪将曼哈顿与河流连接起来，一直延伸到景观浮台。此方案提供了建立一所新校园的可能性或者利用场地现有生成材料扩展现有校园。

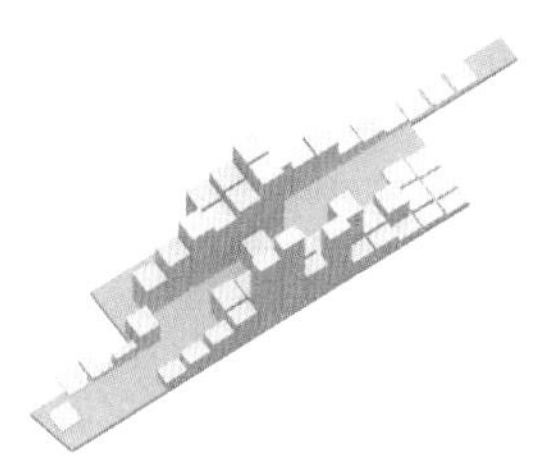

场地中央项目密度集中

先例：哥伦比亚大学校园

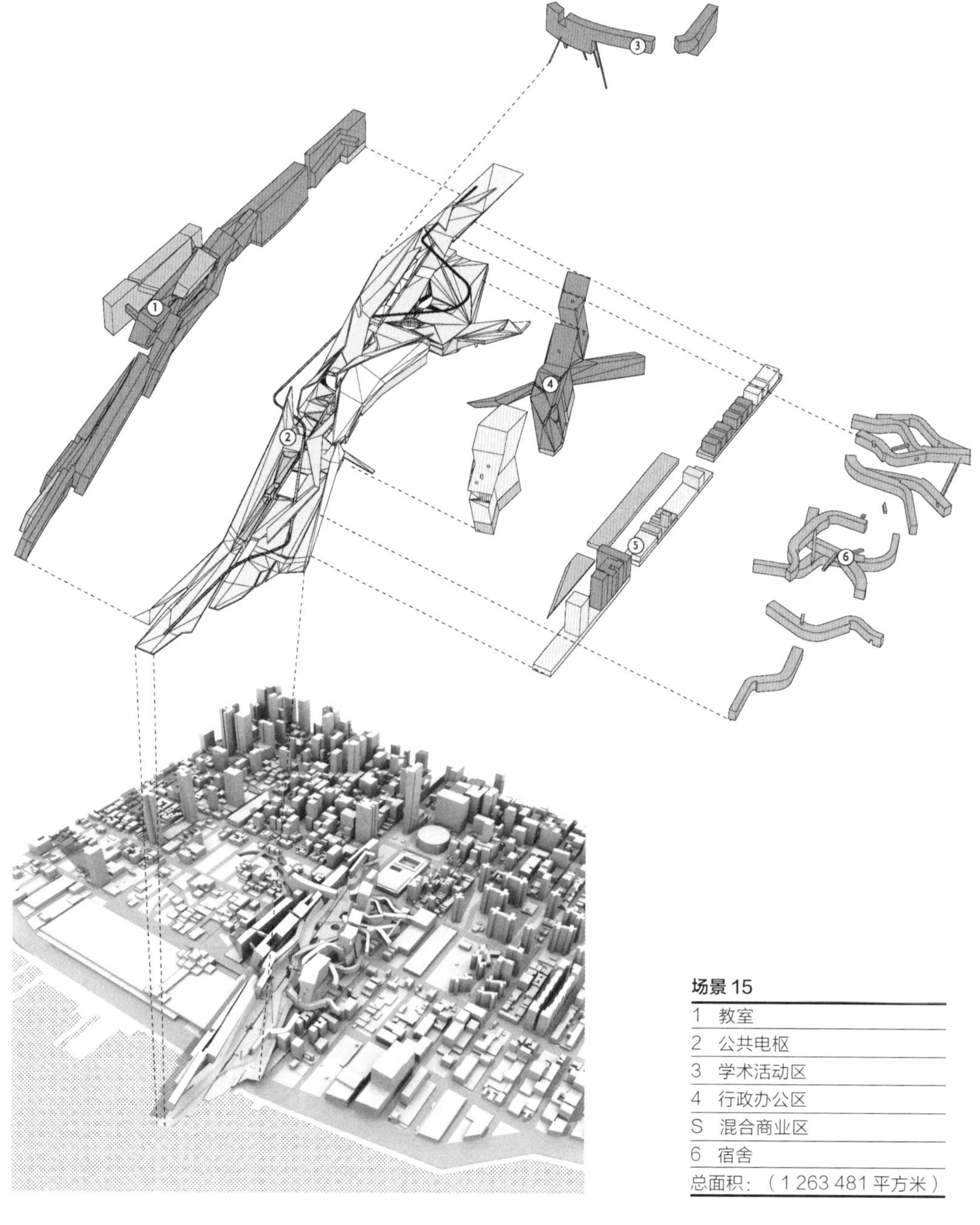

场景 15

1 教室
2 公共电枢
3 学术活动区
4 行政办公区
S 混合商业区
6 宿舍
总面积：（1 263 481 平方米）

场景 31：娱乐休闲中心

利用其临近多种大众交通工具的优点，该场地被规划为一个休闲和娱乐中心。

许多基础设施系统在场地周围建立了一个结缔组织。这个场景利用人流量、开发和能源，引导它们通过场地进入集中节点。增加其他的交通线路和规划活动形成一个最为集中的界面。结合时代广场和切尔西码头，众多项目和刺激因素提供了许多引人之处，聚集在一起成为一个充满生气的活动节点和进入城市的显著门户。场地不再仅仅是一个行人路过的地区，而是成为一个值得探索的地方。

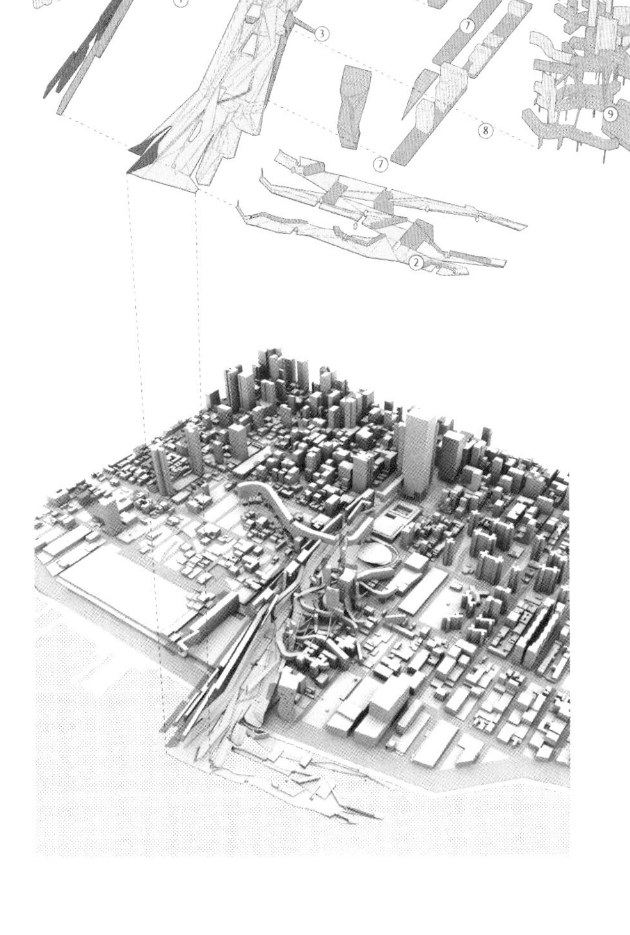

新建的基于街道的轻轨环线和专线轨道将场地与火车、地铁、公共汽车和轮渡，城市内部和河流相连接。轻轨系统在场地北边比现有的地铁系统延伸得更远，形成了一个沿着第 34 大街、第 2 大道、第 32 大街和西边公路的双向环路，提供了一条东西连接路线和一条与现有第 7 大道基础设施路线对应的轴线。

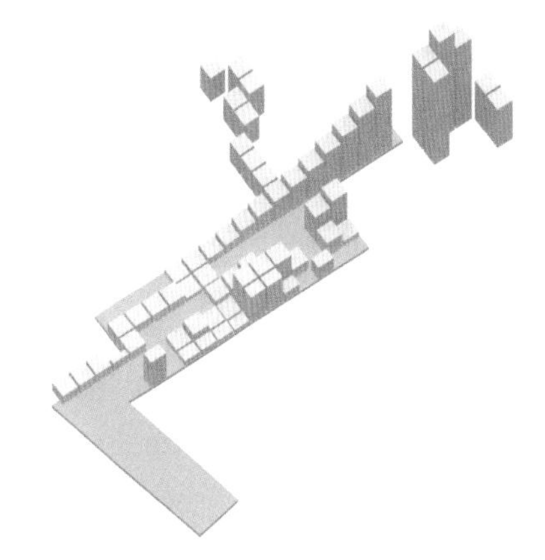

场地内部项目集中化

先例：纽约时代广场

场景 31
1　文化中心
2　娱乐区
3　公共枢纽
4　麦迪逊广场花园
5　商业
6　商业 / 住宅
7　住宅楼
8　混合功能商业楼
9　混合功能住宅楼
总面积（2 331 866 平方米）

场景 48：城市商业公园

拥有最大面积的开发空间和最大的公园，此场景意在缓解曼哈顿中城中心的开发压力。

场景 48 巧妙地压缩了开发面积，使得新的城市公园绿地面积最大化。新增的公园绿地为几代人创造公共资产的同时，增加的开发潜力也激励着私人投资。其结果是一个公园——继中央公园和河岸公园之后的中城区的第三大开放空间——为城市提供了超过 52 英亩（210 437 平方米）的公共空间和绿地。

在公园周围，另外的私人建筑为公共空间带来密度、利益和资金。公园两侧、分区外围、连接点和边界情况为办公、商业和住宅建筑提供了设计参数。

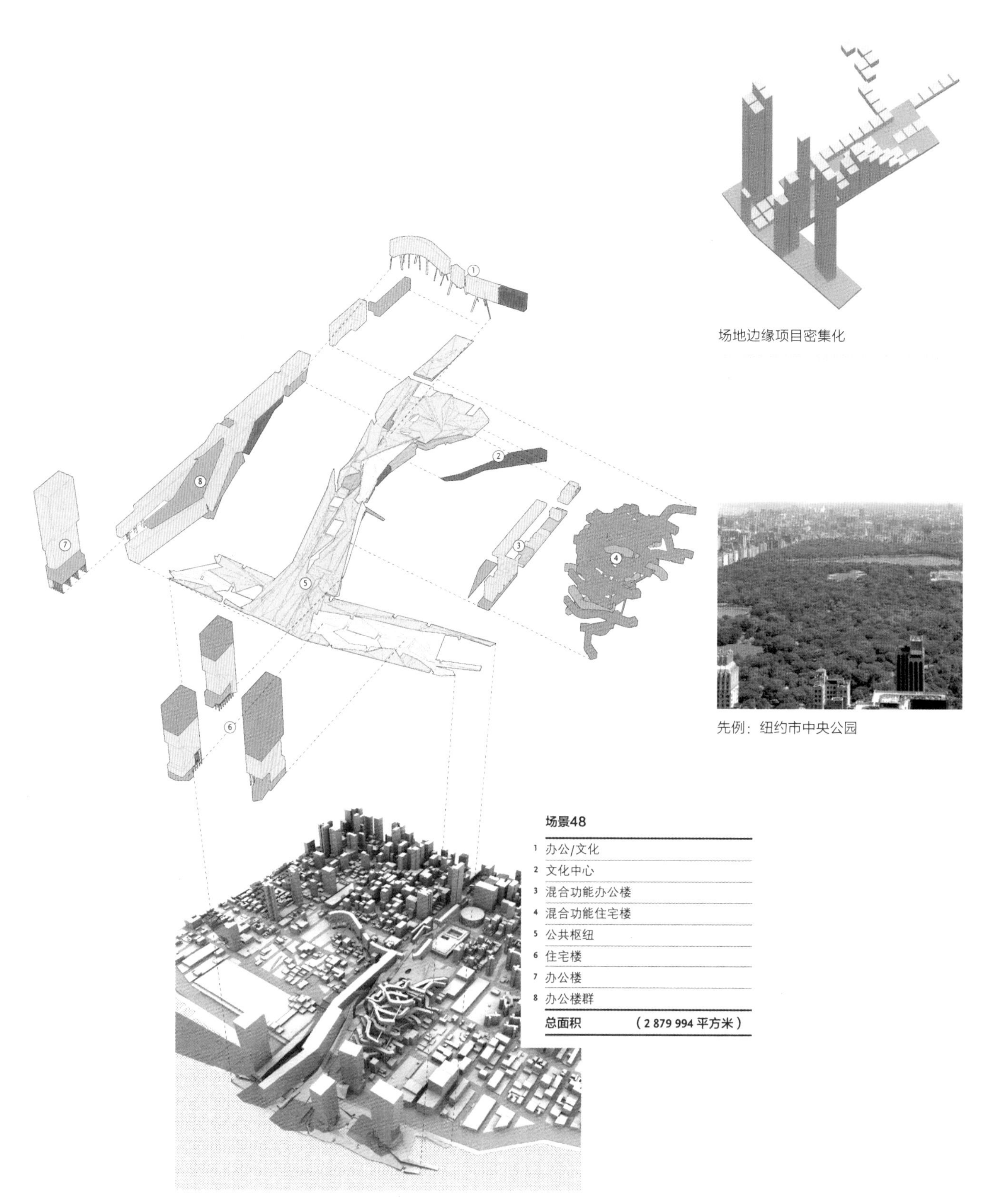

场地边缘项目密集化

先例：纽约市中央公园

场景 31：平面图

巴黎式的拱形走廊：通过结合各种建造形式和基础设施通道系统，产生了新的类型和城市体验，其中一个就是通过基座切割人行道而产生的有顶部的购物拱廊。

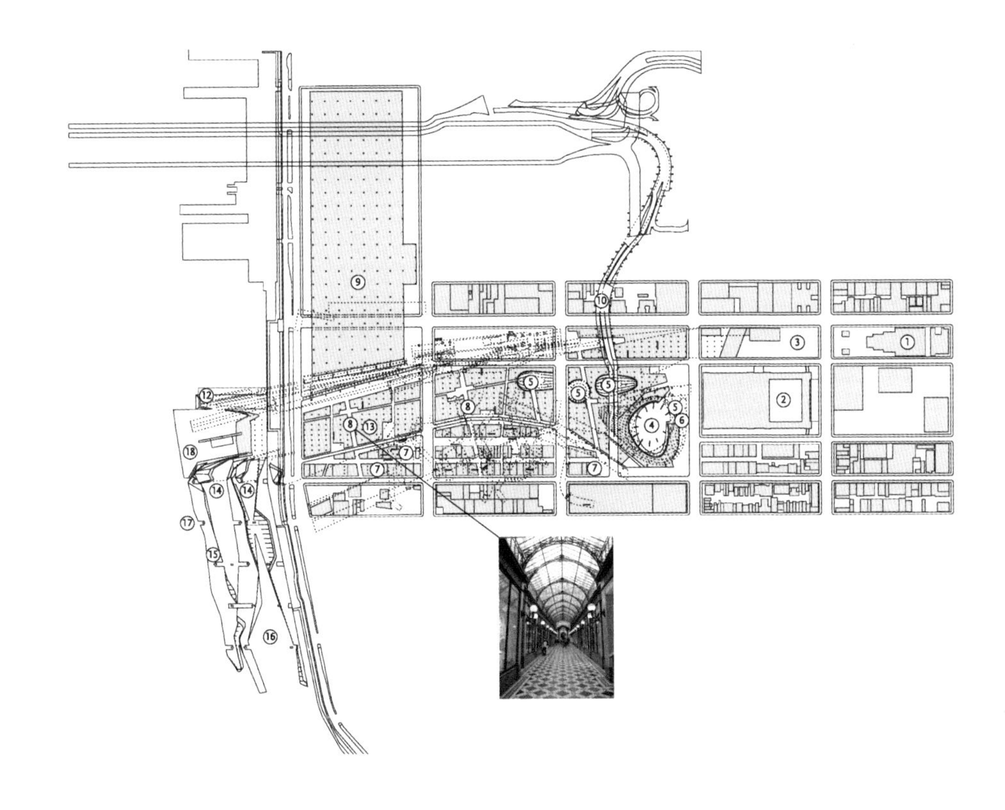

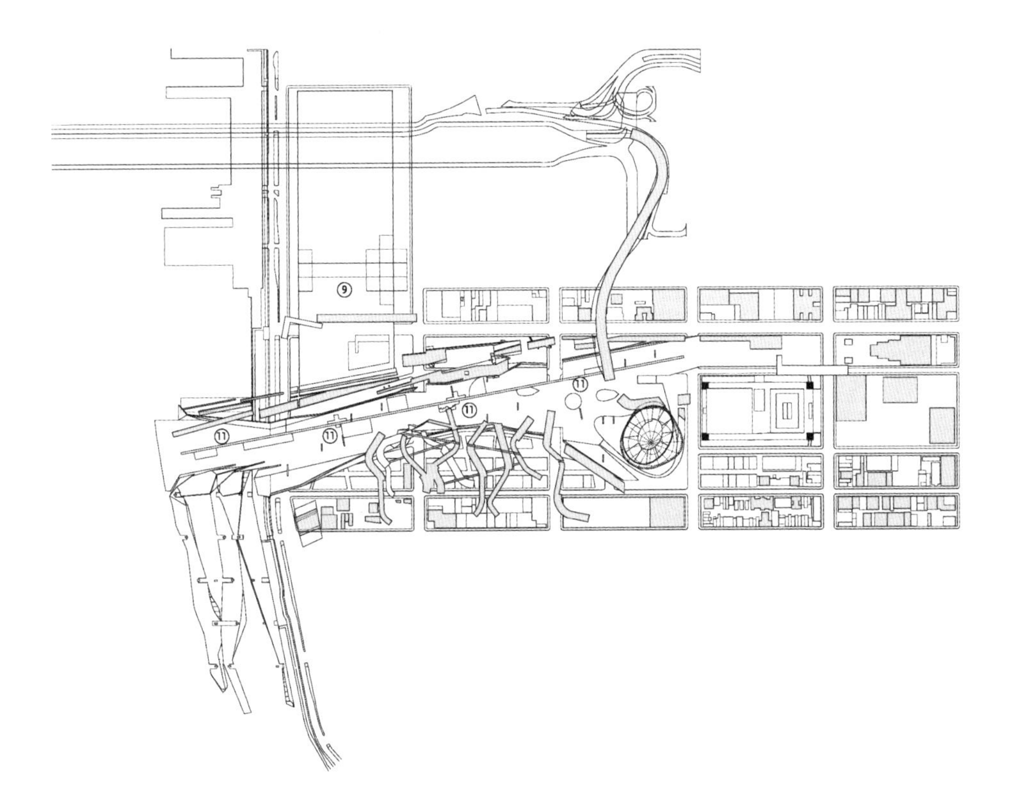

建筑平面图（场景 31）

1 宾夕法尼亚广场建筑
2 搬迁的宾夕法尼亚车站
3 地铁—轻轨旅客擅运系统
4 搬迁的麦迪逊广场花园
5 麦迪逊广场花园卫星
6 植物园
7 低层混合功能建筑
8 城市拱廊
9 贾维茨中心
10 连接至林肯隧道
11 架高的城市花园
12 搬迁的轮渡终点站
13 竖向连接至公园
14 水平连接至公园
15 马里布东海滩
16 码头
17 人工池塘
18 水旅馆

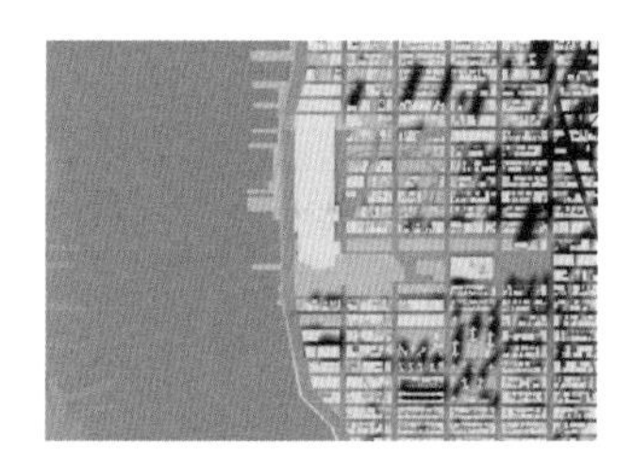
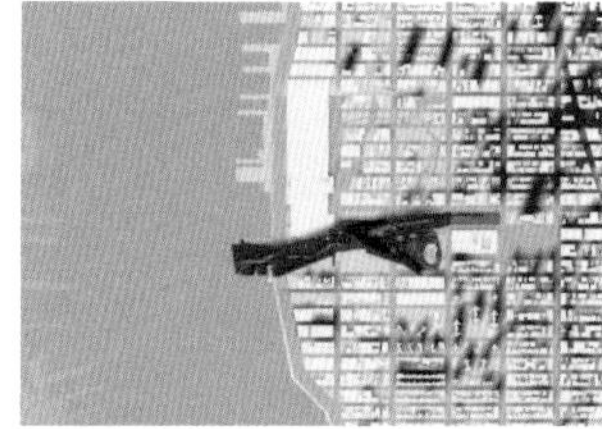
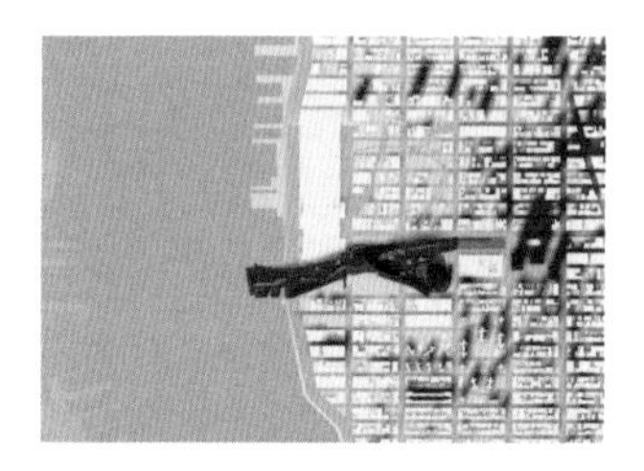

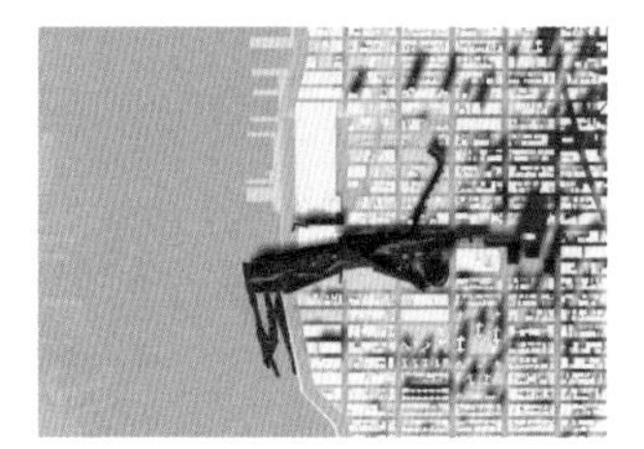
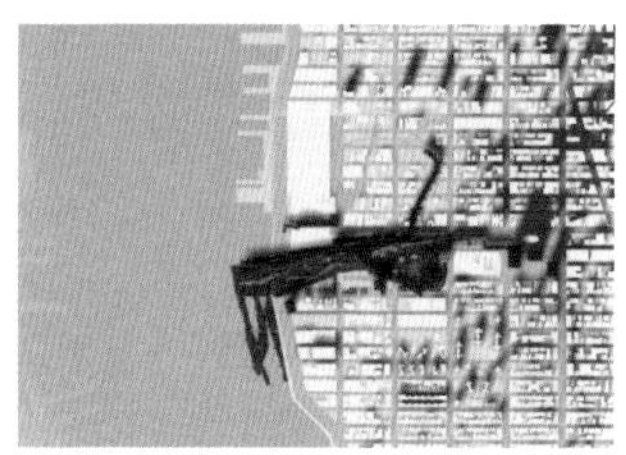
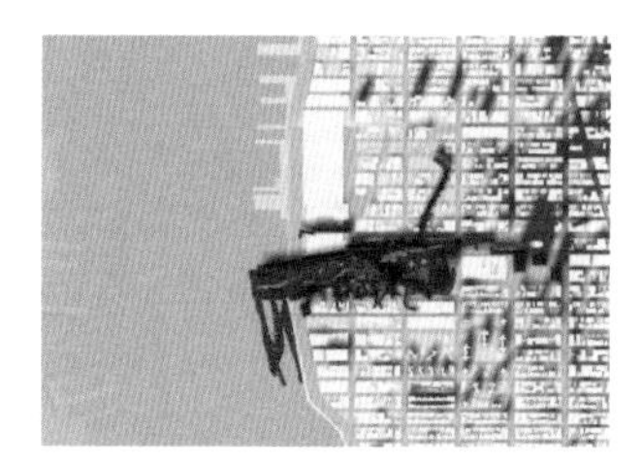

阶段开发图：逐步实施

结论

新城公园　　美国，纽约　　1999年

在众多可能性中，这三个开发场景利用大都会铁路局调车场所产生的巨大潜力，无论实施什么样的项目，沿着什么样的轨迹，以什么样的开发速度，城市都会获得一个拥有卓越文化的新地区。

项目二：世界贸易中心 World Trade Center

数 据：

场地面积：

64 750 平方米（给定场地）

项目规划：

占地总面积：1 021 934 平方米
总建筑面积：975 482 平方米
总开放面积：46 452 平方米

建筑类型：

办公楼，文化地标，纪念场所，城市公园，商业零售区

地理坐标：

40° 47′ N，73° 58′ W

以公共交流空间 取代象征资本主义势力的摩天楼

世界贸易中心方案从根本上重新诠释了象征力量的原世贸双塔，代之以两座体量相同的水平向管状建筑。这座城市正在从“9·11”恐怖袭击事件中恢复，因此建筑师质疑在如此重要的场地上是否适合再建设一座传统的垂直向摩天楼。

墨菲西斯事务所并未参加曼哈顿下城开发公司（Lower Manhattan Development Corportation）举办的官方竞赛，而是应《纽约杂志》（*New York Magazine*）征集重建方案的号召而进行的项目设计，共有七位建筑师被邀请参加设计。较之建筑的地标性，该设计方案更强调空间的连接性。蜿蜒的混合建筑与特定的场地情况相呼应，提供了效益最大化的大型公共界面。

原世贸双塔中的一座塔的基底被设计为公共广场，用以致敬经过这里的持续不息的生命，另一座塔基底上方的开口通往地下纪念空间，人们可以在这个沉思空间中向那场灾难致哀。

这座综合体中的一个建筑体延伸至哈德逊河，界定了世贸中心的外围，形成围合双塔旧址的公园或室外空间。在灾难中被严重毁坏的基础设施已经被修复，并建立了新的连接，再次成为纽约的中央枢纽之一，展现于繁忙而喧闹的城市峡谷之中。

这个项目最令人无望之处在于怎样做才能令其引人注目。每个人都意识到任何改变都是不可能的；即将发生的事都是不可避免的。我们在选择有可能胜出的方案和对那场灾难做出恰当回应的方案之间进行着心理斗争。

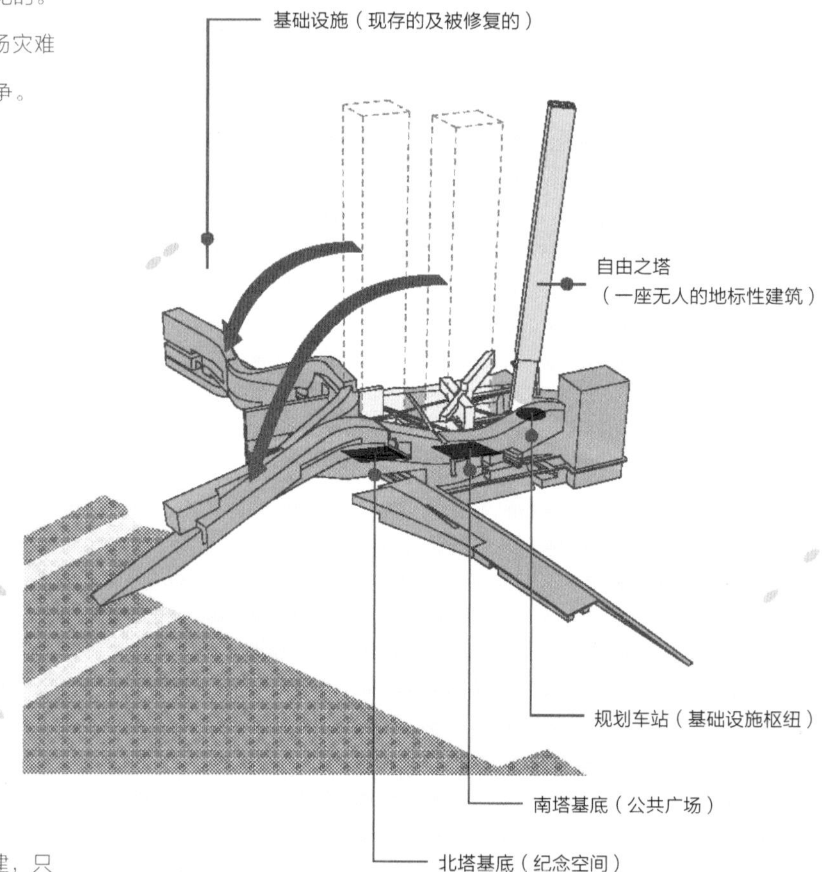

“我想世界贸易中心应该原址重建，只是要更结实，还要再高一些，哪怕只高一层。他们应该复制原世贸中心。”

——唐纳德·特朗普（Donald Trump）

http://www.nypost.com/postopinion/opedcolumnists/23038.htm

双子塔是美国资本主义的终极象征，然而已经失去的是不可能被简单替代的

由 7 座建筑组成的世贸中心综合体在 1962—1973 年间由纽约州和新泽西州港务局建设。110 层的双子塔高度分别为 417 米和 415 米，分别于 1971 年和 1973 年建成，是当时世界上最高的建筑。[01] 由建筑师山崎实（Minoru Yamasaki）设计的双子塔驰名世界闻名，在近三十年里成为标志曼哈顿下城区的天际线。建造时挖出的土石方用于填海造地，建设住宅区，例如炮台公园城（Battery Park City）居住社区。[02]

世贸中心遗址具有新的含义和深层的象征意义，任何摩天楼都不能囊括这些内涵。在山崎实提出现代主义摩天楼理念 40 年后重建这一地段，我们的中心目标是希望该建筑可以承前启后、蓬勃向前。

原世界贸易中心双子塔

· 拥有 35.3 万平方米商业面积的双子塔
· 7 座建筑组成的世贸中心综合体共有 124.5 万平方米的商业面积
· 每座塔有 99 部电梯
· 拥有 5 万多员工的 500 余家公司租用双子塔
· 每天有 20 万游客来访

2000 年 6 月 30 日的世界贸易中心

2002 年 5 月 15 日的世界贸易中心

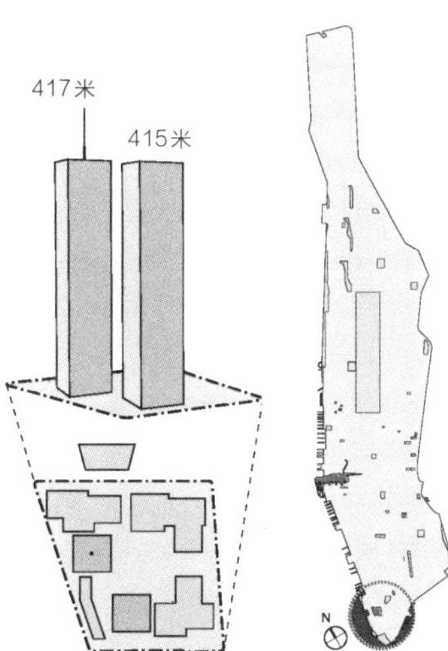

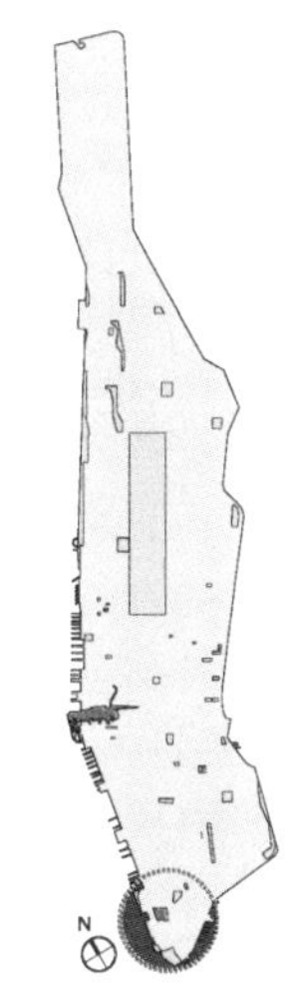

2001 年 9 月 11 日的世界贸易中心

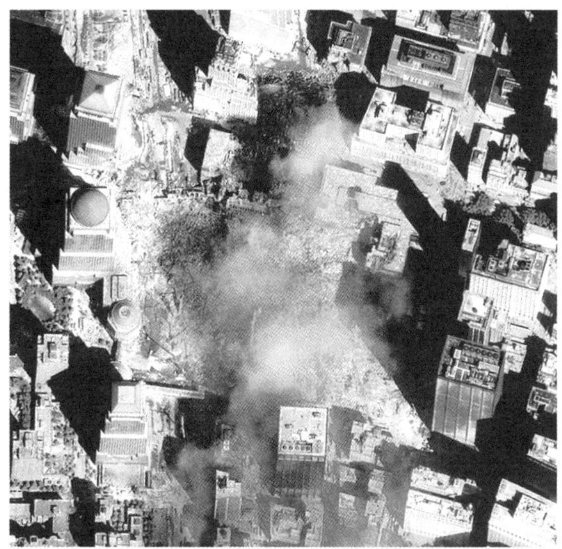

2001 年 9 月 15 日的世界贸易中心

01：20 世纪初，现代摩天大楼技术开始改变曼哈顿下城区的天际线。1913 年建成的乌尔沃斯大楼（The Woolworth Building）以其 241 米的高度成为当时世界上最高的建筑。同时，华尔街众金融公司打造了它们作为世界领袖的名声，进一步加快了对曼哈顿下城区办公空间的需求，摩天大楼不断涌现。1961 年 60 层高的大通银行（Chase）曼哈顿总部建成，使曼哈顿下城区奠定了金融服务业及相关产业的中心、地位。20 世纪 70 年代，纽约州和新泽西州港务局主持建成的世界贸易中心将曼哈顿下城区的摩天大楼风尚带到顶峰。

02：“2001 年 9 月 11 日上午 8 点 50 分，恐怖分子劫持了美洲航空公司的 11 号航班，使其撞向世界贸易中心。9 点 04 分，另一群恐怖分子劫持的美联航 175 号航班撞入了南侧的世贸中心二号楼。大约 10 点左右，南塔轰然倒塌，将整个曼哈顿下城区裹入沙尘和残骸的云雾中……巨大的云雾即使在太空中也可以观测到。30 分钟后，北塔倒塌。2 800 多人在这场悲剧中丧生。”（美国陆军工程兵团，“911-世界贸易中心”，http://www.usace.army.mil/History/911/Pages/WTC.aspx）

世界贸易中心项目方案

布鲁克林-炮台隧道
炮台公园城
西线高速路
金融区
特里贝克区
市政中心
苏荷区
东河
布鲁克林大桥
布鲁克林高地
小意大利区
曼哈顿大桥
下东区
罗斯福大道
威廉姆斯堡大桥

但是摩天楼是恰当的模式吗？适用于重建世界贸易中心吗？

“恐怖主义刚刚开创了反城市策略。这意味着现在所有的摩天楼都面临着威胁。摩天楼不再是过去牢不可摧的堡垒，它们已经变成了脆弱的地方。”

——保罗 · 维威里奥（Paul Virilio）[03]

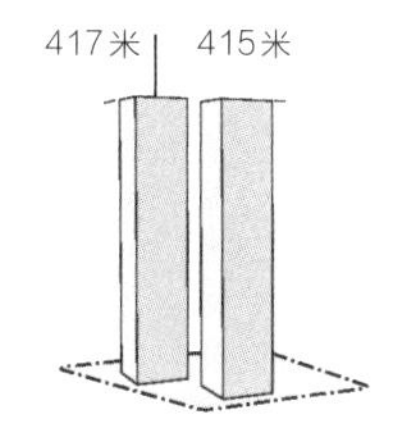

* 六个最终方案的图示是为了强调展现它们垂直方向的特点，并非正式成果图。

** 我们的方案并未参与曼哈顿下城开发公司的招标，而是参加了由乔瑟夫`吉奥凡尼尼（Joseph Giovannini）组织的同时进行的一个项目，这个项目有七位建筑师参加设计，重建方案发表在 2002 年 9 月 16 日的《纽约杂志》上。

图 1：六个入选方案（全部为摩天楼）

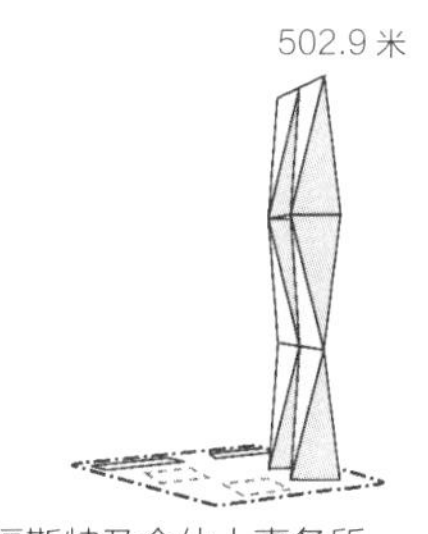

福斯特及合伙人事务所
一座三角几何形水晶高塔

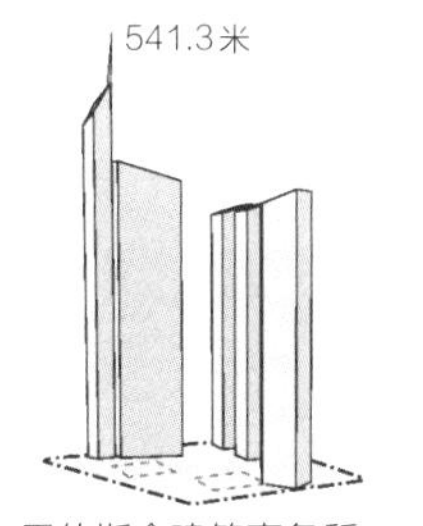

里伯斯金建筑事务所
“自由之塔”，高度达到具有象征意义的 541.3 米
（编辑注：1776 象征着美国《独立宣言》正式通过的那一年）

联合建筑师事务所
五座相互连接的高塔

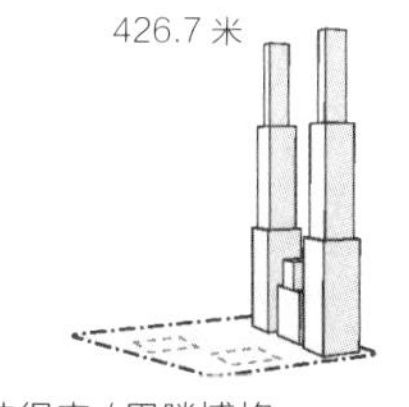

彼得森 / 里滕博格
建筑师事务所
沿场地边缘排列的三座高塔

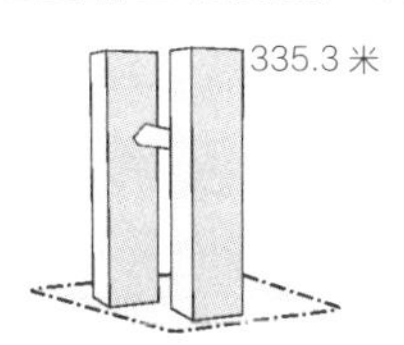

THINK Team
建筑师事务所
两座主塔楼

麦耶及合伙人事务所
五个竖向体量组成的两座塔楼，由水平楼层连接

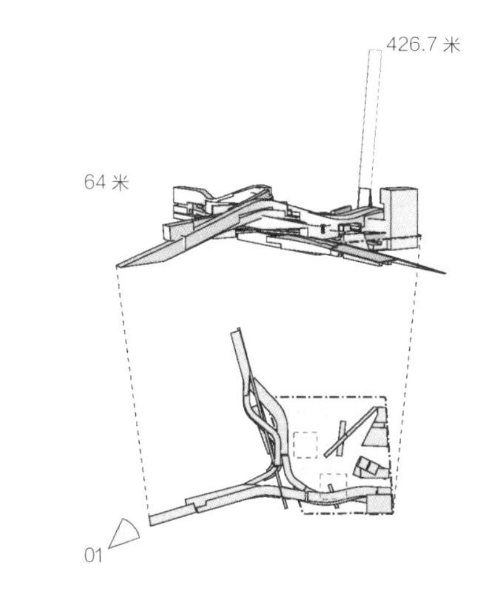

墨菲西斯事务所方案（低层建筑）

“这些设计促进了建筑之间、地下市政设施及周边城市间的相互联系。其中一些直接大胆地与河边相连，将水体引进场地。在曼哈顿，地面层不只是地表，而是高低不等的建筑构成的很多层次……这些方案都利用了曼哈顿的三维空间。总之，这些方案都很有气魄，以不同的方式唤起人们的记忆……它们为城市带来了敬畏感和坚固性。”——乔瑟夫 · 吉奥凡尼尼（Joseph Giovannini）

视图 01：从哈德逊河鸟瞰

03：保罗 · 维威里奥，“一次战略思想的碰撞？”2001 年 10 月 16 日，http：//info.interactivist.net/node/348.

主持重建工作的曼哈顿下城区开发公司选中的六个设计都采用了摩天楼的方案。与它们不同的是，在我们的设计中，传统的摩天楼被扭转了 90 度，从垂直方向转为水平方向，从而弱化了庞大的摩天楼作为力量象征的侵略性。[04]

建筑怎样才能满足纽约市的实际需要？怎样才能既纪念那场灾难，又能明确体现城市的生命力？我们认为在如此特殊的场地上再建造一座充满暗示性和缺乏象征性的摩天楼是不适当的。

两座垂直向塔楼，两座水平向带状建筑

整个建筑带与原高塔面积相同，但确立了一种与曼哈顿下城区之间全新的关系。

重建世贸中心的机遇指引我们开拓与现代城市更协调的城市范式，而不是传统的摩天楼。我们设计的带状建筑将摩天楼的垂直向线条进行解构，清晰展示活动内

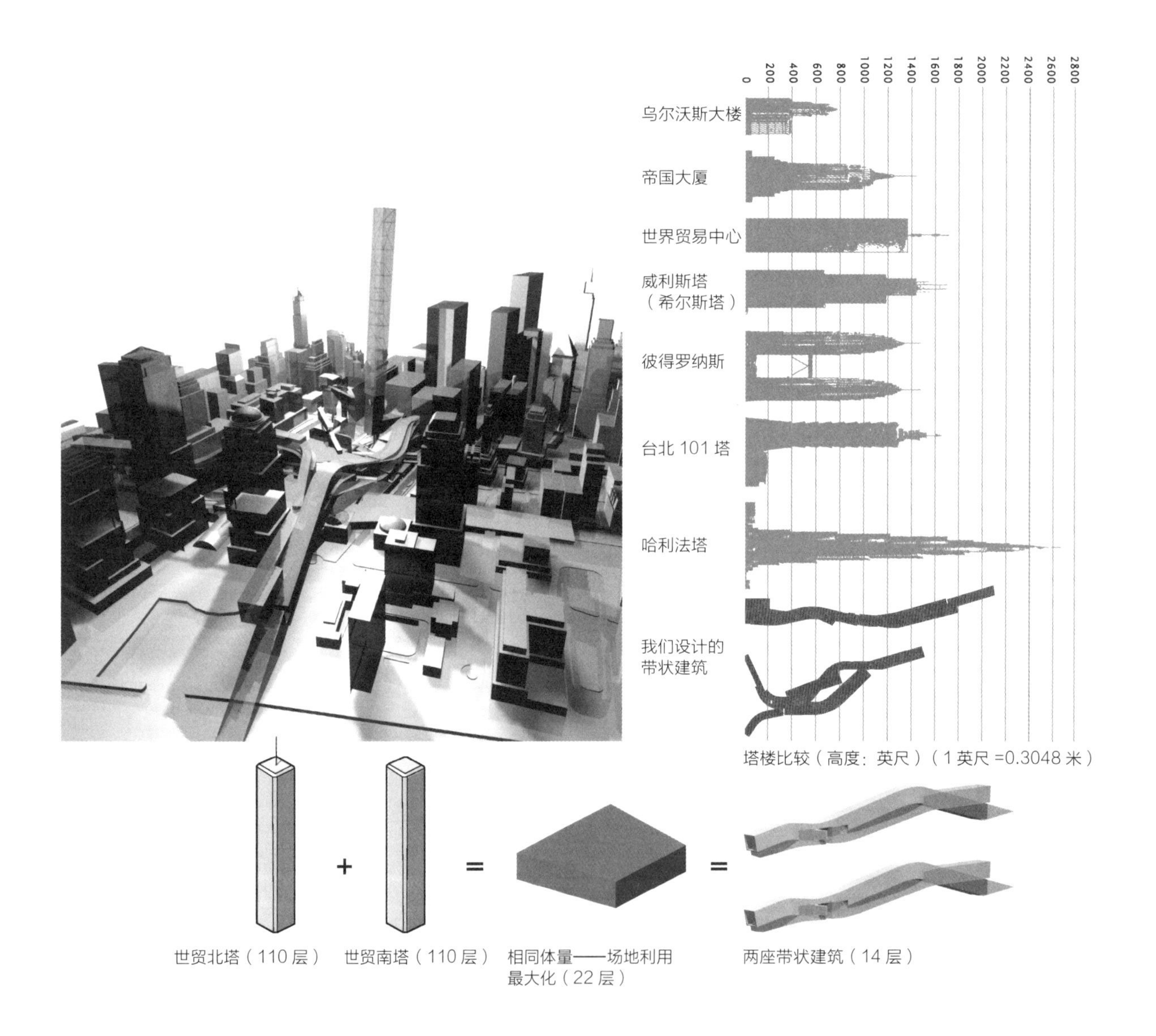

塔楼比较（高度：英尺）（1 英尺 =0.3048 米）

世贸北塔（110 层）　世贸南塔（110 层）　相同体量——场地利用最大化（22 层）　两座带状建筑（14 层）

04：高塔作为力量的象征：“整齐和秩序，这些牙齿的特征，已经成为了力量的本质属性。它们与力量是无法分开的……如此的关联始见于原始工具，然而，随着力量的增长，这些早期表征变得更为显著。现代建筑的案例表明要把整齐从秩序中分离出来是何其之难。它们共同的历史就像牙齿那样久远。整齐的前排牙齿以及牙齿间的缝隙为多种不同排列树立了模式。人为的军事队列秩序在神话中就与牙齿相关：从土壤中涌出的卡德摩斯（Cadmus）的士兵是由龙的牙齿播种而生的”。（伊莱亚斯 · 卡内蒂 <Elias Cnetti>，《大众与力量》，纽约：维京出版，I960，第 208 页）

容、塑造空间，并辅助定义正式建构之上的空间品质。这些新的带状建筑维持了原世贸中心的建筑面积和体量，无需彻底地颠覆塔楼样式，只需提供相同的空间容量。南侧新建成一座公园，位于地下商业娱乐空间之上。

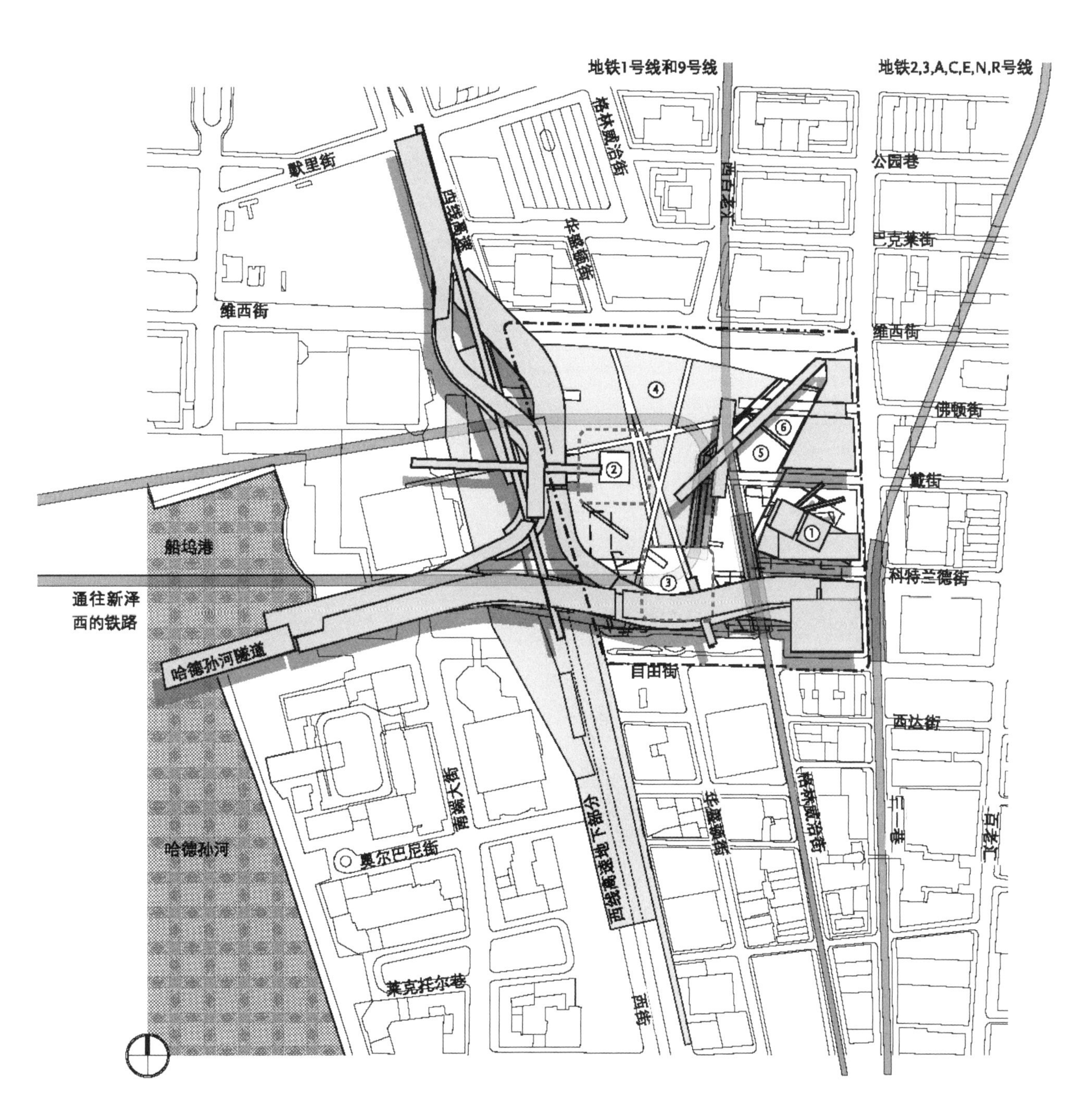

总平面图

1 虚拟塔

2 纪念场所——世贸北塔基底

3 广场——世贸南塔基底

4 公园

5 城市峡谷

6 轨道交通连接

一个混合功能和形态的案例

建成之初，世贸中心曾经是极少的几座摩天楼之一。如今曼哈顿下城区到处充斥着摩天楼，逐渐引发了是否该争取水平向发展的议论。[05] 集中普及一种模式而排除所有其他模式将会破坏城市机理的活力。

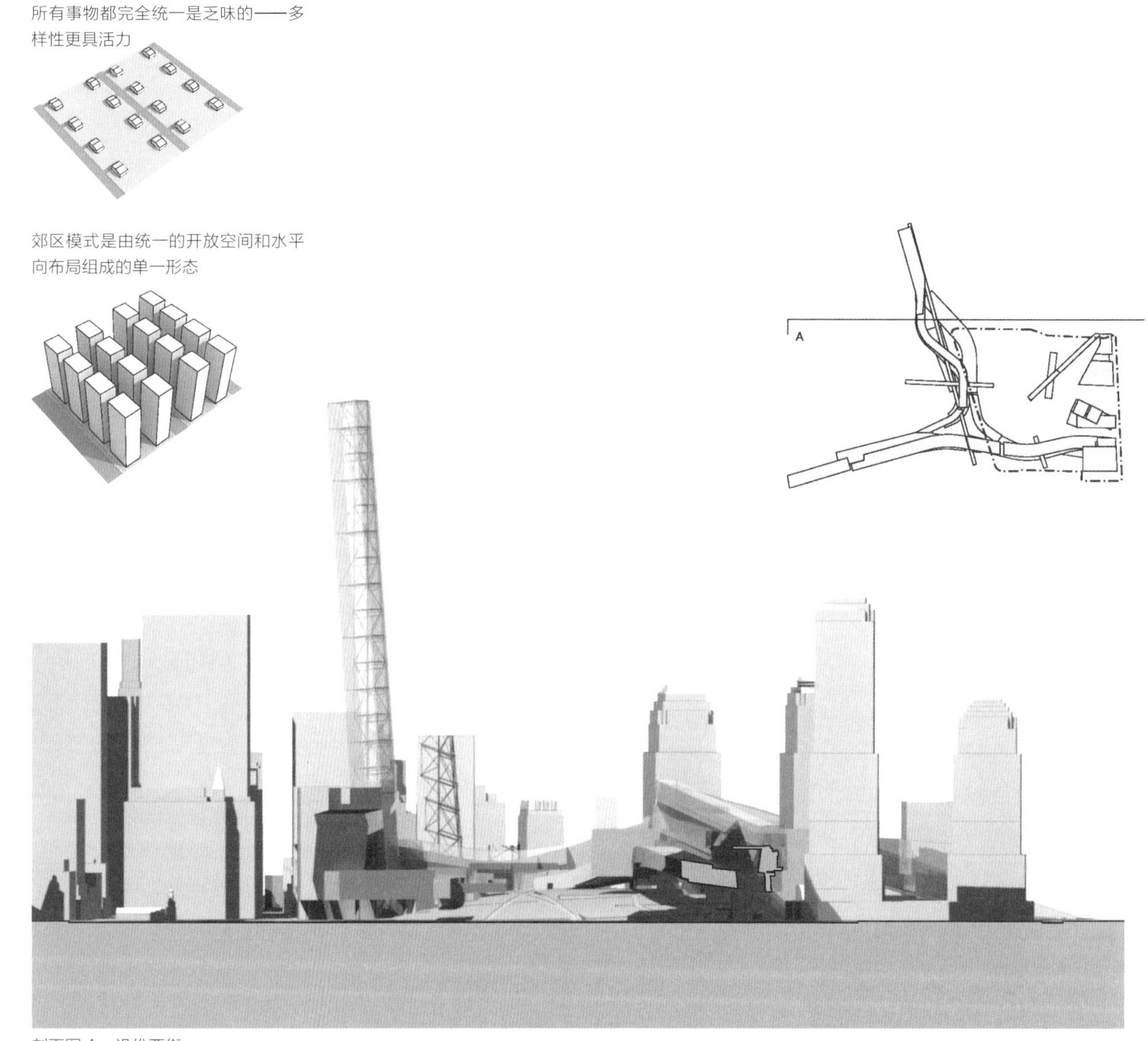

所有事物都完全统一是乏味的——多样性更具活力

郊区模式是由统一的开放空间和水平向布局组成的单一形态

剖面图A：沿维西街

05：“在新时代的标志下，纽约是建成之初，世贸中心曾经是极少的几座摩天楼之一。如一个垂直向的城市。它是一场灾难，其过于匆忙的命运使勇敢而自信的人们不知所措，尽管它是一场美丽而有价值的灾难。”
——勒·科布西耶（Le Corbusier）

面积分布

25%	住宅 1 住宅楼	278 709 平方米
16.7%	商业 2 附带停车的商业建筑 3 虚拟塔	185 806 平方米
41.6%	办公 4 主办公区 5 低层办公楼街区	464 515 平方米
125%	绿化空间	139 355 平方米
4.2%	基础设施	46 452 平方米

71% 开放面积

总建筑面积：975 482 平方米

总开放面积：46 452 平方米

总用地面积：65 032 平方米

曼哈顿下城区是美国第三大商业区，仅次于曼哈顿中城及芝加哥的卢普区（The Loop）。[06] 最近五年以来，不断增长的房地产价格、周边商业开发及渐增的日均人流量推动曼哈顿下城区市场开发更多的混合功能项目。[07] 我们采用了一种多样化的开发策略，以适应潮流。[08]

38.6% 公共机构用地（743 平方米）

3.4% 工业用地（65 平方米）

43.5% 商业用地（836 平方米）

14.05% 居住用地（279 平方米）

功能组合图

单一功能

多种功能

* 代表面积的颜色随功能重叠的增长而变深；百分比是以曼哈顿下城区整体面积的 100% 为基数计算。

曼哈顿下城区用地功能分析

随着公共界面的扩大，水平向塔楼可以协助将曼哈顿下城区开发为全天候的混合功能城区

重建应为公众利益而生。拥有如此沉重历史的场地不应该被重建为拥有同样功能的项目——仅仅作为商用大楼。相反，设计必须具有更广泛的用途，并与周边环境建立更为协调的关系。[09]

带状建筑提供了一种有凝聚力的居住空间，其所包含的社会协作关系以及城市联系是那些与街道关联寥寥的传统塔楼所不能提供的。每一座带状建筑都具有与街道接触的延伸界面，增强了城市水平方向上的组织连接。水平向布局最大化地提供了事物连接和相互关联的机会，同时亦允许不同事物的共存及发展。

公共界面：
高层 VS. 带状建筑

5.5 倍于塔楼所能提供的通往街道的公共空间 13 060 平方米 VS.71 133 平方米。

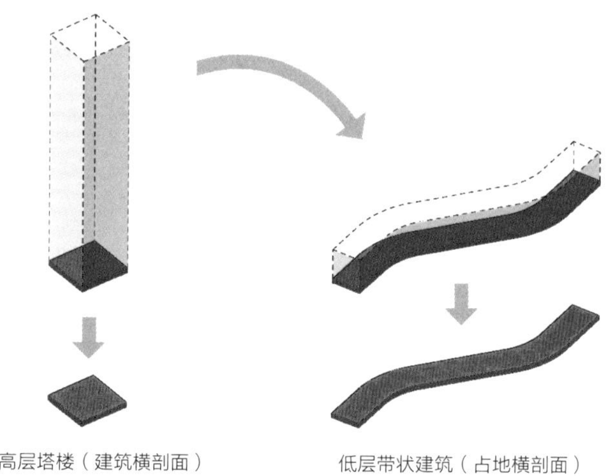

高层塔楼（建筑横剖面）　　低层带状建筑（占地横剖面）

06：詹妮弗 · 斯滕豪尔（Jennifer Steinhauer），“婴儿车和超级市场进驻金融区”，《纽约时报》，2005 年 4 月 15 日。

07：“当然，还没有人预言作为商业中心的曼哈顿下城区正在逐渐过时……但是民用住宅地产的涌现正在将曼哈顿下城区市场的势头推向 50 年来前所未见的高度……24 小时运转的曼哈顿下城区多年来早已成为城市规划师和政府官员的愿景。”（“曼哈顿下城区的社区及住房：市长住房计划专家组意见”2003 年 11 月 10 日，网址：http：//www.architect.org/housingprogram/housingreport.html）

08：在过去的 25 年中，随着新住宅建筑的开发和商业空间向住宅公寓的转变，曼哈顿下城区已经转变为一片具有混合功能的区域，并且拥有很多文化场所，包括博物馆和旅游景点。

09：该方案并非重建原世贸中心双塔的 93 万平方米的商业空间，而是重新思考适于这个负载价值场地的项目类型。开发商自然更关心如何获得最大的建筑面积，但周边地区已经拥有非常可观的商业开发量（例如，哈德逊庭院及俯瞰东河 <the East River> 的原联合爱迪生公司 <Con Edison> 场地）。仅仅提供商业房地产开发会使市场面临饱和的危险，也会背离重建这个场地的初衷——创造一个纪念和缅怀的地方。多样化的项目、功能和增长的人流量可以保证更大的市场开拓能力。因此，在两座底层低矮、狭长的建筑中，商业零售、办公空间、文化设施和居住单元交织在一起，并协助界定了余下的开敞公园空间。

虚拟塔楼模型

一个符号，一座地标

虚拟塔楼的概念图示

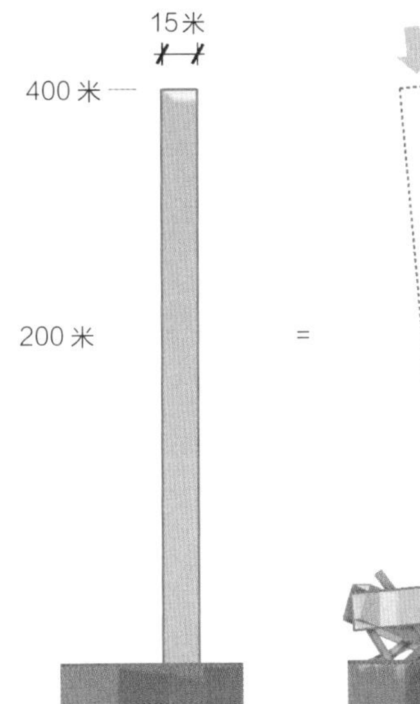

标准塔楼单元：

其高宽比与希尔斯大厦九座管状组成部分之一相同，被认为是传统高层建筑的标准单元。

象征性塔楼：

标准单元被折叠以降低其垂直向尺度，同时保持其体积与表面积的比值。塔楼的上半部为骨架结构，由轻薄表面包裹，用以向媒体展示。

剖面图 A：面对虚拟塔楼

一项空间活动——无使用者

“我们不再需要通过 161 千米高的建筑登上月球，我们可以飞到那里去。”

——弗雷德里克 · 约翰 · 基斯勒（Frederick J Kiesler）

世贸双塔曾经是导引纽约城市坐标的显著地标。该设计中包含了一座高达 396 米的由金属网布包裹的骨架状通信塔，用于确定方位，在天际线中标注场地。通信塔的延伸部分向下，如同绳梯一般来回折叠。其所面对的一条城市峡谷将场地打开，展现由层层轨道交通系统和商业大厅构成的地下生活。

建筑有十层可居住空间，十层以上至 400 米高的部分没有实际项目，仅作为广告牌或展板脚架，用于图像投影（景观、水、天空等）。如同埃菲尔铁塔一样，它有助于形成城市的视觉特色——不带有集团或资本价值导向的天际地标。

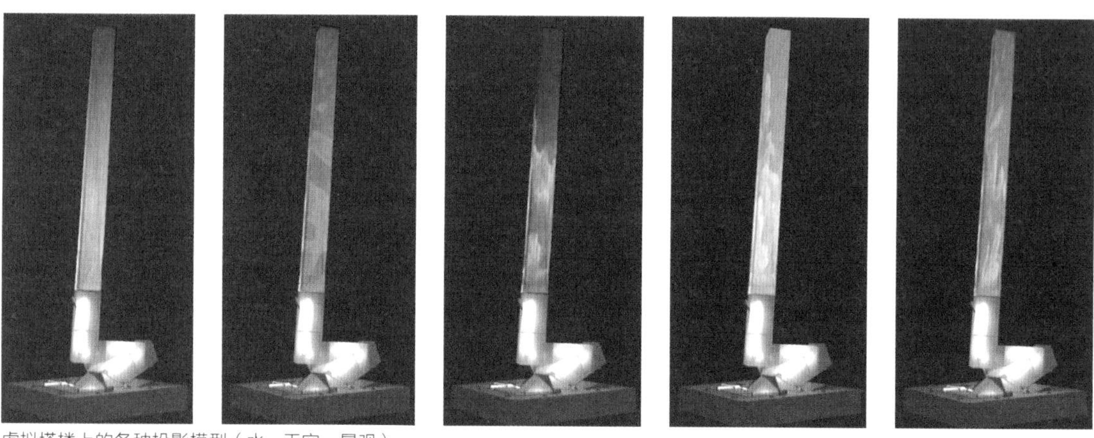

虚拟塔楼上的各种投影模型（水、天空、景观）

重建城市连接

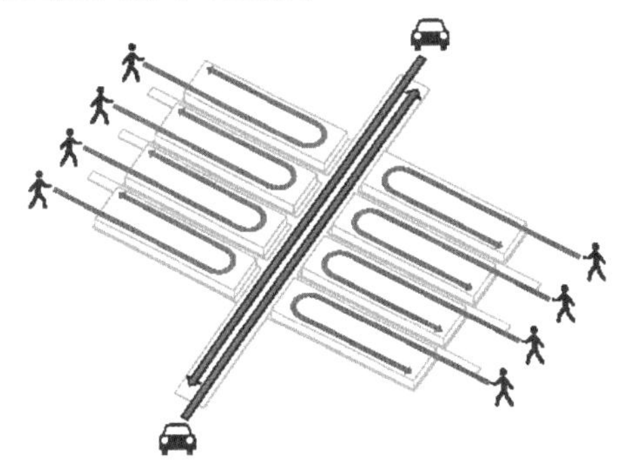

共享表面
一条高速公路方便了车辆的通行，却打乱了同一层面上的人行道。

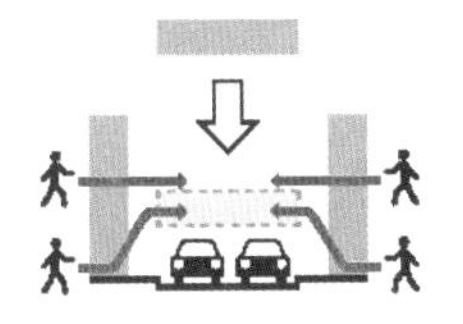

增建一座带状建筑
在高速公路和铁路站场等城市荒废区域，三维的解决办法在加强连接性的同时，也保持了重要的城市功能。

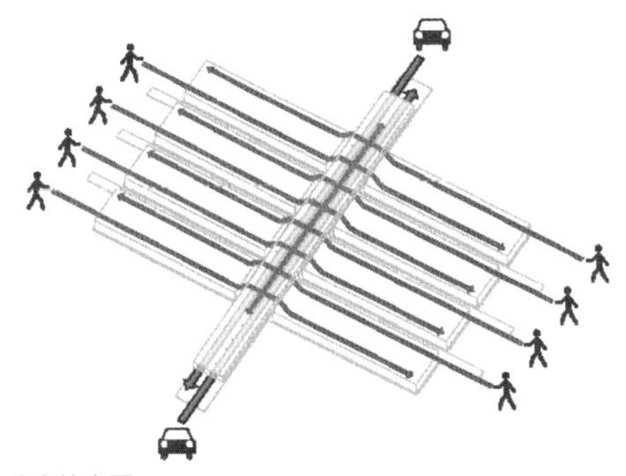

分离的表面
表面本身在增加连接性的同时，可以为曾经荒废的区域带来新的功能。

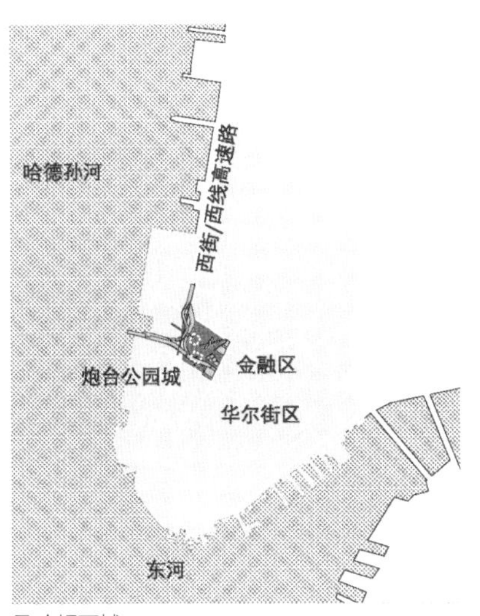

曼哈顿下城

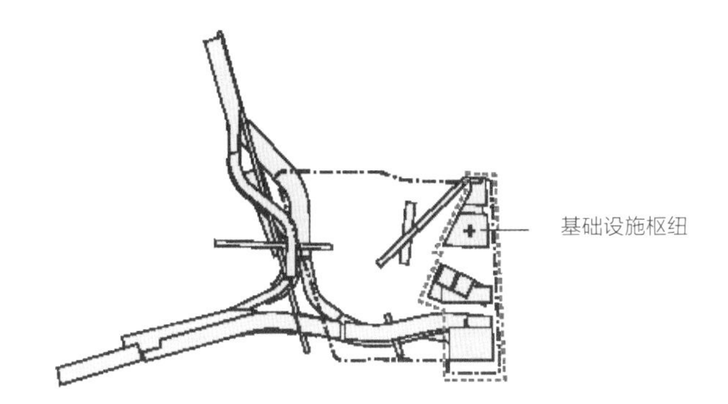

该场地是这座城市的一处伤疤，需要与周边环境重新缝合起来。设计中场地东侧的一座多层中心大楼恢复了“9 · 11”事件中被毁坏的重要基础设施连接体系。

城市道路通常在连接不同区域的同时划分区域。曾经由车辆占据的场地被收回。

除了修复连接之外，水平向的管道将曼哈顿下城与中城、东城和西城串接起来，架构场地，并延伸至哈德逊河。

鉴于生活、工作和忙碌的人群每天穿梭于各个交通枢纽，通过一系列穿插于景观的十字交叉网，交通流线得以被展示、暴露、跟踪和记录。

鸟瞰图

一座基础设施枢纽

随着各种连接被修复和增加后，该场地再次成为进入城市的门槛和重要的联系节点。[10]

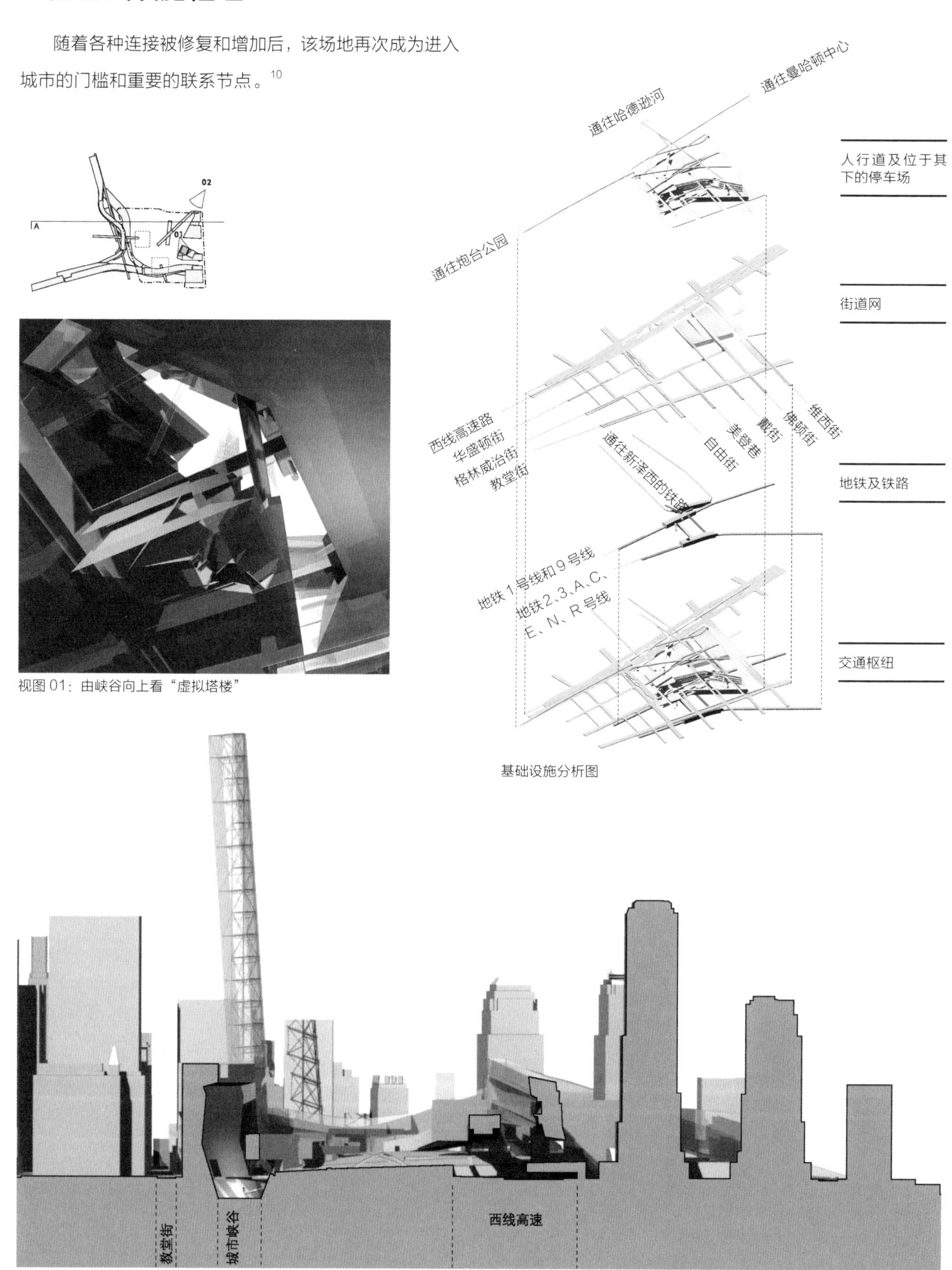

视图 01：由峡谷向上看“虚拟塔楼”

基础设施分析图

剖面图 A：穿过城市峡谷

10：世贸中心曾经是一座基础设施枢纽，与大都会运输管理局的 15 条地铁线路、港务局的两条通往新泽西的铁路、哈德逊渡轮终点站（一座用于跨越哈德逊河及东河的渡轮枢纽）以及八条公交线路直接相连。所有这些将该场地与金融区、市政厅以及很多曼哈顿下城和中城的目的地联系起来。

城市峡谷

设计并没有将基础设施置于沥青层之下，连接线路沿一条城市峡谷暴露在外。

这种城市表面的剥落为新型的零售、娱乐业提供了必要的光线和空气，将人们通常匆匆而过的区域变成目的地。凹陷的区域同时将作为遗迹而保留的混凝土墙壁保持在人们的视线之内。跨越城市峡谷的桥体延伸了曼哈顿的城市网格，并将一个新的社区与现有肌理连接起来。

视图 02：城市峡谷

两部分纪念场所

纪念的是这个空间，而不是高楼大厦：北塔的基底轮廓掩映于绿地景观之中，展现了一片用于纪念“9 · 11”遇难者的地下空间。[11]

景观中一个矩形开口将高塔倒塌的位置与新的地下纪念空间相连。扩展的地下“房间”形成了一个安静的沉思空间，用以悼念那些逝去的生命。建造模式弯曲、折叠，并穿透地面；它盘旋进入地面，光线从那里倾泻进入洞穴式的空间，照亮下面的楼层。

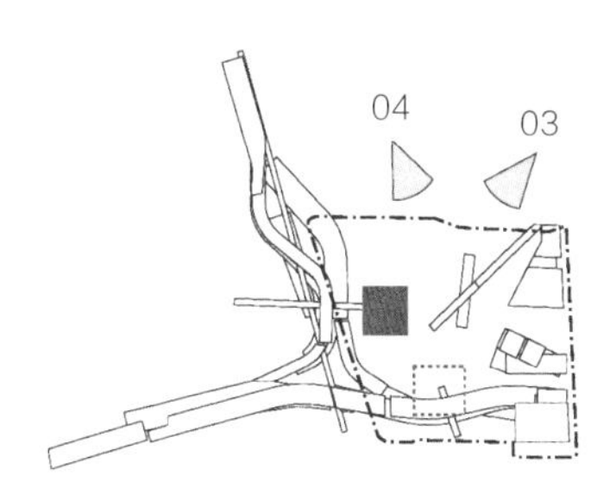

北塔基底——一座纪念场所

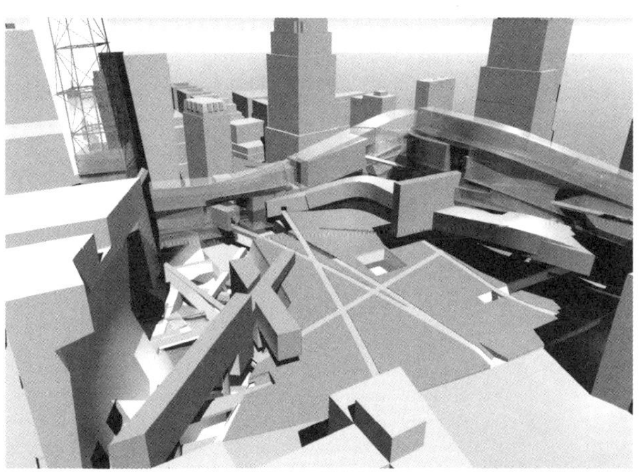

视图 03：面向公共广场开口

视图 04：面向由地下纪念空间照亮的开口

11：“这个纪念场所将成为一个很特殊的地方，以纪念丧生的几千个生命，并唤醒人们战胜一切的精神和自由之爱。未来的人们将能够反思这巨大的损失，并理解我们永不遗忘悲剧中英雄们的誓言。”（州长帕塔基 <Patald>，世界贸易中心纪念空间新闻稿，2004 年 1 月 4 日，http：//www.wtcsitememorial.org/pressreleases.html）

一个纪念过去，另一个拥抱现在

纪念空间缅怀逝去生命的同时，这个广场也成为人们聚集的场所，表达了生命的不断延续。[12]

南塔的基底是一片开敞的公共广场，位于一条展现该区域的运动和流线的城市峡谷之间。在街道层面上，这个广场成为各种活动交集的场所和一处记录城市活力的活体纪念广场。广场还作为一个瞭望台，可以观赏相邻的城市峡谷，那里展现着地下铁路交通和保存下来的原世贸中心的混凝土墙。

1	纪念场所（北塔基底）
2	公共广场（南塔基底）
3	通往教堂街的桥
4	通往铁路的连接

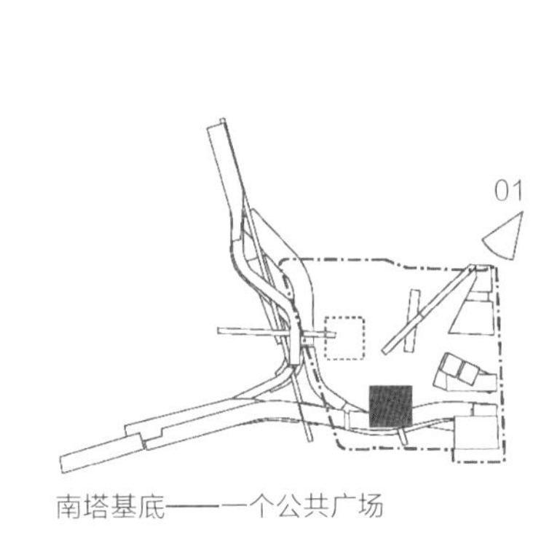

南塔基底——一个公共广场

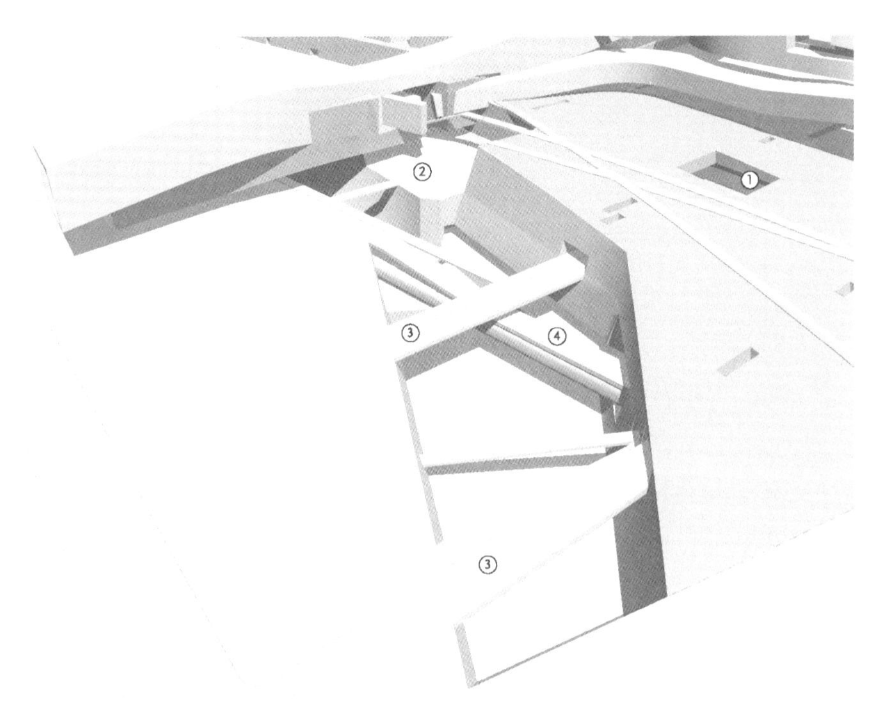

视图 01：城市峡谷间的公共广场

结论

世界贸易中心　　美国，纽约　　2002 年

低调的水平向塔楼塑造了公共空间，将一个公园纳入其中，使交通枢纽层次化，在纽约市中创造一个 24 小时不停运转的节点。原世贸双塔的基底被象征性地保留，其中一个纪念那些逝去的生命，另一个着重于珍惜城市今天的生活。

12：“对所有创造伟大纪念空间的尝试而言这都是很难的：结合两个时空——他们逝去了以及我们为什么活着。”（杰克 · 吉特 <Jaclc Kitt>，“应对死亡的美国方式”，《纽约时报》，2002 年 8 月 18 日）

项目三：纽约 2012 年奥林匹克村 NYC2012 Olympic Village

布朗克斯区

曼哈顿

皇后西区

新泽西

哈德孙河

皇后区

4 千米

东河

数 据：

场地面积：

246 858 平方米

项目规划：

占地总面积：771 857 平方米
总建筑面积：597 843 平方米
总开放面积：174 014 平方米

建筑类型：

174 015 平方米的公园绿地，混合型居住区（4 500 套住宅、18 000 个居民），游艇码头，电影院，零售，饭店，娱乐设施，办公楼，消防和警察局，停车场

地理坐标：

40° 47′ N，73° 58′ W

牙买加湾

一份奥林匹克遗产，一份永恒的贡献

纽约 2012 年奥林匹克村将留给皇后区一份永久的财产：一座 174 015 平方米的公园以及一个在今后多年将刺激周边市区发展的因素。场地连接东河的海滨，最终延伸到尽头。这个公园实质上已经成为五大区域中最大的城市海滨公园，成为纽约一个十分重要的组成部分。

这种大型公园具有巨大的开发潜能，但其挑战在于超越新的发展需求，在增加建筑密度的同时创造一个非常开阔的空间，以及配以从社会、文化和生态方面考虑的景观。为了同时达到这两方面的效果，我们运用一个场地策略，将通常被认为是分散的景观、水和建筑等区域重叠，以创造一个新的混合性的区域，兼有公园和项目、建筑和景观的功能。

通过对不同层次的融合，该设计建立了一个有内聚力、组织严谨的奥林匹克村，一个皇后区公共海滨公园以及一个可以容纳 1.8 万个居民的标志性社区。

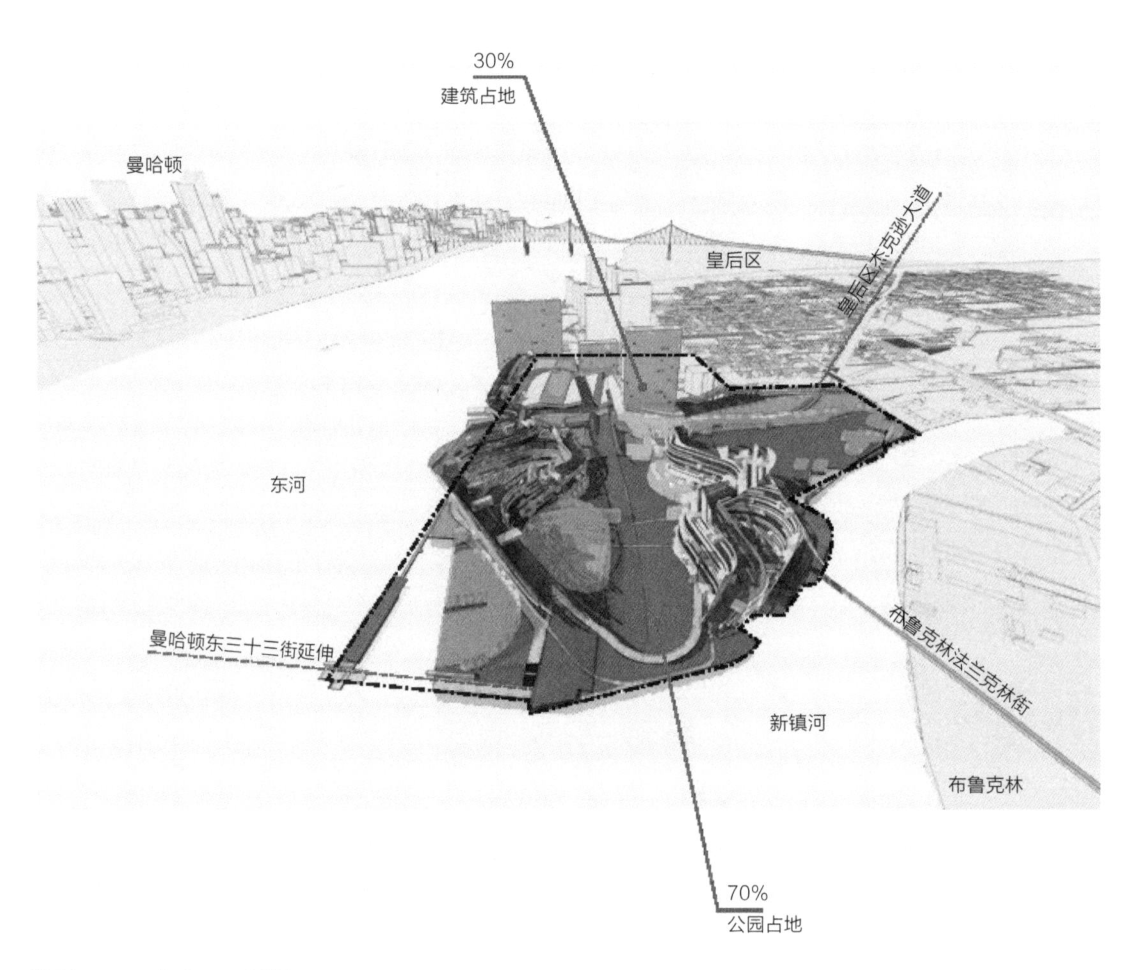

奥运期间和奥运后期

在奥运期间，奥运村是运动员生活、比赛的中心节点。从运动员入住到比赛结束仅仅 17 天时间，因此奥运村是一个十分复杂但极短暂的现象，它提出了一个有意思的难题——在规划报废的同时也蕴涵着巨大的机遇。[01]

如何来设计一项工程：在使用周期内既有即是用途，同时又具备弹性和可调节性？

在奥运会期间，奥运村不仅仅是用来居住的。它实质上是一个可以容纳 16 500 人的微型城市，商店、餐馆、娱乐、训练设施等应有尽有。它也是一个精确安排的大众交通系统，必须依赖于现有的城市基础设施和运动员专用的新的交通系统。

01：通过一个世纪的演化，奥运会已经建立了一个强大的传统：在举办城市留下一个可识别的标志和永久的记号。如何来设计一个场地既可以被用做奥运村，但是在奥运后期又能被永久使用呢？

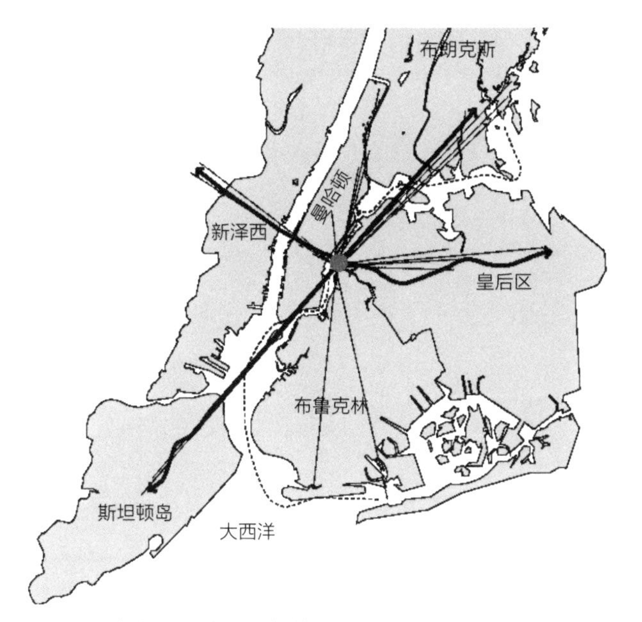

纽约 2012 年奥林匹克村：外向链接

奥运后期：相互连接

当奥运会结束后，奥运村将转变为皇后区的一个新区域，在使用和强化现有城市网络的同时，也给更大的区域范围提供了新的便利设施。设计的挑战就是如何驾驭这种转变，使公众和私人利益均达到最大化。

现有猎人角场地

基础设施的连接

在奥运期间，奥运村更注重区域之间的互通，加强基础设施之间的联系，为运动员、教练和观众在不同场地之间的交通转换提供便利。[02] 事实上场地的选择是由于其中心地理位置：周围临近纽约五大区的运动场、竞技馆和训练中心。三座机场、两条地铁线、一个码头和一条汽车线路都为场地的交通提供便利服务，形成一个战略交通网络。

奥运会结束以后，这些关键的连接被保留下来以强化该场地与曼哈顿之间的联系，为当地的上班族带来方便。新融合进来的区间车系统，与现有地铁、轻轨、高速公路和轮渡加强连接，为新社区的综合交通提供了基础。[03]

02：在奥林匹克村总体规划背后的中心组织原则是各项奥林匹克赛事的安排大致呈“X”状分布。此策略是根据水域和铁路轨道的布局构思出来的，以避免运动员和观众在纽约拥挤的交通动脉中奔波。“X”形的一个分支从新泽西的梅多兰兹（篮球和足球场馆）延伸到拿骚体育馆（手球馆），另外一个分支从史坦顿岛（自行车和马术场）延伸到布朗克斯（棒球、射击、水球馆）。

03：因奥运会所需，一个渡轮码头将被改造，以便容纳更多灵活的交通工具，如小型渡轮或水上的士，提供到曼哈顿下城（工作分布在码头地区）和中城（较少）的交通往返服务。

奥运期间，交通的关键点不是轮渡码头或者区域铁路终点站，而是 7 号地铁线的一个新地铁站。之前为奥运村服务的公交车路线，成为专门的地铁路线。奥运会期间临时的巴士中转区，以及毗邻该场地、以零售业为主的地区的士停靠站将（在奥运会以后）过渡为穿过中城隧道到达曼哈顿的公交线路的终点站

奥运会项目比赛场地

1	棒球
2	射击
3	水球
4	现代五项全能
5	网球
6	皮划艇
7	赛艇
8	游泳
9	羽毛球、场地自行车
10	帆船
11	手球
12	室内排球
13	射箭、沙滩排球
14	马术
15	山地自行车
16	自行车
17	垒球
18	体操、拳击、蹦床
19	击剑、柔道、跆拳道、乒乓球、举重、摔跤
20	奥运主赛场
21	三项全能
22	拳击、艺术体操
23	曲棍球
24	足球
25	篮球

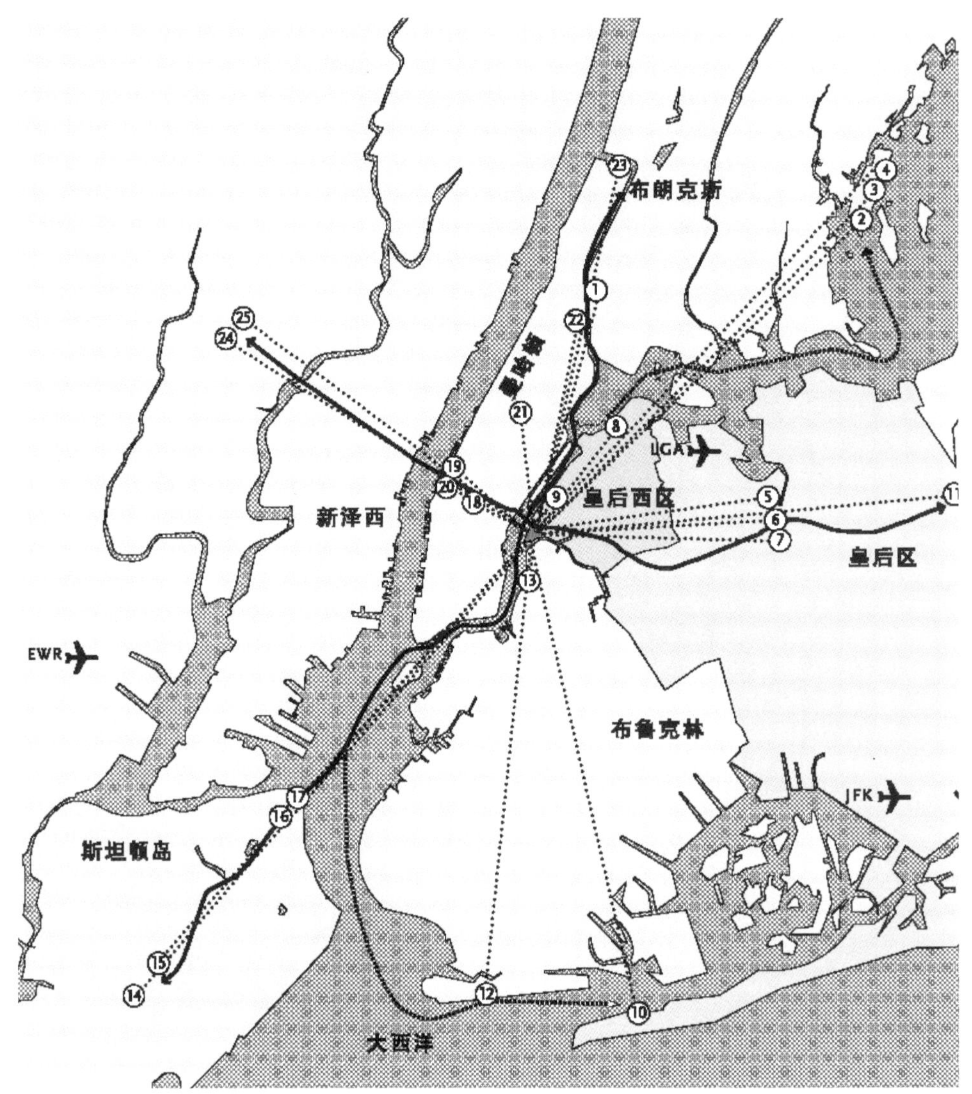

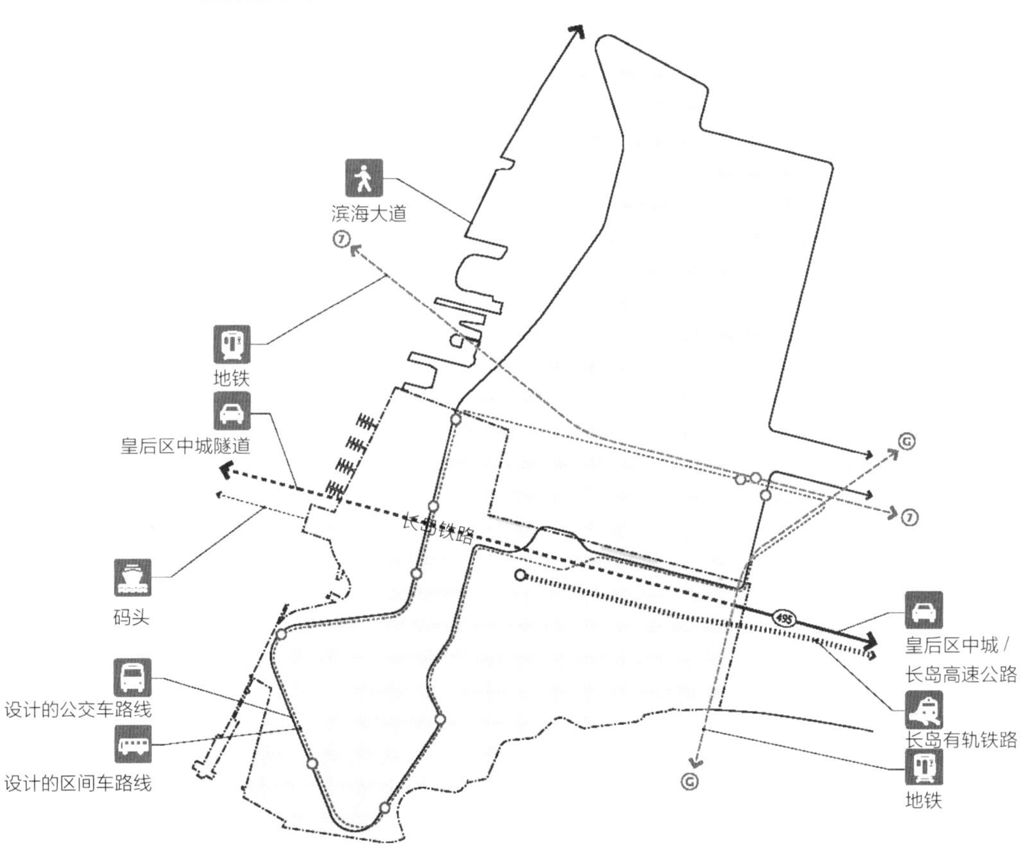

纽约 2012 年奥林匹克村项目方案
第42大街
曼哈顿中城东
第37大街
东河
皇后区，长岛
第34大街
车道
皇后区中城隧道
第5大街
第50大街
威尔弄大道
杰克逊大道
495
格勒姆西
玻顿大街
新镇河
长岛铁路
穗伦斯汀大道
布鲁克林绿点区

保障一份永恒的遗产

奥运会被看做是一个私有开发商投资公共基础设施的机会，一个对社区和开发商的双赢机遇。我们的设计提供了超过竞赛要求的可出租面积，在集中密度的同时，开辟更多的开放空间——占场地面积三分之二的空间保持开敞。

生态学运用

开放空间之所以作为场地演变的过渡元素之一，是因为训练场和其他绿化用地很容易被转化为一个服务于皇后区居民的大公园。奥运会后，此设计为皇后区西部居民进入绿化空间增加了近乎百分之五十的机会。[04]

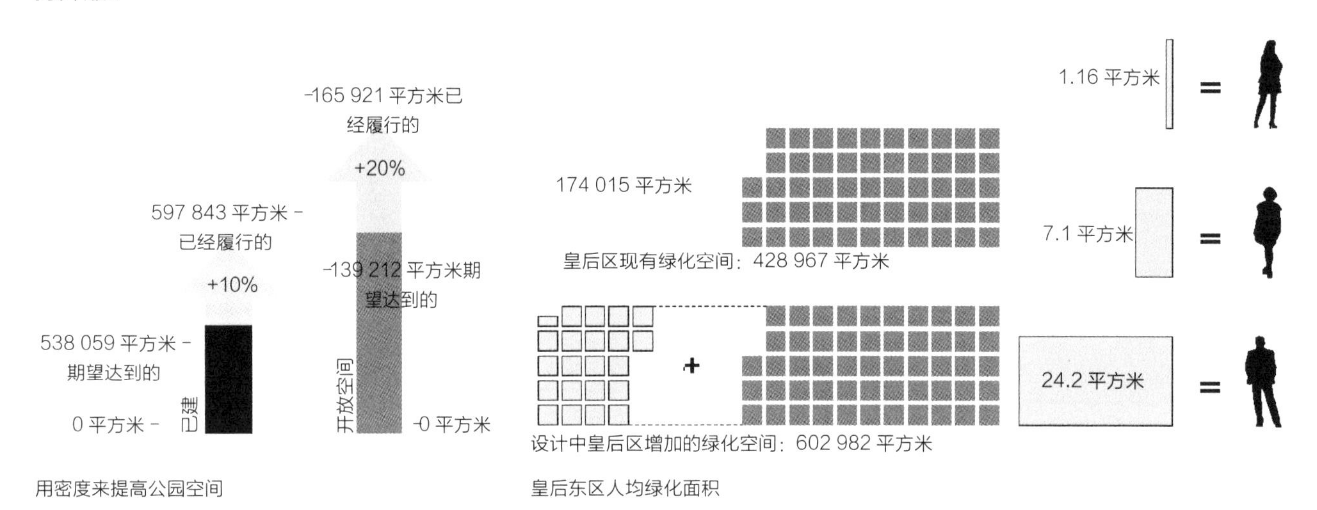

用密度来提高公园空间

皇后东区人均绿化面积

皇后西区公园

花园 / 开放空间
阿斯托利亚公园：660 000 平方米
光边园林公园：30 000 平方米
格陵兰岛公园：50 000 平方米
托斯尼游戏用地：20 000 平方米
花园广场的国家公园：30 000 平方米

纽约城市公园

公园 / 开放空间	
1 小丘公园	14 蒂尔登城堡
2 特赖恩城堡公园	15 佩勒姆湾公园
3 万考得蓝特公园	16 法拉盛娜草地奥纳公园
4 杰基鲁滨逊公园	17 麦迪逊广场公园
5 圣尼古拉斯公园	18 汤普金斯广场公园
6 莫宁赛德公园	19 东河公园
7 约翰马莱利公园	20 市政大厦公园
8 托马斯杰斐逊公园	21 炮台公园
9 河滨公园和驱动器	22 展望公园
10 中央公园	23 弗洛伊德贝内特场
11 卡尔舒斯公园	24 拉图尔特公园
12 利塞兹州际公园	25 自由州立公园
13 布朗克斯公园	26 兰德尔斯岛公园

04：在场地半径 3-5 千米范围内，公园异常缺乏。皇后西区人均占有绿化面积仅仅是 1.16 平方米，曼哈顿人均占有绿化面积为 7.1 平方米，是这一区域的 6.1 倍，而在整个皇后区这一数字为 24.2 平方米，是这一区域的 20.8 倍。

公园：首先是一个训练基地，然后是一个公共的娱乐设施

将 174 015 平方米的场地用于公共空间，该设计给予皇后区一个比炮台公园和华盛顿广场公园加在一起还要大的绿化区域。

70% 的场地是公园

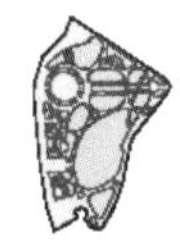

炮台公园
93 077 平方米

\+

华盛顿广场公园
40 468 平方米

<

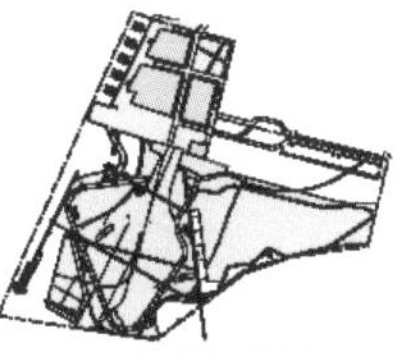

猎人角公园
174 015 平方米

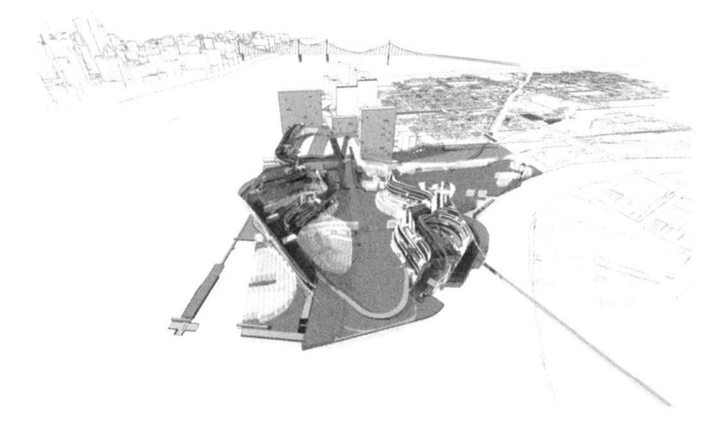

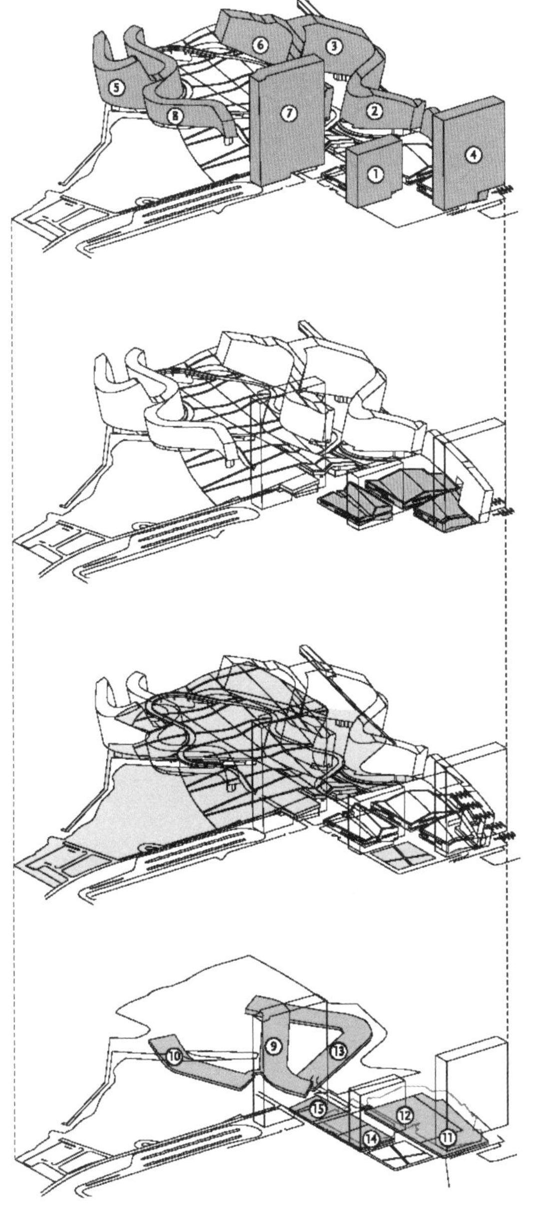

面积分布

比例	类别	面积
55.3%	住宅	426 982 平方米
10%	商业	77 416 平方米
22.5%	绿化空间	174 014 平方米
12.2%	市政设施	93 445 平方米
	居住停车	2 885 车位
	商业停车	1 060 车位

70% 开放面积

总建筑面积：597 843 平方米
总开放面积：174 014 平方米
总用地面积：246 858 平方米

一个海滨公园联盟

作为五大区中最大的一个城市海滨公园，根据不同的活动内容场地分为八个不同区域：奥林匹克广场、海滨大道、码头、城市公园、运动公园、休闲公园、森林、新镇河湿地。

八个绿化区域

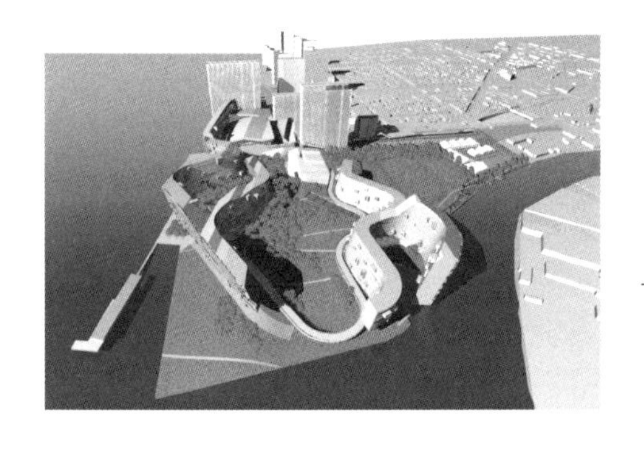

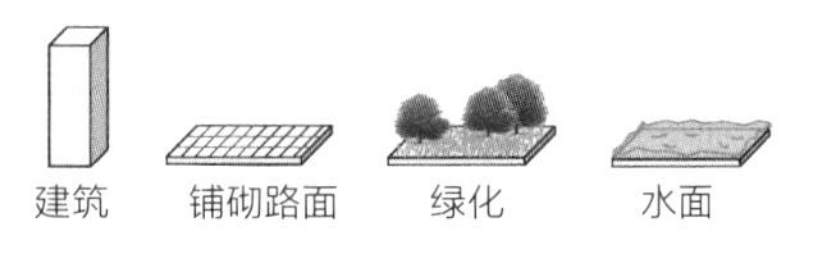

绿化区域规划

1	奥林匹克广场
2	海滨大道
3	码头
4	城市公园
5	运动公园
6	休闲公园
7	森林
8	新镇河湿地

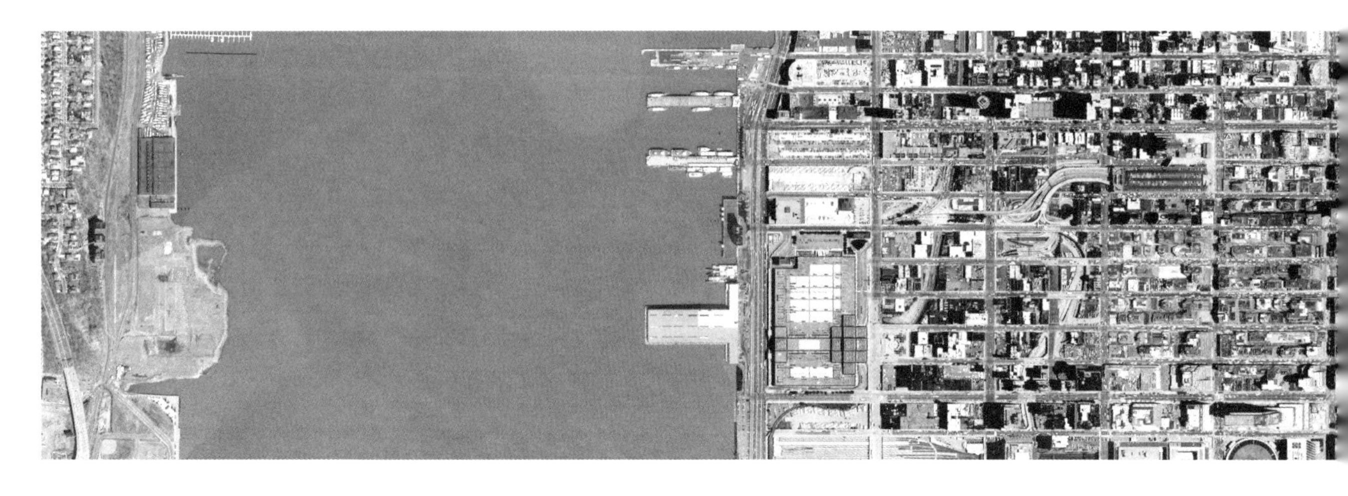

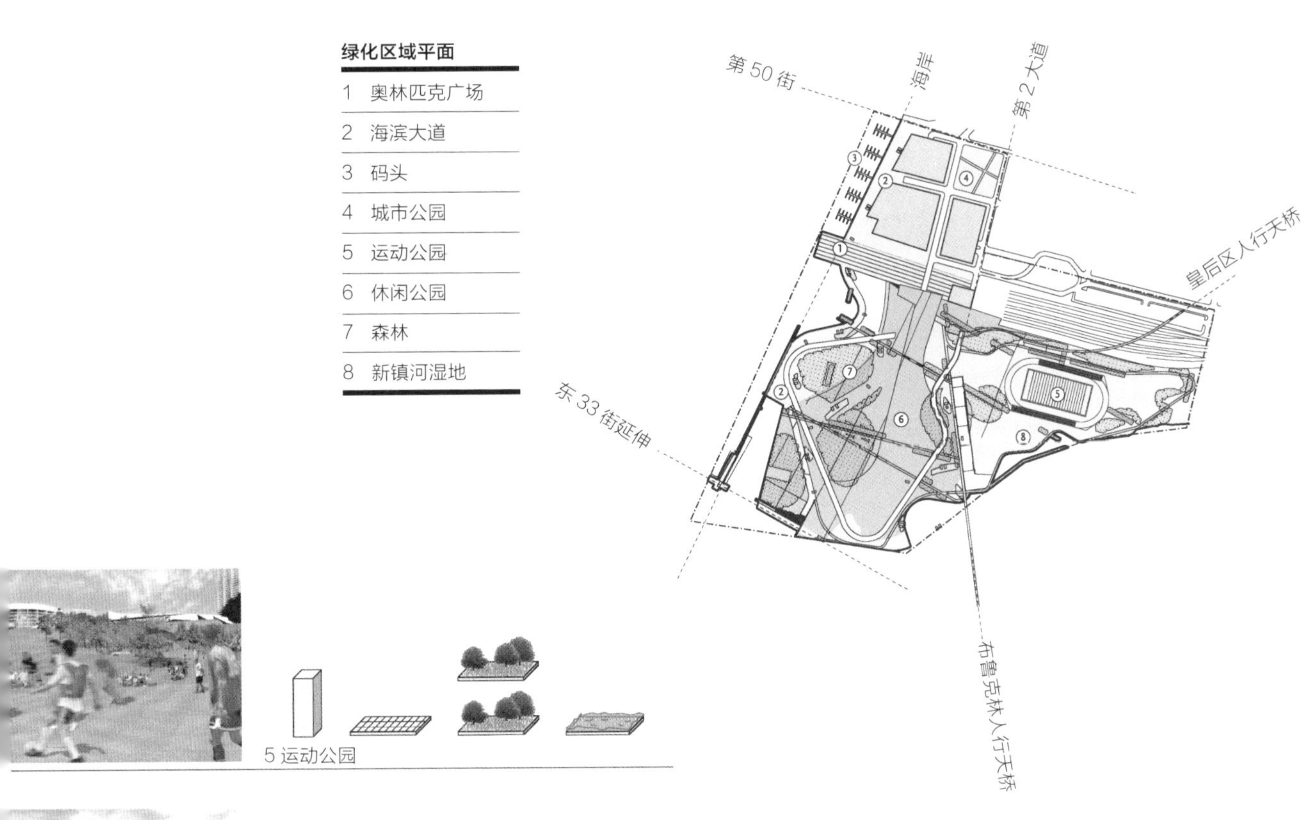

5 运动公园

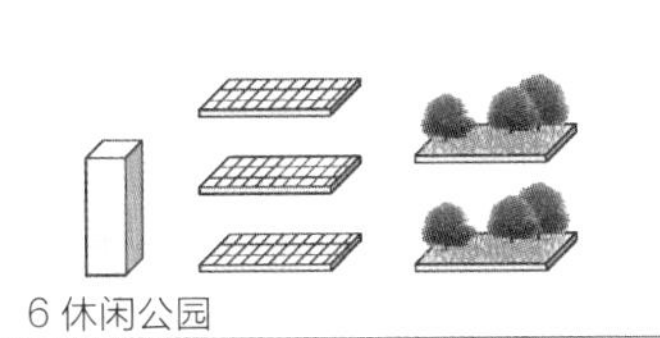

6 休闲公园

四种产品参数

每个区域都有自己的生态体系，衍生于四个主要参数的变量：建筑、铺砌路面、绿化和水面。八个区域通过各个参数的数量来定义，为公园游客提供了多种体验。

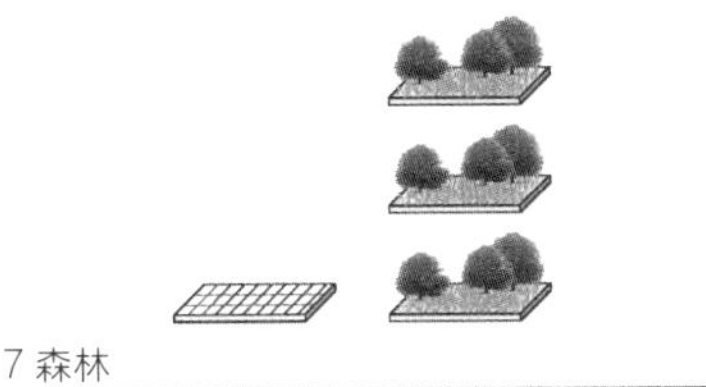

7 森林

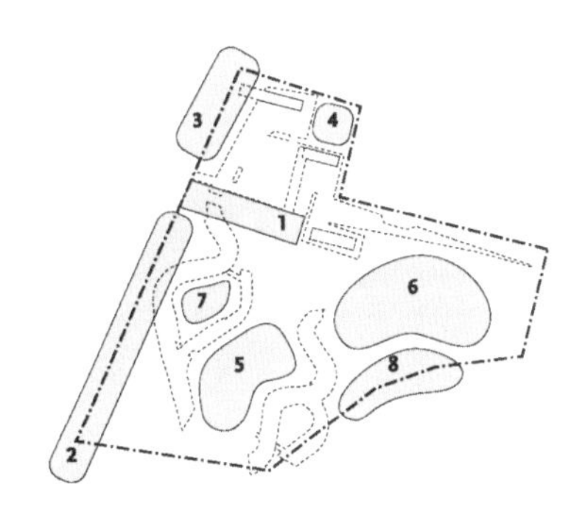

8 新镇河湿地

场地策略：变化与重叠

根据公共与私人可及性、休闲与运动区域、动态与静态项目，以及其他的本地化因素不断变化的条件，我们将三个层面变形成一个新的混合形态。尽管是一个简单的过程，不同层面的碰撞造成了指数变异。垂直分离创造出项目之间的私密性，通过空隙空间打开了视线，并容纳了更多的附加项目，在各层面重叠的地方，层面之间的流通被强化了，产生了不同的密度，形成了新的混杂空间。

在居住区，最底层的绿化层覆盖停车场，与现有的地平面合并。中间层用作商业空间，作为被抬高的景观，向北延伸到长岛市、皇后区，甚至更北面。最上一层从商业空间脱离出来，拉升出由景观形成的旋转式风格，打造一个房屋骨架之上的多样化的屋顶花园。

三个分段式的不同层面组织和管理着水、景观、建筑之间的相互影响。从这个分层式组织中策略性地脱离出来，然后创造机会将建筑项目折入绿化空间并在整个场地中创建连接。

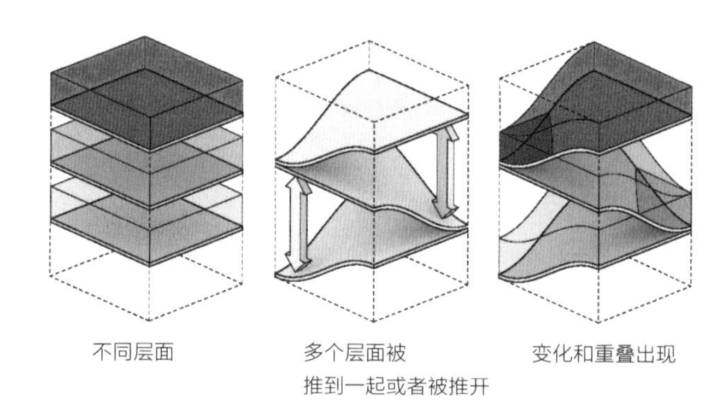

不同层面　　多个层面被推到一起或者被推开　　变化和重叠出现

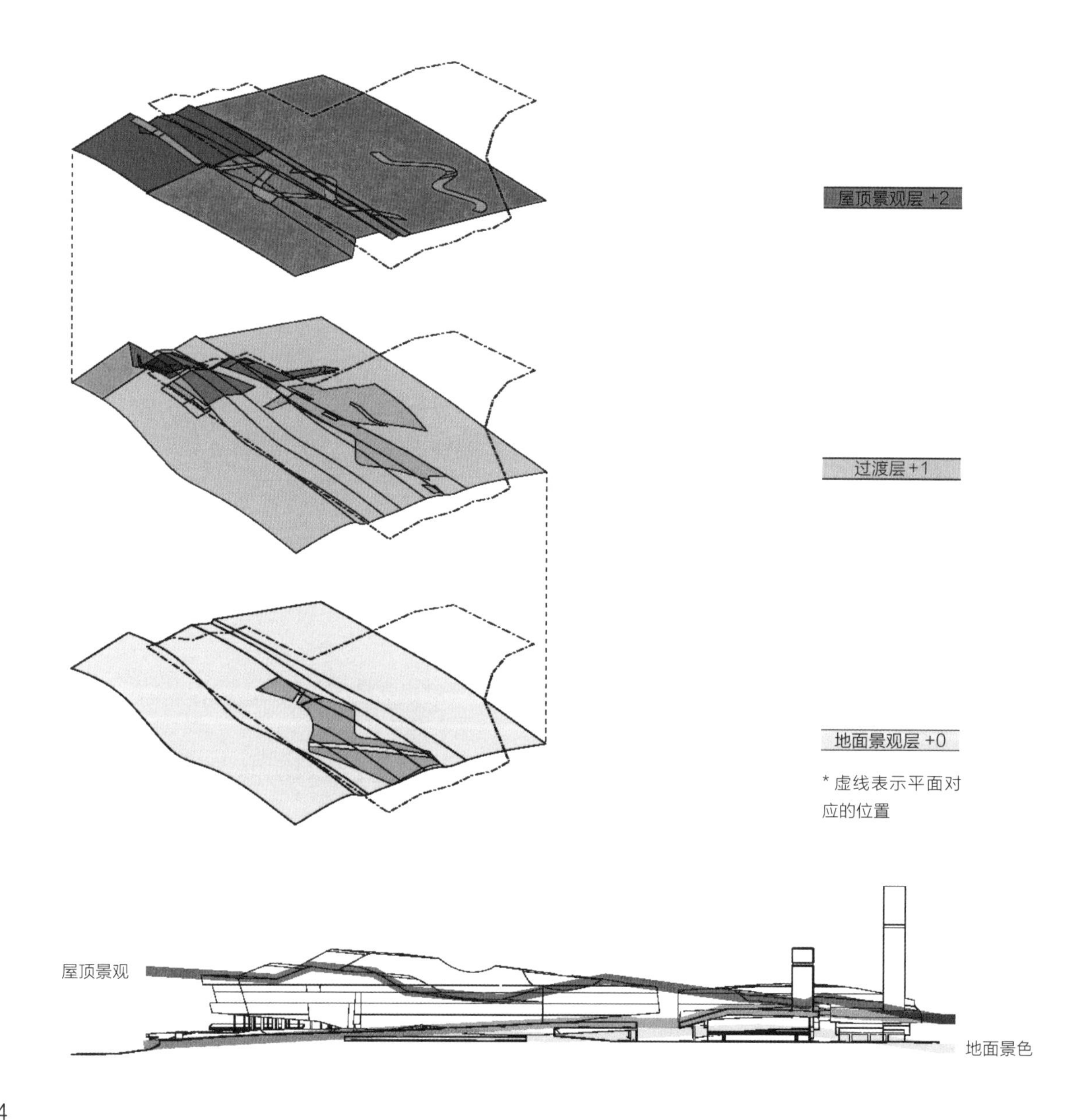

* 虚线表示平面对应的位置

30% 为建筑场地

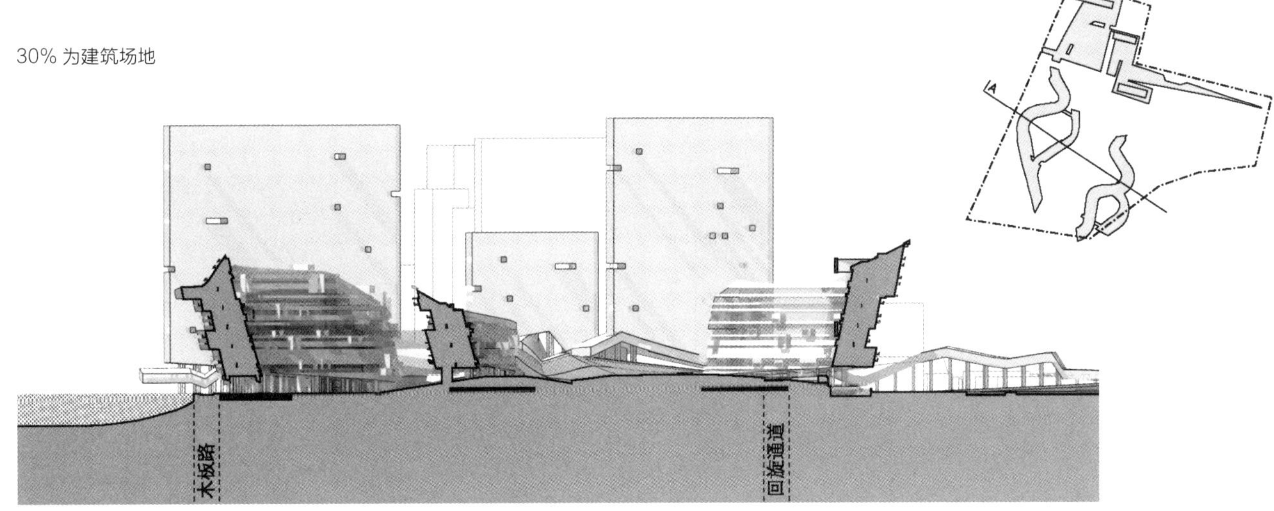

剖面图 A：穿过低层的线性建筑

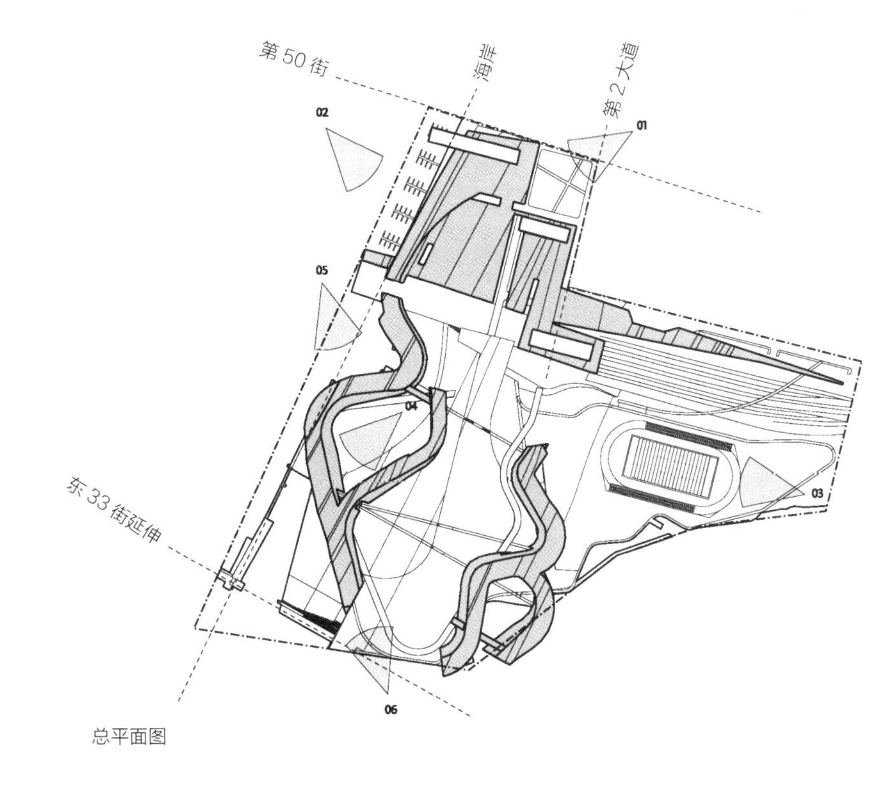

总平面图

视图 01：城市公园

视图 02：码头

视图 03：运动公园

视图 05：漫步道北

视图 04：森林

视图 06：漫步道南

建筑：先为奥运村，后作为社区

虽然奥运会是皇后区西部建筑开发的动因，但是这个临时村落必须在今后易于转换成长期使用的社区。宿舍为一流居住单位，能与最具竞争力的曼哈顿和布鲁克林区的住房市场看齐。此外，供教练和运动员使用的训练场和服务项目必须改造成能容纳 1.8 万个居民的住宅社区。

局部变形：物理和视觉链接

该方案的大部分项目为中高层建筑，这些建筑沿东河交织分布并塑造出开放的绿化空间。它们的位置朝向和形态是对当地设计准则的直观反映：街道网格、观景廊、风力和太阳能的模式，还有同海滨的连接。线性结构形成“受保护”的公园的盾牌，将来自东河的强风屏蔽在外。

建筑在场地的最南端打开，偏移 14 度最大限度地让太阳光进入公园和住宅单位。

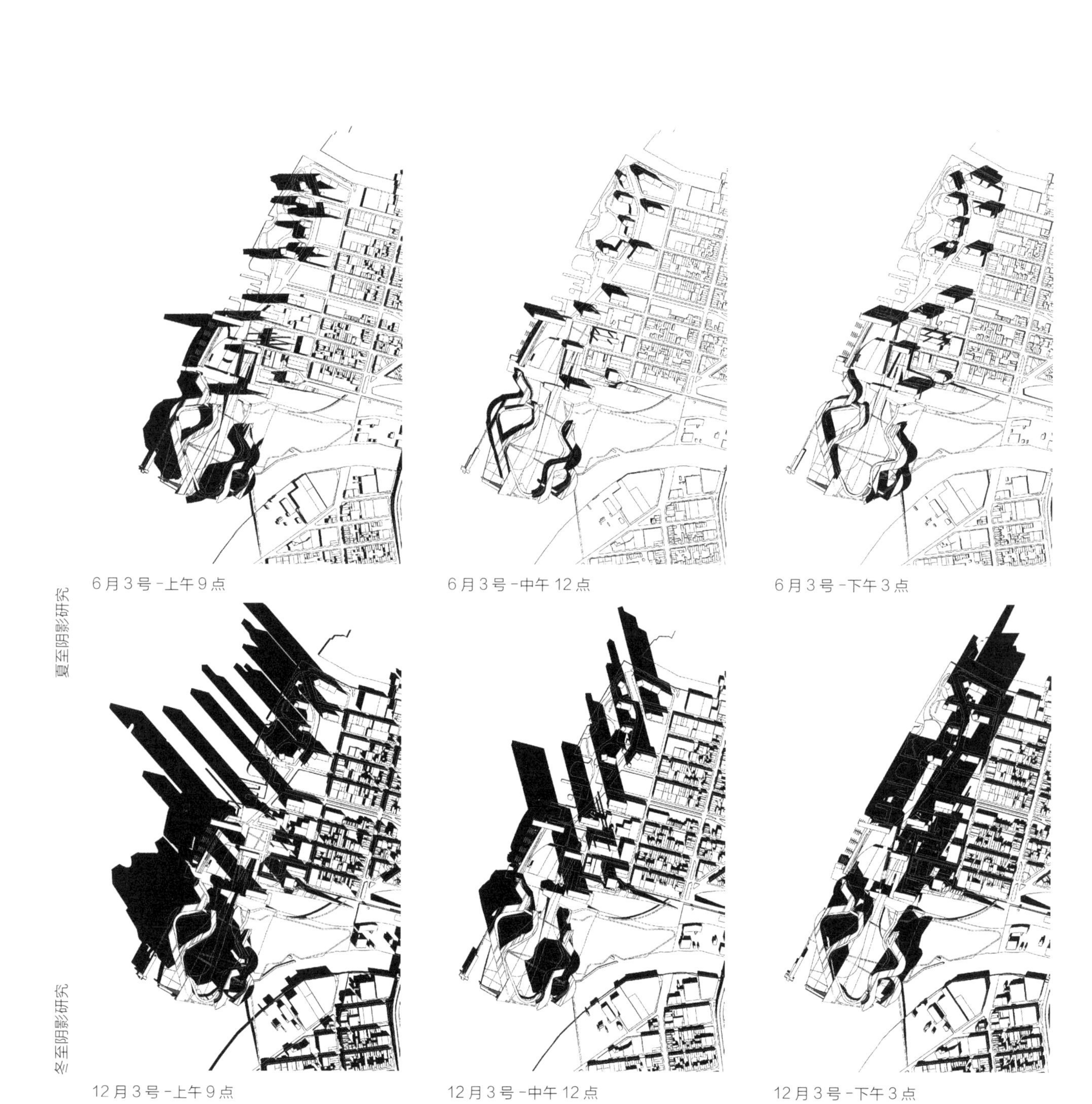

夏至阴影研究

6 月 3 号 - 上午 9 点　6 月 3 号 - 中午 12 点　6 月 3 号 - 下午 3 点

冬至阴影研究

12 月 3 号 - 上午 9 点　12 月 3 号 - 中午 12 点　12 月 3 号 - 下午 3 点

剖面图 A：穿过低层的线性建筑

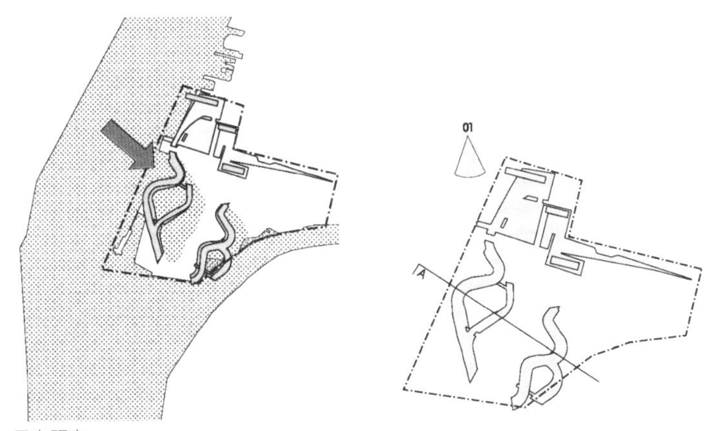

风向研究

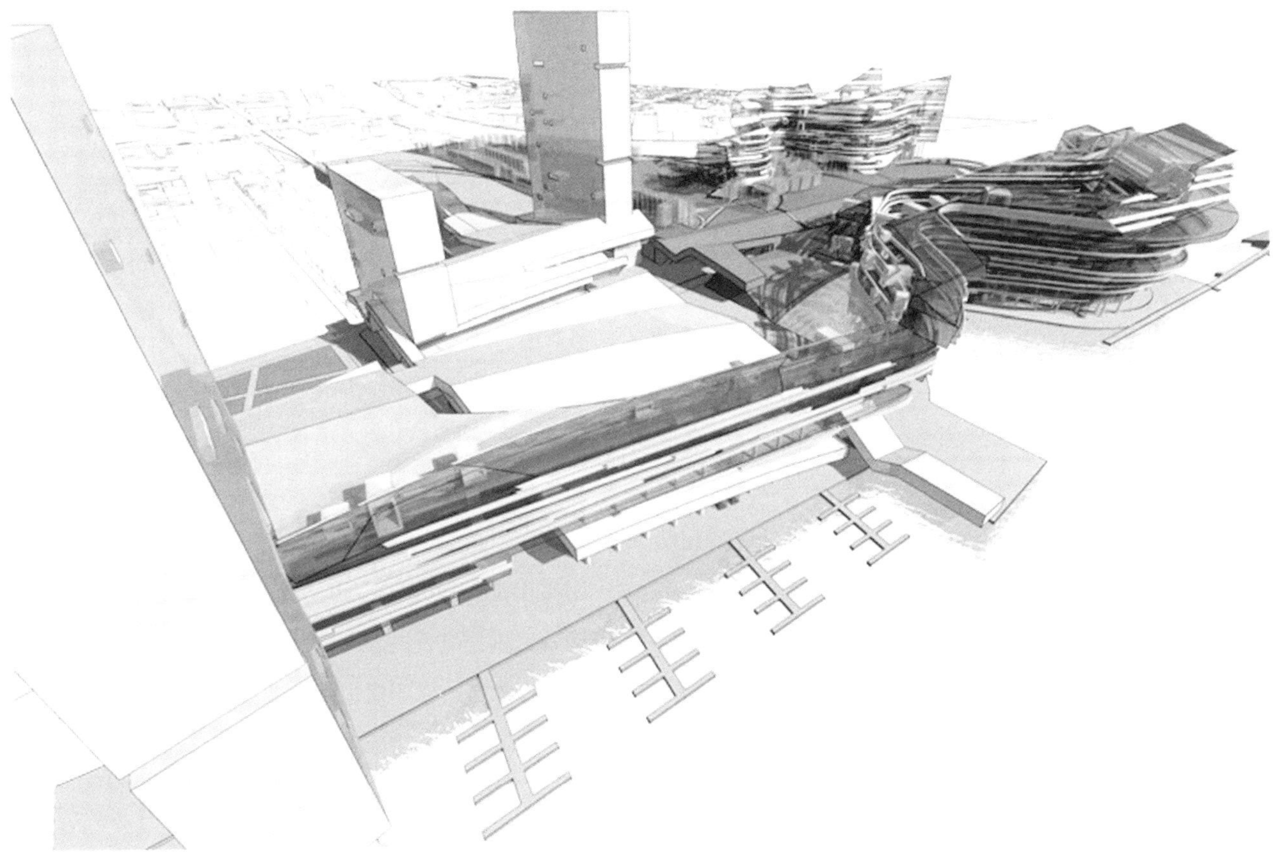
视图 01：面朝南

三个区域的连接：给场地以结构

场地周边的市政基础设施网格将场地与曼哈顿、布鲁克林和皇后等周围的几个区连接起来。将现有的街道网格延伸至场地里面，强化了这些有力的连接，使现有基础设施的痕迹得以巧妙地延续和显示。

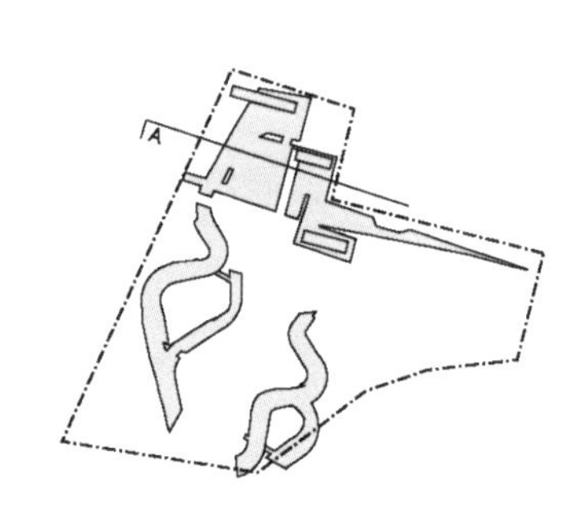

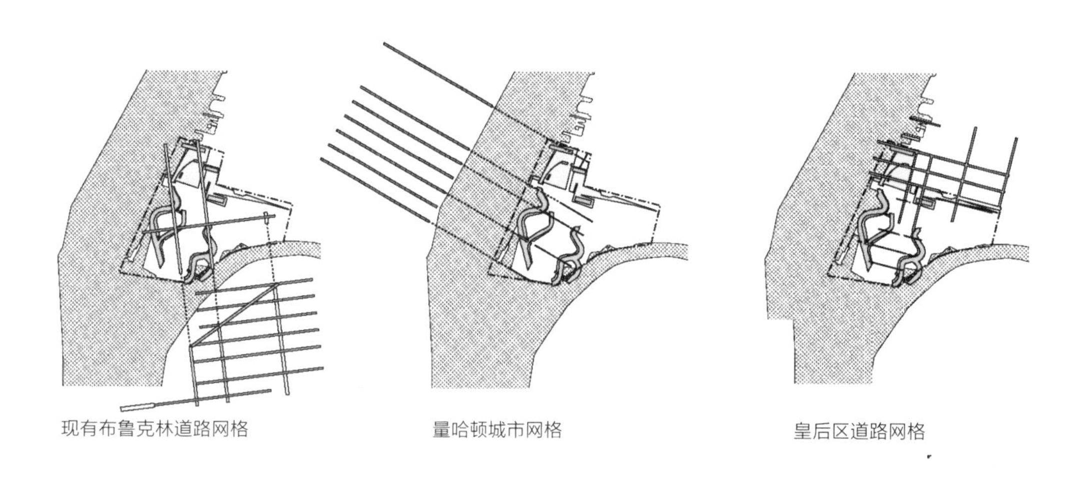

现有布鲁克林道路网格　　　量哈顿城市网格　　　皇后区道路网格

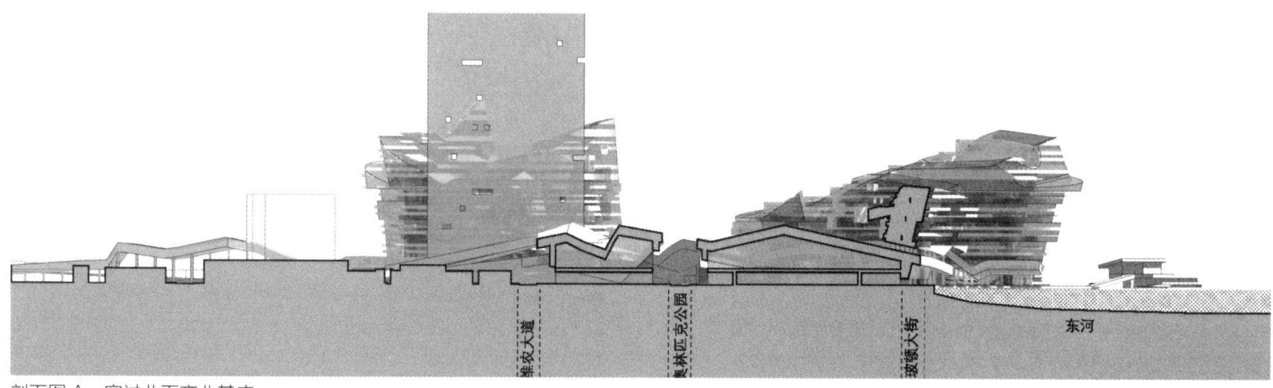

剖面图 A：穿过北面商业基座

一条海滨大道将很多项目连接成为一个整体，成为一个滨海胜地。海滨大道促进了沿着整个东河的行人流通，连接到皇后西区开发公司的艺术中心，作为其延伸的终点站。百分之八十的蜿蜒结构被抬高到平均离地四层的高度，增加了场地内部与海滨的接触。

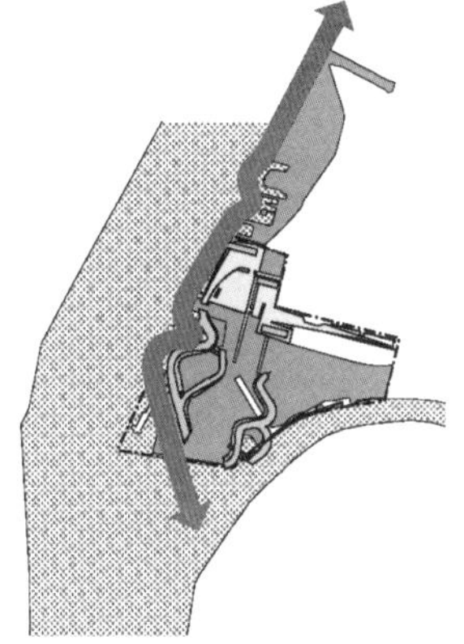

连接到现有的海滨区

一个和谐的情境：观景走廊

无论是作为奥运村还是后来作为住宅区，该场地捕捉了在创造与城市文脉机理和谐关系中起关键作用的景点，象征性地将其作为开发的中心节点。

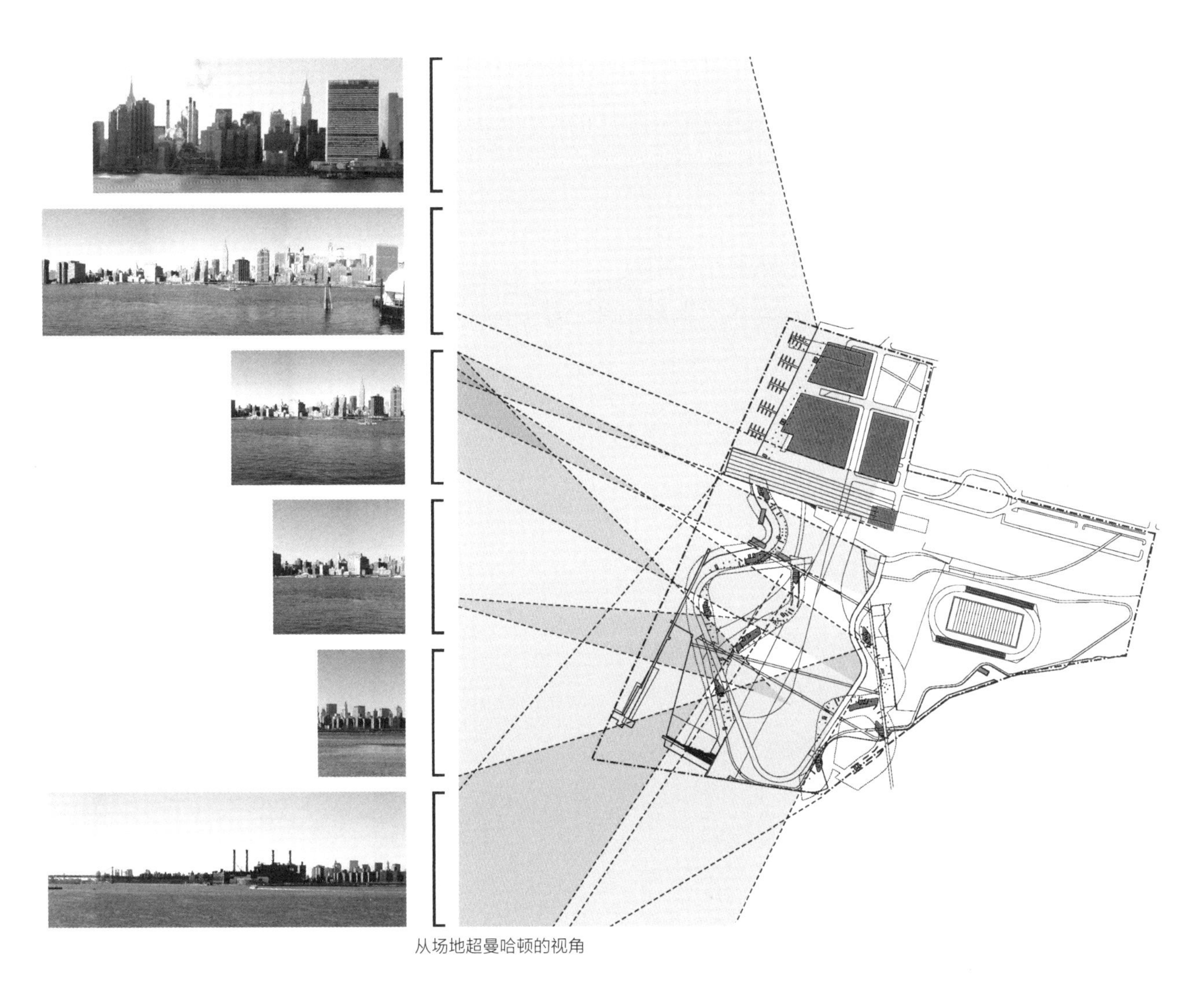

从场地超曼哈顿的视角

通过组织、利用这些景点，奥运村的大部分居住单元可以眺望城市和奥运村的公园。为了进一步锻造与曼哈顿和皇后区的视觉连接，广场和庭院周围的建筑经过拱形、出挑、弧线设计，关键的景点被框了出来。建筑曲线的向度是由通向城市标志性建筑的视线来决定的。在其形状和朝向上，比如奥林匹克广场，建造了通向帝国大厦和联合国等标志性建筑的观景走廊。

奥林匹克广场

一个典型的居住单元

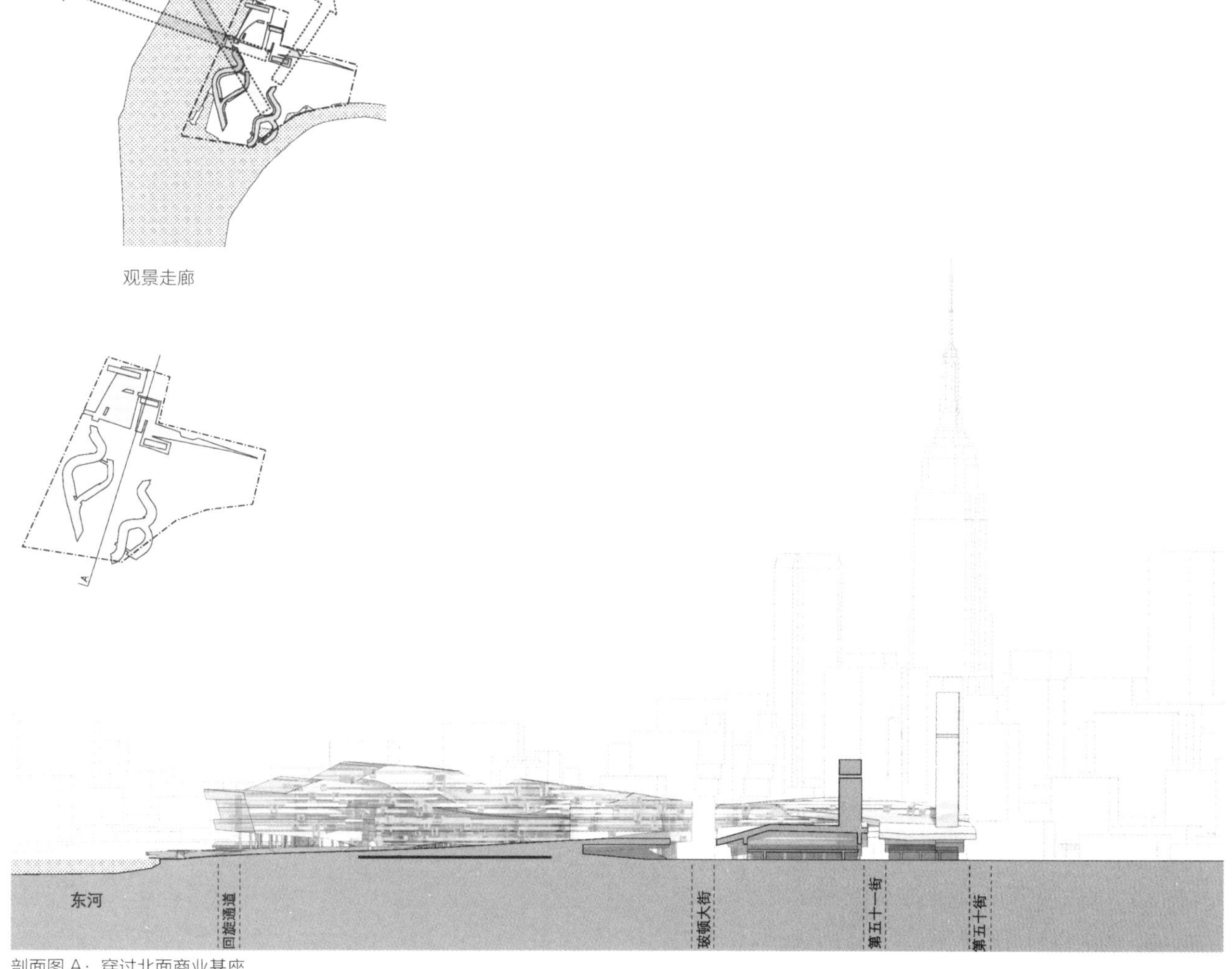

观景走廊

剖面图 A：穿过北面商业基座

战略性地提高密度

场地组织和密度分布需要与其背景环境相适应，比如，在人口密集度以及混合功能可以影响周围社区的地方通常倾向于高密度的建筑。

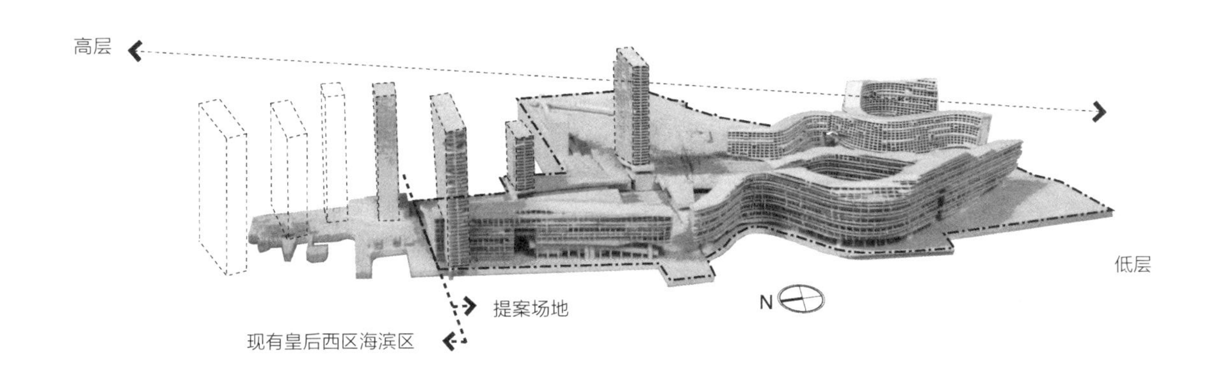

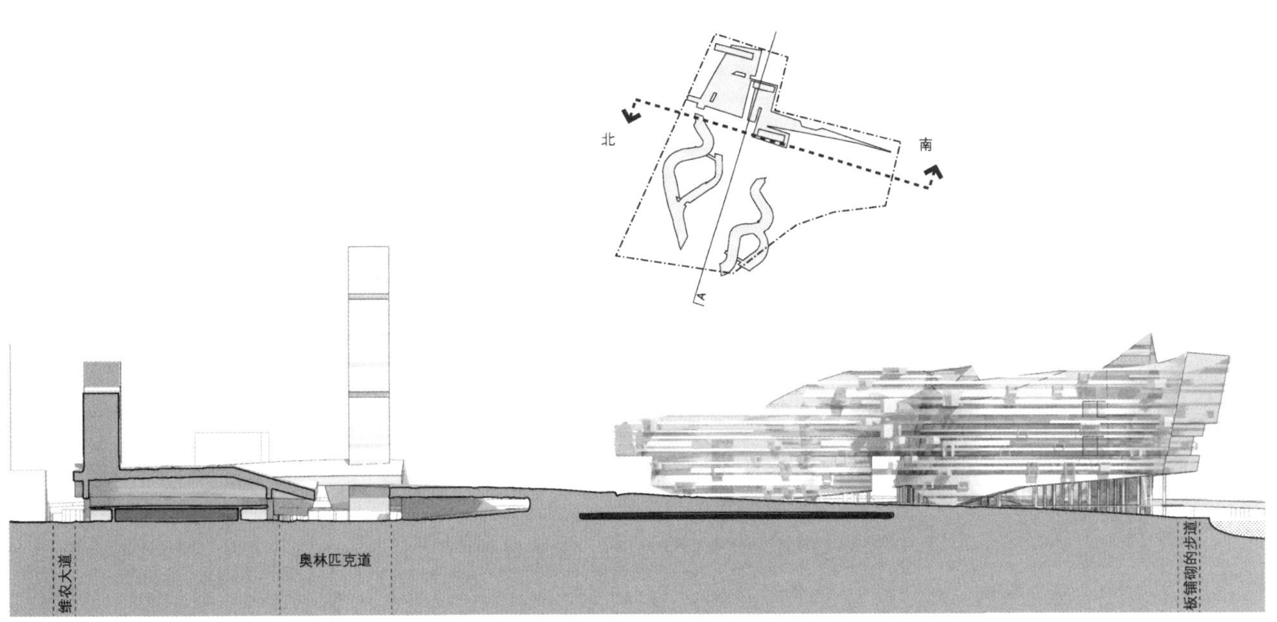

剖面图 A：穿过奥林匹克广场

场地与皇后区的中心区域连接，其北部是一个更密集开发的混合功能项目区域，拥有剧院、健身中心和商店等配套设施，以及中、高层建筑。相对而言，奥运村南部为中等规模的建筑，沿着东河的海滨交织展开。

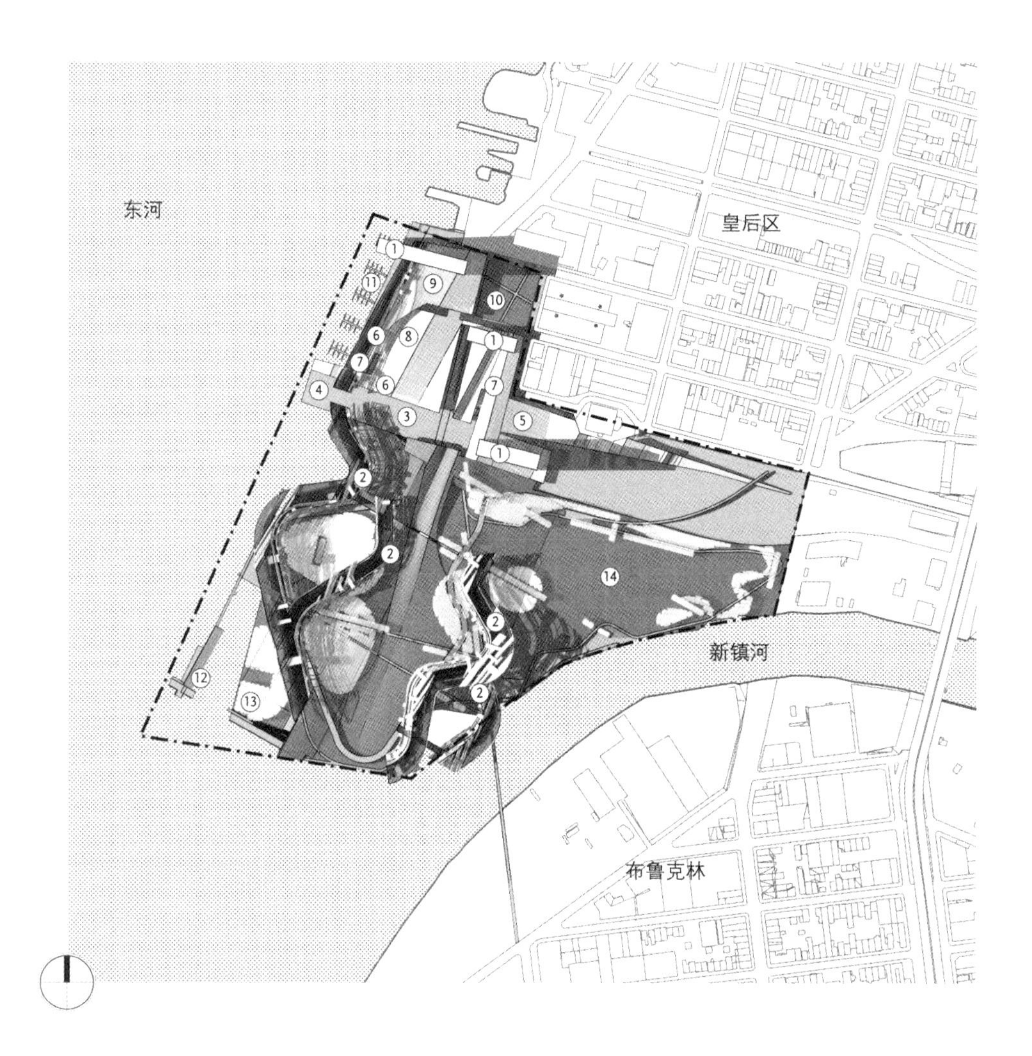

建筑功能平面图

1 高层居住楼
2 带状居住楼
3 奥林匹克广场
4 轮渡终点
5 轻轨站
6 零售店、咖啡店
7 超市
8 社区健身房
9 娱乐中心、健康俱乐部
10 社区公园
11 码头和海滨大道
12 栈桥餐馆
13 城市沙滩
14 游戏场地

结论

纽约 2012 年奥林匹克村　　美国，纽约　　2004 年

在增加密度和开放空间的同时，该设计为纽约 2012 年奥林匹克运动会提供了一个中心枢纽和一个标志性形象，同时给皇后区提供了一个长期的公共福利（设施）。

项目四：槟城跑马场俱乐部 Penang Turf Club

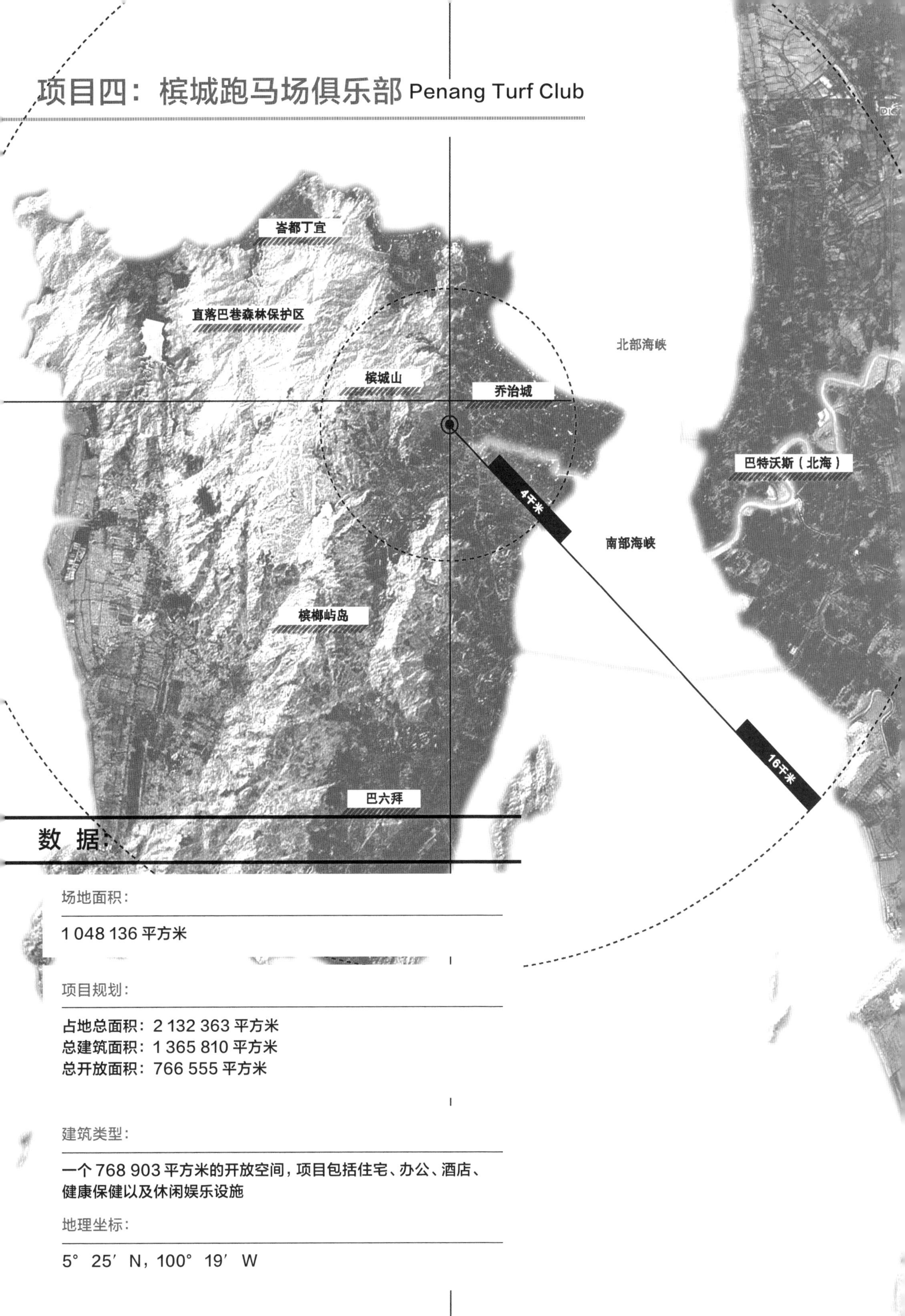

数 据：

场地面积：

1 048 136 平方米

项目规划：

占地总面积：2 132 363 平方米
总建筑面积：1 365 810 平方米
总开放面积：766 555 平方米

建筑类型：

一个 768 903 平方米的开放空间，项目包括住宅、办公、酒店、健康保健以及休闲娱乐设施

地理坐标：

5° 25′ N，100° 19′ W

自然与城市之间的界面：加强保护

槟城跑马场俱乐部重建项目采用受控制的扩张方法，通过三维设计以及将项目融入景观，73% 的场地保持开放而没有减少建筑面积。

该场地横跨槟城最大的城市乔治城(GeorgeTown)，东起乔治城，西至一个自然森林保护区。

建筑集中在场地的城市边界，建筑形式与毗邻的乔治城相呼应，并在形态上逐渐完成从城市向自然地势的转化。随着建筑项目逐渐向山上延伸，自然区域与城市肌理逐渐连接。同样地，开放空间也被编织起来，在视觉和空间上与周围的景观相融合。

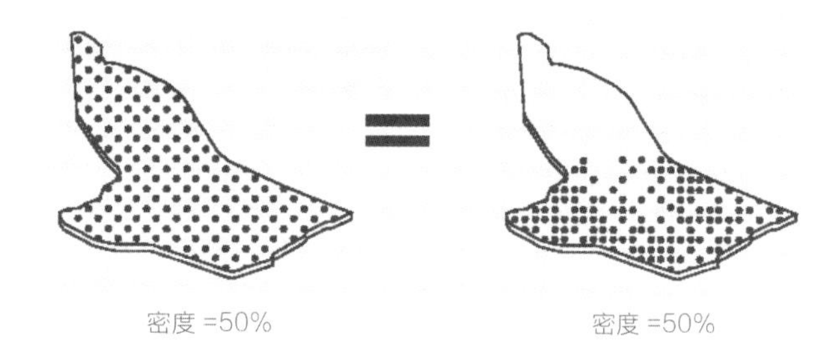

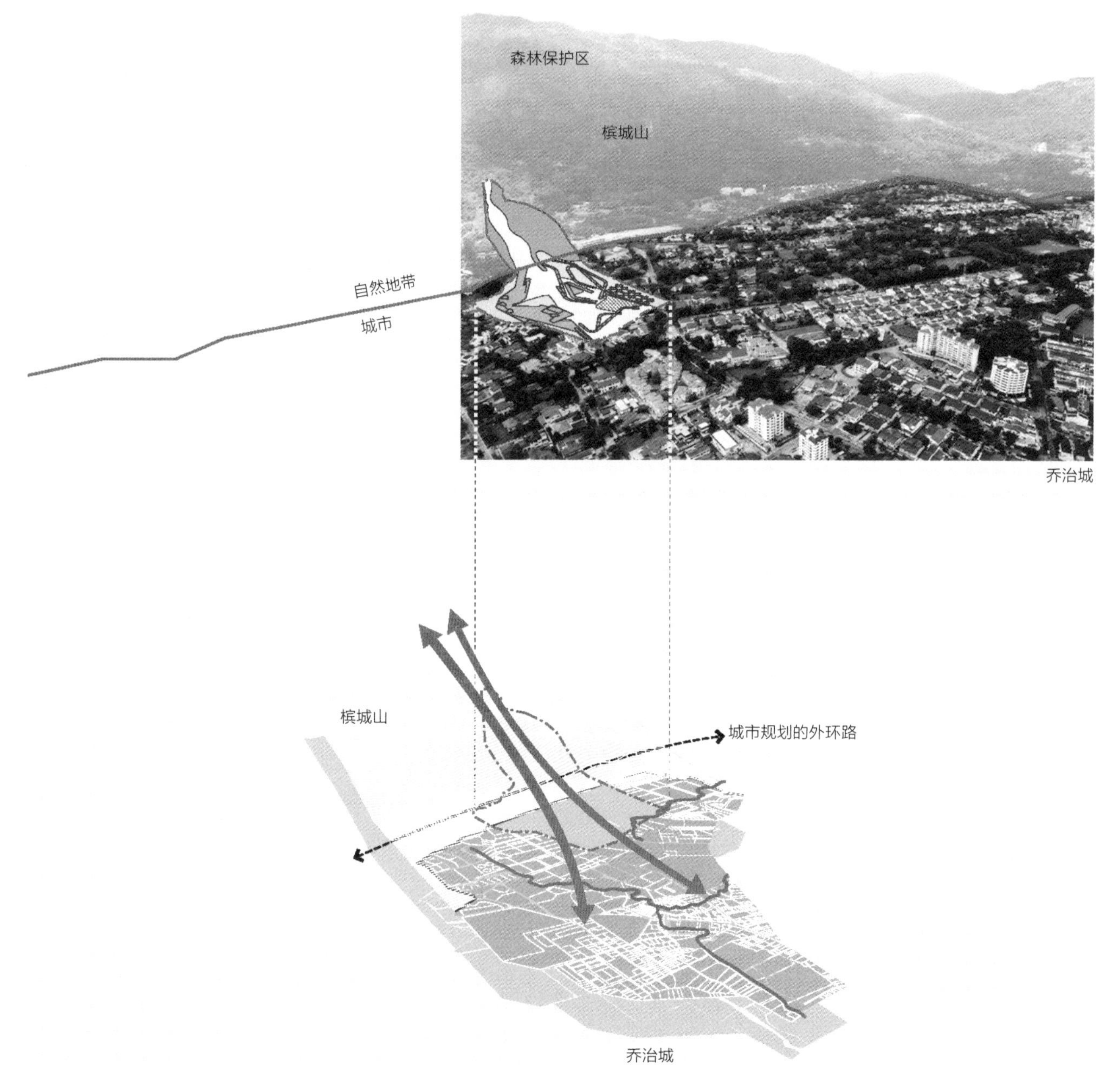

在交界处运作：一个共同的通道

马来西亚的槟岛只有不到三分之一的面积被开发，几乎所有的开发都集中在岛的东海岸。城市区域和自然地带有一个明显的轮廓线。项目场地位于槟城山（Penang Hill）脚下，正好处于城市和自然的交界线上，其独特的地理位置为二者的沟通提供了可能性。[01] 场地跨越了城市和自然的硬性边界，为改变现有的边界条件提供了多种可能性，可以通过建一座桥或者一条通道来连接乔治城和岛上最美的自然资源。[02]

槟岛视图

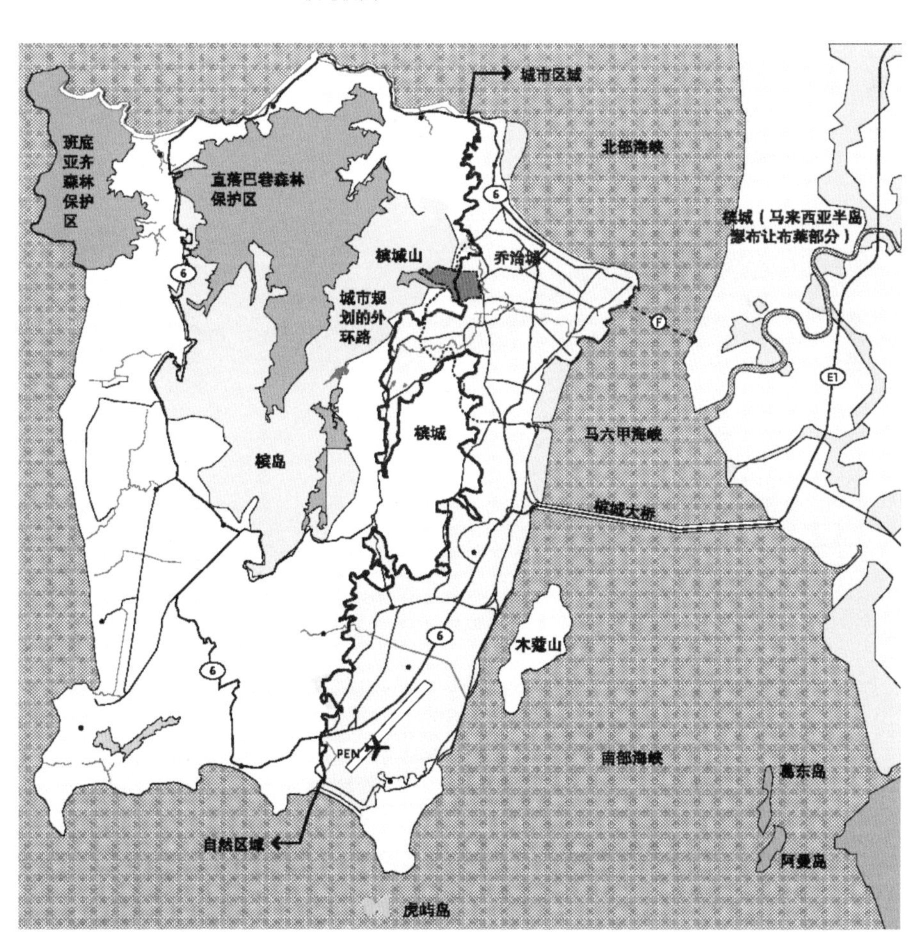

槟城规划

森林保护区

山区绿地

耕种绿地

城市区域

01：槟城由马来半岛西北岸的一个龟形的岛屿组成，靠近泰国边界、马六甲海峡以及瑟布让布莱（马来半岛上的一个约 48 千米宽的条形地块）。该岛总面积约 285 平方千米，是各国居民的大熔炉，包括马来人、阿拉伯人、泰米尔人（Tamil）、英国人、美国人以及缅甸后裔。乔治城是岛上最大的城市，约有 40 万人口，保持着槟城数十年来作为贸易港口的传统。

02：竞赛要求设计一个总体规划能够提升槟城作为马来西亚北部地区文化之都的国际聚焦力，把槟城建设成为印度尼西亚 - 马来西亚 - 泰国成长三角区（IMTGT）的核心区域。主要目的为，"总体规划需要优化现有地形和深入挖掘场地潜力，将文化、商业、娱乐、住宅以及其他城市元素有机结合，形成一个有执行力的、财政上可行的和环保的总体规划"。

槟城跑马场俱乐部项目方案

协调自然和城市的连接

该场地面积广阔、地形丰富。既强调联系性又重视差别性的设计手法使总体规划既结合本土条件又不失统一性。

前期草图探讨了在场地内组织横向运动的各种设计，将临近社区连接起来并保持上下槟城山的流线。城市和自然在空间和视觉的交织上，一些地方被缝合得天衣无缝，而另一些地方则有意形成对比。

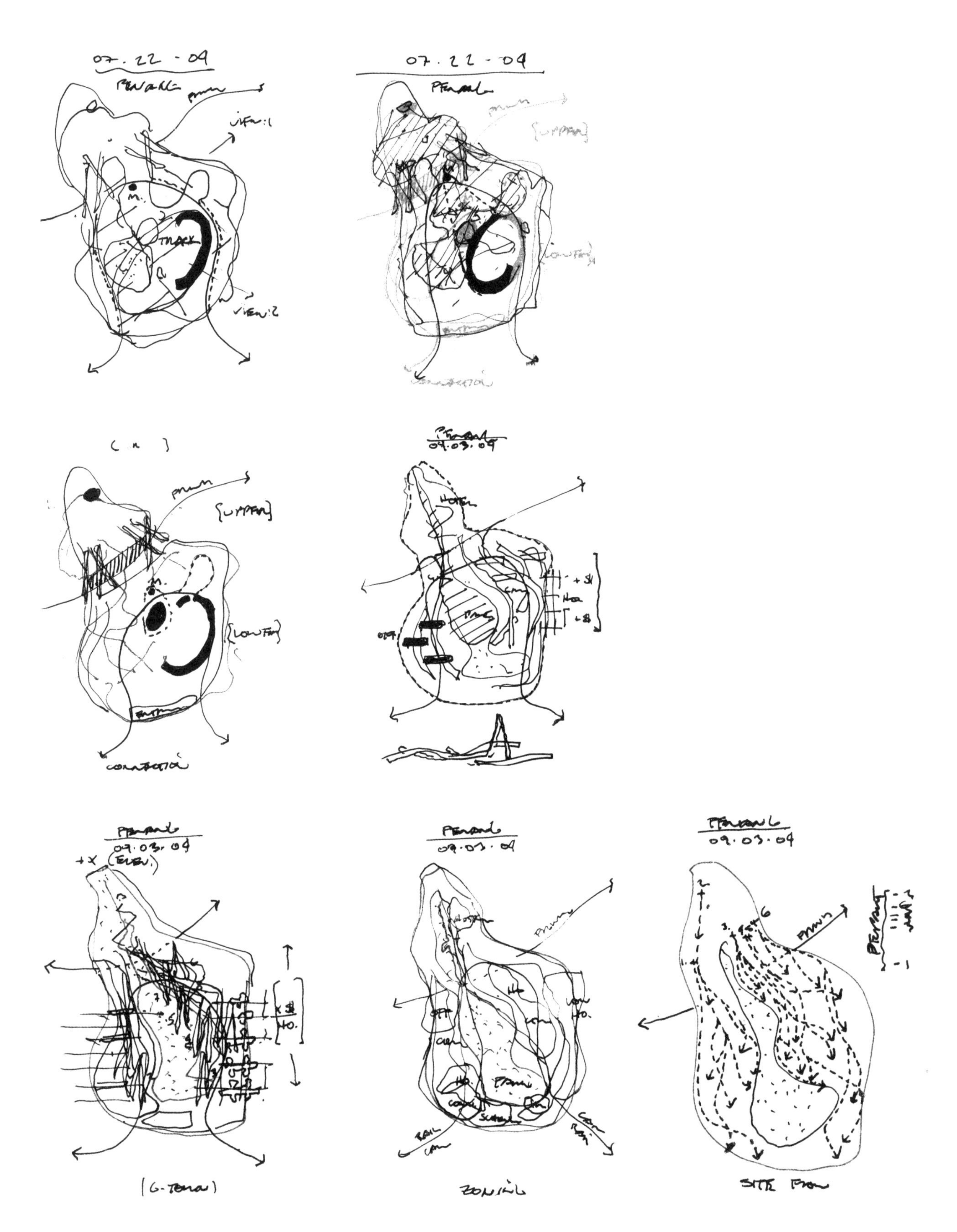

过程模型

接下来的研究模型探讨了如何组织表层界面创造三维建筑形态并融入景观。自然地势起伏形成竖向的视觉景观，这些与下面的城市网格交织起来并延伸到场地内。

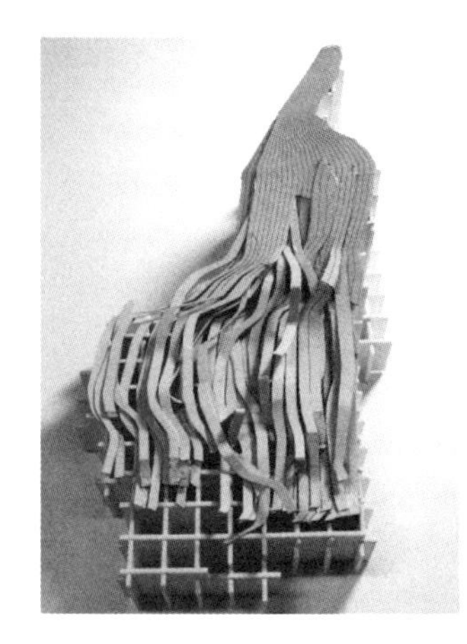

相互作用 1（给定条件）

根据竞赛给定条件：

A：将场地分成平均的坐标系

B：将给定条件放入场地（交通区域、历史元素、环境和历史联系、场地排水系统）

C：将以上项目均匀分布在场地内

相互作用 2（调整相邻的项目）

根据相邻区域和项目需要调整和重新分配项目

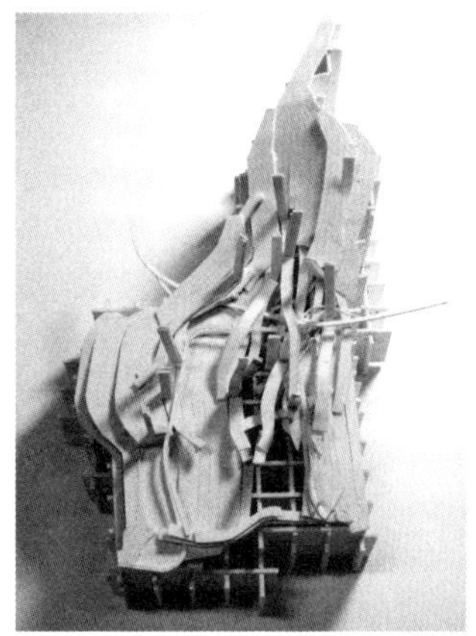

相互作用 3（调整场地外部条件）

根据场地外部条件调整项目

A：根据开敞斜坡地势和其他现有场地条件提供吸引或排斥元素

B：根据排水、场地坡度和历史环境调整

C：结合日照要求

D：与建筑的功能和预算参数相匹配

E：确保零售商业位于平坦地势（坡度必须小于百分之五）

F：根据历史元素保留一些空地（比如跑马场跑道）

G：根据临近的区域调整密度

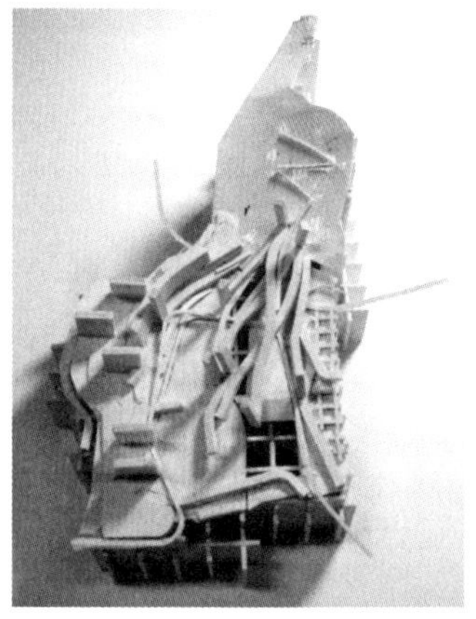

相互作用 4（根据项目要求调整）

根据类型和要求的面积使项目呈过滤式分布从而提供项目的连续性

A：住宅分为三种类型：带状、塔楼和垫状

B：零售分为区域性商业区、市场商业区、社区商业区

C：办公分为公司、小型企业

D：酒店分为会议室、社区以及休闲设施

E：开放空间分为连续的公园、广场以及社区公园，同时保持所要求的公共空间与建设空间的比例；根据城市要求把这些新的元素纳入场地

F：通过基础设施把不同密度连接起来（交通、电、和给排水）

C：建立铁路连接体系

H：提供停车空间

受控制的扩张

项目主要集中在场地的最南端，将城市空间延伸至场地内。建筑形态天衣无缝地过渡到未开垦的森林保护区的自然空间，使城市与自然完美结合。

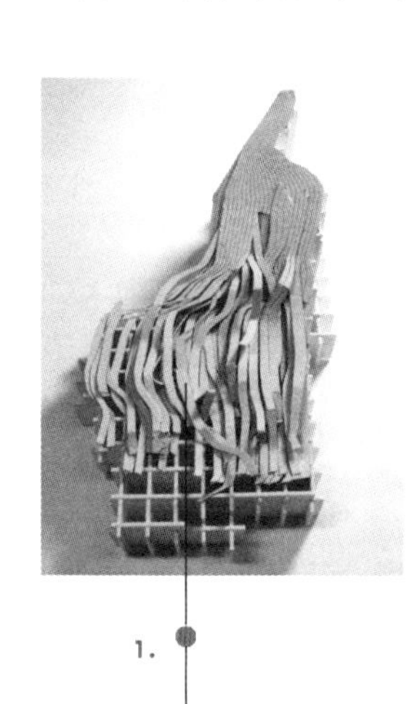

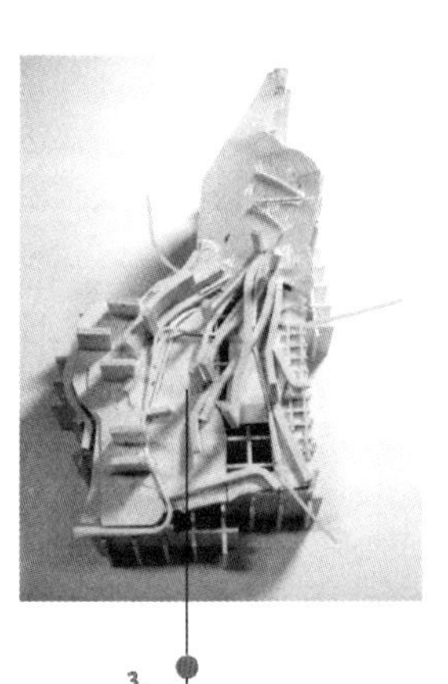

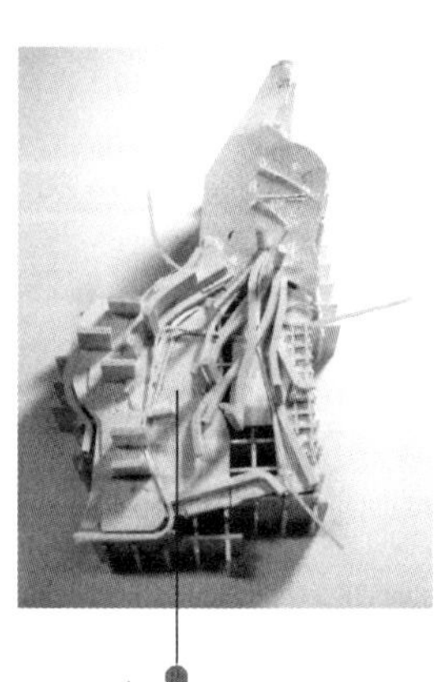

1. 2. 3. 4.

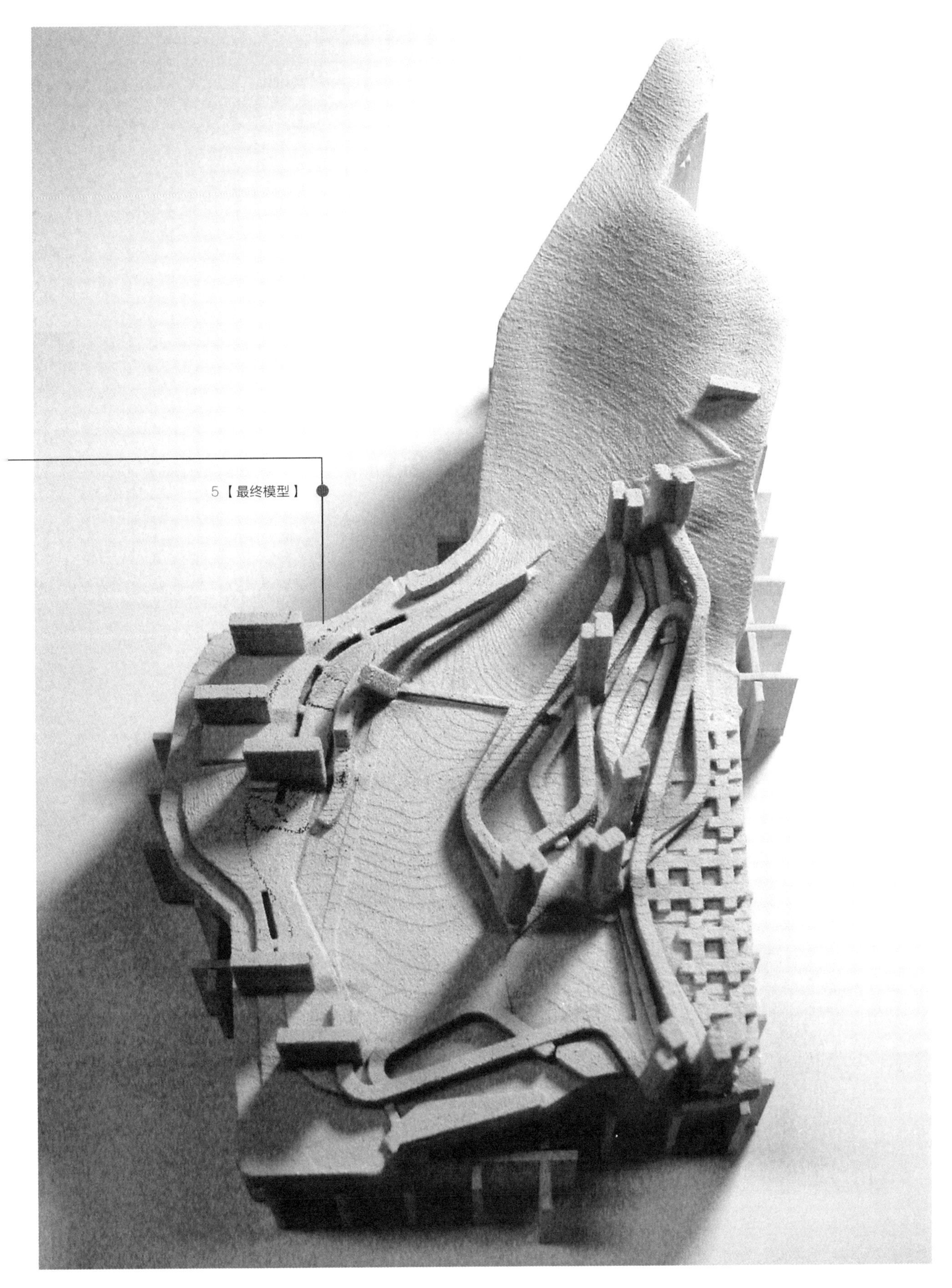

5【最终模型】

场地规划

1 带状住宅 Ⅰ
2 带状住宅 Ⅱ
3 庭院式住宅
4 塔楼住宅
5 小学
6 中学
7 医疗卫生中心
8 清真寺
9 运动场馆
10 会展中心
11 交响乐厅
12 商业中心 Ⅰ
13 商业中心 Ⅱ
14 社区商业区
15 酒店 Ⅰ
16 酒店 Ⅱ
17 酒店 / 餐厅和观景台
13 办公塔楼
19 屋顶平台
20 零售商业区
21 缆车道
22 登山步道
23 运动场

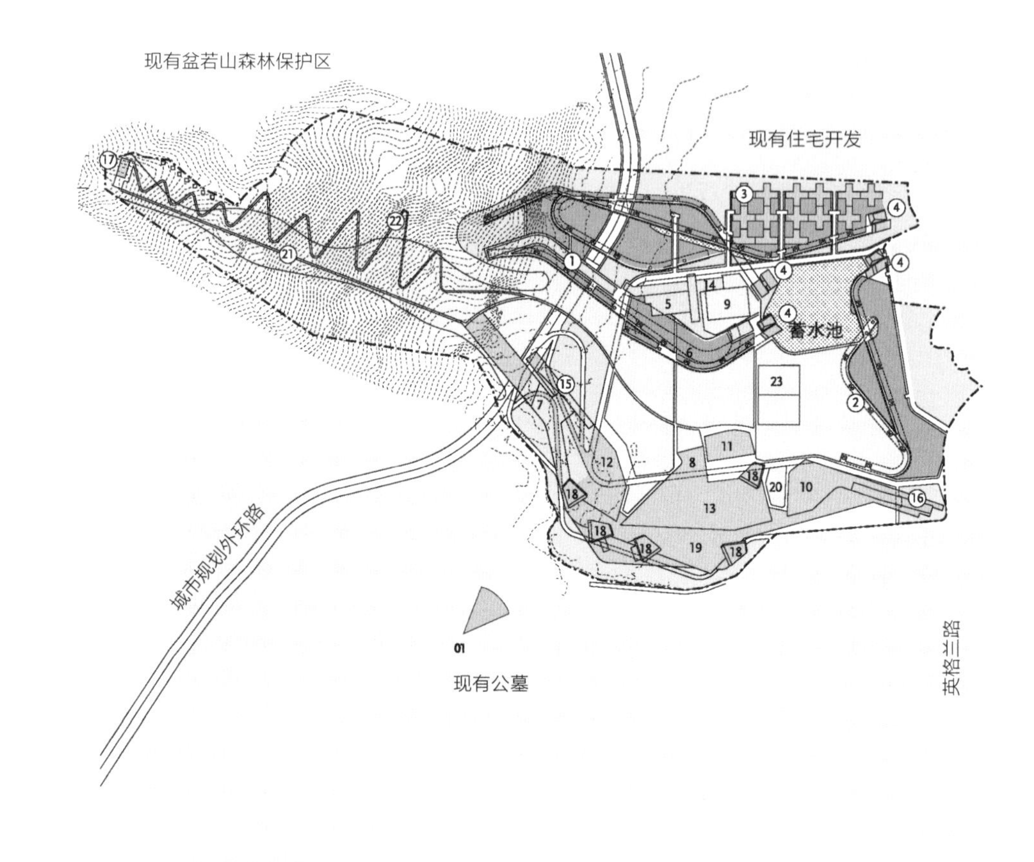

视图 01：向东北方向看乔治城中心

策略性建设

建筑形态和自然景观沿模城山上行，二者交织构成了一系列独特的环境，每个环境都包含混合的功能和项目。场地起始于东边，延续了乔治城的城市肌理，随着逐渐向西部山区延伸，建筑也分解成更加流动和自然的形态。

作为一个文化、商业和娱乐中心，该方案包括会展中心、交响乐厅、商业办公、高端住宅、豪华酒店、健康保健中心、休闲娱乐设施、运动和休闲公园以及交通系统等。

形态学的形式

较低的建筑体量使该项目能够与周围环境形成视觉缓冲，线性结构覆盖整个场地，而竖起的高塔就好像其中的锚点。

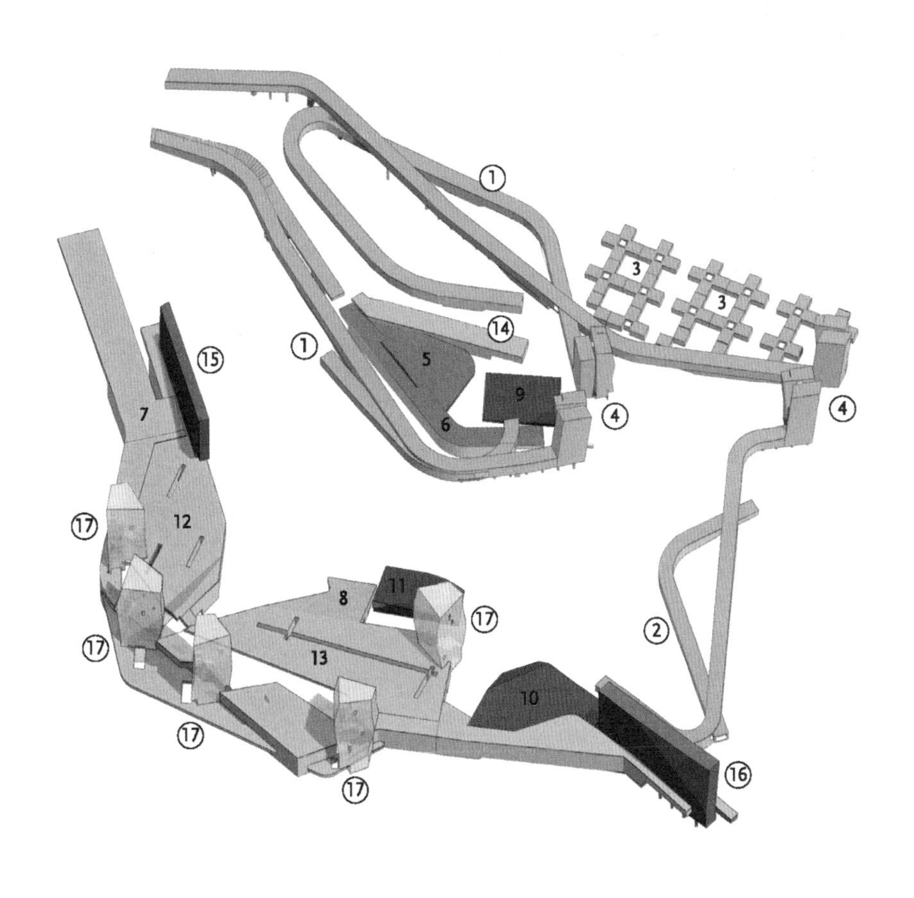

项目面积分配

	项目	面积
	住宅	
1	带状住宅Ⅰ：六层	305 000 平方米
2	带状住宅Ⅱ：六层	182 000 平方米
3	庭院式住宅：三层	27 010 平方米
4	塔楼住宅：4 座 35 层塔楼	51 800 平方米
	教育	
5	小学：	8 000 平方米
6	中学：	9 300 平方米
	市民公共设施	
7	医疗卫生中心：	9 300 平方米
8	清真寺：	1 400 平方米
9	运动场馆：	1 400 平方米
	文化	
10	会展中七：	37 000 平方米（2 000 个座位）
11	交响乐厅：	5 600 平方米（600 个座位）
	商业	
12	商业中心Ⅰ：	116 000 平方米
13	商业中心Ⅱ：	116 000 平方米
14	社区商业区：	6 000 平方米
	酒店	
15	酒店Ⅰ（1,000 人）：	70 000 平方米
16	酒店Ⅱ（1,000 人）：	70 000 平方米
	办公	
17	办公塔楼：	350 000 平方米

1. 住宅和社区（北部）

住宅项目集中在场地的北端，有三种基本类型：带状、塔楼和块状。每个类型的产生都是对项目和环境的直接回应，在策略上力图最大程度的获得自然通风、采光和景观。带状住宅的优点在于其可以提供很多分散的室外空间，在体量起伏和交织过程中形成舞动的感觉。塔楼住宅结束了带状住宅的形态，高高耸立，方便居住者领略高处的无限风光。块状住宅作为带状和塔形住宅的补充，提供了一系列低层的庭院式结构。交织在整个住宅区中的还包括小学、中学、体育场以及社区商业中心。

2. 商业和文化（南部）

商业和文化项目确定了场地的南部边界，低矮的体量缓冲了毗邻的墓地。那些基石的结构就好像从现有地形中浮出一样，在视觉上把周围的景观延伸到场地中。这种低矮的建筑形式包括了整个项目的主要商业和文化项目（零售、会展、健康中心），并且连接了一系列规模适当的塔楼和带状建筑物来容纳两个酒店、办公空间以及其他零售店。

渲染的总体规划图

项目面积分配

比例	类别	面积
25.4%	住宅	565 810 平方米
0.8%	教育	17 300 平方米
0.5%	市民公共设施	12 100 平方米
1.9%	文化	42 600 平方米
10.7%	商业	238 000 平方米
6.2%	酒店	140 000 平方米
15.7%	办公	350 000 平方米
34.4%	绿地空间	766 555 平方米
4.4%	基础设施	93 445 平方米

73% 开放面积

总建筑面积：1 365 810 平方米

总开放面积：766 555 平方米

总用地面积：1 048 128 平方米

变化在于 Z 轴：向上增加密度

场地被分成不同的板块，可以灵活地增加建筑。根据场地的发展逻辑，该项目分三个阶段建成。

一个森林小屋式的酒店和餐厅坐落于场地的最高点，在这里可以俯瞰乔治城、海岸线以及周围的美景。山顶同时还作为灯塔和大门，在这里可以探索登山道的矩阵，穿越岛上物种丰富的森林保护区。

三种可选方案提供不同的密度，同时保持开放空间和重要的视域景观，这些都通过改变垂直维度来完成。

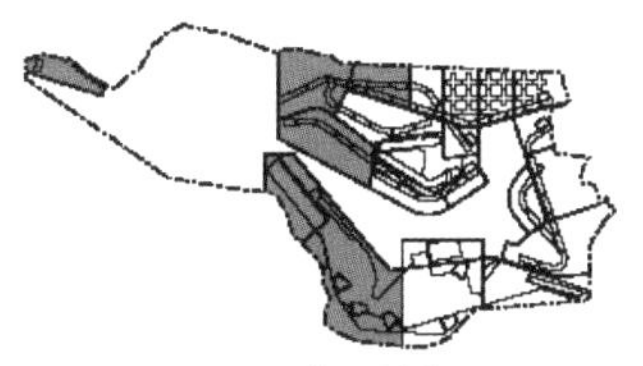

第一阶段

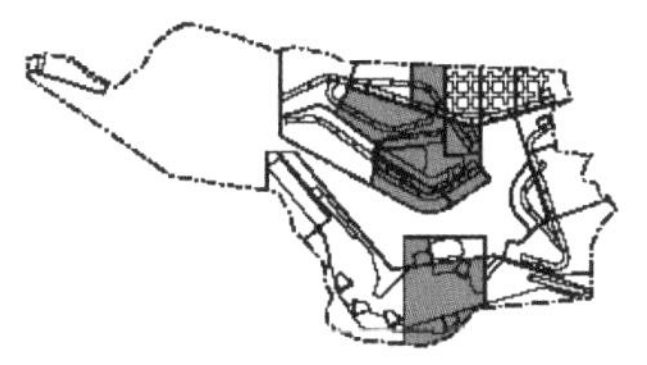

第二阶段

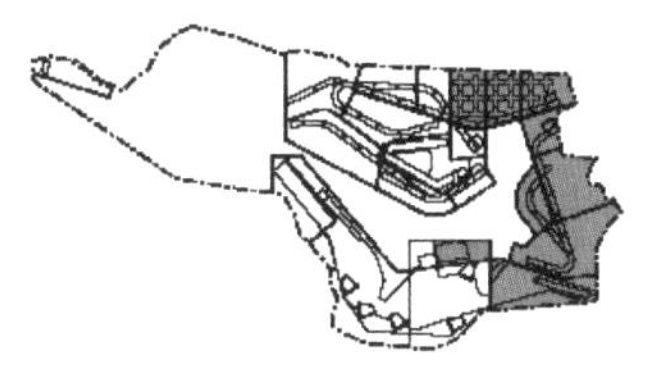

第三阶段

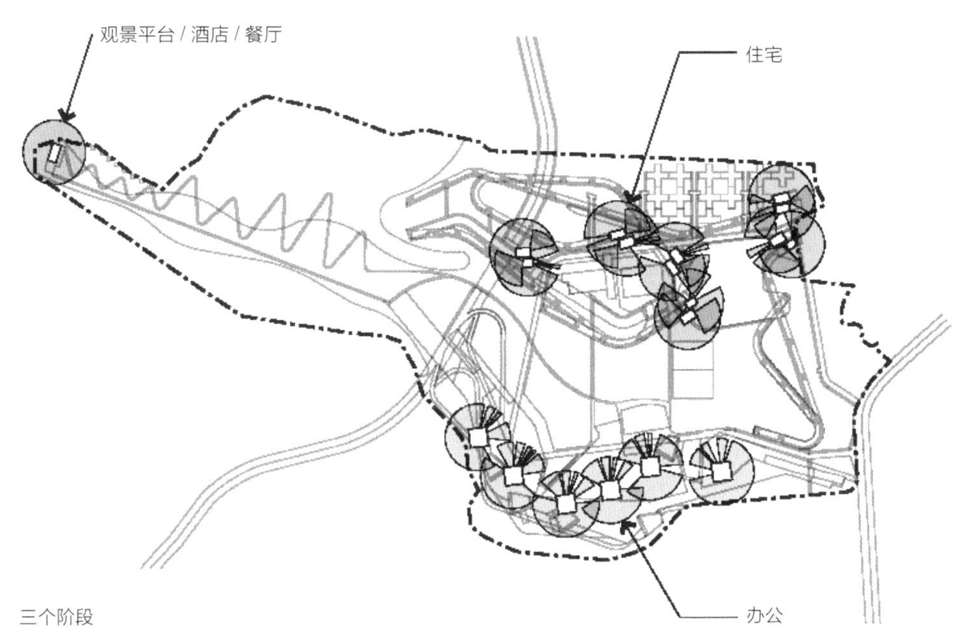

三个阶段

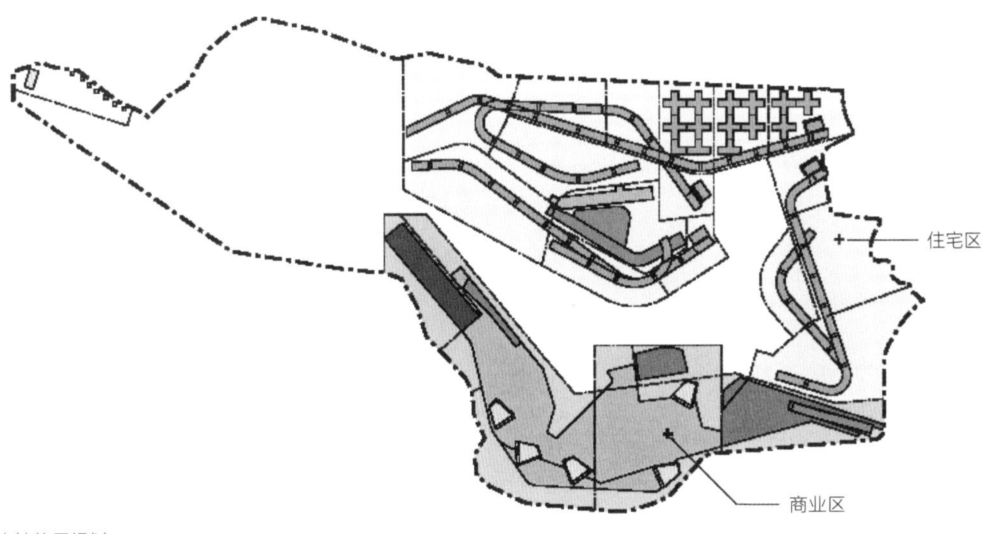

土地使用规划

住宅

住宅的带状结构被分成多个体块，每个体块包括 50 个住宅单元，单元之间在竖向核心处由防火墙分隔。

商业

商业区主要由两个块状建筑组成，包括区域性商业中心和一个会展中心。在结构和形式相对完整的条件下，此处还建立了一个地面层，以满足未来建设办公塔楼的需要。

低密度：1 300 642 平方米

低密度方案与竞赛简要要求的建筑面积和项目相符。主要包括 4 座 35 层高的塔楼和平均 5 层高的带状建筑。

中密度：1 765 000 平方米

中密度方案主要是把塔楼增加到 5 座，每座 42 层（相对于 4 座 35 层的塔楼），同时把带状结构的住宅增加到平均 8 层（相对于 5 层）。

高密度：2 229 673 平方米

高密度方案将塔楼增加到 8 座，每座 52 层（相对于 4 座 35 层的塔楼），同时把带状结构的住宅增加到平均 12 层（相对于 5 层）。

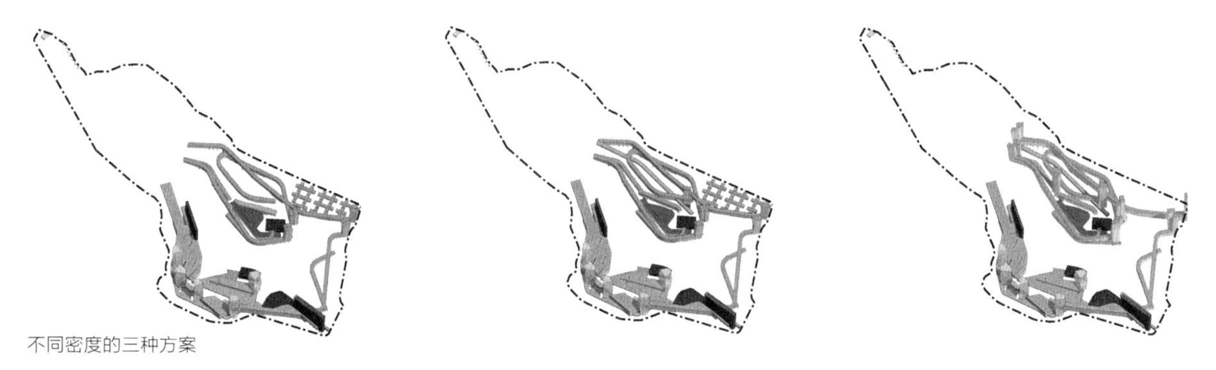

不同密度的三种方案

公园的枢纽作用

为了加强场地作为自然和建筑的连接和媒介作用，公园与建筑交织环绕，将项目各部分元素整合为一体。为了更大限度地保护场地的原始风貌，我们尽量把建筑用地置于场地与乔治城边缘相接的地方，只增加了少部分的生态元素，这也是为了强化城市生活和自然休闲生活的区别。

公园包括已规划和未被规划的绿色区域。大量的城市空间提供了举行各种大型活动和非正式聚会的社交场所，而休闲场地和游乐场则为运动和娱乐提供了专属领域。

该场地保持了 73% 的开放空间，面积大概相当于伦敦海德公园的三分之一或纽约中央公园的四分之一。

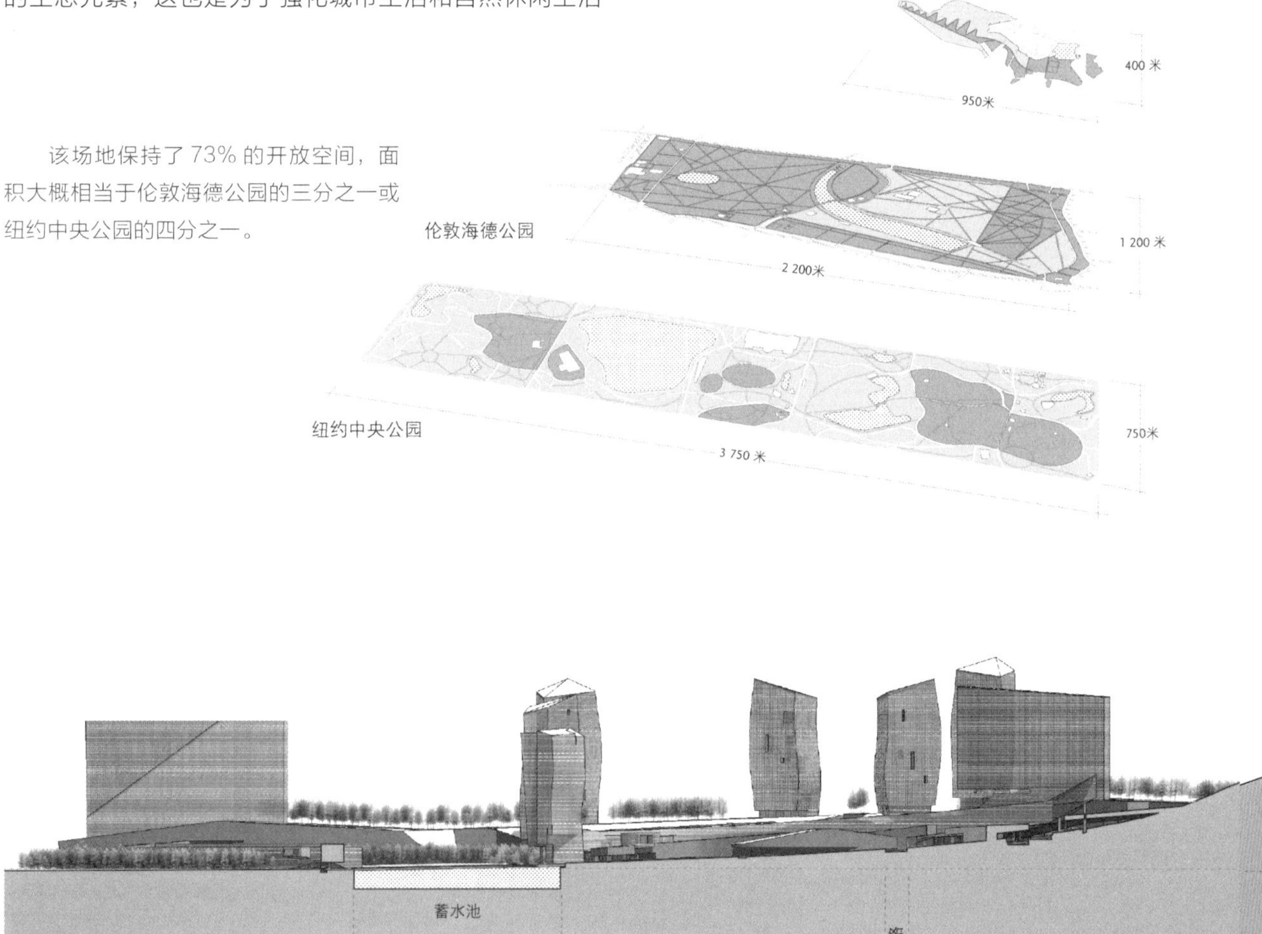

剖面图 A

交通系统

交通系统通过感知性和物理性的连接有助于通行。道路被巧妙地引入风景中，构成了一道独特的景观。

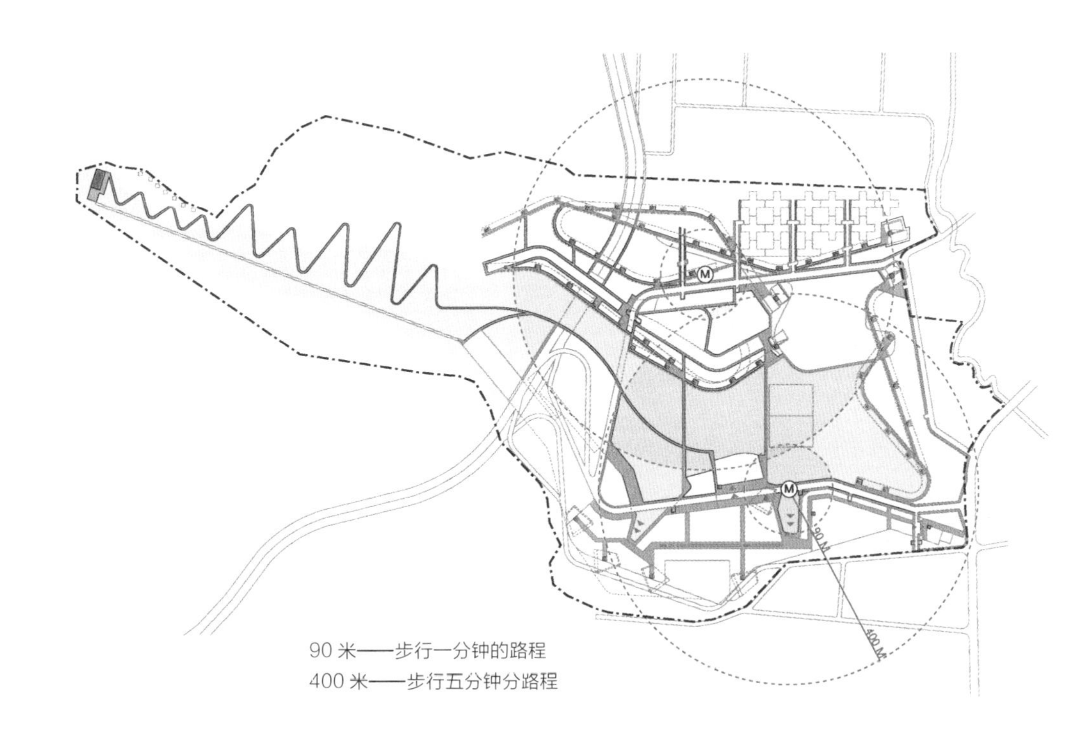

步行交通分析图

- 垂直交通核心
- 公共公园空间
- 主要步行入口
- Ⓜ 单轨车站

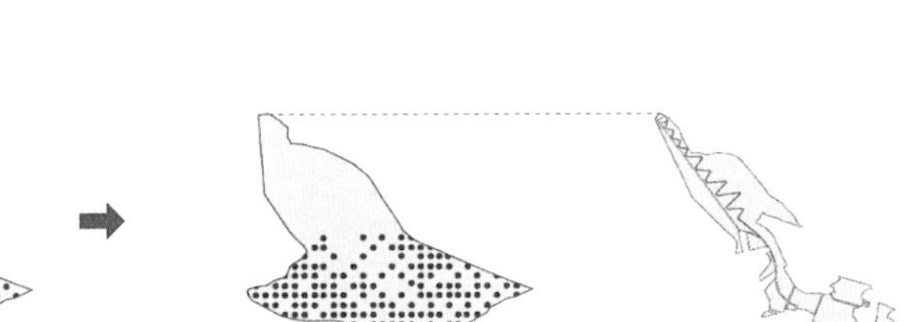

密度= 50%

合成后的开放空间

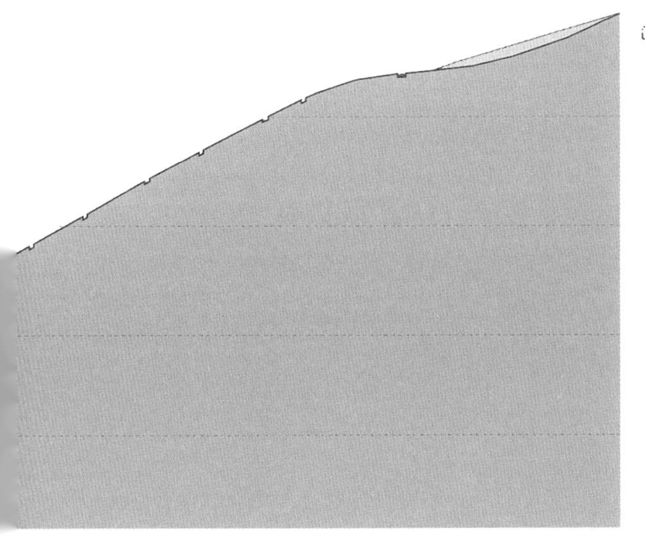

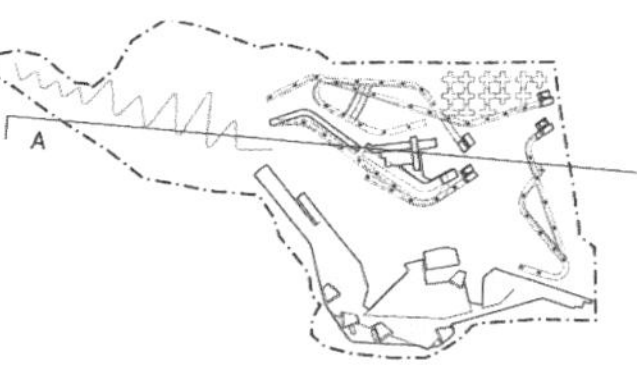

市民公园在缆车道和登山步道处完结。缆车道和登山步道将山下高密度的开发建设区域与山上的自然保护区连接起来。规划的槟城外环路横穿该场地[03]，一个计划中的单轨铁路系统沿着临近的苏格兰路，还有四通八达的步行系统鼓励以步行代替机动车的出行方式。

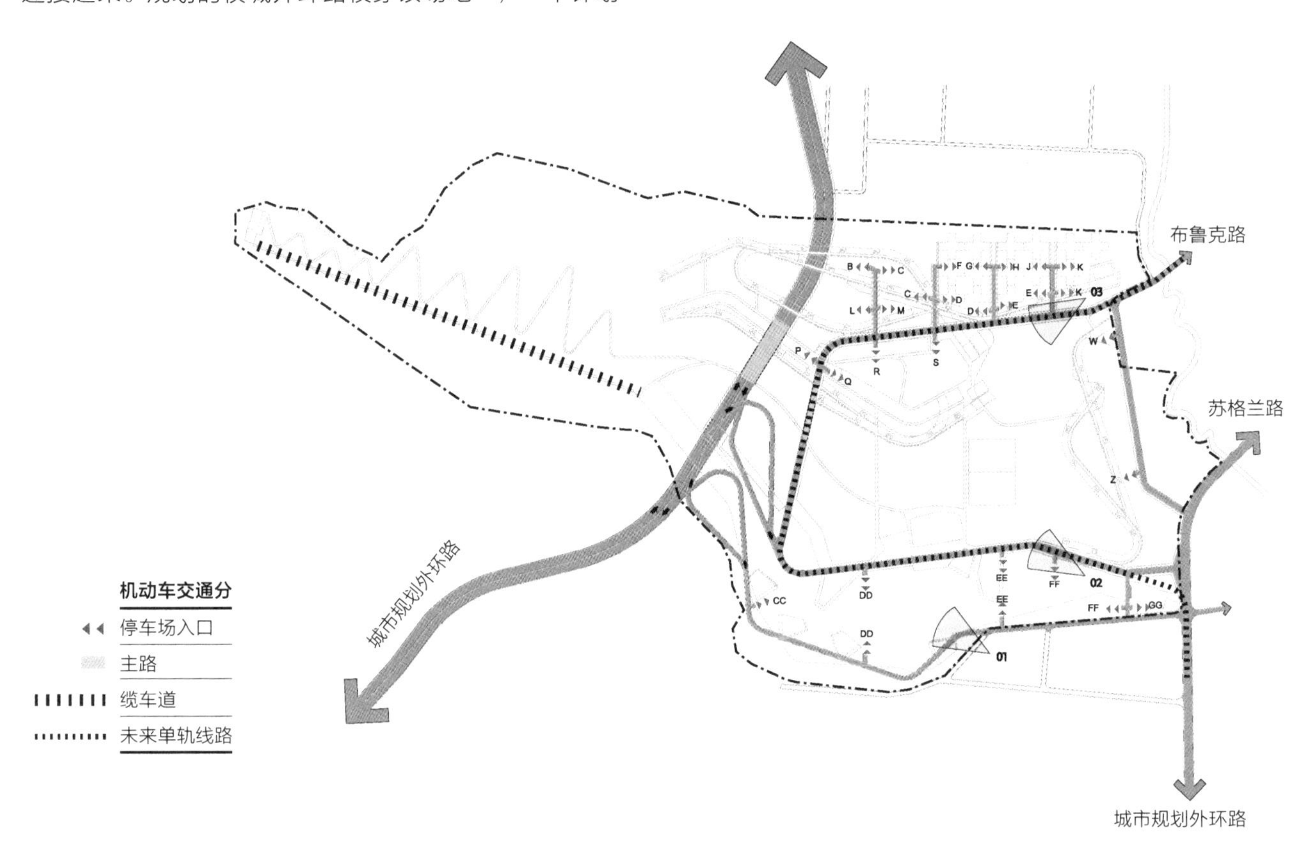

视图 01

视图 02

视图 03

结论

槟城跑马场俱乐部　　马来西亚，槟城　　2004 年

在场地的某些区域为高密度建筑项目，而在场地的其他区域则保持自然环境，提供完全不同的生活环境。该设计提供了一个合理、环保的发展模型。

03：自从 1985 年以来槟城岛就通过槟城大桥与马来西亚本岛连接。槟城的机动车所有量每年以两位数的增速递增，现有道路已不能承受机动车的交通流量。槟城外环路是作为解决交通量增加的长期交通计划的一部分。规划的高速路为长达 6 千米的双车道道路，将会沿着槟城岛的山势，建在山坡上。

项目五：曼萨纳雷斯河公园开发 Mansanares River Park Development

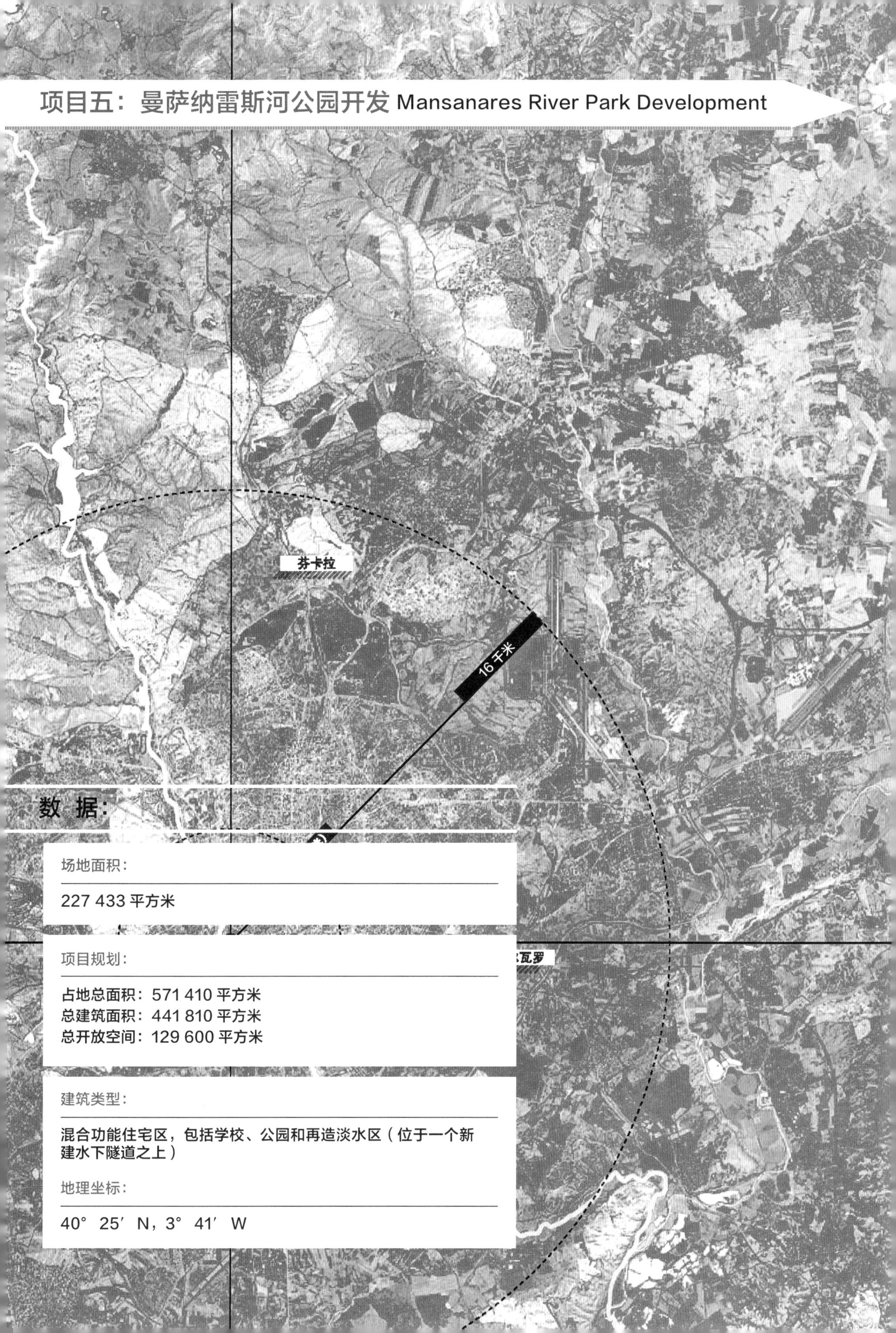

数 据：

场地面积：

227 433 平方米

项目规划：

占地总面积：571 410 平方米
总建筑面积：441 810 平方米
总开放空间：129 600 平方米

建筑类型：

混合功能住宅区，包括学校、公园和再造淡水区（位于一个新建水下隧道之上）

地理坐标：

40° 25′ N，3° 41′ W

通过边界开发，使一个城市的增长模式释放了内部压力

曼萨纳雷斯河公园开发地块是老城区仅存不多的开放地块之一，对该公园进行开发是消除马德里外围地区水平方向的蔓延和疯狂城市化给历史核心区带来的压力的一项大胆举措。城市中心的填补控制了城市扩张，为已经越过合理界线的不断扩张的城市提供了另一条解决途径。将注意力回归到城市中的剩余空间和夹缝空间，既带来了新的发展契机，亦桥接了内部和偏远地区。

该场地是一个私有开发的“绿色口袋”，坐落在市政规划的绿色环带旁，当绿色环带竣工后，这条环城公路（M-30 公路）将会成为环绕马德里的景观环线。将分散的公园连接成一个环绕城市的绿色环带，将曼萨纳雷斯河从排污沟渠转换成覆盖城市6.1千米的宜人地带。该场地就坐落在其中心。

景观、建筑形态和道路系统将城市相互脱节的部分连接起来，同时把公园空间带进历史名城，把城市活力带到滨水区。

试图作为将来发展的一个原型，该方案可以应用在沿绿色环带上的许多地点上，用来提高之前未充分利用地区的密度，控制不可持续增长，有助于正在进行的标志性城市建设。

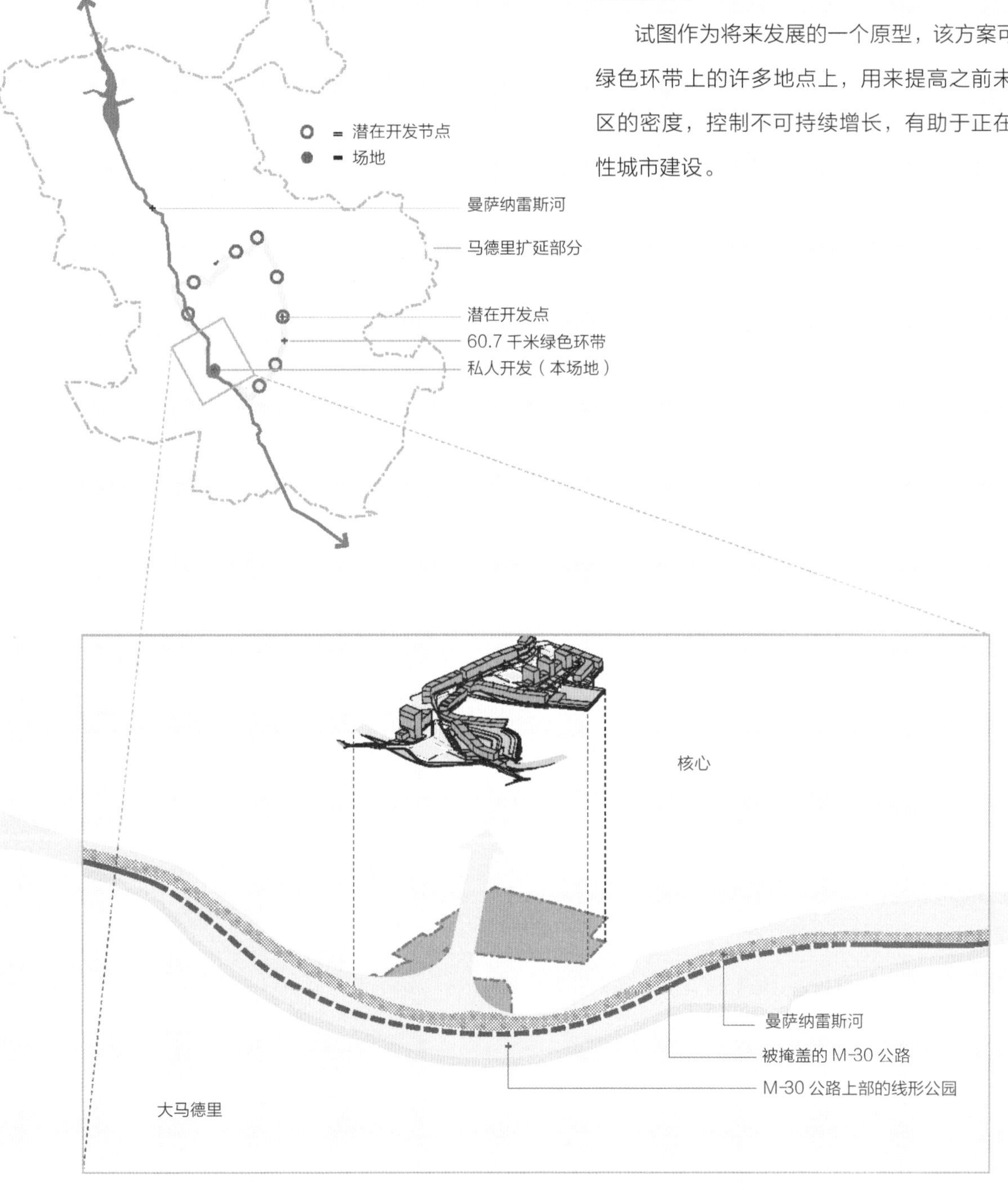

重新定义马德里城市边界地带的创举

西班牙首都马德里，位于伊比利亚半岛（Iberian Peninsula）的中心位置，正在进行着一场城市复兴运动。对于这个拥有 12 个世纪历史的城市来说，马德里一直围绕着其市中心发展。从 20 世纪 50 年代开始，随着城市人口的增加，发展区域已经向城市周边扩张。单 2000—2004 年间，城市人口就增长了 60 万人（从 520 万人到 580 万人），不但给公共交通带来了压力，而且增加了对城市外围住宅的需求。

但是，马德里的市政规划部门仍继续强调城市中心的商业、文化和娱乐功能，而在城市周边地带的新规划只是单一的住宅区。其结果是，这些（仅在下班后回来睡觉的）城郊区居民被地理隔绝，依然摆脱不了依靠中心区域的商品和服务的状况，不仅恶化了交通拥堵，加剧了环境污染，还降低了上班族的生活质量。

对市中心的过度开发导致向内的巨大压力，使得当前的基础设施难以应付。为了改变这个局面，城市正经历许多大规模的城市复兴工程：掩埋城市六车道环路（M-30 公路）；整顿曼萨纳雷斯河；建造一个环绕城市的休闲娱乐带。

当前的 M-30 公路

现有曼萨纳雷斯河

在一个 6.1 千米的覆盖面上，这三项工程形成开发城市创举的第一阶段工程，该开发场地策略性地坐落于中心位置。

对实际空间的案例研究

当马德里扩张时，边界的概念几乎全部消逝了。今天，如果边界仍旧占据一小片土地的话，这也会是微不足道的，仅仅是项日密度重叠时力场的一个衰减。萎缩的 M-30 公路就是介于城市和乡村、中心和外围之间的原始划分线的残骸。将整个城市范围内不同的项目进行筹划、重叠以呈现马德里的真实形状——以人为本的格局。

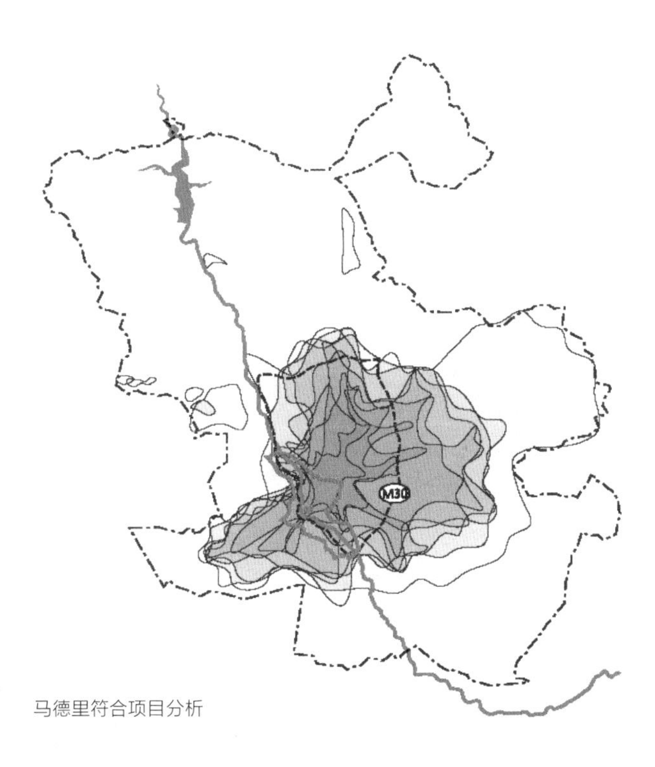

马德里符合项目分析

图解：
马德里的真实形状
马德里的发展到了一个关键时刻。被各种地理面貌所限制（北面有山，东面有曼萨纳雷斯河），不断扩展的城市现在跨越了曾经是其边界的环路。这些限制，加上现有的规划实践，塑造了城市的形状，形成了向内的巨大压力。当在马德里政治界限的背景幕上绘制以人为本的格局时，这种压力就显而易见了。

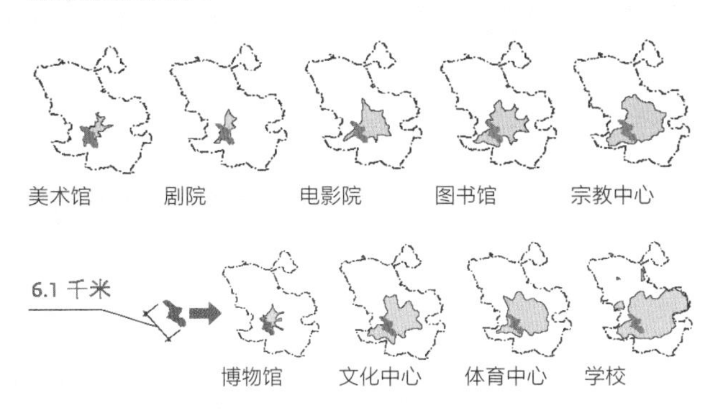

掩埋 M–30 公路以缓解城市边界萎缩压力

耗费 40 亿欧元的城市工程把 M-30 公路分段掩埋起来，缓解了城市日益萎缩的边界的压力，提供了城市与曼萨纳雷斯河的通路。

方案建立了大马德里与周围环境的多层次的连接，把项目定位成既是一个目的地，也是一段旅程。新建的人行天桥，跨越了 40 米宽的河流，重新连接了曾被混凝土公路和河道所隔开的区域。[01]

5. 托莱多桥

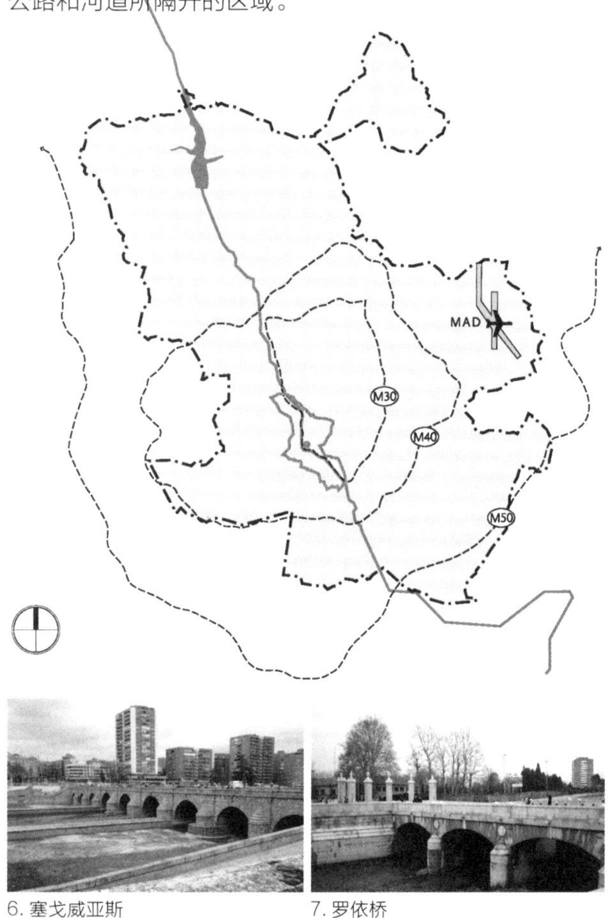

6. 塞戈威亚斯

7. 罗依桥

10. 雷纳维多利亚桥

基础设施

1 PUENTE DE SAN ISIDRO
2 PUENTE DE PRACA
3 PUENTE DE LECAZPI
4 NUDO SUR
5 托莱多桥
6 PUENTE DEL SEGOVIA
7 PUENTE DEL REY
8 马德里王宫
9 马约尔广场
10 P.L.MANZL

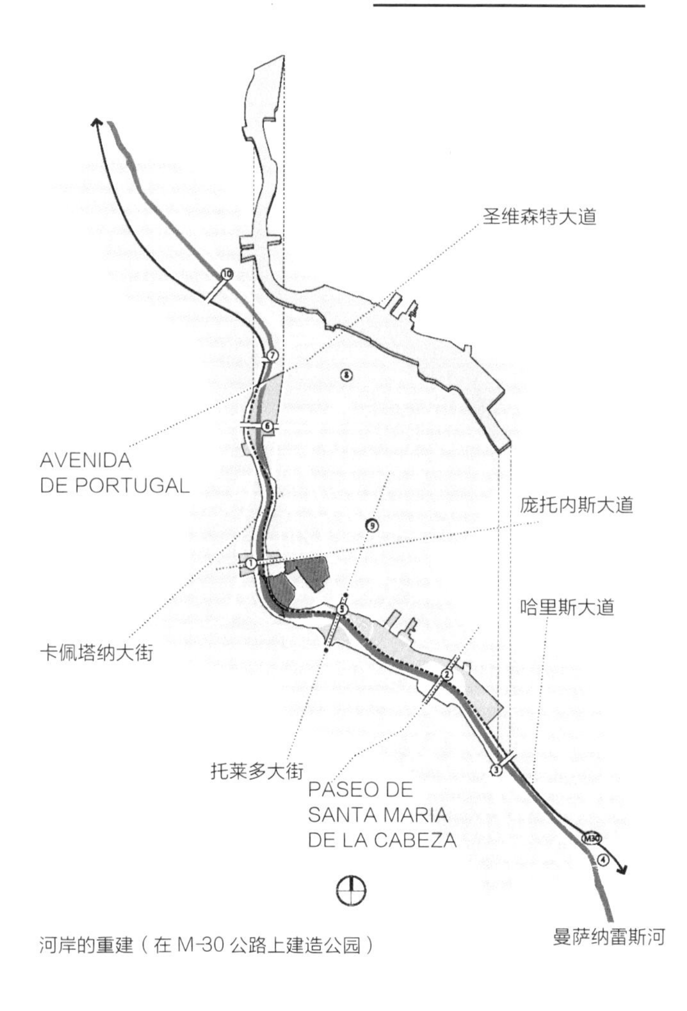

河岸的重建（在 M-30 公路上建造公园）

01：托莱多桥（Toledo Bridge）与场地相邻，跨越的公路比河流还要多。现在行人必须穿过等同于三个足球场大小的距离从一边到达另一边。结果，两个原本应该被桥连接起来的地区被分离出来了。

绿色环带：绿色空间增加了 25%

绿色环带是一个伟大的复兴举措，试图把现有的公园与规划的公园、开阔空间、自行车道连接起来。这个郁郁葱葱的绿化带为城市增加了百分之二十五的绿地，形成了能够促进周边社区恢复活力的核心地区。

马德里现有和规划的绿色空间

公园 / 开放空间
1 MONTE DEL PARDO
2 CENTRO NACIONAL DE GOLF
3 REAL CLUB DE LA PUERTA DE HIERRO
4 CASA DE CAMPO
5 CENTRO DEPORTIVO MILITAR LE DEHESA
6 PARQUE FORESTRAL DE ENTREVIAS
7 PARQUE DE RETIRO
8 曼萨纳雷斯河

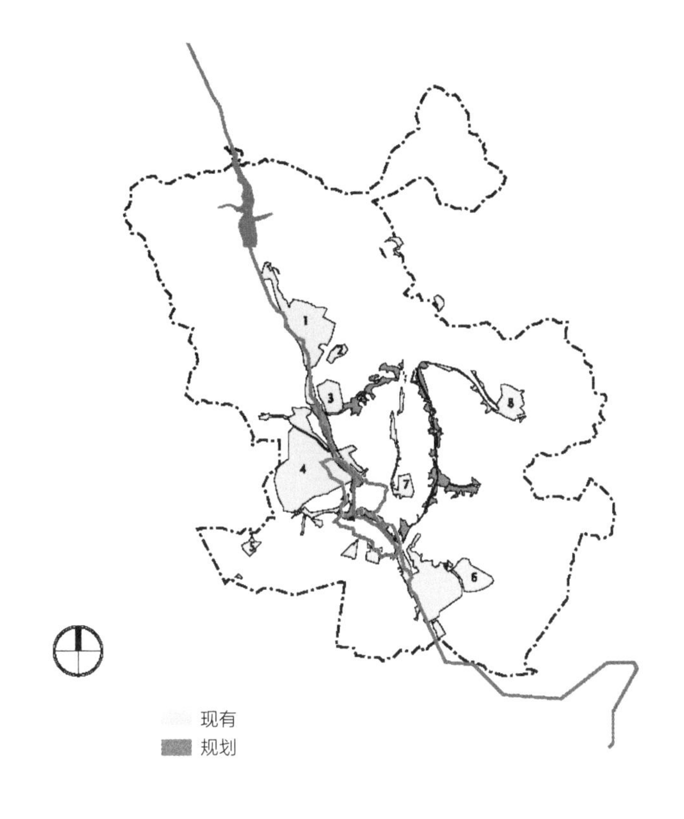

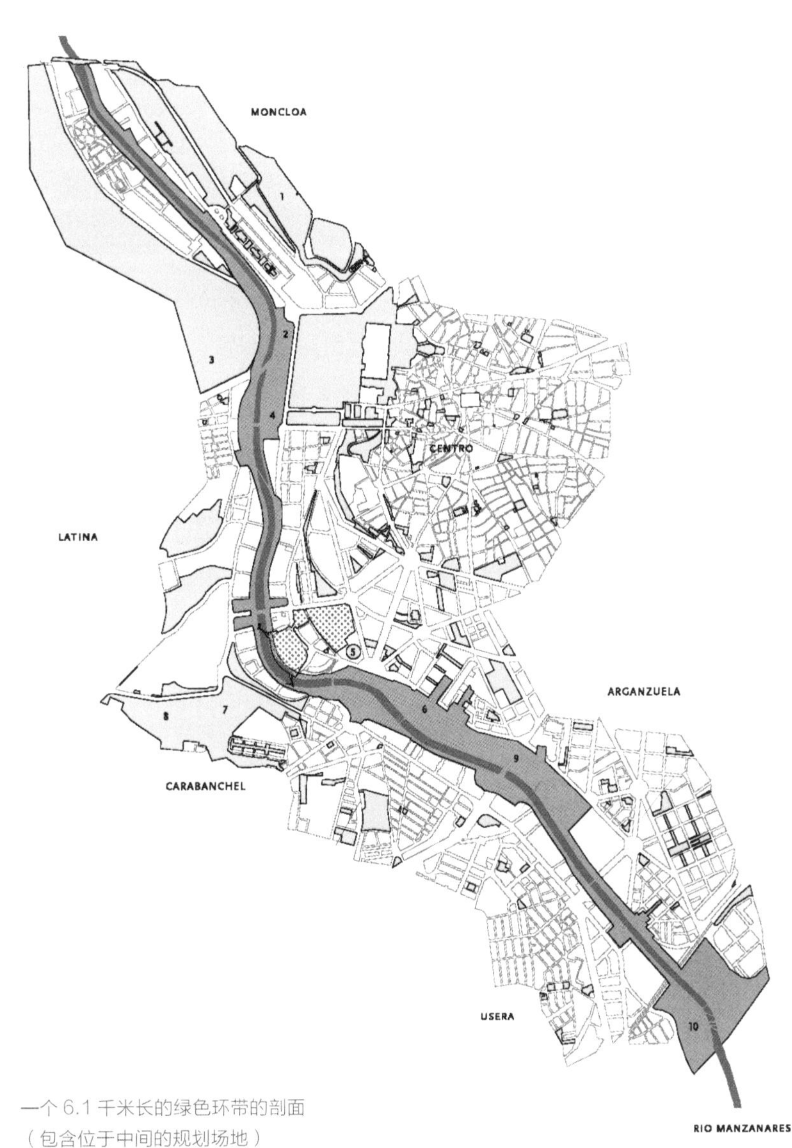

一个 6.1 千米长的绿色环带的剖面
（包含位于中间的规划场地）

6.1 千米延伸区

公园 / 开放空间
1 P.L. MANZANARES NORTE
2 PARQUE DEL OUESTE
3 CASA DE CAMPO
4 AM PO DEL MORO/SABATINI
5 RIO MANZANARES PARK
6 PARQUE ARGANZUELA
7 PARQUE DE SAN ISIDRO
8 CUNA VERDE DE LATINA
9 PARQUE MATADERO
10 P.L.MANZANARES SUR

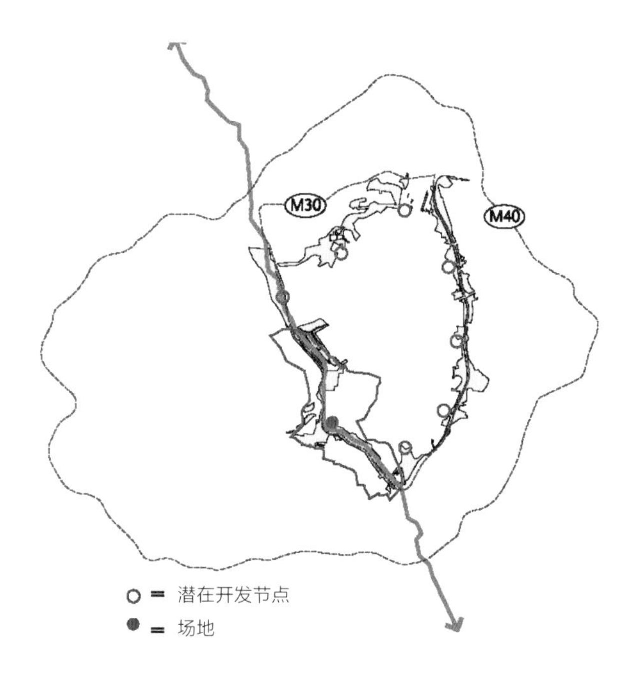

图示

一个新的城市增长模式

规划场地通过借助与 6.1 千米长的线形公园和 60.7 千米的绿色环带的地理联系可以巧妙利用其界线以外的条件，具有成为相似城市条件的原型的潜力。沿着绿色环带的绿化建设可以复兴整个城市外围地区，通过发展中的节点中心加强连通性，减少远郊居住区对市中心的依赖。

马德里和规划场地透视图，向北看

场地

场地现包括卡尔德隆体育场（马德里一支足球队的体育场）、一个酿酒厂和一所学校。马德里竞技足球俱乐部计划在 2012 年迁移到一个重建的体育场，而卡尔德隆体育场在那时则被淘汰掉。其结果是，方案的阶段化成为设计中的关键因素。

曼萨纳雷斯河公园开发项目方案
埃尔森特罗
阿托查火车站
托莱多门
EMBAJADORAS
圣弗朗西斯科广场
M30
M30
MARIA DELLA CABEZA
托莱多桥
曼萨纳雷斯河

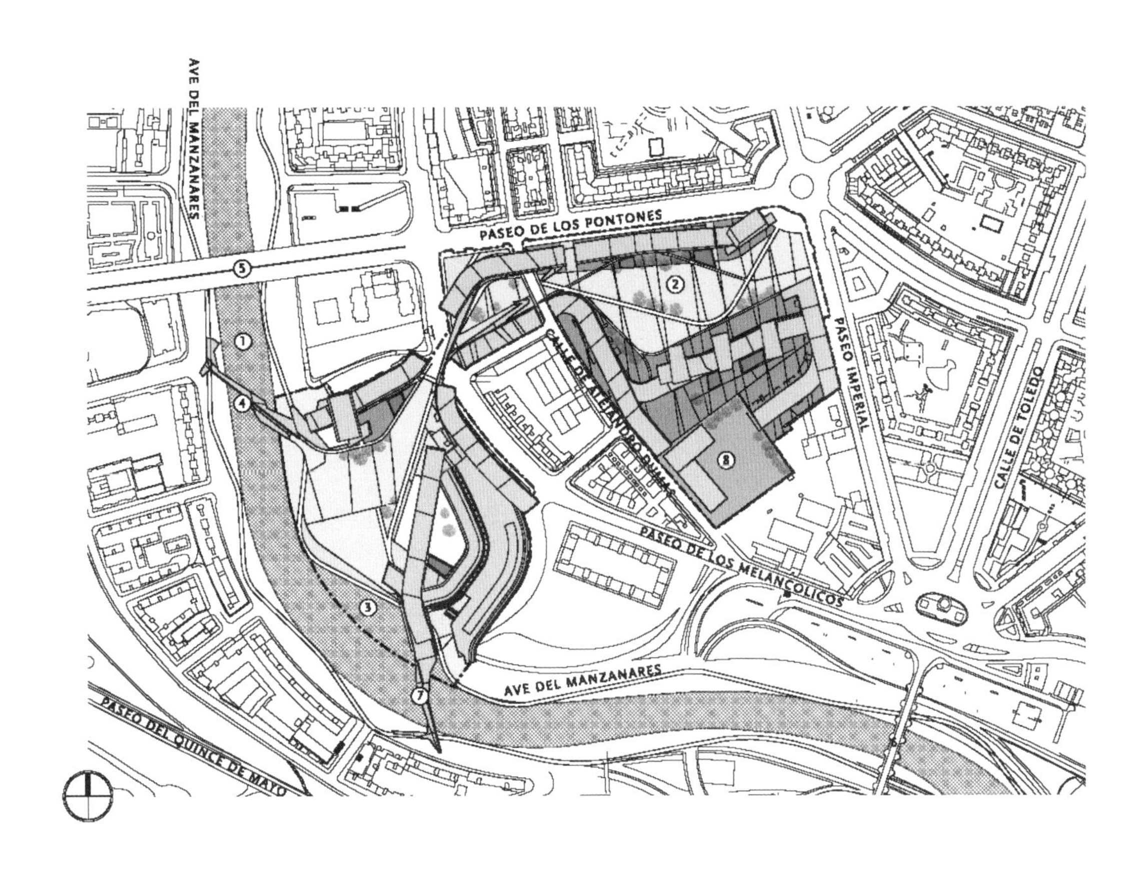

场地规划

1 曼萨纳雷斯河
2 规划绿色区域
3 倒影池
4 规划 1 号桥
5 PASEO DE LOS PONTONES
6 托莱多桥
7 2 号娇
8 校园

方案围绕三个主要的目标发展：

1. 设计旨在通过加强河流、公园、城市中心和周边的互通性来放大线型公园项目的影响力，以刺激曼萨纳雷斯河沿岸的未来发展。

2. 加强的互通性促使中枢区域的发展，为城市提供多样的综合自然、市民、文化娱乐的设施。

3. 根据城市既是人类集体经验的表达，也是其发展的中枢的理念，项目提出了一个系统化的策略，就像城市自身一样，强调整体的重要性和各个部分的相互依赖性。

剖面图

1 停车场
2 内嵌的公路
3 倒影池
4 文化桥
5 曼萨纳雷斯河

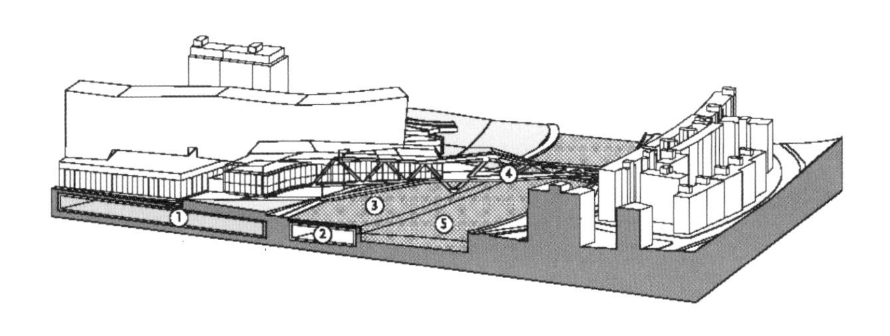

绿色口袋：把边缘公园引入中心

一个边界，一个折叠，一个节点：方案把绿地空间收缩成一个口袋，起到了线形公园单独不能提供的关于城市密度和使用便利的作用。

这个活动力增强的节点创造了一个对线形公园之外的新的需求，同时策略性地连接了繁忙的托莱多门和新的线形公园，从而保证了可观的游客人数。

住宅沿公园排成一排，形成了开放空间，提供享受便利设施的机会，继而产生收益以支付运营和长期维护的费用。商业、文化、住宅和教育项目从市中心逐渐过滤到河岸地区，为大马德里提供了核心的公共基础设施。

两座塔楼标记了场地的入口，给行人以视觉暗示，在两端象征性地支撑着场地。

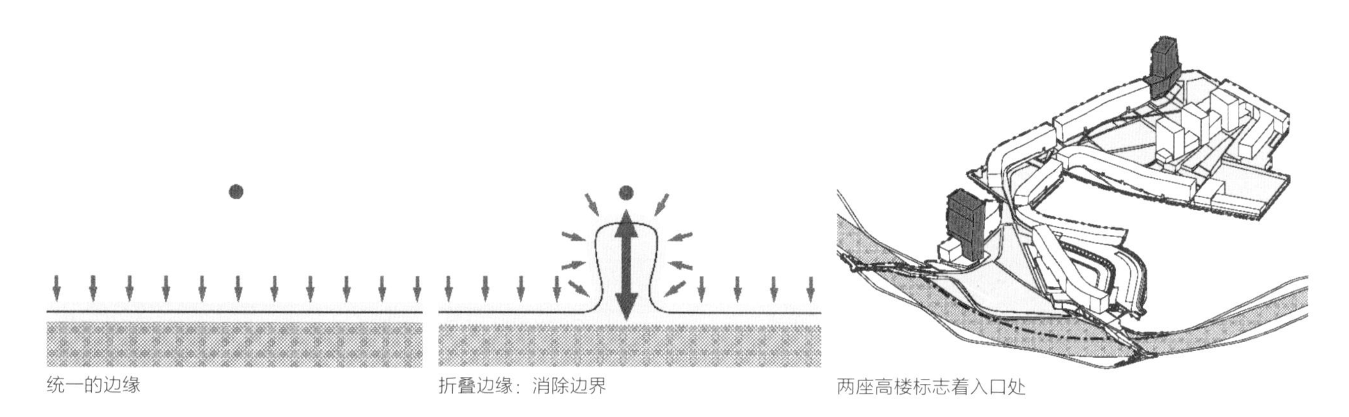

统一的边缘　　折叠边缘：消除边界　　两座高楼标志着入口处

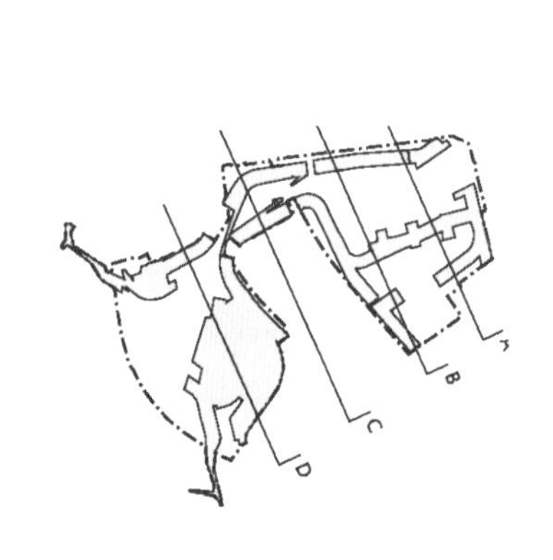

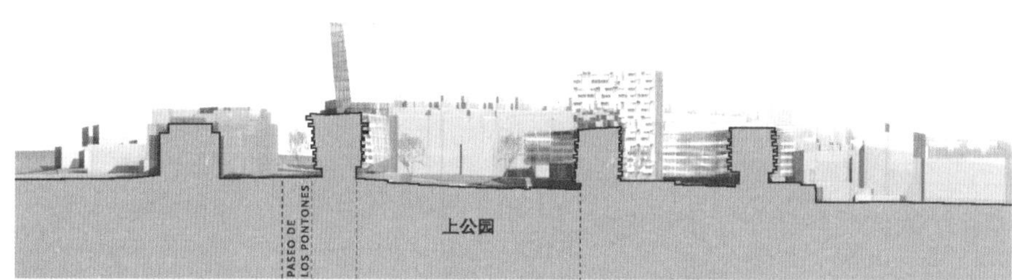

剖面图 A：穿过上公园

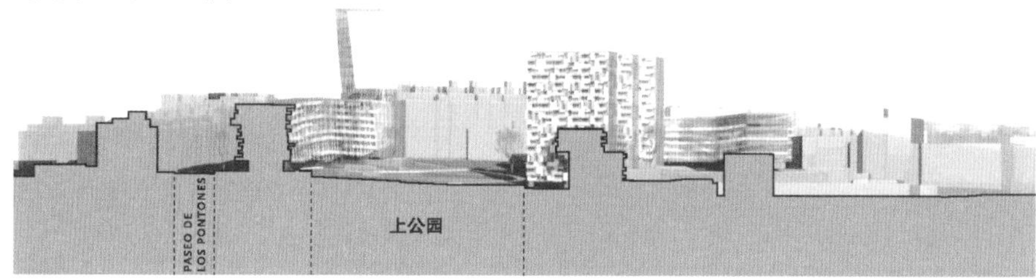

剖面图 B：穿过上公园

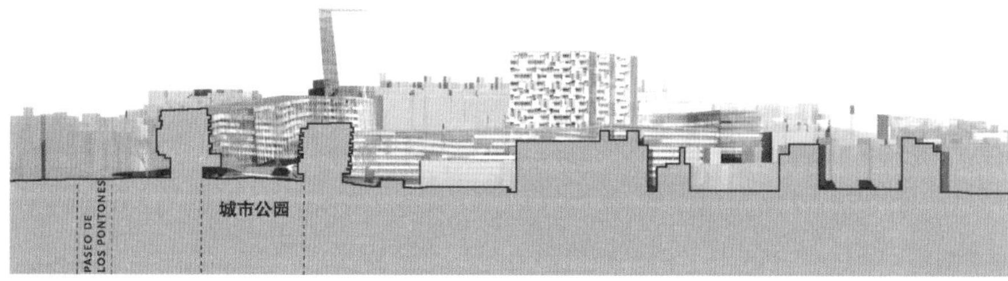

剖面图 C：穿过城市公园

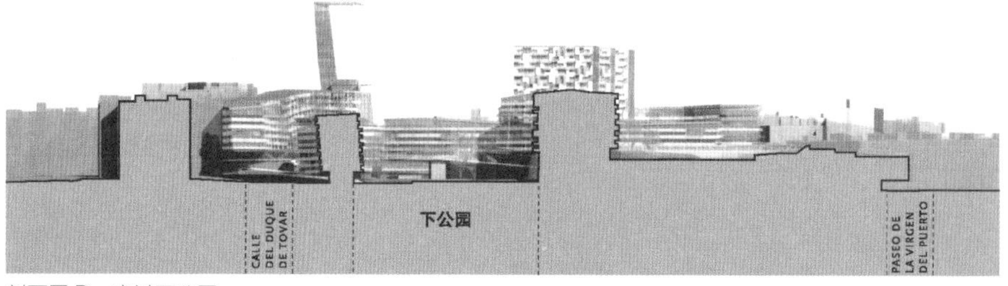

剖面图 D：穿过下公园

面积分布

百分比	类别	面积
49.0%	住宅	280 000 平方米
1.4%	教育	8 100 平方米
1.1%	文化	6 210 平方米
7.0%	商业	40 000 平方米
2.1%	办公	12 000 平方米
1.2%	校园	6 900 平方米
5.0%	私人花园	28 700 平方米
16.5%	公共花园	94 000 平方米
16.7%	停车场	95 500 平方米

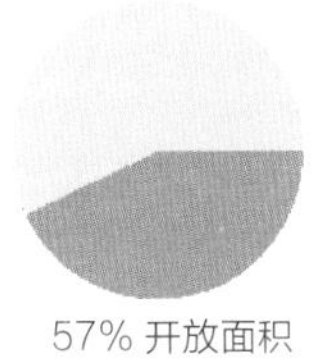

57% 开放面积

总建筑面积：441 810 平方米

总开放面积：129 600 平方米

总用地面积：227 432 平方米

把公园和混合项目连成一线

把公园和住宅建筑连成一线有三重意义：提供了公园维护的资金；形成了空间的方向性和私密性；方便了所有居民直接使用公园。

利用建筑来形成既私密又公开的大型集合空间有利于人与人之间的交流，并最终将人们联系在一起。在地面层，一个集住宅、零售、服务于一体的丰富空间激活了街道空间并融合了周围的社区。周边的建筑界定了现有的大道，在规模上与周边环境互相补充。

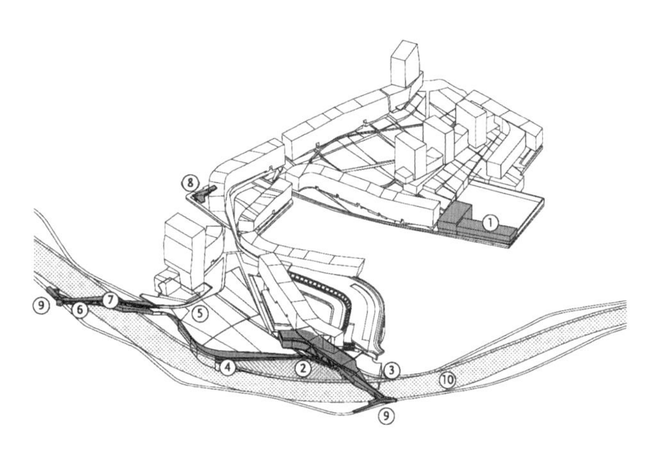

住宅

将低密度住宅和塔楼形式相结合优先考虑开放空间和连接性，同时生成多样的城市结构，具有空间、美学、体验等多重可能性。住宅建筑交织在整个场地中，定义了其外延，与周围住宅区的规模相一致。

商业

两座塔楼——一座是住宅楼，一座是办公楼——穿插于坐落在曼萨纳雷斯河转弯处和该工程的城市入口处的周边建筑，策略性地利用场地和地形。一条商业街廊，被两端的公共广场所框定，将场地固定于河岸边，同时作为连接和交通走廊来增加通过场地的人流量。

文化和教育

1	学校
2	倒影池
3	TERRACE CAFE
4	博物馆
5	社区中心
6	室外休息区
7	文化桥
8	文化馆
9	场地入口
10	曼萨纳雷斯河

文化和教育

河流通过一个内置的倒影池与上面建有剧院和美术馆的几座桥成为新文化区的一部分。这些桥梁建筑与佛罗伦萨的维奇奥桥在概念上相似，划分并占有河岸边的一长条土地。这片地与桥相邻，提供了文化项目场所。一座新的学校坐落在其东边。

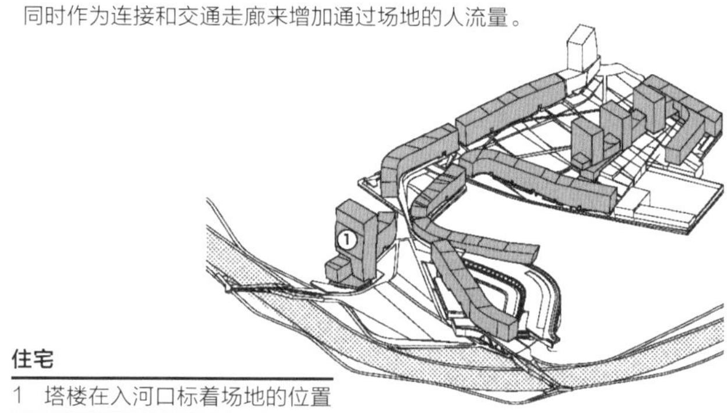

住宅

1 塔楼在入河口标着场地的位置

商业

1 塔数是走进场地的大门

2 场地西北入口

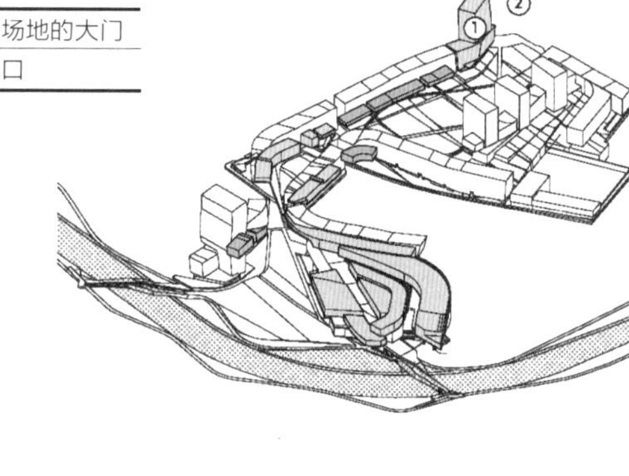

佛罗伦萨维奇奥桥

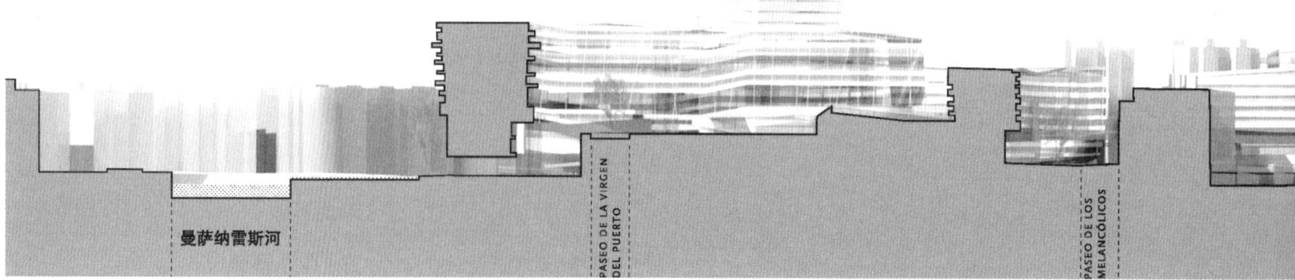

剖面图 A

一个大型公共空间和小型私人花园的混合体

公共空间交织于建筑之间、周围和底部，被看做是曼萨纳雷斯河与市中心的延伸和通道。这些公共空间将项目的住宅、商业、文化和公众机构联系成一个单一且紧密结合的整体，容纳了场地所有运动和休闲的活动。

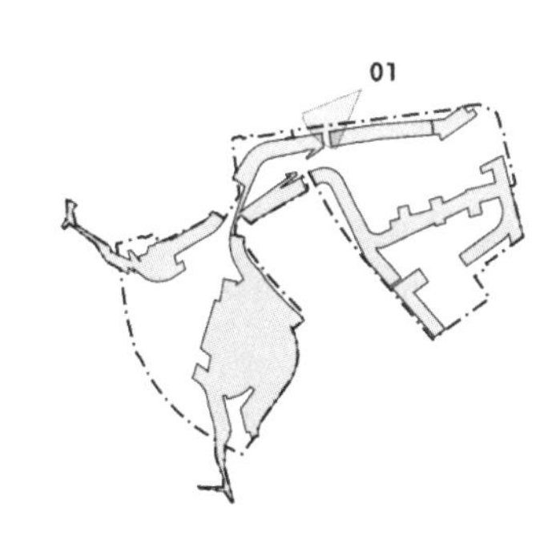

视图 01：面向中心场地和城市公园

绿色 / 开放空间

1 商业广场 / 花园
2 上公园
3 校园
4 公共公园和空间广场
5 城市公园
6 下公园
7 公共公园和广场
8 重建河岸
9 公共广场

绿色 / 开放空间

被桥梁界定的公共绿色空间在曼萨纳雷斯河的转弯处，一个倒影池把河流引入场地，相得益彰，同时为这片区域以及整个城市的居民创造了娱乐区域。公园既作为目的地，也作为交通走廊鼓励行人聚集和穿越。

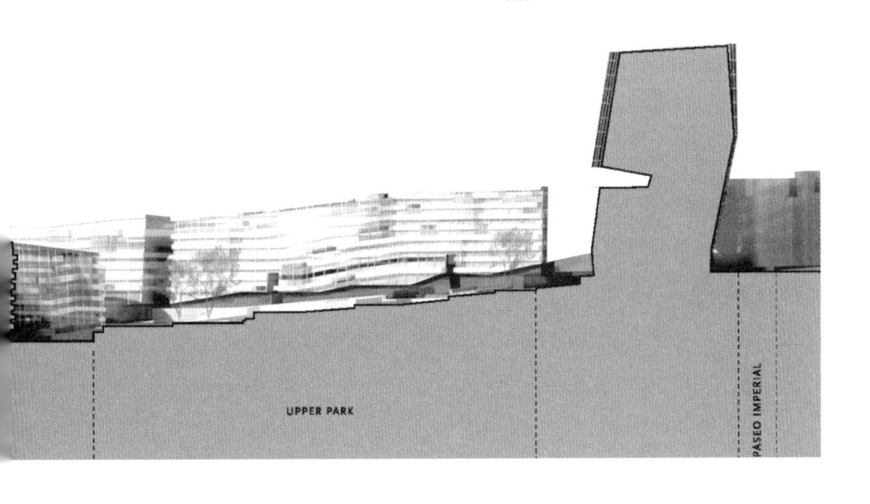

开放空间作为连接的渠道

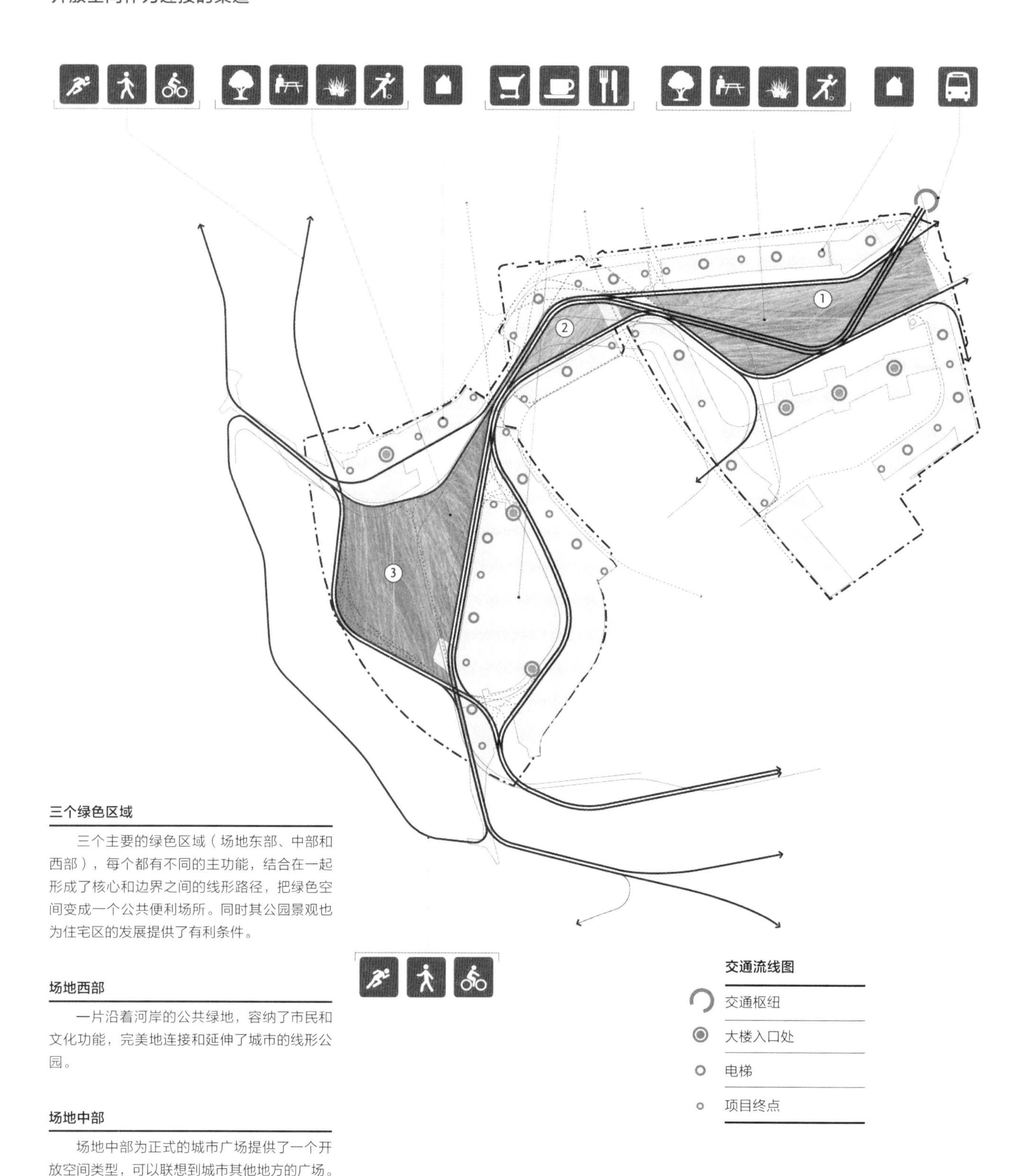

三个绿色区域

三个主要的绿色区域（场地东部、中部和西部），每个都有不同的主功能，结合在一起形成了核心和边界之间的线形路径，把绿色空间变成一个公共便利场所。同时其公园景观也为住宅区的发展提供了有利条件。

场地西部

一片沿着河岸的公共绿地，容纳了市民和文化功能，完美地连接和延伸了城市的线形公园。

场地中部

场地中部为正式的城市广场提供了一个开放空间类型，可以联想到城市其他地方的广场。

场地东部

在城市广场之外，为上开发区服务的是一个梯台式的公共绿色空间，面对着圣弗朗西斯科广场和托莱多门。它满足了多种需求：一个花园；一个放松的空间；游戏、午餐、运动的地方。总而言之，它被设计成为高密度城市服务区域。

水流和台阶：组织的方程

两个互相补充、互相依靠的组织系统——水流和台阶——决定了项目的整体框架和形式特点。两者共同提供了操控建筑形式和自然地形的策略，协调了河流和城市的共生关系。

水流和台阶引导了行人和车辆流通、建筑形式、项目布局和景观整合，制造了对新开发区的不间断地利用和体验的机会。

水流和台阶的划分提供了一系列穿越场地的选择：沿着曼萨纳雷斯河的蜿蜒小径；桥梁建筑混合体提供了过河的通道；宽阔的绿地和开放空间促进了运动和娱乐活动；压缩的流线定义了城市中心广场的活力体验；场地山坡上的台阶式走廊为人们往来于邻近地区和市中心提供了便利。

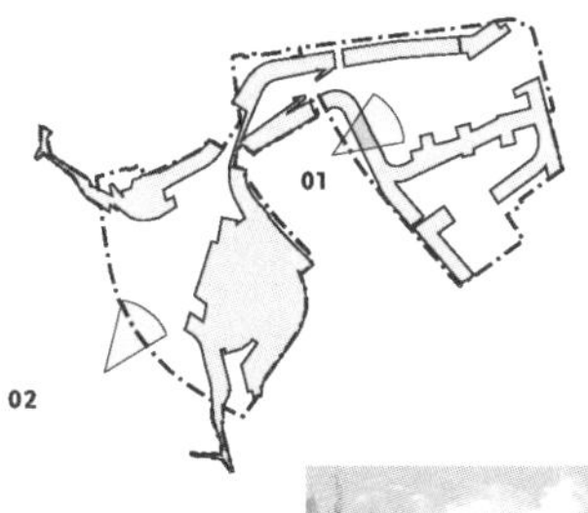

视图 01：面对上公园

视图 02：面对下公园

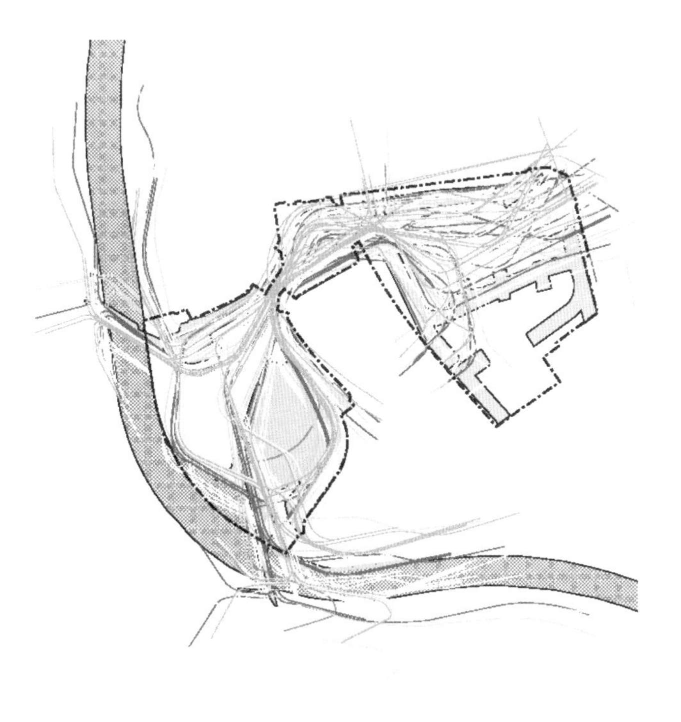

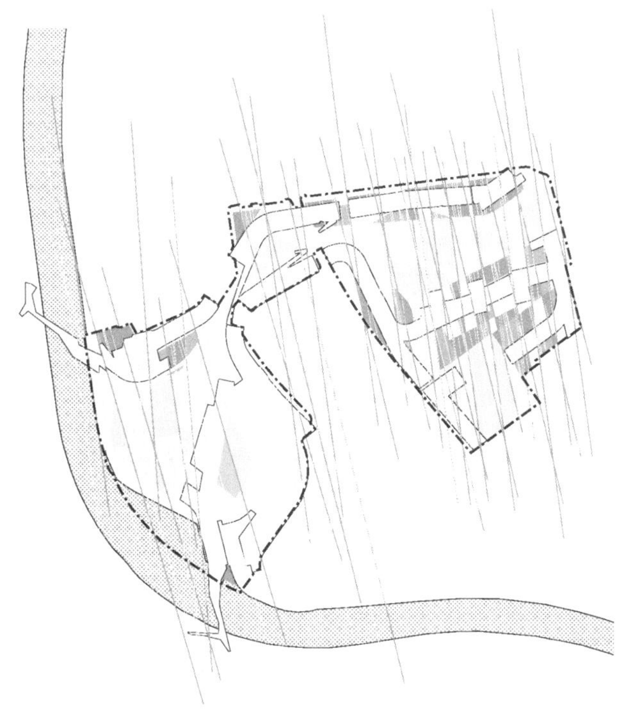

水流和台阶

从蜿蜒的河流得到灵感，开放空间和交通流线如流动的水流一样聚合分流，把河流和公园延伸至场地及以外的区域。[02]

台阶，或者梯台式的通道，与水流一起协作．借鉴马德里盛行的街道网格的系统，将其更为有机的特性有序化、合理化。[03]

02：把项目规划看做一种可以形成漩涡以及把人们聚集在开放空间的“摩擦”。建筑成为用来创建和定义空间的工具，并不是为了形式本身。场地，作为不同地点之间的连接，着重于从市中心漏斗式地过滤人流，从城市广场的瓶颈处挤压人流，当行人行进至娱乐公园的时候再引导并释放出人流。

03：通过梯台，在没有打破市中心和曼萨纳雷斯河通道之间的主要力场的情况下，穿过、围绕和位于建筑之间的运动的横向纹理逐渐显现。

场地既是连接点也是目的地

战略性分布、组织缜密的流通路径与城市广场提供了重要的聚集空间，形成了一种社区感，同时塑造了城市和水域之间的轨道。因而，将该场地同时开发成连接点和目的地。

阶段：首先连接城市，其次联接水域

设备齐全的每一个单元都拥有停车场以及绿色空间，在不断增加的分期开发中把灵活性最大化，并允许场地有一个逻辑和有机的开发。因为每个独立单元的离散性质，这个结实的框架足以应对许多建筑师挑剔的眼光。一个整合的系统，这也是为分布式所有权的分期建设进行的战略性规划，目的是使灵活性最大化和允许有一个逻辑和有机的场地开发。

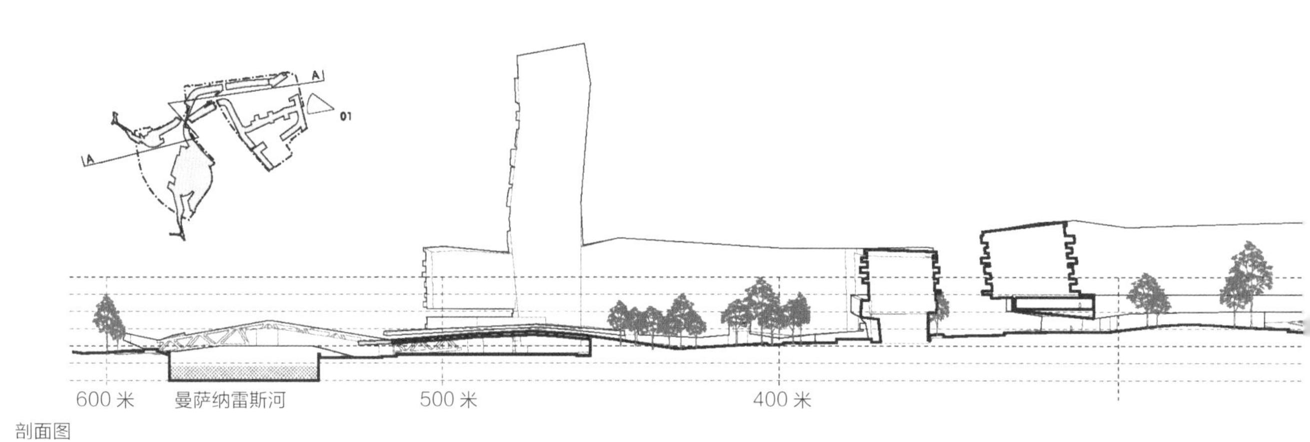

剖面图

面对上公园

阶段一

1	局部区域：	1 700 平方米
2	局部区域：	2 700 平方米
3	局部区域：	2 300 平方米
4	局部区域：	15 400 平方米
5	局部区域：	10 700 平方米
6	局部区域：	4 900 平方米
7	局部区域：	10 700 平方米
8	局部区域：	3 900 平方米
9	局部区域：	9 000 平方米
	总面积：	55 800 平方米

阶段化

第一阶段拆除现有建筑（酿酒厂、学校和体育场），把场地东部地区开发成一座新校园。现有体育场的搬迁打开了去往曼萨纳雷斯河的通道，为西部场地的开发让出了道路。

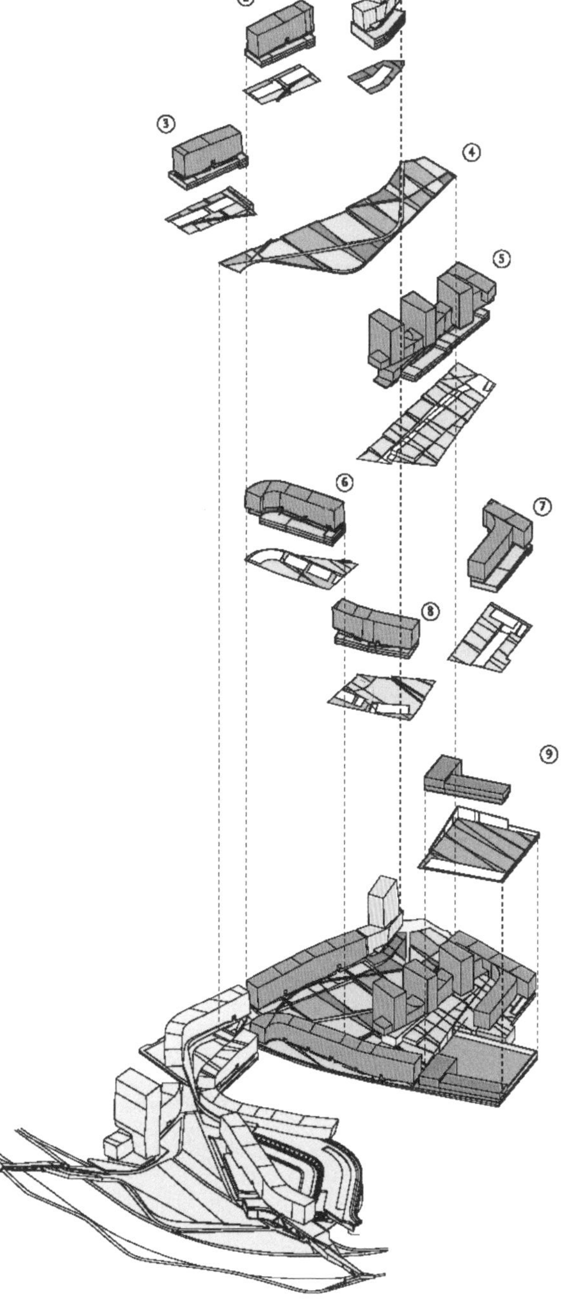

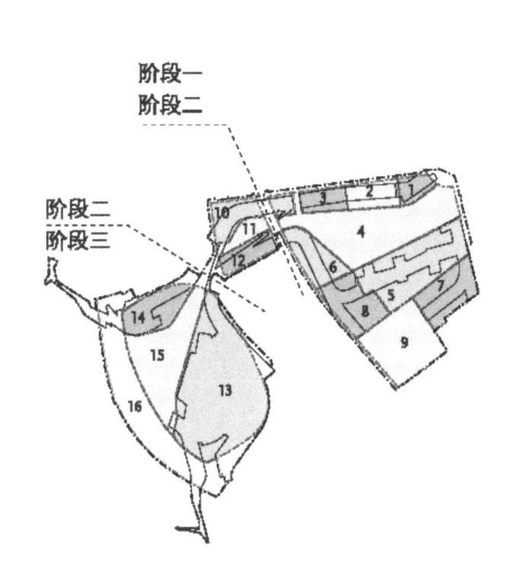

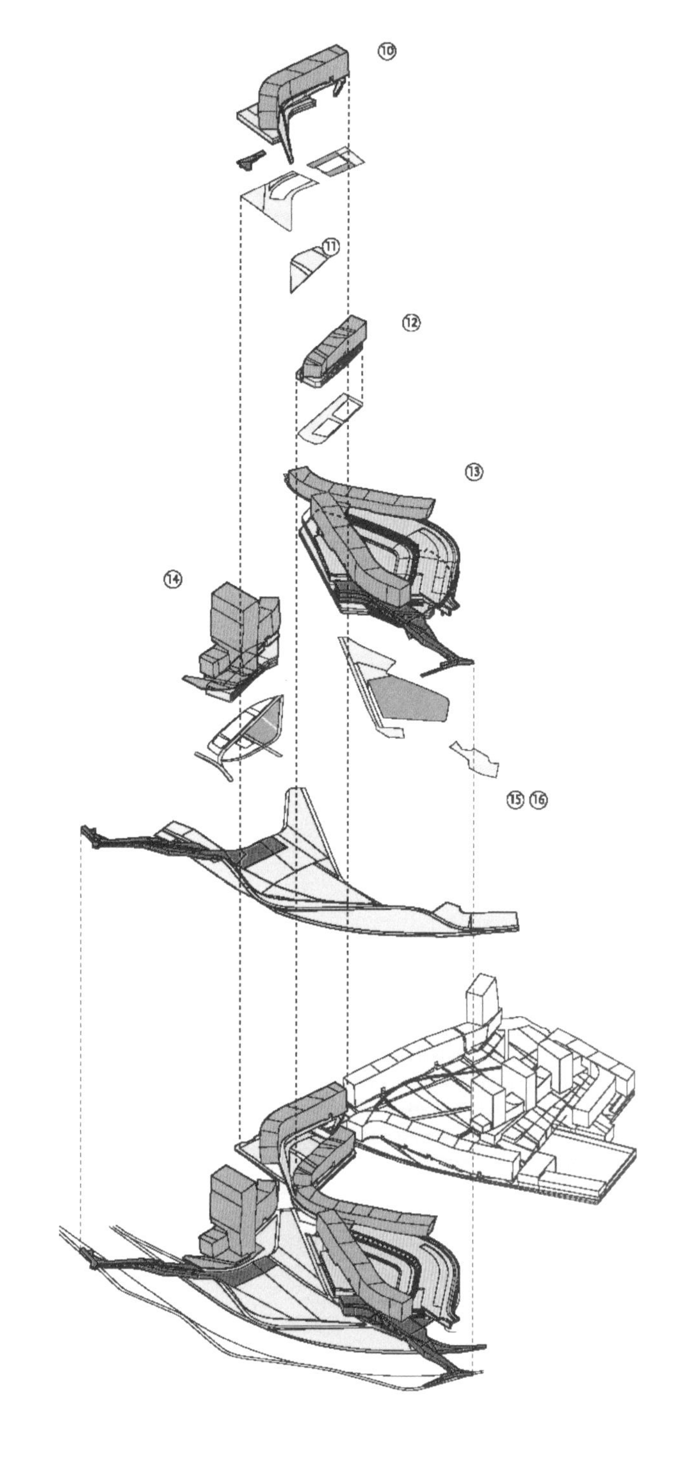

第二阶段和第三阶段将场地与河流走廊相连接，开发了场地西部地区。通过第二阶段的规划与卡尔德隆体育场在 2012 年的废弃相协调，方案可以获得足够的资金和有效的时间安排进展。体育场的收入可以投资第一阶段，一旦第一阶段完成，其租金收入可以投资第二、三阶段。

阶段二

10	局部区域：2 770 平方米
11	局部区域：1 900 平方米
12	局部区域：2 350 平方米
	总面积： 55 800 平方米

阶段三

13	局部区域：19 700 平方米
14	局部区域：4 100 平方米
15	局部区域：11 400 平方米
16	局部区域：14 000 平方米
	总面积： 35 200 平方米

结论

曼萨纳雷斯河公园开发　　西班牙，马德里　　2005 年

通过把线形公园的边界拉入，以及把拥有多样项目的曼萨纳雷斯河公园场地连成一线，该工程创造了一个城市节点，不但连接了之前城市分散的部分，本身也成为一个重要的场所。

项目六：新奥尔良爵士公园 New Orleans Jazz Park

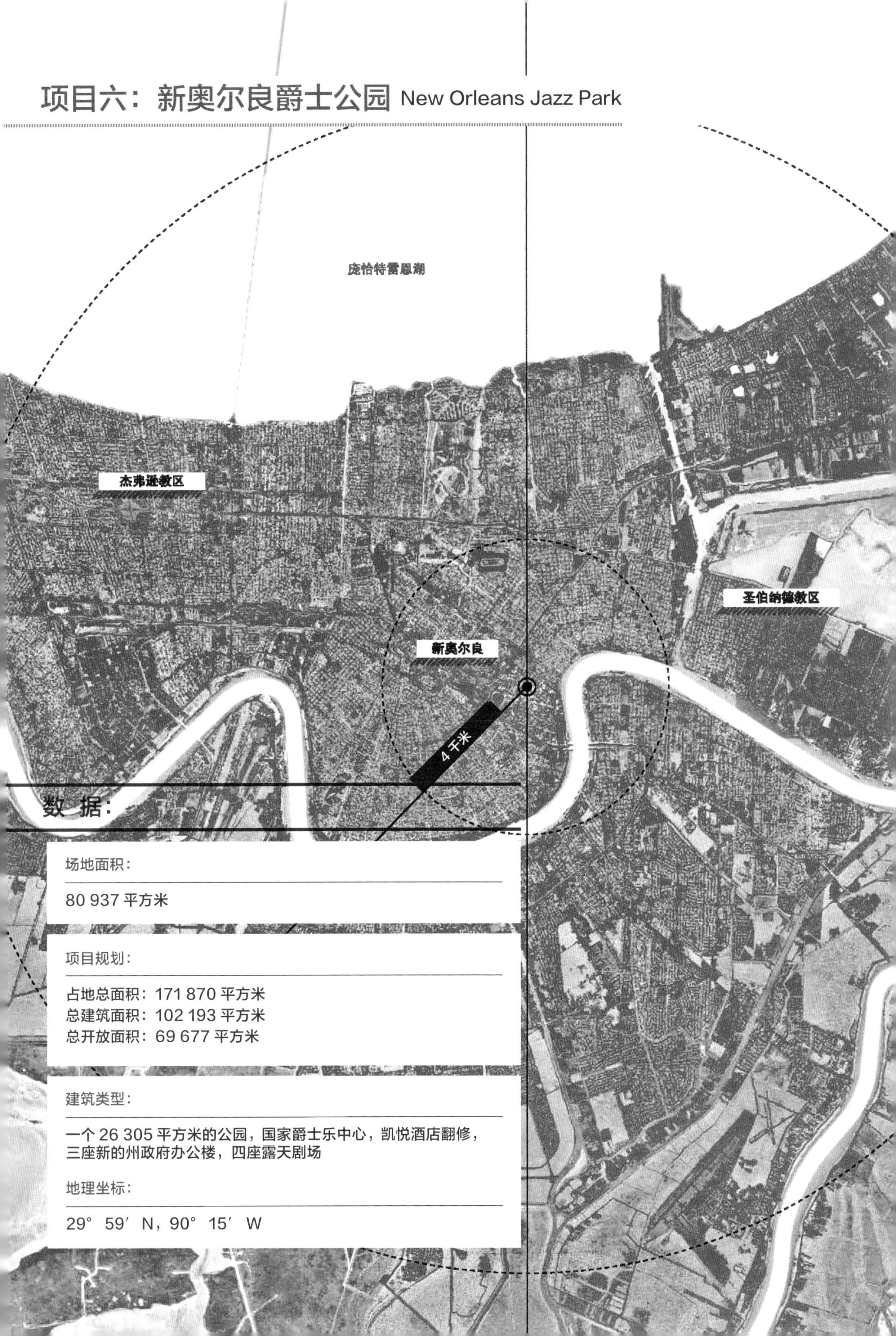

数 据：

场地面积：

80 937 平方米

项目规划：

占地总面积：171 870 平方米
总建筑面积：102 193 平方米
总开放面积：69 677 平方米

建筑类型：

一个 26 305 平方米的公园，国家爵士乐中心，凯悦酒店翻修，三座新的州政府办公楼，四座露天剧场

地理坐标：

29° 59′ N，90° 15′ W

一座建筑开启一个城市设计方案：在爵士乐的背景中重建

新奥尔良爵士公园为新奥尔良城在 2005 年卡特里娜飓风（Hurricane Katrina）袭击之后恢复活力提供了构想。虽然这座城市损失惨重，但其音乐财富并未减少，在物质上和心理上都为城市重建提供了一条希望之路。即使在卡特里娜飓风之前，新奥尔良市中心区也备受忽略：一些建筑被弃用、与城市隔离，很多建筑结构都已过时或废弃。飓风加剧了这些建筑的损毁，重建这个区域的需要更为迫切。

该方案是针对为市中心设计一个标志性爵士乐中心的要求而展开的，它作为一种研究，探讨一座建筑是否可以促进复苏并发挥更大的潜力。通过与周边建筑相连以及共享地段边界外的社区绿地，我们将周围市法院、市政厅、路易斯安那州政府办公楼、凯悦酒店、超级圆顶体育馆及联合车站聚拢起来，将新奥尔良的政治文化区域融合成为城市的砥柱地区。

作为文化和爵士乐的密集中心，这个新的区域由国家爵士乐中心所定位——音乐渗入灵魂的世界级爵士乐的胜地。

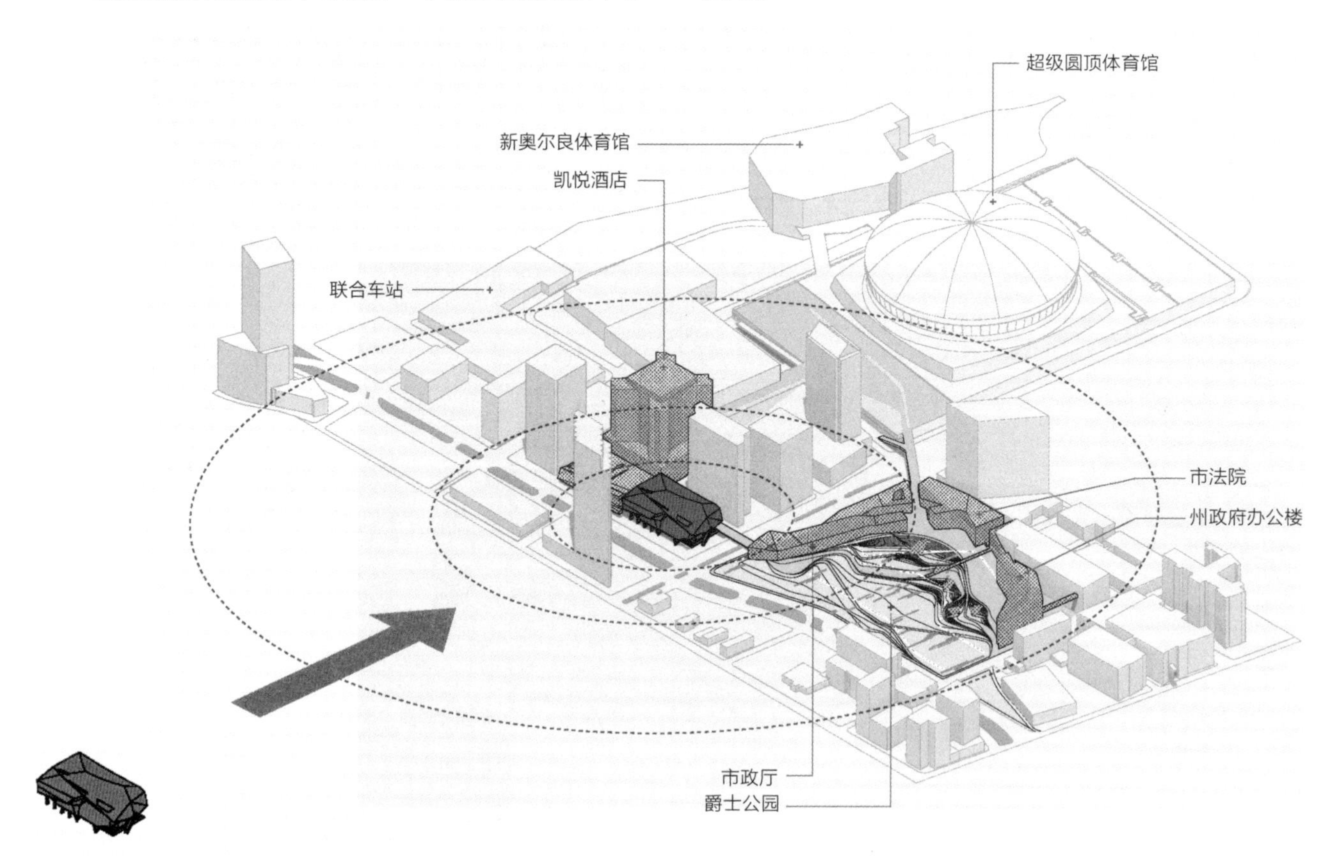

卡特里娜飓风之后重建：用爵士乐作为生成材料

2005 年卡特里娜飓风袭击了墨西哥湾海岸，引发的洪水淹没了新奥尔良，使其中心区成为一片废墟。城市百分之八十以上被水淹没、百分之六十二的房屋被毁坏。[01]

爵士乐交织于城市肌理中，渗透于人们生活的各个方面，创造出新奥尔良独一无二的特质。[02]

爵士乐队、葬礼游行仪式以及新奥尔良狂欢节（Mardi

01：艾伦·贝鲁比和布鲁斯·卡茨，《卡特里娜之窗：正视美国的集中贫穷》，布鲁金斯学会，都市政策项目，2005 年 10 月，http://www.brookings.edu/metro/pubs/20051012_Concentratedpoverty.pdf.

02：新奥尔良爵士乐是个人情感表达的媒介。位于旧造币厂内的路易斯安那州州立博物馆这样定义爵士乐：“一种基于切分、即兴创作、蓝调音阶、对唱、节奏、音色、和谐、艺术表现等音乐元素的表演艺术。”1976 年爵士乐历史学家阿尔·罗斯（Al Rose）写道：“爵士乐即两种或两种以上的音乐发声即兴组合，在任何旋律上运用二四拍或四四拍，并‘切分’”（http://www.experienceneworleans.com/jazz.html）。

Gras）游行行进在法裔区的翠梅（Tremé）、斯托里维尔（Storyville）、后欧城（Back O' Town）及探戈带（Tango Belt）等地的街道上。每个区都有它们自己围绕音乐而生的历史。

爵士乐（以及卡金音乐）是这座城市的文化基础，它是否也能成为城市重建的生成材料呢?

新奥尔良的兴起是由于它邻近水体，这使它在20世纪50年代成为一座港口城市和贸易中心。它的文化丰富地融合了法国、西班牙和中美洲加勒比地区的传统，形成了独特的音乐、饮食及文化。

新奥尔良发展规划

亨利·"红"·阿伦

艾伦·林肯

路易斯·阿姆斯特朗

真正的爵士乐是融于群体或对立于群体的个人表达的艺术。每个真正的爵士乐时刻……来自一场竞赛，每个艺术家都向其他所有人进行挑战；每一段独唱独奏，或是即兴作品都代表着……这个艺术家的身份：作为个体、作为集体中的一员以及作为传统链条上的一环。

——拉尔夫·艾里森（Ralph Ellison），《影子与行为》（1969年）

与临近的、位于洛约拉大道和波伊德埃斯街交叉路口的凯悦酒店

酒店和度假村被飓风严重损坏，新奥尔良凯悦酒店的业主提出一个设想，[03] 即修复凯悦酒店并建设一座地标性建筑——一座爵士乐中心，作为城市中心区重生的象征。然而，随着调查的进行，设计师意识到卡特里娜飓风带来的严重损坏是无法用一座建筑修复的。城市中心区已成为一片废墟，新奥尔良的传统本身也面临危险，对一座基础设施陈旧和被忽视伤痕累累的城市而言，最能为之服务的是一个城市的文化中心——一个由私人建筑物、公共空间及城市基础设施组成的、高效而富有生命力的集合体。[04]

03：新奥尔良凯悦酒店北侧的很多窗子被飓风吹掉，据报道很多床都飞出窗外；酒店的整个玻璃外墙被完全刮断。

04：这座城市以装备不良的低效基础设施抗衡不稳定的生态环境而臭名昭著。城市位于海平面以下的一块盆地中，其周边的堤岸目的是挡住北面的庞恰特雷恩湖和南侧及西侧的密西西比河。多种因素灾难性的汇合正侵蚀着作为城市与墨西哥湾之间缓冲区的低洼的密西西比三角洲，导致它逐渐下沉。一年以后，又一片65至78平方千米的三角洲湿地——大小相当于曼哈顿——将消失。如不采取措施，整个三角洲保护区将于2090年完全消失。而对新奥尔良来说，"最好而言是麻烦重重的威尼斯，最差来讲则是当代的亚特兰蒂斯"。文化和自然环境正在争夺一个城市区域，正如地理学家皮尔·路易斯（Peirce Lewis）所说，该地区是"在一片不可能的土地上必然存在的城市"。（《新奥尔良：制造城市景观》，第二版，夏洛特维尔：弗吉尼亚大学出版，2003年，第17页。）

向外延伸保护一个社区

这个有利场地坐落于洛约拉大道（位于波伊德埃斯街）的主轴线上。洛约拉大道连接路易斯 · 阿姆斯特朗公园、联合车站、超级圆顶体育馆以及一系列市政和商业建筑。[05] 一条沿洛约拉大道的电车线路进一步将这些区域连接起来，而由于占据了靠近该电车线路的有利位置，极大地促进了该场地的通达性。[06]

此外，场地坐落于两条州际高速公路（I-10 和 90）的交汇处，公共交通十分方便，周围有电车和公交线路，并有邻近的联合车站枢纽，步行到公司的上班族可以充分利用这个新的社交型和知识型的集会场所。[07]

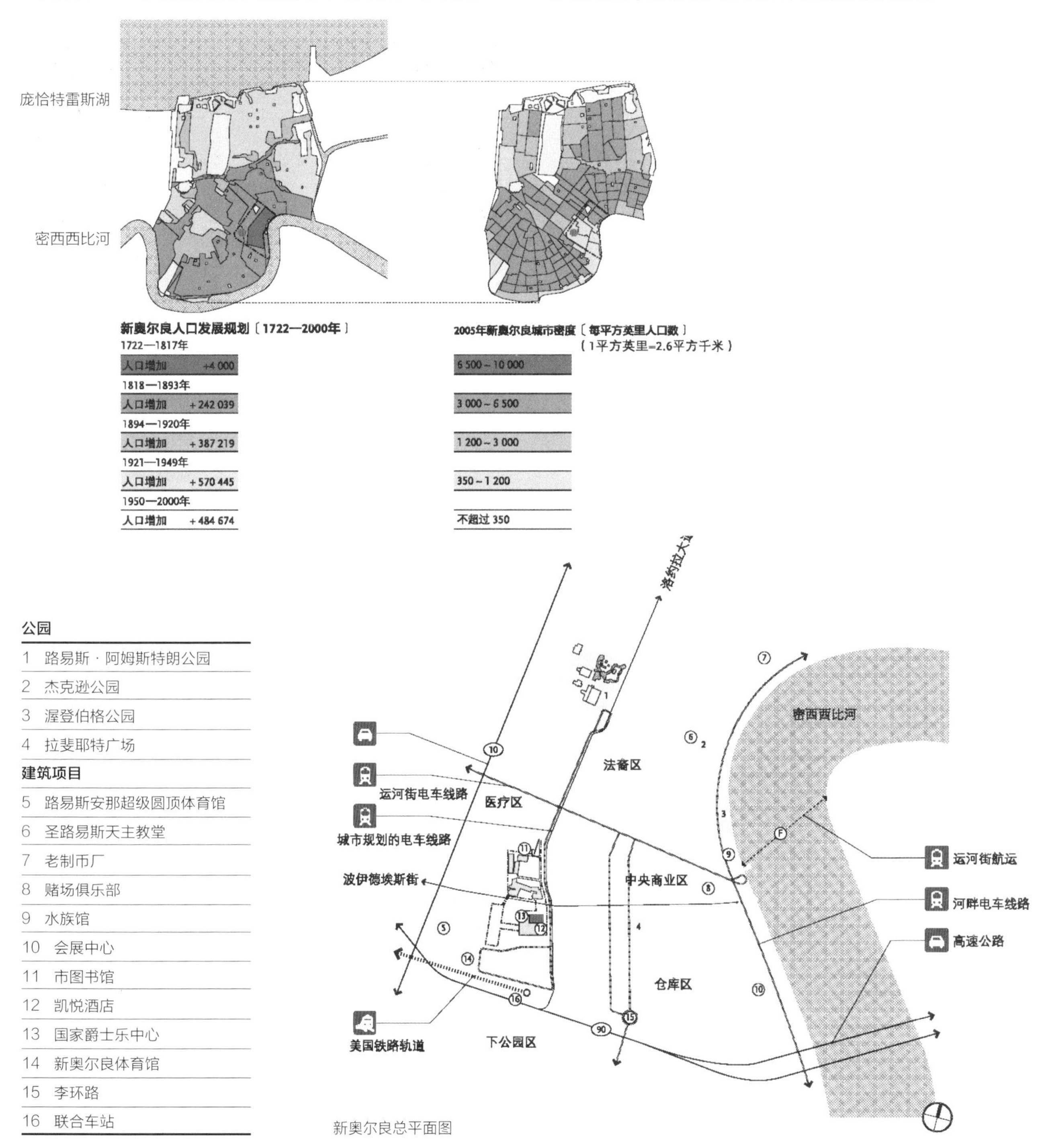

新奥尔良总平面图

05：被飓风毁坏的超级圆顶体育馆正在进行修缮，耗资达 1.85 亿万美元，这座城市最显著的地标将重新焕发活力，吸引数以万计的人们到此来观看橄榄球比赛或参加其他活动。

06：具有历史意义的有轨电车线路是这个国家最古老的线路之一。现今的电车线路通往法国通道（French Corridor）、河边和会展中心。损坏的有轨电车线路已被修复，新的线路已被建成。

07：这种变迁基于城市是一个充满活力的民主论坛。这种传统观念，绝不是乏味无趣的旅游化的赌城、会展中心、购物商城及运动设施综合体的集合——通常都具有人造的历史内容——把城市中心变为没有灵魂的成人游乐场。

新奥尔良爵士公园项目方案
法裔区
密西西比河
洛约拉大道
杜兰街
运河街
10
中央商业区
超级圆顶体育馆
波伊德埃斯街
新奥尔良体育馆
运河街航运
阿尔及尔区
联合车站
仓库区
李环路
90
会展中心
公园区
新奥尔良大桥

从一座建筑……到一个城市核心

国家爵士乐中心是重新构想的文化区的关键，是音乐渗入灵魂的世界级爵士乐的胜地。

美国真正独特的原创艺术形式第一次在新奥尔良有了永久的家。国家爵士乐中心为新奥尔良爵士乐乐团（NOJO）提供演出场所、工作室、教室、图书馆和办公室。它还是爵士乐被庆祝、学习和记载的地方。

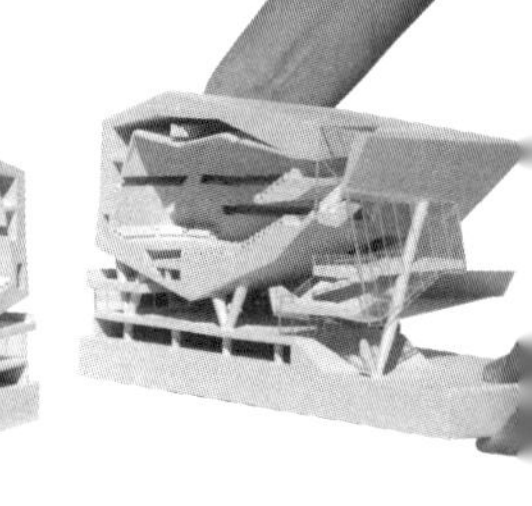

国家爵士乐中心和毗邻的凯悦酒店是这个新区的锚点。[08] 位于波伊德埃斯街对面，新的城市建筑排列于一片面积为 26 305 平方米的公共空间周围，包含室外表演场所和规划完备的绿化空间。

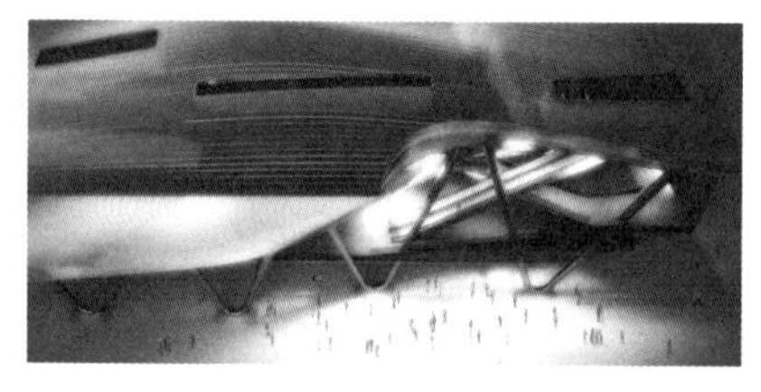

总平面图

1 国家爵士乐中心
2 市政区法院
3 市政厅
4 州政府办公楼
5 凯悦酒店
6 4 座露天剧场
7 26 305 平方米的公园
8 超级圆顶体育馆
9 市图书馆

洛约拉大街
法商区
医疗区
中央商业街
波伊德埃斯街
仓库区
花园区

08：这是新奥尔良两个项目中的第一个，两个项目都遭到了卡特里娜飓风的破坏。一项规模更大的新新奥尔良项目为低于海平面而面临洪水威胁的地区策划了“回归自然”的脚本，而该项目位于地势较高的区域，对展现这个城市的标志面貌至关重要，更急需文化上及物质上的复兴。两个项目都需要重新思考如何才能在卡特里娜之后以长期策略重建城市，来应对下一次无法避免的飓风。

功能分布

场地平面图

1	国家爵士乐中心
2	市政区法院
3	市政厅
4	州政府办公楼
5	凯悦酒店
6	4 座露天剧场
7	26 305 平方米的公园
8	超级圆顶体育馆
9	市图书馆

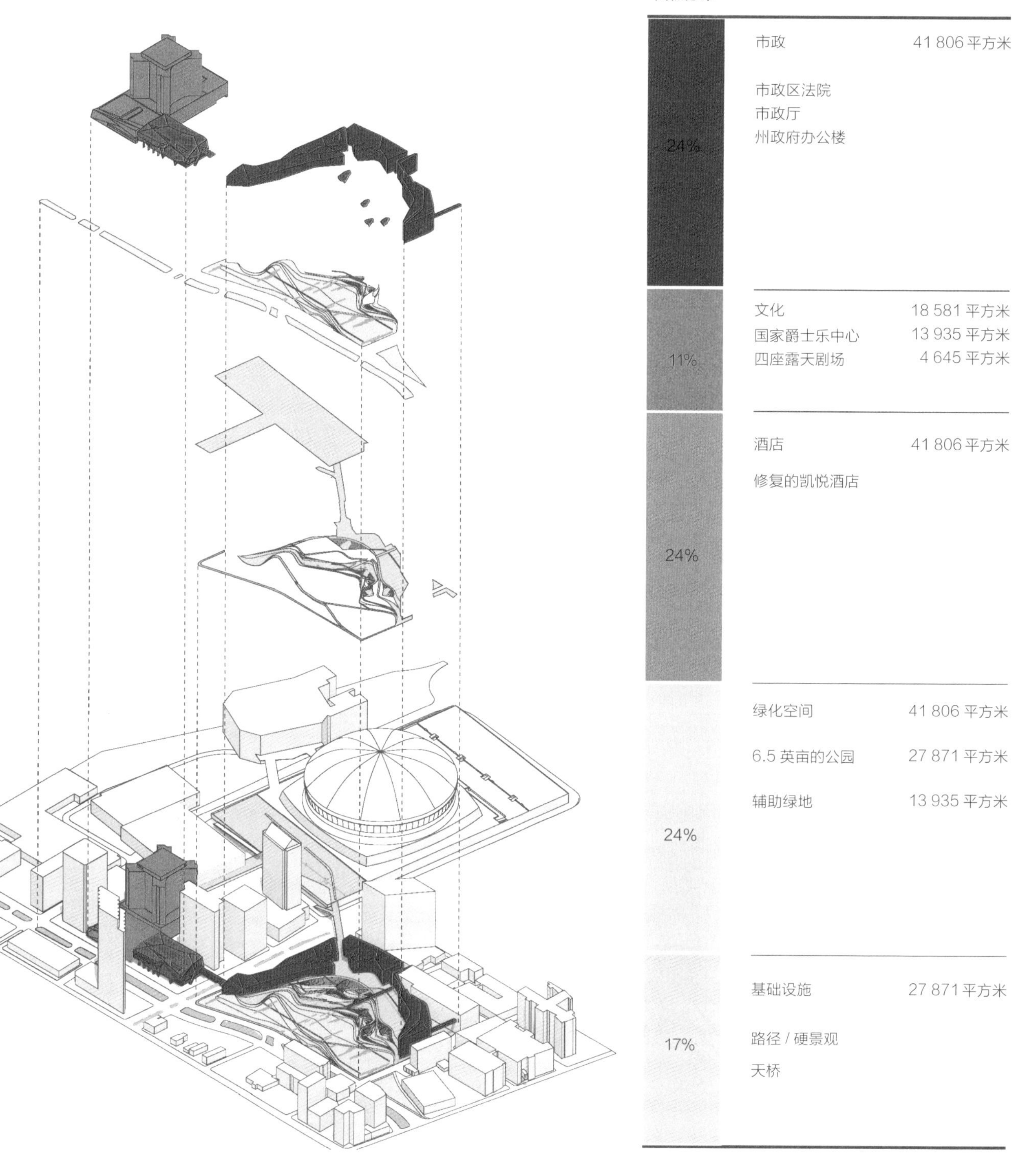

86% 开放面积

总建筑面积：102 193 平方米
总开放面积：69 677 平方米
总用地面积：81 011 平方米

不同的建筑……一个统一的文化区

即使在卡特里娜飓风之前，一些区域的建筑已经受到损害，面临拆除，或者已过时。飓风加剧了建筑的毁坏，使重建这个区域的必要性更为明确。

该方案为城市和教区长期的低成本维护提供了需要被修复、拆除或改造的旧市政建筑被最先进的设施代替。例如市法院最终将可以妥善保存上溯到 1756 年的所有法律文件。此外，城市将新建一个爵士乐中心和一个公园，更有利于吸引人们驻足、停留、漫步，或是在去往超级圆顶体育馆、凯悦酒店、公共图书馆等处的途中路过。

现有平面图将被修缮的

1 将被拆除的凯悦酒店
2 凯悦波伊德埃斯广场（将被拆除以修建凯悦酒店新的入口）
3 市政区法院（替换这座建筑的需要得到普遍认同）
4 市政厅（毫无特色的 20 纪 50 年代的建筑受到较轻的毁坏；需要被替换）
5 路易斯安那州办公楼：（即将被拆除，计划在原址上建设一座新的州办公楼）
6 州最高法院（空置，计划拆除）
7 珀迪多街（关闭以形成一个连续的公园空间）

将被重新配置的

8 3 035 平方米的公园
9 16 592 平方米的公园
10 6 475 平方米的公园

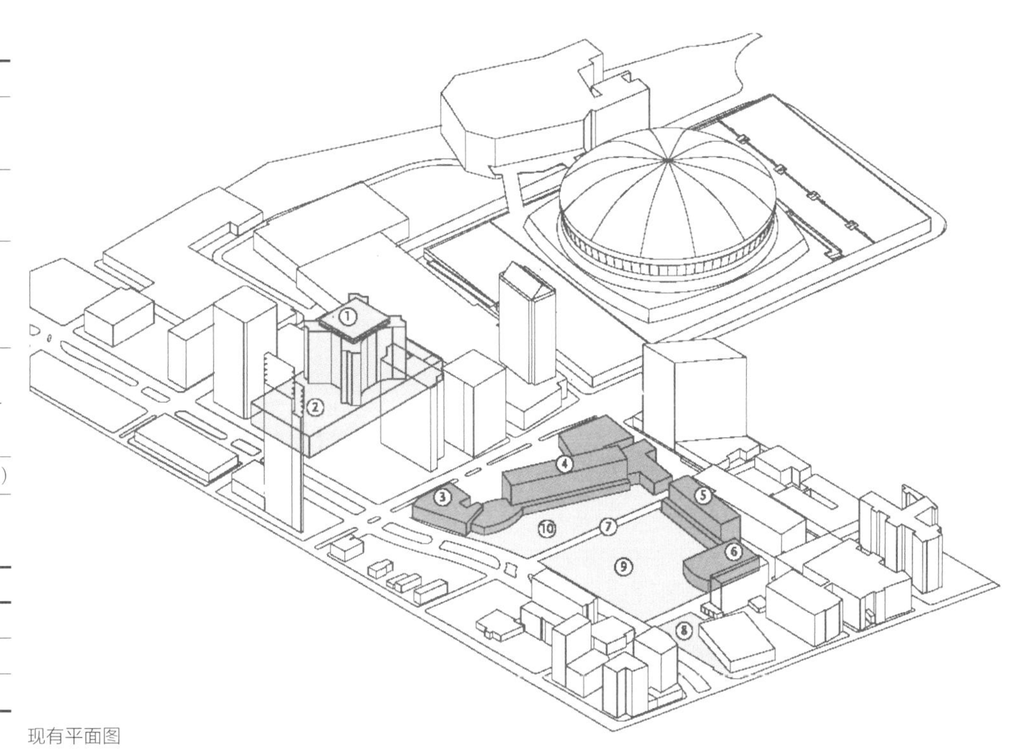

现有平面图

方案平面图

1 国家爵士乐中心
2 市政区法院
3 市政厅
4 州政府办公楼
5 凯悦酒店
6 4 座露天剧场
7 26 305 平方米的公园
8 超级圆顶体育馆
9 市图书馆

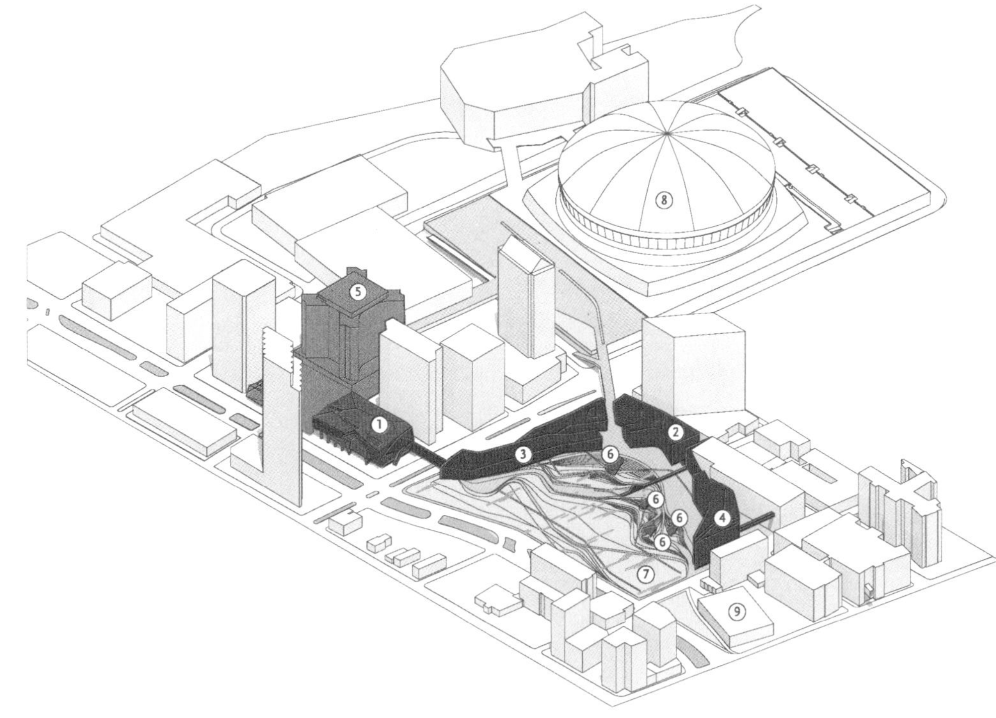

方案平面图

一个包含室外爵士乐场馆的城市公园

公共空间被划分为休闲的公园区、娱乐区以及公开表演区。多样的设施和景观元素包括：为爵士乐团和即兴演出服务的露天剧场；咖啡店、饭馆和小吃摊；开敞的绿色草坪、古典景观以及绿荫区域。该设计将雨水管理、本地物种以及其他可持续发展因素结合起来，创造一个生态良好的人居环境。公园由一端的绿色草坪和另一端更为古典的景观共同界定。两座人行天桥将公园与波伊德埃斯街对面的区域相连，并将绿化空间延伸至爵士乐中心、凯悦酒店和超级圆顶体育馆。

公园图示

1 国家爵士乐中心
2 市政区法院
3 市政厅
4 州政府办公楼
5 凯悦酒店
6 4 座露天剧场
7 26 305 平方米的公园（休闲型）
8 超级圆顶体育馆
9 市图书馆
10 城市森林
11 文化广场，市政厅入口广场
12 市法院绿地，受保护的集会场所
13 大草坪公园（运动型）
14 通往公园的桥及堤道
15 公共停车场

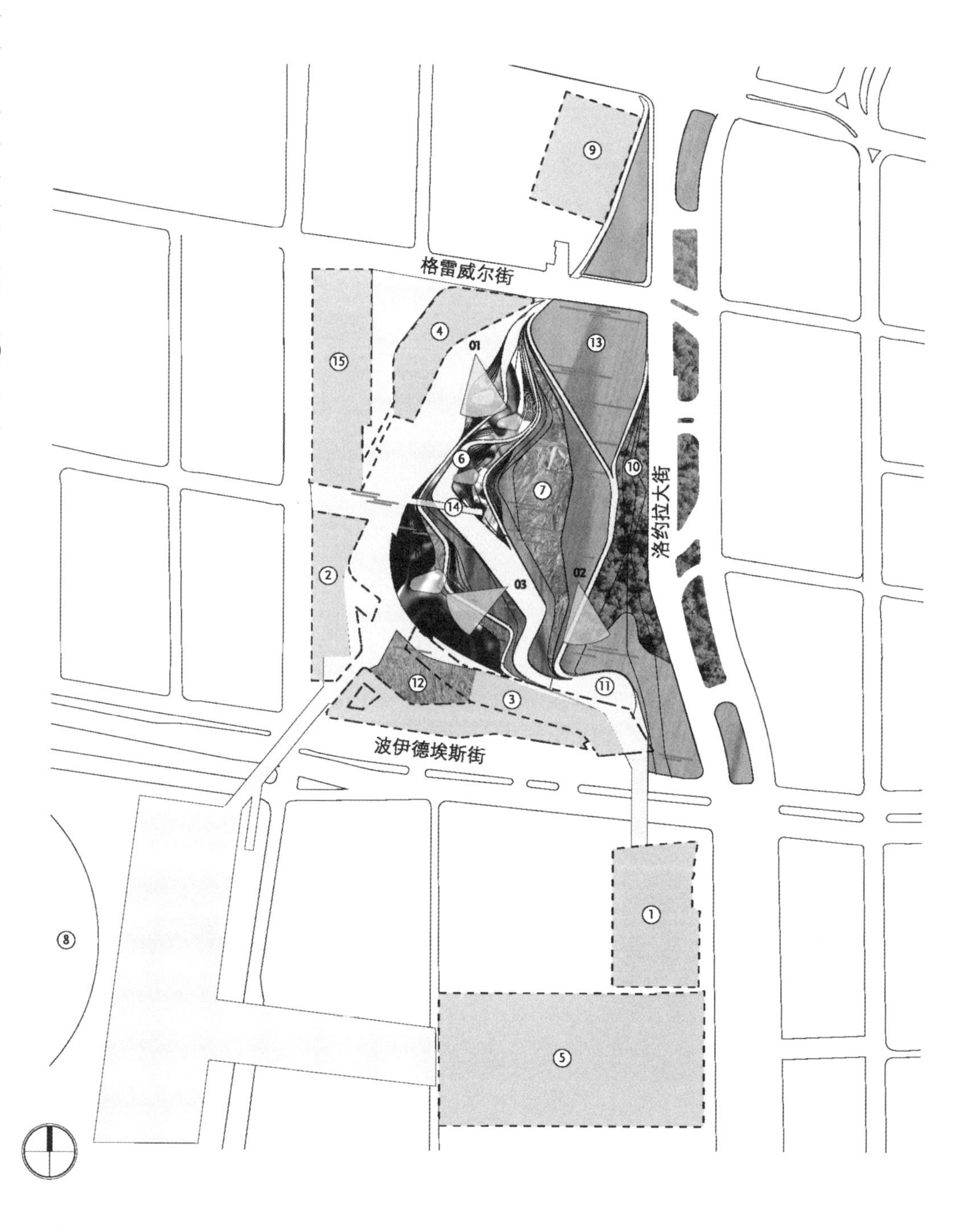

一种更适宜爵士乐即兴特性的场所：四座小型演出场馆

该方案并没有建造一座大型的露天剧场，而是设计了四座小型的贝壳形场馆，用以举行更亲密的爵士乐演出，以体现这种音乐的传统精神。这些场馆嵌在形成公园边缘的波浪形的景观中，其充气屋顶将各组成部分连接在一起，同时增加了一种亲密感。

面向四座演出功馆之一

面向爵士乐中心

面向市法院

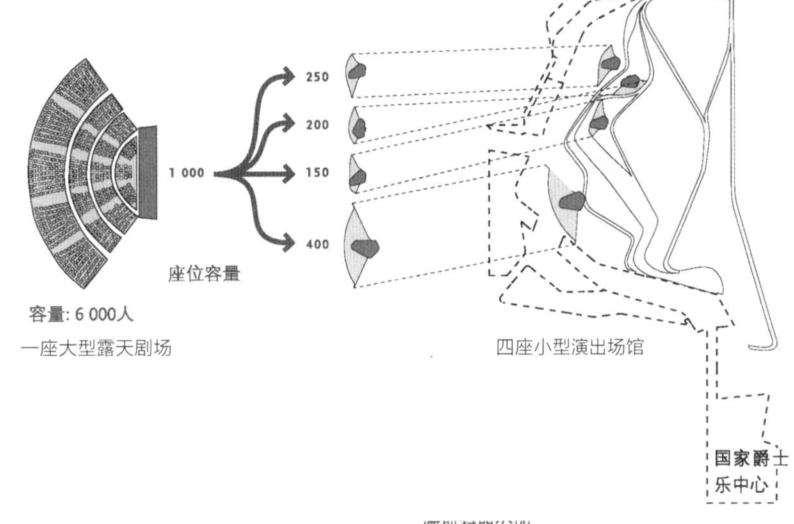

多个连接，一个社区

疏松的公园布局增强了行人活动的流畅性，通向各个方向的数不清的小径也提供了灵活性。散步于优雅的花园，去往周边建筑的途中经过公园或是停下来在四个演出馆之一听上几曲爵士乐，这些都使人们联想起这座城市源于葬礼游行、爵士乐游行以及忏悔节狂欢游行等传统的生活。新的道路和电车线路与洛约拉大道中央植物带形成的绿色长廊结合，将市政中心、与路易斯·阿姆斯特朗公园、拉斐耶特广场、联合车站及超级圆顶体育馆等重要文化节点相连。

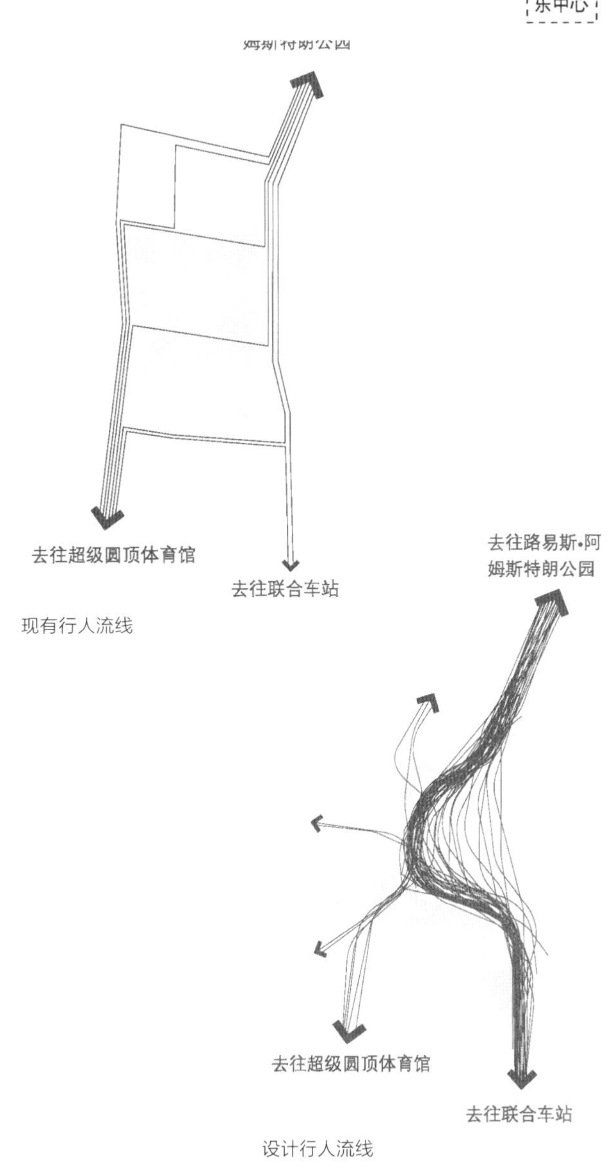

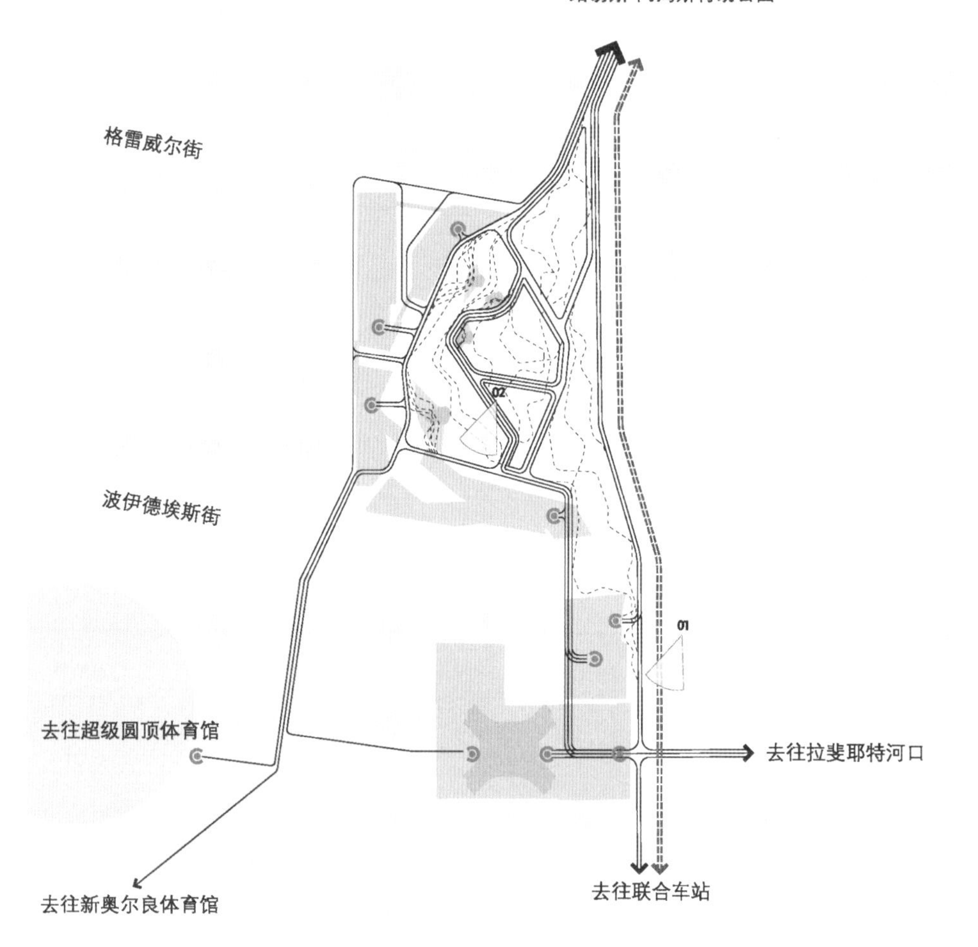

视图 01：面向凯悦酒店

视图 02：面向市法院

结论

新奥尔良爵士公园　　美国，新奥尔良　　2006 年

一座单一建筑连同其他一系列修建创造出一个标志性的核心，使人们的需求与文化娱乐设施相结合，最终体现了新奥尔良物质和精神上的复原。

项目七：学院路校园总体规划 College Avenue Master Plan

数 据：

场地面积：

299 463 平方米

项目规划：

占地总面积：338 175 平方米
总建筑面积：131 193 平方米
总开放面积：206 982 平方米

建筑类型：

校园总体规划；第一阶段工程为一座学术大楼和学生中心

地理坐标：

5° 25′ N，100° 19′ W

一个地方的连续性：构建存在

学院路校园总体规划为以走读生为主的罗格斯大学（Rutgers University）创立了一个具有识别性和参与性的社区。有将近 25 000 名学生在新布朗斯维克校区上课，总体规划如何重新定义大学的特征并增强其地域归属感呢？

一条主要步行道蜿蜒穿梭于学院路校园，打破了现有校园的直线系统，并且协调了两个相互抵触的组织性系统：线型道路和绿化节点。这条主轴线禁止小汽车通行，优先考虑公共交通（公交车、有轨电车）和行人通行，以创造学生见面和交流的机会。校园有两个主要交通节点，停车场迁至校园外围，而不影响场地的通达性。

分期规划勾画出一个独特系列的组成部分，由罗格斯大学自主独立地发展。第一阶段工程打造了一条与学院路相平衡的轴线，这条轴线向外延伸至拉里坦河(Raritan River）。目前这条河是罗格斯大学一个利用不足的资源。在两条轴线相交的地方，一个新的校园中心和学术大楼坐落于此，成为校园的核心。

新布朗斯维克校区，是除了卡姆登和纽瓦克两个校区之外的第三个校区。新布朗斯维克校区又进一步分割为五个更小的校园，分散在新布朗斯维克市和皮斯卡塔韦市。这五个校园仅仅通过一条松散的公交系统连接，缺乏一个强有力的核心将它们联合起来成为整体。几处园林和绿地被道路和停车场隔离，这些道路系统每天要接纳 2.5 万名乘客通行。此外，一条高速公路将校园和拉里坦河隔开，造成北边的利文斯顿和布施校园与南边的学院路、道格拉斯和库克三个校园分隔开。

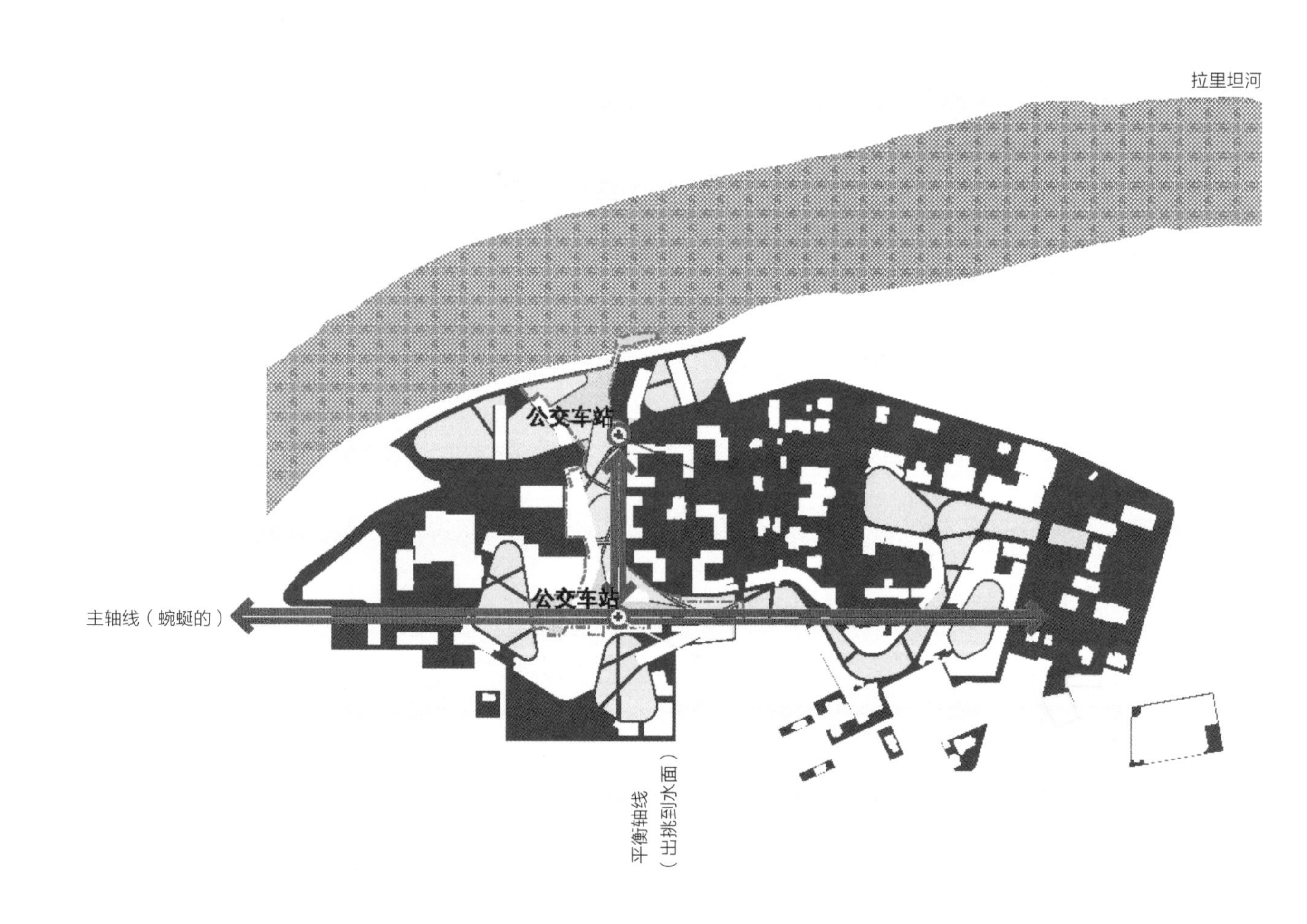

围绕第一阶段工程重新规划罗格斯大学

这所大学以创造一个充满活力和方便行人的统一的校园作为其最重要且主要的原则。为了实现这个规划目标，仅预留给新景观的投资就达 1 500 万美元，规划里阐述到："首要目标……是将大学的许多校园统一在一起，形成一个有凝聚力的教育环境。"[01] 初步重建的是学院路校园，该校园是新布朗斯维克校区五个校园的核心区域，沿海滨分布，长 6.4 千米，呈新月形。

这个竞赛简要包括学院路校园和新学术大楼建筑的总体规划。我们将场地的中心从其边际条件——大门转移到一个校园广场。这个迁移立即树立了一个强烈的校园标志。[02]

如果一个基于步行和公共交通的校园是设计的真正目的的话，那么入口应该临近更多的院系（建筑）才好，并且与多种交通方式直接连接。[03] 因为两个公交车站标志着进入校园的公共交通系统入口，使得最初的场地，通过将各个入口连在一起，成为一个连接性脊椎，反过来又提供了更多公交站点。

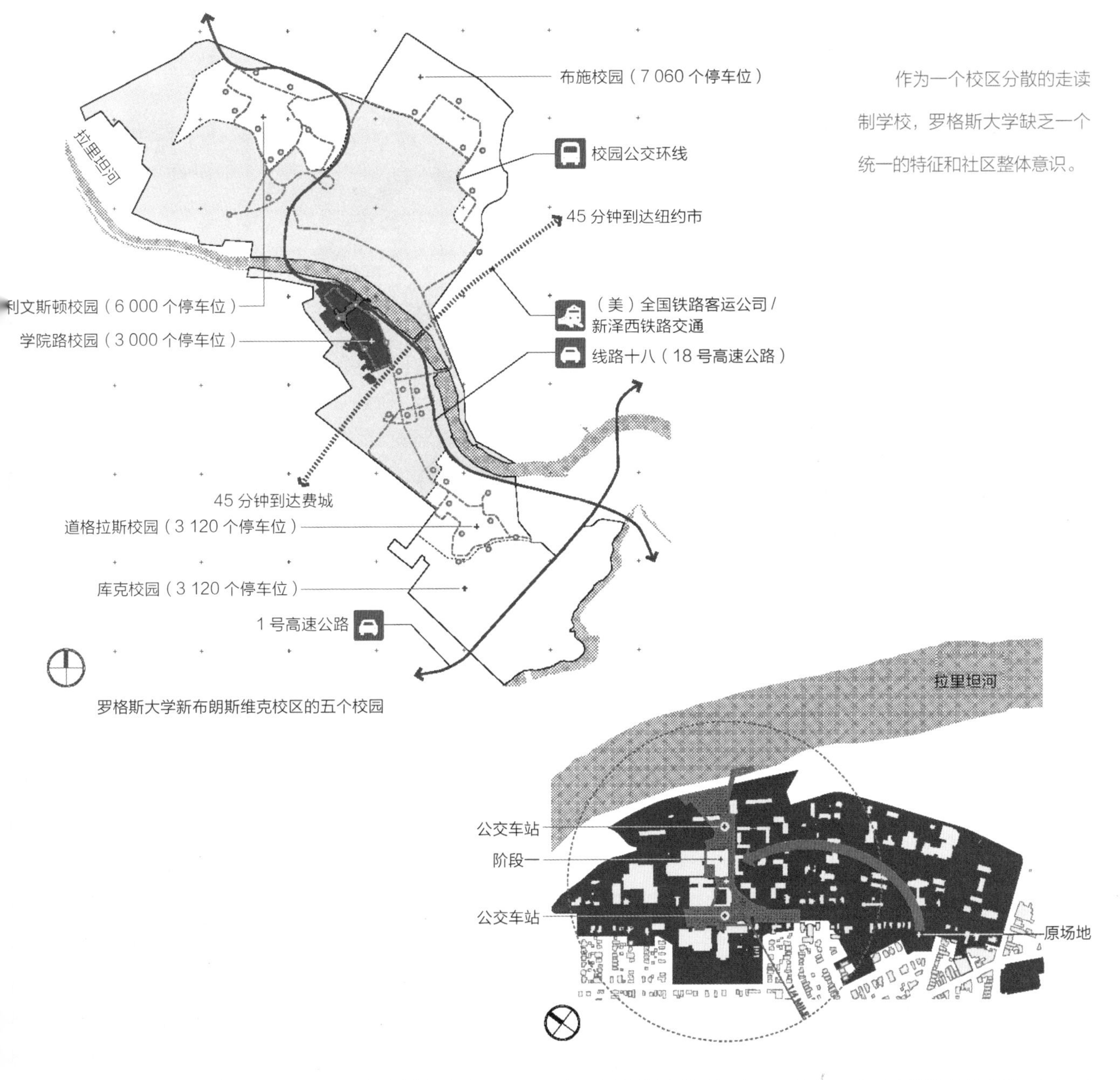

罗格斯大学新布朗斯维克校区的五个校园

作为一个校区分散的走读制学校，罗格斯大学缺乏一个统一的特征和社区整体意识。

01："新布朗斯维克（Brinswick）/ 皮斯卡塔韦（Piscataway）"罗格斯大学（Rutgers University）2003 年总规划。http://planning.rutgers.edu/masterplan/Master%20Plan%20Links/Book/New%20Bruns%20Book04.19.04.pdf.

02：如果像指定的情形那样，新的学术大楼仅仅与一种交通方式——区域列车相连接，并且将发展集中在学校周边地区，那么一切努力将付之东流。

03：作为一个包括五万名学生和九千名教师员工的多样化的社区，罗格斯大学拥有 175 个学术院系，提供 270 门学位课程。校园有为本科生、研究生和职业学院服务的 27 个活动中心。

学院路校园总体规划项目方案
利文斯顿校园
布希校园
学院路校园
(美)全国铁路客运公司/新泽西铁路交通
18
拉里坦河
1
95
道格拉斯校园
库克校园

两条中轴线：一个发展的框架

设计的罗格斯购物中心以一个同样强烈的交叉轴线与学院路校园东西向的基准线相平衡，将学院路校园与拉里坦河连接在一起，但是这一连接目前因为 18 号高速公路的原因没有被意识到。学术大楼旁的人行道提供了一个面向水面的观景廊，并且一直延伸到位于河边的宿舍楼。每条轴线都有一组基础设施的锚固点，终结部分是一条绿荫大道——一个介于校园和外面世界的过渡空间。

为了提升学校的识别性，绿色空间和人行通道向外延伸围绕在学院路校园轴线周围，进一步瓦解旧的中枢系统的直线形特性。因此，这些绿色空间和人行通道逐渐不再是一个用来穿行的地方，而更多的是人们交流和讨论的地方。

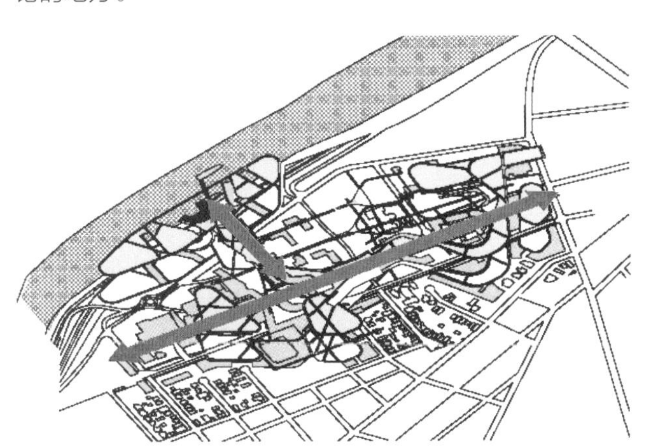
交叉轴示意图

一条新的交叉轴线延伸穿过 18 号高速公路，使沿河区域重新焕发活力，将学院路校园与河水相连，重新刻画校园严格的、直线形的组织结构。

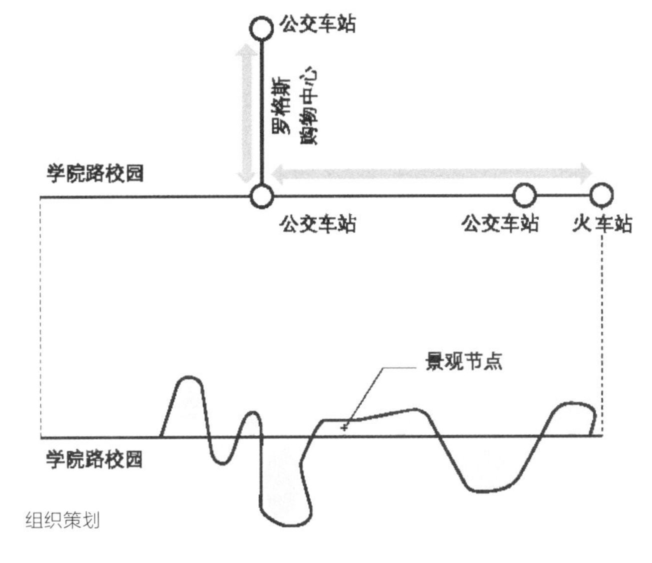

组织策划

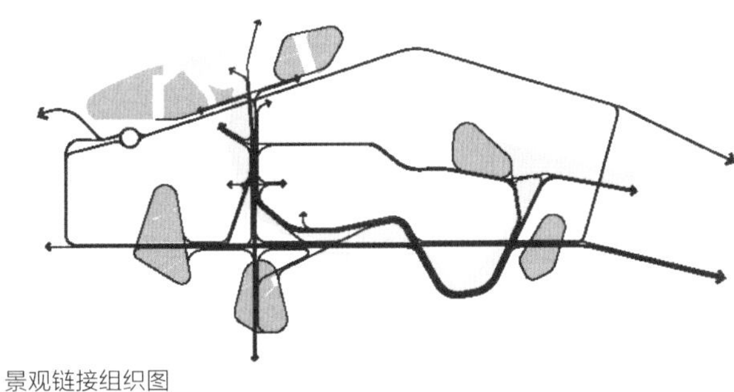
景观链接组织图

通过重构创造的景观节点为未来的建筑群提供了一个可以积聚在一起的组织结构。

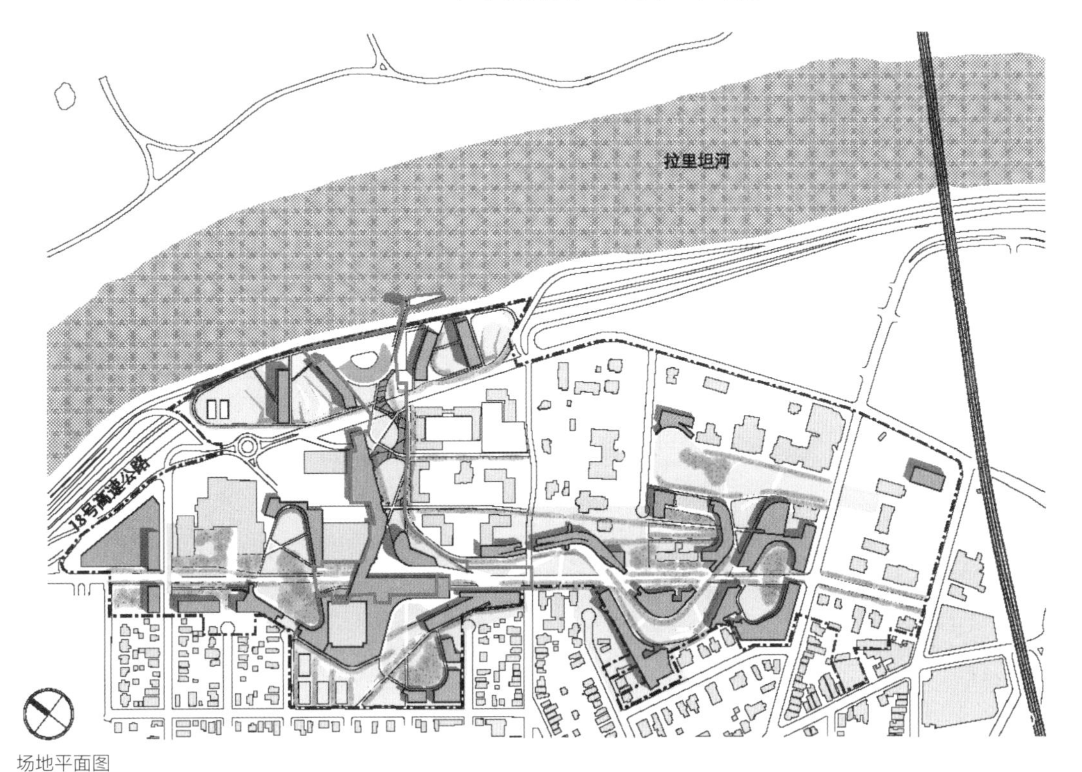

场地平面图

总体规划鸟瞰图

塑造建筑之间的空间，而非实际的建筑形态

校园总体规划是围绕明确和连贯的开放空间来组织的；林荫道和方形场院将校园统一起来，为学术和社会交流提供公共空间。该设计包括了三个主要绿色空间类型：林荫大道，或者作为连接性肌理的大众空间；方院广场，或被周围建筑包围得更亲密、轮廓更分明的空间；填充，或者其他绿色空间。

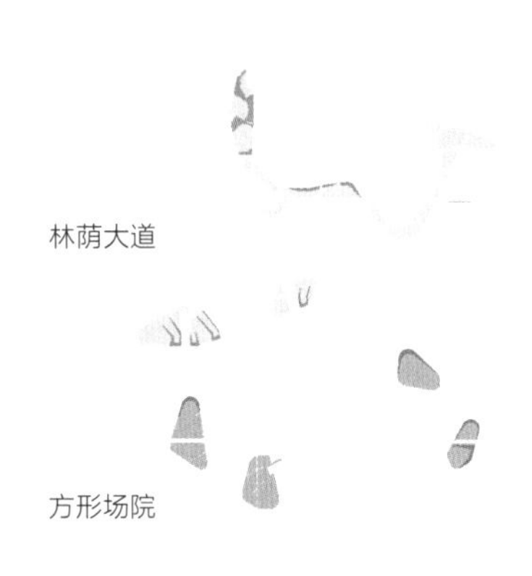

运用形态塑造充满意义的空间

三种园林风景
林荫大道：人行通道
方形场院：聚集的空间
填　　充：连接其他空间

绿色空间连接组织

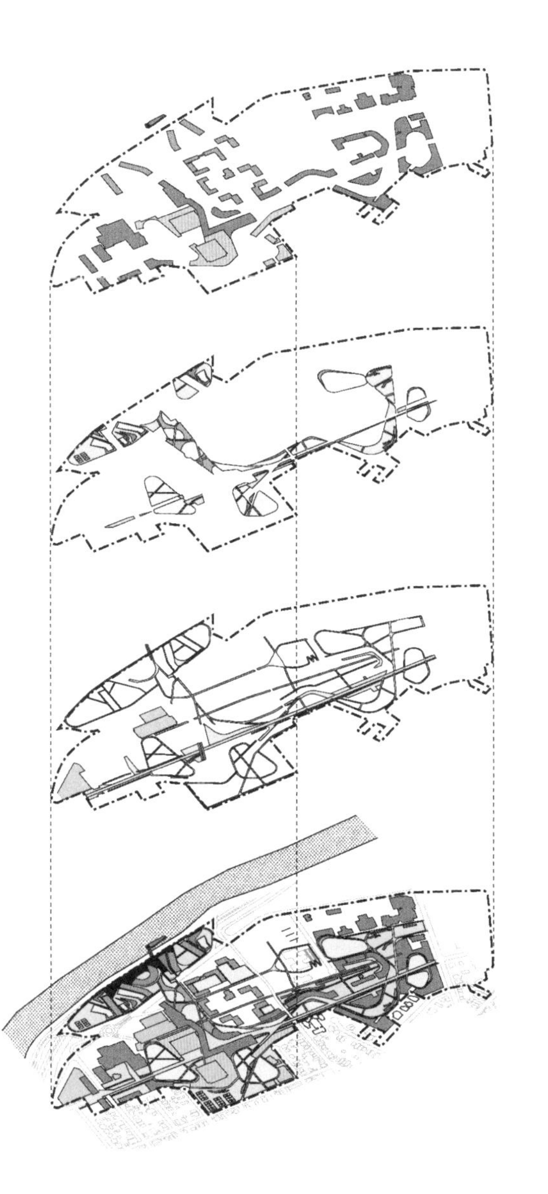

面积分布

比例	类别	面积
8.7%	住宅	29 638 平方米
15.3%	教育	51 764 平方米
4.0%	学生服务	13 359 平方米
61.2%	绿化空间	206 982 平方米
10.8%	基础设施 停车场，人行通道 通道和广场	36 432 平方米

69% 开放面积

总建筑面积：131 193 平方米
总开放面积：206 982 平方米
总用地面积：299 465 平方米

功能分区：新建筑和被拆除的建筑

关键性建筑包括用以标志学院路校园中心轴两端的入口建筑；位于学院路曲线上，定义绿化空间边界的教学大楼；将校园拉向河边的河岸室外剧场和漂浮岛。

要保留的现有建筑

3000 皇后楼，3001 凡内丝特厅，3002 地质厅，3003 柯克帕特里克教堂，3004 温内恩厅，3005 施克天文台 47 平方米，3006 百龄坛大厦，3008 社会工作研究生院大楼，3009 校园信息服务中心，3010 米勒道勒厅，3011 默里厅，3013 福尔希斯中心（包括齐默利艺术馆），3014 新泽西州厅，3016 范戴克厅，3018 福特厅，3041 FAS 英语办公楼，3045 麦金尼厅，3046 卫生研究所，政策及老龄化研究，3048 FAS 英语办公楼，3049 主教楼，3051 埃杰曼霍尔，3053 韦瑟尔斯 11 号厅，3054 莱普厅，3055 佩尔厅，3056 研究生院办公楼，3050 德马雷斯特厅，3064 克洛西尔厅，3065 布雷特厅，3066 廷斯利厅，3067 梅特勒厅，3078 区局咨询中心，3085 Brower Commons，3097 学院路校园健身房，3100 亚历山大约翰斯顿宿舍楼，3101 犹太人生活研究中心，布林登中心，3103 米勒厅，3105 设施维修及运作 - 中央能源中心，3106 依艾斯顿试验和办公大楼，3107 亚历山大图书馆，3131 拉里坦期刊办公楼，3134 交流，信息与图书馆学大楼，3144 停车平台 - 学院路，3154 伊斯顿大道大学中心，3159 全球项目办公大楼，7584 CCACC 办公楼。

提议建造的建筑

N1 第一期新楼，N2 第一期新学术大楼，N3 的新学术大楼，N4 新学术大楼，N5 新学术大楼，N6 新学术大楼，N7 新学术大楼，N8 新学术大楼，N9 新学术大楼，N10 新学术大楼，N11 新学术大楼，N12 新学术大楼，N13 新学术大楼，N14 新学术大楼，N15 新学术大楼，N16 新学术大楼，N17 新学术大楼，N18 新学术大楼，N19 新学术大楼，N20 新楼，N21 新学术大楼，N22 新学术大楼，N23 新学术大楼，N24 新住宅楼，N25 新住宅楼，N26 新住宅楼，N27 新住宅楼。

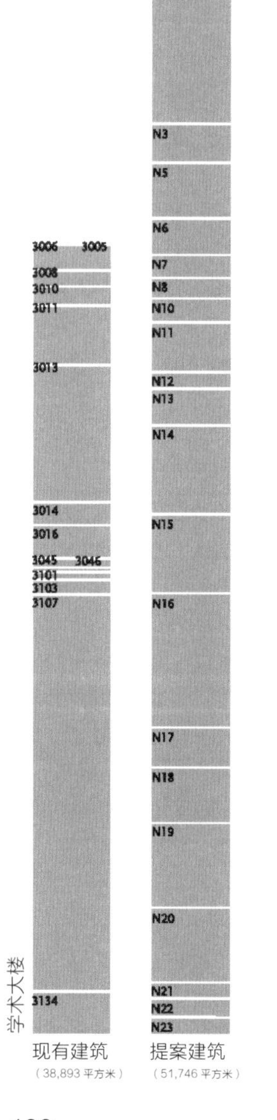

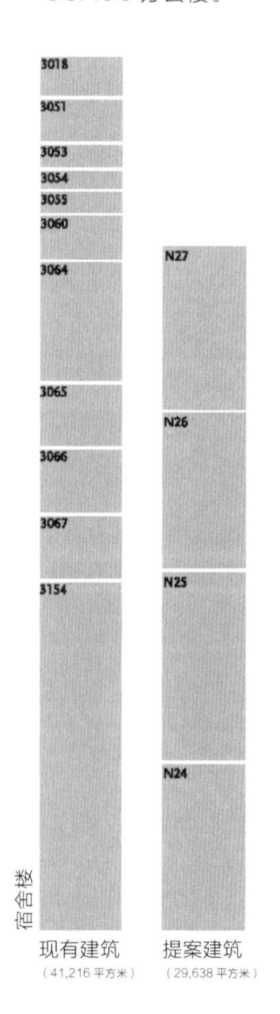

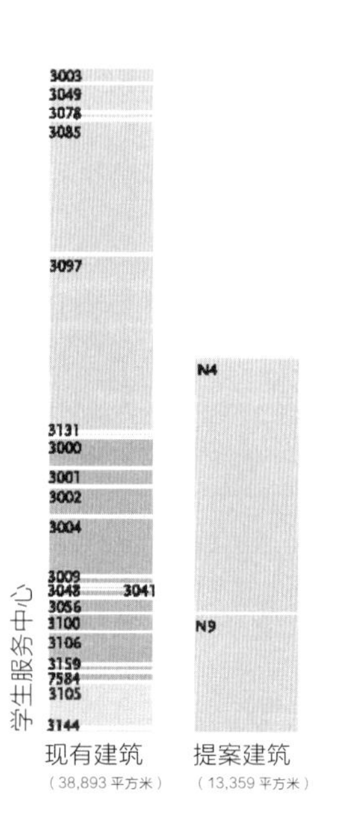

拆除是一个精心策划的重建过程

建筑物的拆除和新建是分阶段的。可根据要被取代的建筑物有选择性地进行第一阶段拆建工作。

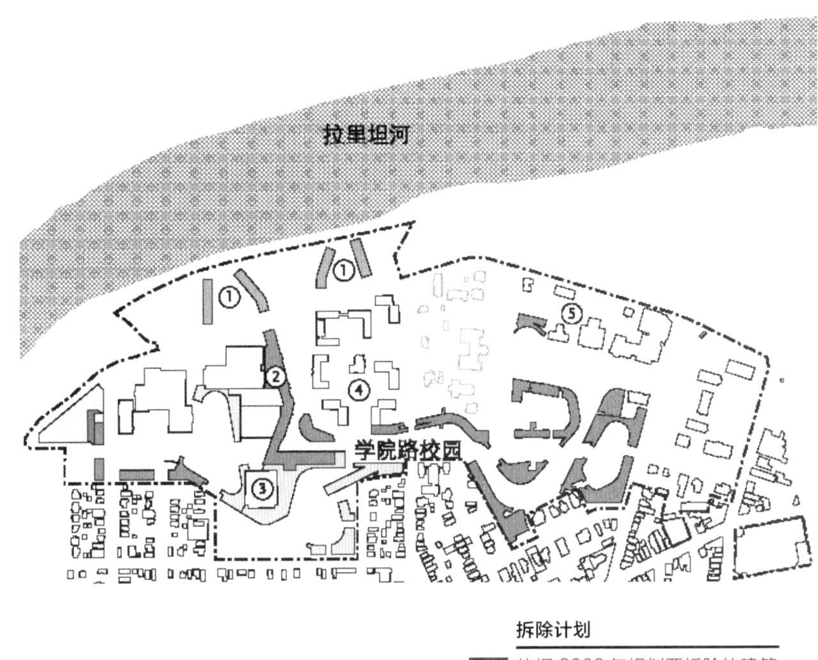

拆除计划

- 依据 2003 年规划要拆除的建筑
- 要拆建的建筑
- 要保留的建筑

新项目的选址占据场地的有利地势

宿舍沿着拉里坦河排列，学术大楼和学生服务中心沿着学院路排列。

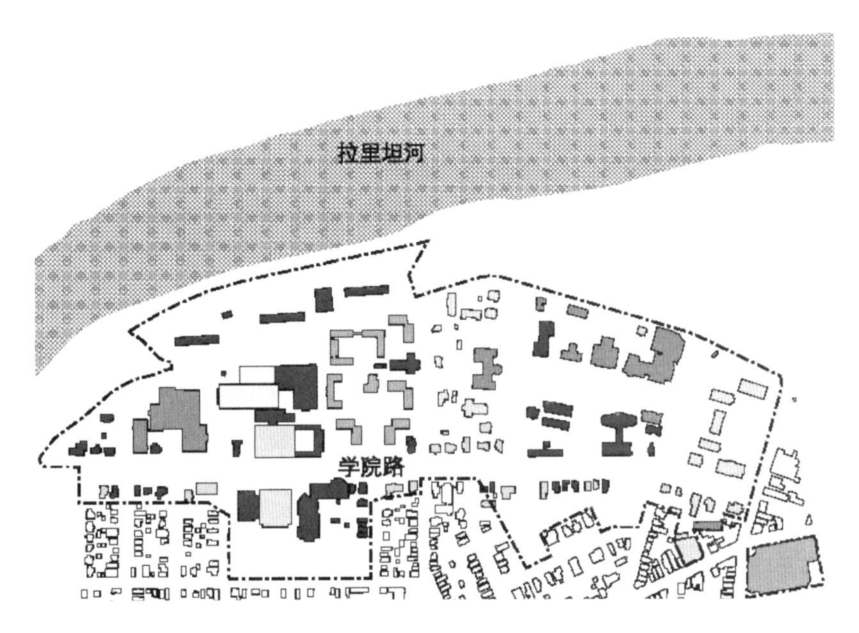

设计的项目分布

1 河边的宿舍楼
2 设计中的学术楼（一期）
3 BROWSER COMMONS
4 主教广场居住大楼
5 沃希斯广场一学术中心

一条计划的时间线：依据年代、次序和频率的分期选项

1923年

2003年

增量式开发：基于不可预测的未来而采取的措施

各开发组成部分都是自给自足的：每个节点都有其局部的影响，可以独立于整体规划。这就给予了总体规划在分期和时间安排上的巨大灵活性，并且确保了即便在第一阶段结束以后，罗格斯大学仍将可以成为一个极具内聚力的校园。

校园规划需要开放式和灵活的总体设计，能够根据资金、政治和地域景观的改变而作出调整。为了适应将来项目的需求，这个设计被构思为一个独特组合系列，可以随时间的推移进行增量式开发。

灵活和可以交换的施工阶段赋予可以根据资金和需求而执行的多样化的开发次序。一个多样化的场地因素的矩阵呈现出一系列规划可能性。

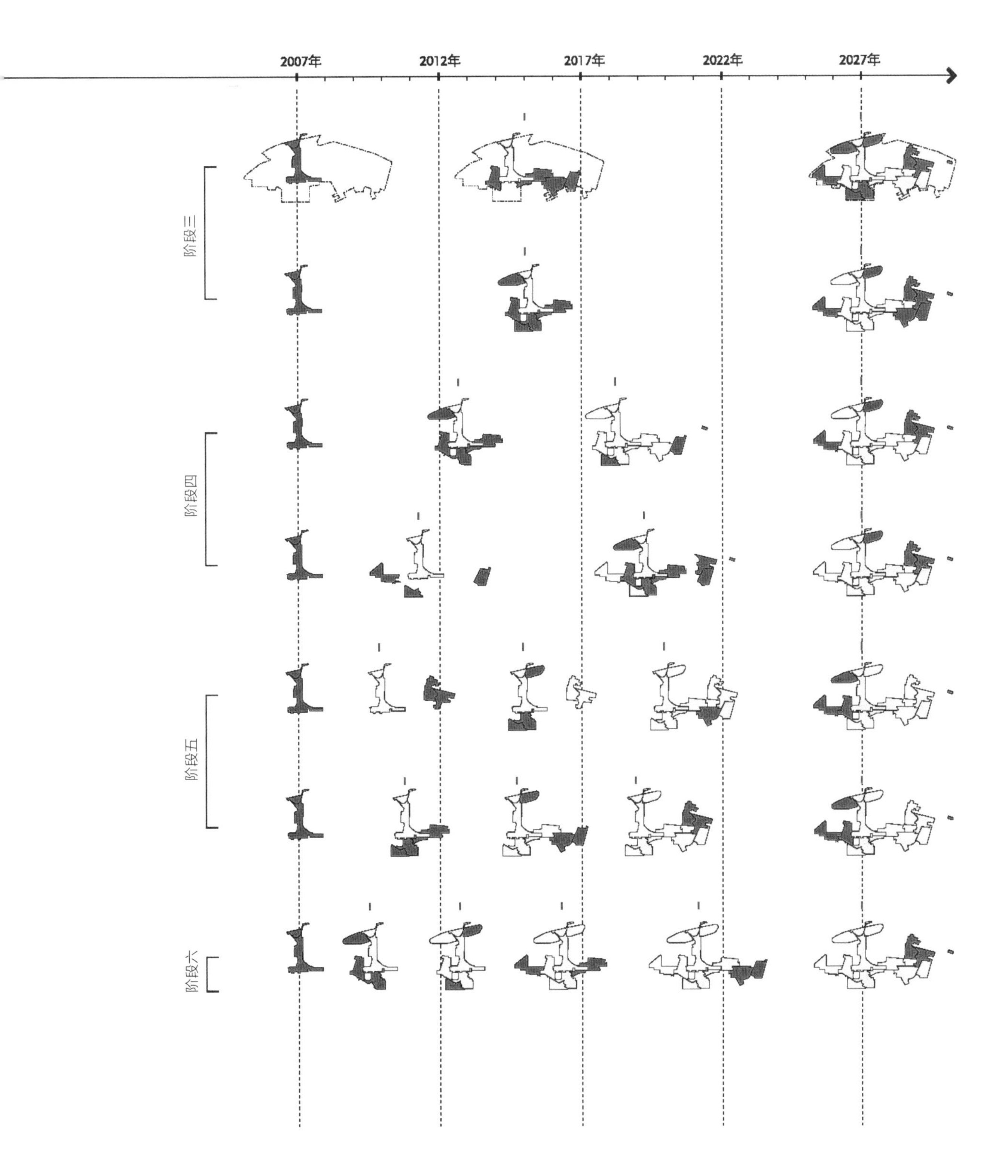
2007年
2012年
2017年
2022年
2027年
阶段三
阶段四
阶段五
阶段六

各单体组成部分

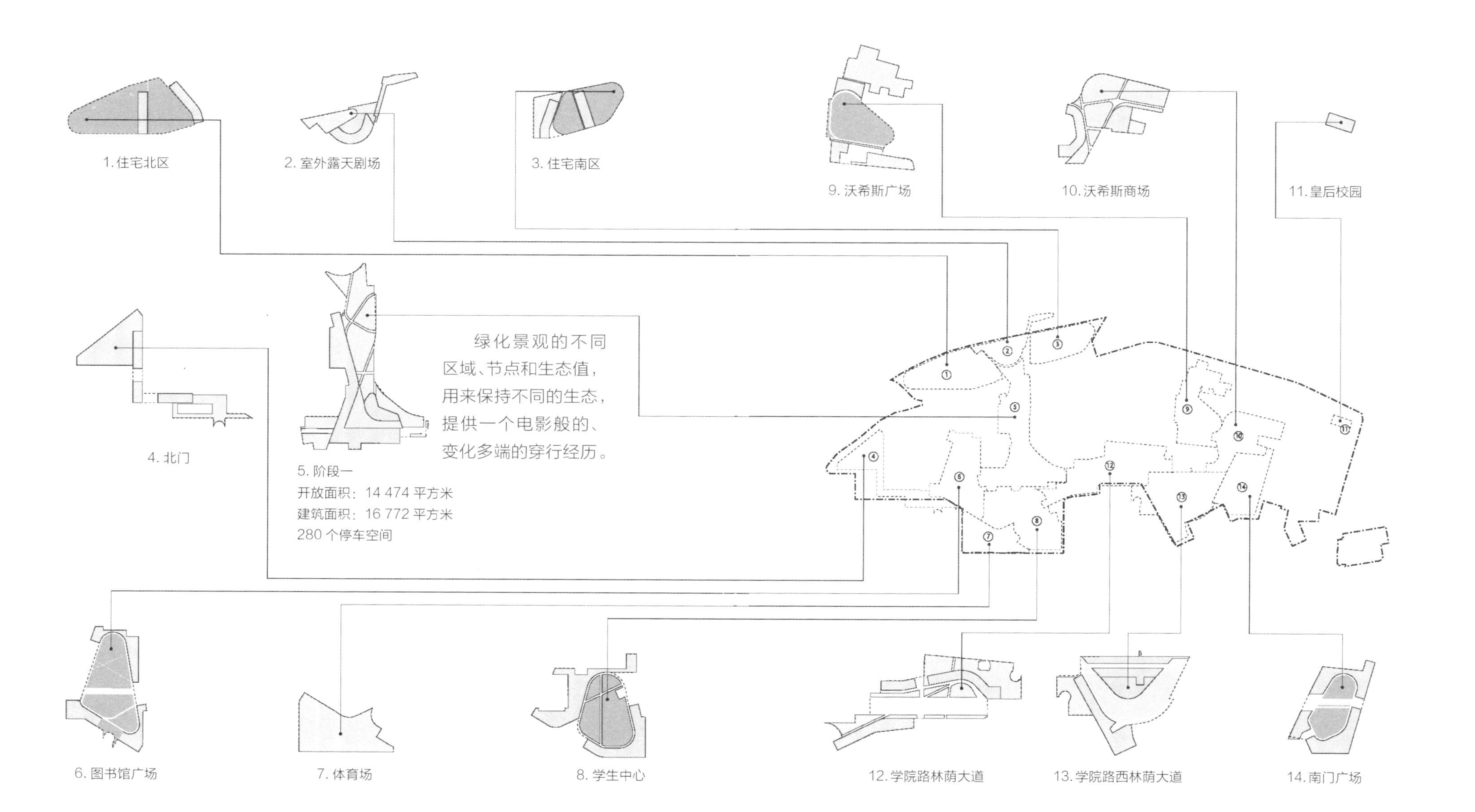
1. 住宅北区
2. 室外露天剧场
3. 住宅南区
9. 沃希斯广场
10. 沃希斯商场
11. 皇后校园
4. 北门
绿化景观的不同区域、节点和生态值，用来保持不同的生态，提供一个电影般的、变化多端的穿行经历。
5. 阶段一
开放面积：14 474 平方米
建筑面积：16 772 平方米
280 个停车空间
6. 图书馆广场
7. 体育场
8. 学生中心
12. 学院路林荫大道
13. 学院路西林荫大道
14. 南门广场

主轴线：为步行者收回空间

一条林荫大道沿着学院路轴线蜿蜒而行并界定了学生设施、都市广场、方形场院和建筑等空间。

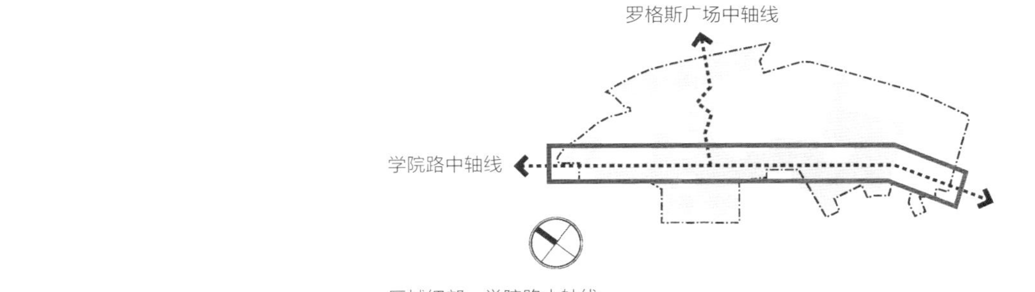

区域细部：学院路中轴线

视图 01：罗格斯广场

视图 02：学院林荫大道

视图 03：南广场

视图 04：南门广场

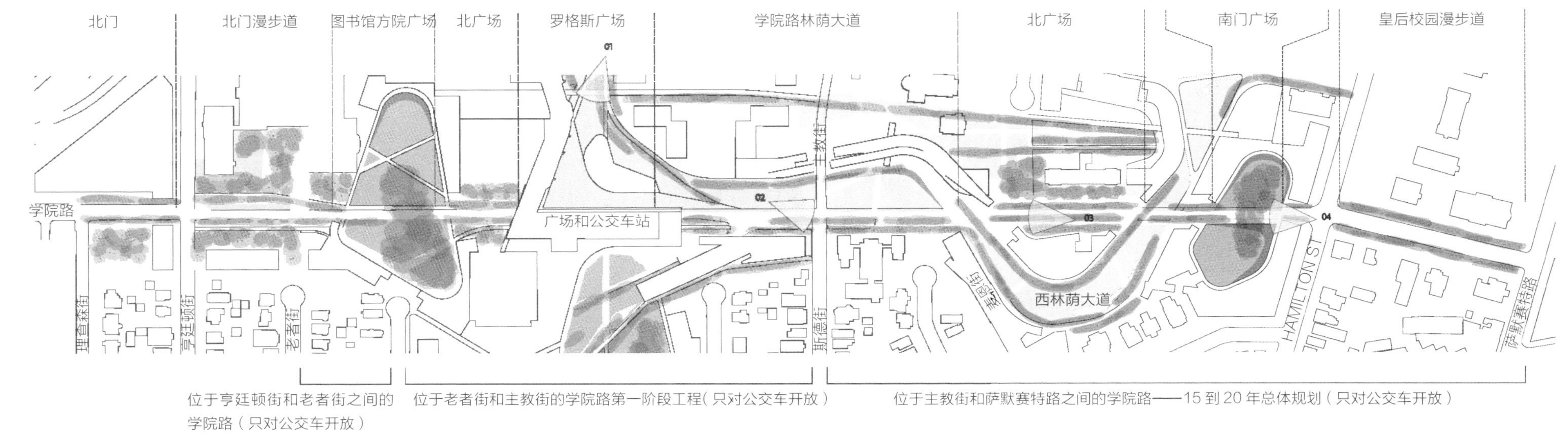

学院路绿色空间示意图

融合基础设施

公交系统变得更高效，向行人开放。曾经是交通堵塞源头的学院路，除了公交车外对其他车辆不再开放。

融合基础设施（公交车、步行和自行车）使交通变得更方便，提升了步行体验，并提供了一个通向拉里坦河的重要连接。

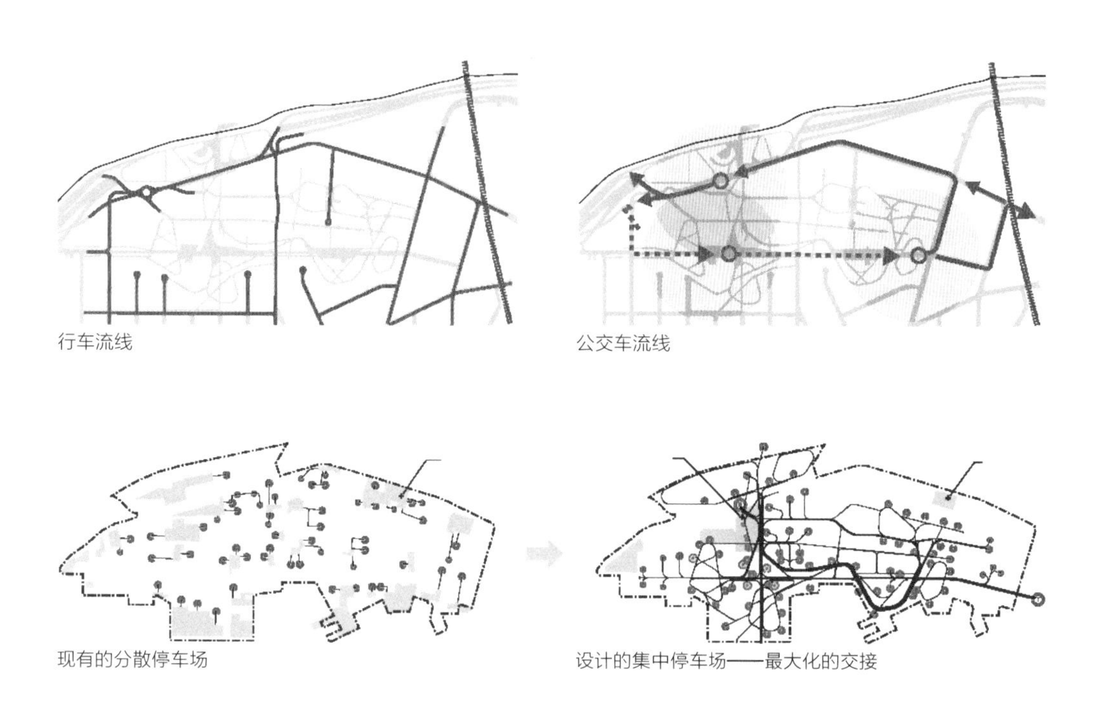

行车流线

公交车流线

现有的分散停车场

设计的集中停车场——最大化的交接

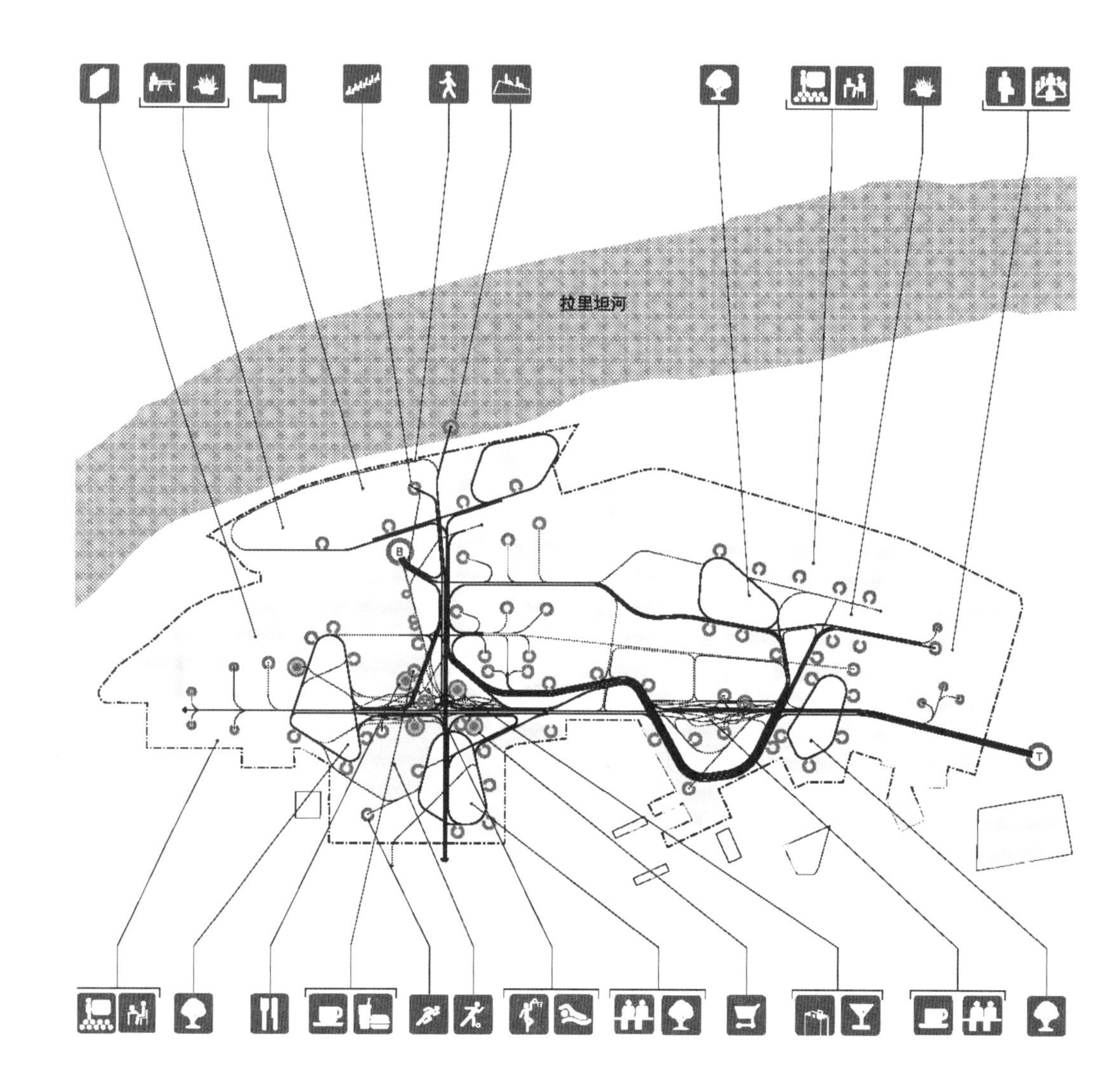

交通流线图

- 主要步行道
- 次要人行道路
- 主干道
- 次要终点站
- 公交车终点站
- 火车终点站

最初将活动和密度聚集在校园中心区域，随后向周围扩展，该方案为校园创立了一个新的中心。作为连接交通方式、宿舍、教学楼和学生服务中心的主要纽带，第一阶段工程摆出了一个有凝聚力的校园社区的标志性姿态。

集中在罗格斯广场中轴线，第一阶段工程包括一条与学院路相互交接的步行林荫大道，一座八层高的中心学术大楼，一个三层的混合功能学生服务中心和一个学生中心外延部分（跨越罗格斯广场）。该轴线将西端的斯卡得街社区公园等娱乐休闲区域与东端的水边公园、室外露天电影院和“漂浮沙滩”连接在一起。

第一阶段工程将学术大楼主楼转移到罗格斯广场中轴线，以优化新校园中心的开发。

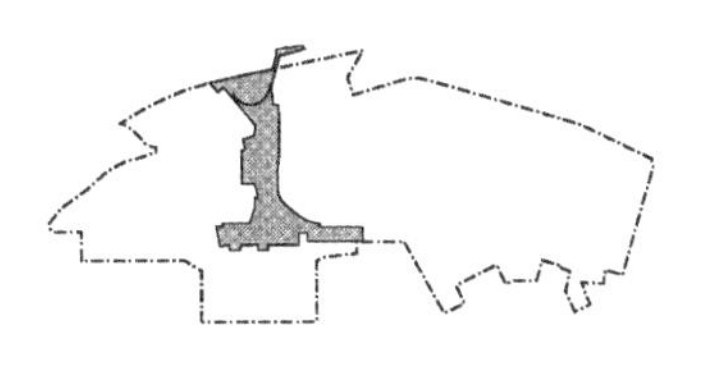

第一阶段工程：校园的主轴线

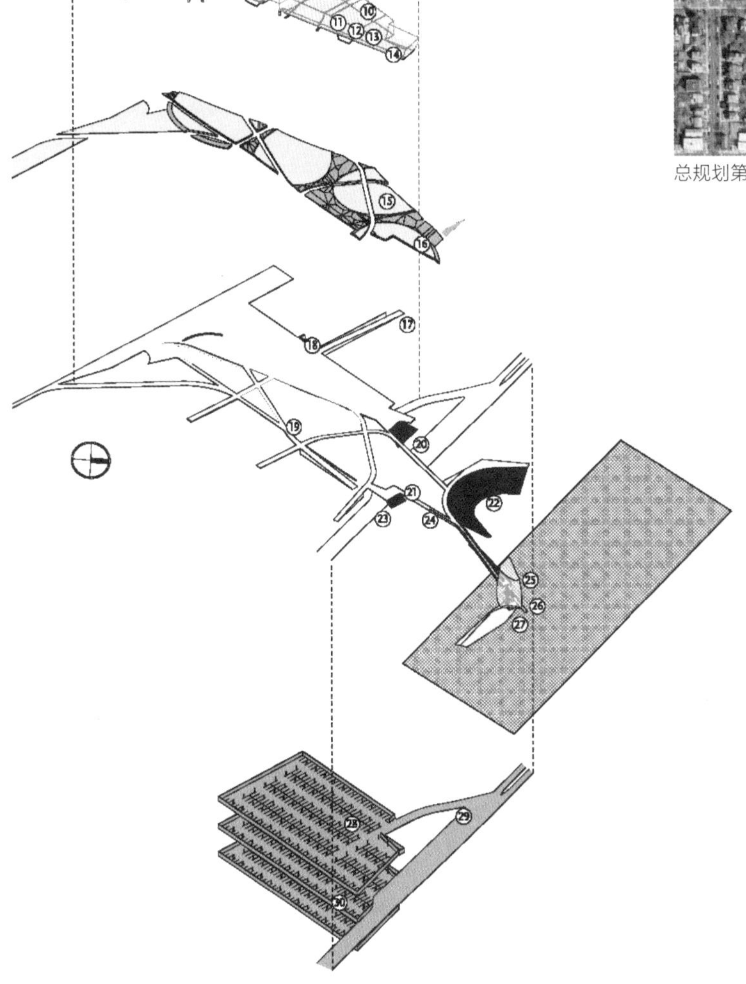

总规划第一阶段工程

项目分布

教育

1 学术大楼 2 层
2 学术大楼 22 层
3 学术大楼 23-8 层
4 学术大楼 22-3 层
5 学术大楼 22-3 层

服务

6 商业 / 食品售卖
7 商业 / 食品售卖
8 学习中心 1-2 层
9 餐厅 / 食品售卖
10 邮局
11 商品
12 办公空间
13 学生财务服务
14 经济资助

绿化空间

15 绿化碗
16 绿化脊

基础设施

17 去往图书馆的坡道
18 广场
19 路径
20 去往交通中心的楼梯
21 去往交通中心的坡道
22 室外露天剧场
23 去往乔治街的坡道
24 去往乔治街的楼梯
25 去往河边公园的坡道
26 去往岛屿的楼梯
27 漂浮岛 / 海滩
28 地下停车场，280 个停车位
29 交通中心
30 可选择的附加两层地下停车场

一个成长基石

视图 01：从广场朝南看学生中心

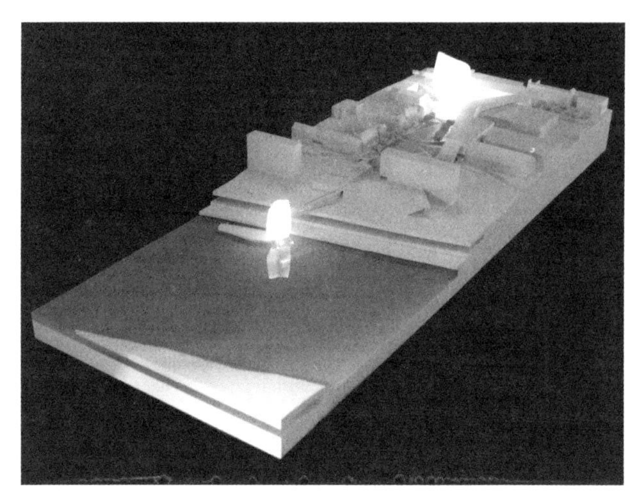

视图 02：两个锚固点——一座岛屿和一座学术大楼

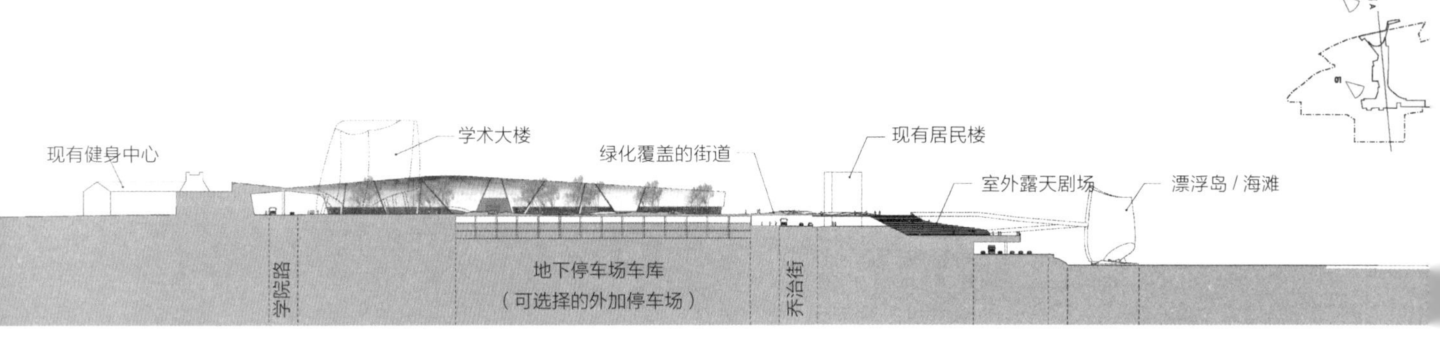

剖面图 A

结论

学院路校园总体规划　　美国，新布朗斯维克　　2006 年

竞赛要求一个能够给罗格斯大学提供认同感和地域归属感的设计。该设计不仅提供第一阶段的建筑，同时作为校园其余部分的发展基石。因此，第一阶段设计为将来的扩建做了铺垫，使校园可以持续发展，并参与到连续性的基础性建设中。

项目八：东达令港开发 East Darling Harbour Development

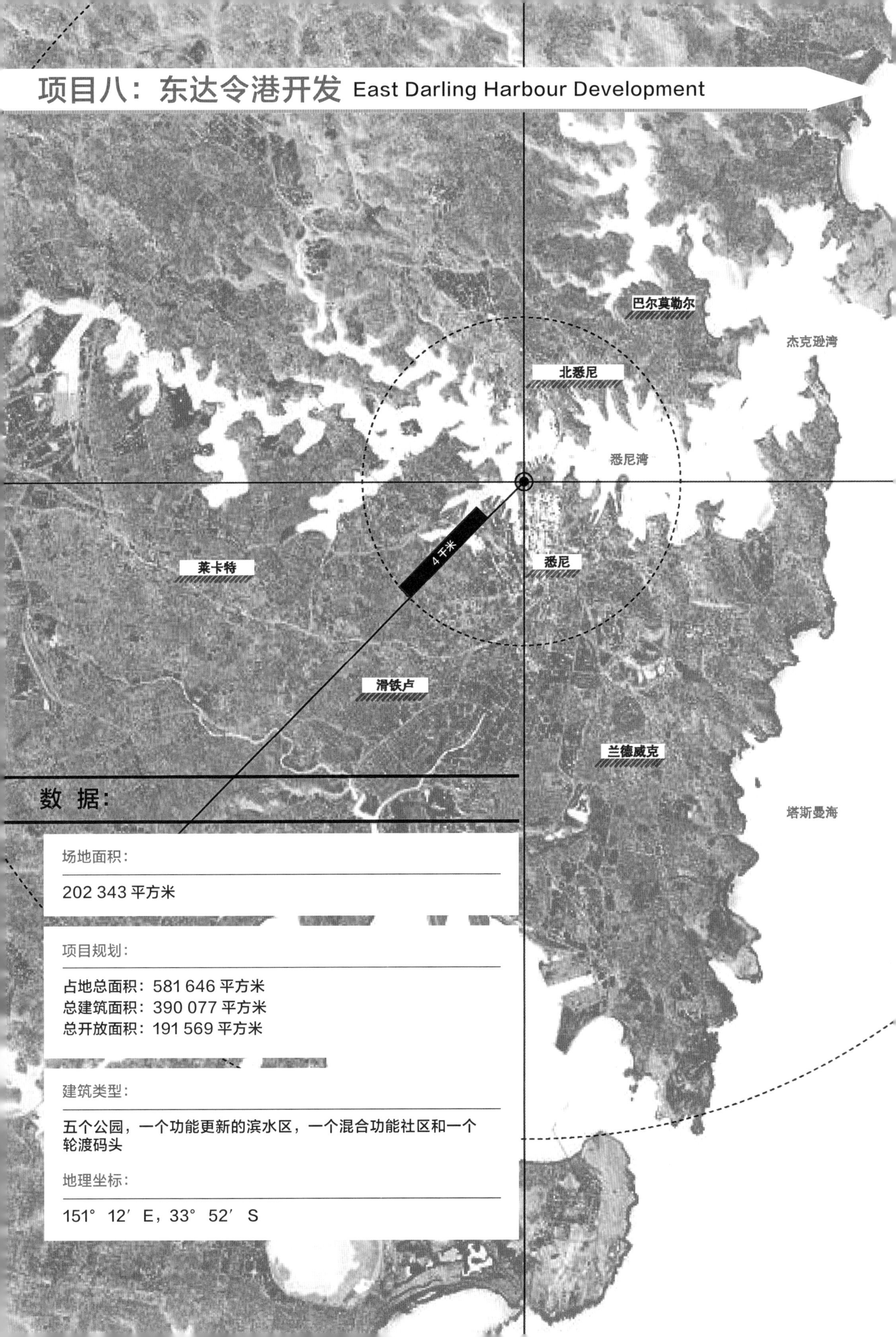

数 据：

场地面积：

202 343 平方米

项目规划：

占地总面积：581 646 平方米
总建筑面积：390 077 平方米
总开放面积：191 569 平方米

建筑类型：

五个公园，一个功能更新的滨水区，一个混合功能社区和一个轮渡码头

地理坐标：

151° 12′ E，33° 52′ S

重新定义滨海码头，最大限度地提高滨海区的通达性

东达令港开发是对现有约 1.6 千米长的废弃滨海区进行重新开发，将其转化为城市的宜人地区。旨在将货运码头转化成公园和混合功能居住区，该方案重新设计了一条很长的人行道作为统一而醒目的滨水步道。场地的设计充分考虑与周边环境相协调（场地东边为低层住宅，南边为高密度商业塔楼），新旧完美结合，同时也把城市延伸到海边。

为了增加悉尼中心商贸区和滨海地区的联系，该方案通过打开海岸线的一系列缺口把达令港牵引到场地中来，并把陆地和海洋的生态紧密穿插在一起。指状的建筑延伸至水边，在造型上打破了单调的线性空间，形成公共领域，保护了相对私密的室外空间，同时也协调和解决了市中心和海岸线之间的立面高差。

这些基于场地条件的设计手法最终将城市边缘地区转化成可渗透的复兴区域，使之重新成为悉尼滨海区的大门。

场地现状

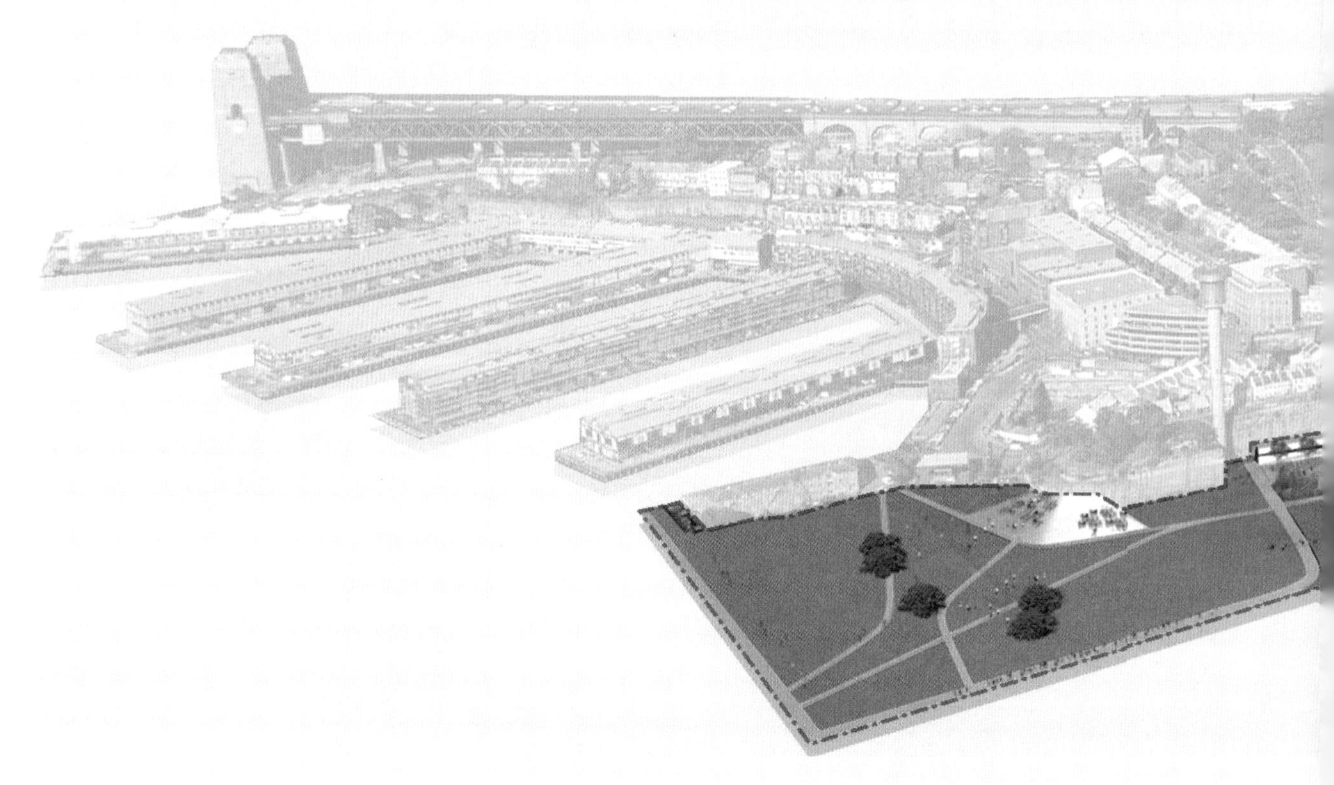

悉尼歌剧院

沃尔什湾鸟瞰图

东达令港鸟瞰图

多孔的边缘

悉尼歌剧院奠定了悉尼的滨海形象，同时也把悉尼塑造成一个世界文化之都。尽管前滩地区一派繁荣，悉尼中心城区却被割裂在港口的 1.6 千米之外。项目源于新南威尔士州政府承办的一个竞赛，这个复兴计划无疑是悉尼港 21 世纪以来第一次重要的改造。

方案的场地是一个填海区，自从 20 世纪 60 年代以来一直是集装箱港口。[01] 是否有可能将港口恢复到工业化之前更为自然的状态？目前，场地被夹在沃尔什湾和国王街码头两个绅士化的区域之间。能否把这两个地区黏合成一个完整的海岸线走廊，同时加强现有码头的网络结构而不是重建一个没有本土特色的码头？怎样才能重新定义这个城市边缘，使其从一个工业废地转化成与城市密切相关的有用空间？

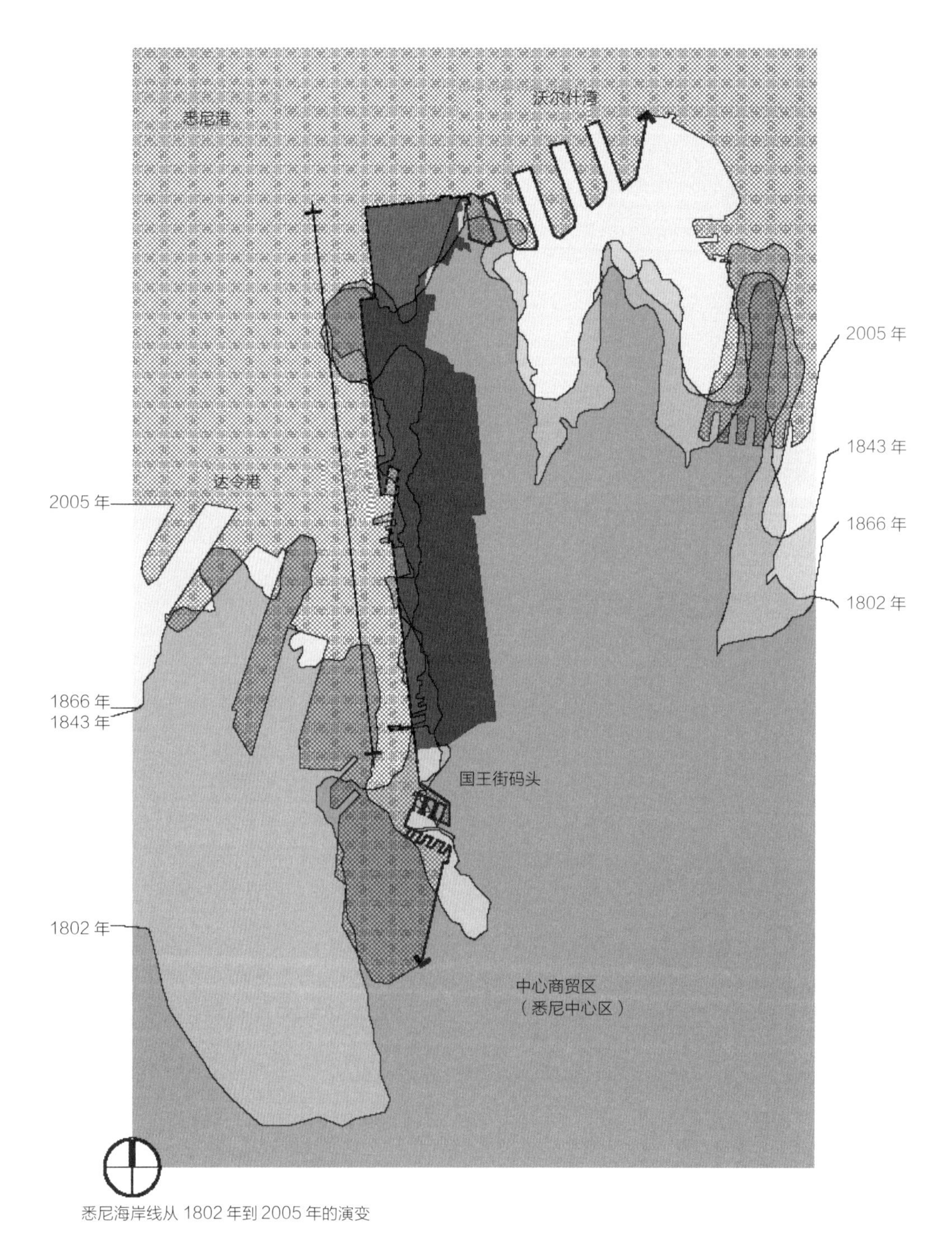

悉尼海岸线从 1802 年到 2005 年的演变

01：自 19 世纪 40 年代中期以来，该场地一直是货运码头，有一系列精致的指状码头嵌在港口边上。直到 20 世纪 60 年代，场地被填满沙石和混凝土，成为集装箱港口。

重新连接城市及滨海地区

悉尼的海岸线除了皇家植物园以外都是硬质粗糙的，这是历史上工业用地的残留；大部分海岸——也包括该场地——都被混凝土包裹。场地毗邻悉尼中心商贸区的西边，为填海而成的黄金房地产地段：其面积和地理优势很有可能把相当一部分海岸线恢复为更加自然的状态。该场地紧邻城市中心区，复兴计划可以把商贸区逐渐延伸至滨海区，吸引工薪阶层和游客等，使场地成为一个重要的目的地。因此，这个场地的定位是休闲娱乐区，与城市东边的皇家植物园在文化氛围上相呼应。[02]

设计的主要挑战是约 15 米的区域高差将场地与周围街区以及希克森大街隔断。为了把城市和滨海区紧密相连，设计方案必须解决这些高差和隔断问题。

重新定义港口的重要性

近代以来，由于该场地单一进行海上贸易和商业，致使该场地与城市隔绝。[03] 东达令港开发项目将城市和港口重新缝合，并重新建立起一度被隔断的空间、交通和文化上的联系。

悉尼城市功能项目

1	皇家植物园	14	滑铁卢公园
2	海德公园	15	悉尼歌剧院
3	坦博尔隆公园	16	悉尼游客中心
4	温特沃斯公园	17	悉尼天文台
5	拜森泰尼亚尔公园	18	现代艺术博物馆
6	维多利亚公园	19	海关
7	阿尔弗雷德王子公园	20	司法与警察博物馆
8	摩尔公园	21	悉尼博物馆
9	雷德芬公园	22	新南威尔士州立图书馆
10	摩尔高尔夫球场	23	新南威尔士州立美术馆
11	亚历山大公园	24	安扎克战争纪念馆
12	百年纪念公园	25	首都剧场
13	坎珀当公园	26	悉尼港大桥

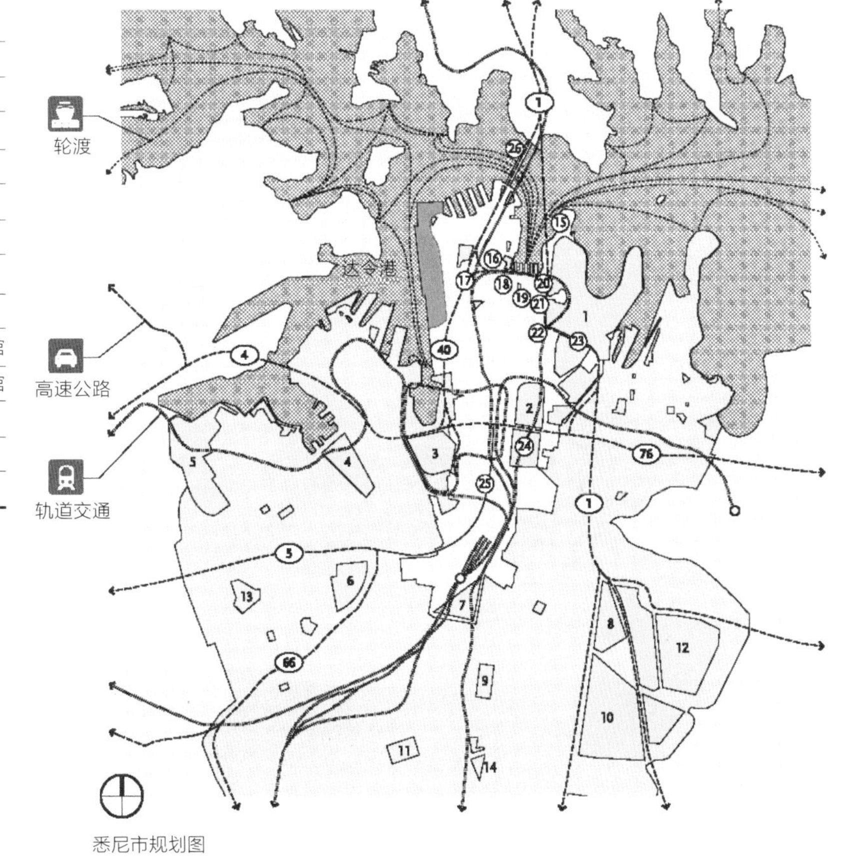

悉尼市规划图

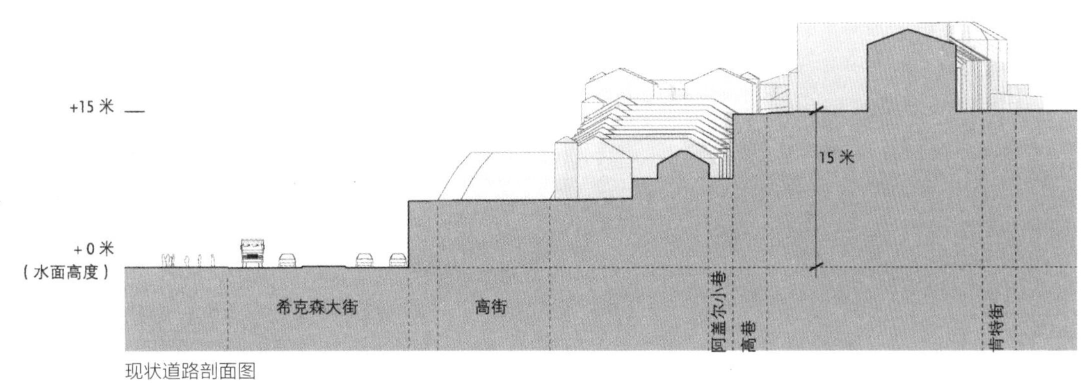

现状道路剖面图

02：皇家植物园是城市的东部边界，它是悉尼三个主要对外开放的植物园中最大的一个。

03：为了最大限度提高场地通达性，场地内将使用多种交通方式，类似于东北部的环形码头（Circular Quay），一个大型交通枢纽，包括轮渡、火车、公交等。

东达令港开发项目方案
北悉尼
悉尼港
沃尔什湾
达令港
东巴尔梅恩
莱卡特
布莱克沃特湾
皮尔蒙特
国王街码头
米勒斯角
岩石区
悉尼市中心
悉尼港大桥
悉尼港海底隧道
悉尼歌剧院
皇家植物园
莎莉山
国王十字区
波茨角

一个由五个公园组成的系统，每个公园都有其独特的风格和特定的密度

该方案通过创造绿色空间的手法把场地转化成适合居住和游览的胜地。由于景观是主要设计元素，建筑仅占场地面积的 7%。为了满足甚至超过方案要求，项目或掩映在绿色屋顶下或被设置在场地西部和南部边缘。项目的精心安排使密度和开放空间同时得到了增加。

其余 93% 的场地面积是一个巨大的绿色广场，被分成五个风格迥异的公园，拥有良好的通达性和人性尺度，每个公园都会结合社区项目打造。比如，城市公园是比较都市化的，配有野餐桌和球场；半岛公园在最北端，有大片绿地，可以组织大型活动或者供人们欣赏景色和休憩。这些公园形成了一个具有重要价值的系统。

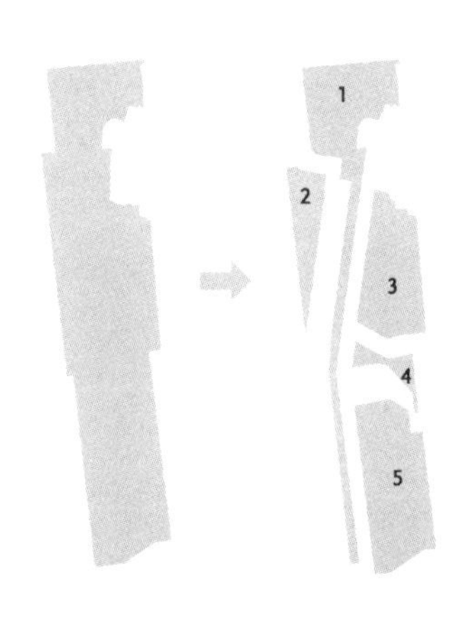

场地规划

1 半岛公园

位于场地最北端，一个大型市民圆形剧场分成三个区域：表演台，用于聚会的草坪以及连接城市和高架的高架公园的楼梯。这个区域专为市民活动设计，包括大型聚会、节日以及庆祝活动等。码头的西面是一个大型的商业区和节庆广场。

2 散步公园

该公园利用了填海前滩区域的步道系统，还包括很多亲水设施。

3 高架公园

这是一个高架的公园，主要是为米勒斯角的社区使用，包括公共游泳池、多功能运动场、社区游乐场以及花园供欣赏和休憩。高架的私人住宅院落被包围在带状居民楼之间，包括专供居民使用的游泳池和阳光露台。提供酒店服务的公寓公园位于高架公园的最南端，包括游泳池、阳光露台和亚热带花园。

4 基座公园

栽培园艺的花园，与米勒斯角社区相连。

5 城市公园

城市公园位于最南端，它连接商业建筑，与国王街码头的零售类似。它为参观者、工作者和居民提供了交替的节奏，在运动和休闲之间转换。东西向的带状区域包括湿地、运动娱乐活动设施，休闲花园，以及可组织体育和其他活动的多功能场地。

93% 开放面积

三个影响范围：对周围环境的回应

场地中的建筑与周围环境紧密关联，由三个区域构成：中心商贸区、米勒斯角、前滩。[04] 新建筑与周围环境进行对话的同时，把城市肌理延伸到滨海区，这样也就重新将悉尼市中心和城市最东端联系起来。

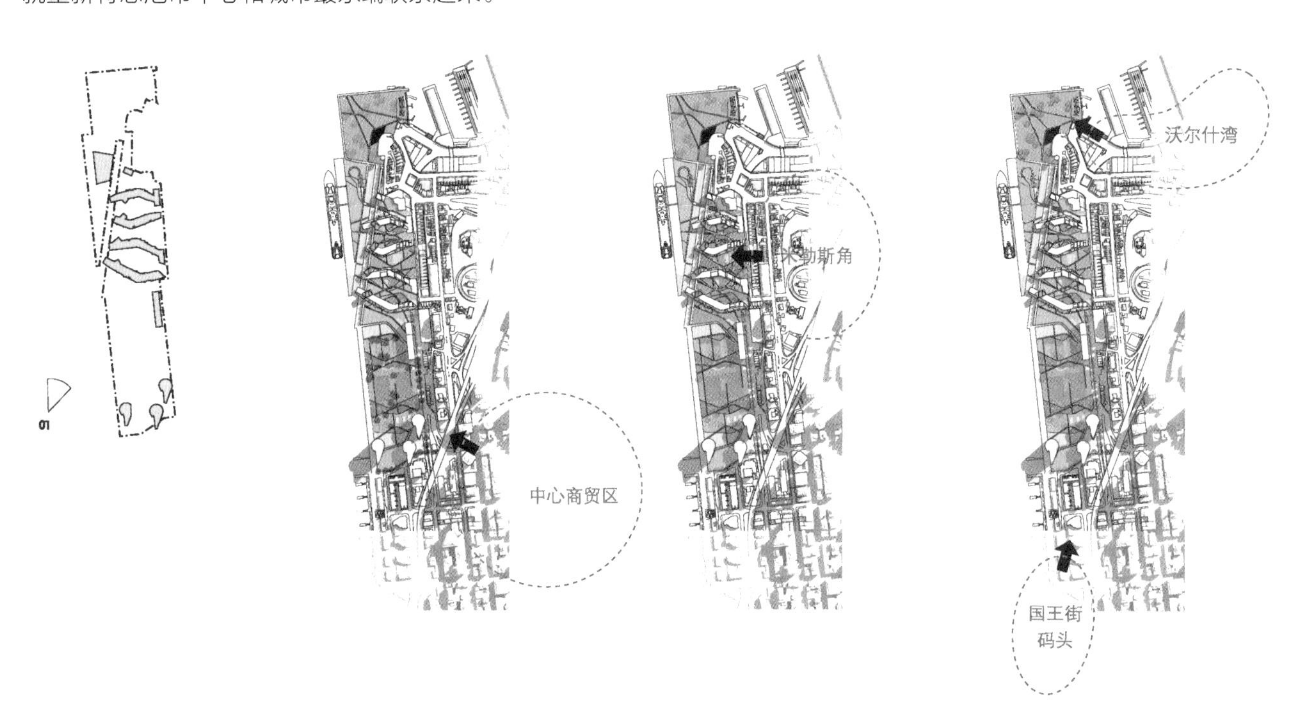

视图 01

04：位于场地东南方向的中心商贸区是一个成熟的商业区，主要为中层和高层建筑；米勒斯角是包括很多社区的居住区，最初兴建是作为支持码头商业的生活区；前滩是场地的边缘地带，这里有码头、船坞，以及滨海走廊。

混合类型学

方案中的建筑是根据场地的周围环境来决定的，形态上由外部因素（比如日照角度、景观等）塑造。传统的建筑类型被混合、交织和侵蚀，形成新的综合形式。比如位于场地东边的四个带状居民楼结合自然、城市和滨海景观构成了手指型的条状形状，其高度和东边的街区相协调，随着建筑体量向水边延伸，建筑形式逐渐转化成塔形，以提供更好的滨海景观。

为了使场地内建筑的形态和规模与毗邻的中心商务区相协调，主要商业空间集中在场地南端的高层塔楼周边。三个办公塔楼——分别为 32 层、17 层和 26 层——首层为商业空间，其他层为办公空间。

视图 01：向西朝达令港看

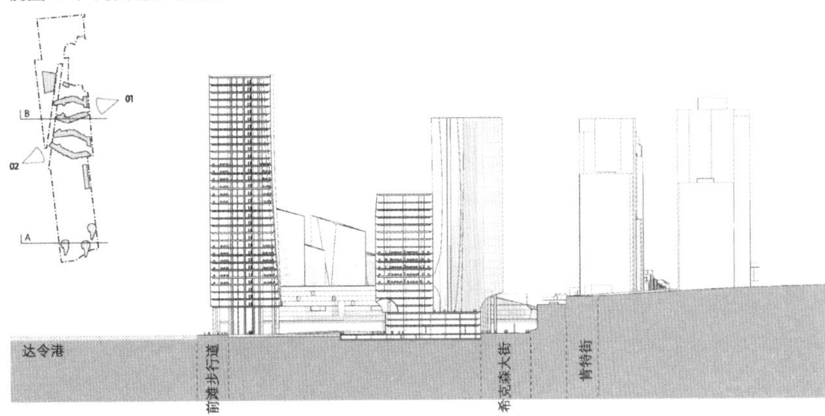

剖面图 A：穿过塔楼

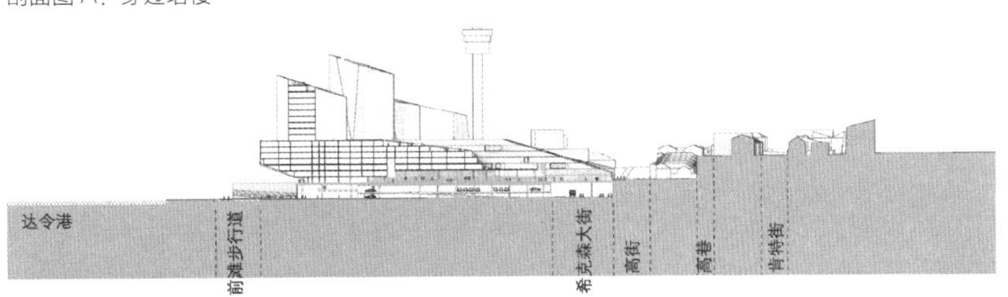

剖面图 B：穿过一个带状建筑

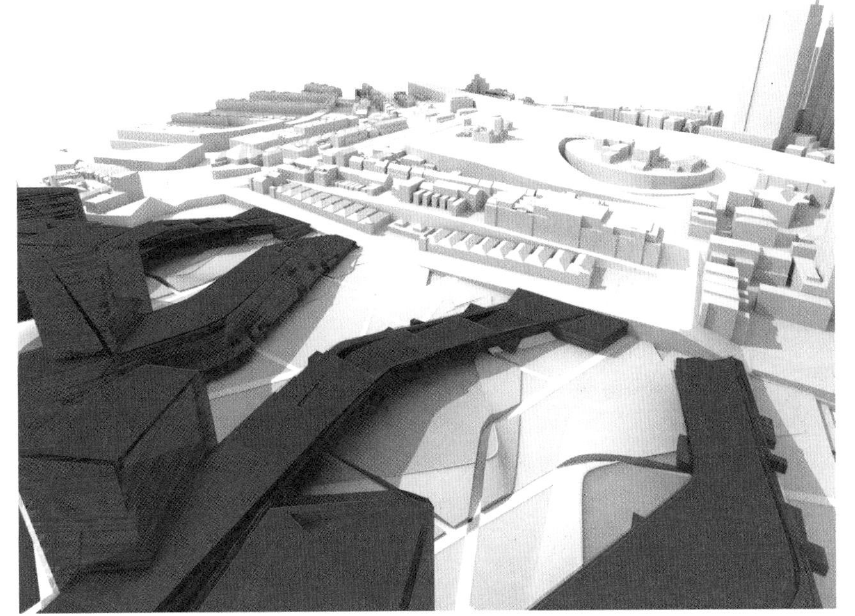

视图 02：朝米勒斯角居住区看

过渡和互动：混合形态的结果和机遇

景观作为可塑的过渡工具，解决和利用了场地东边的立面高差，并重建了城市中心和滨海地区的步行联系。一个绿色基座坡道从水面向上升起连接至米勒斯角，覆盖了希克森大街和底层的商业、停车和零售空间。希克森大街两侧也增加了丰富的商业空间，把这条主要的交通干道转化为一个目的地。利用景观把场地完美地打造成统一和高通达性的便利设施区域。景观在建筑中交织、穿过和环绕来塑造建筑形态或本身被周围环境所塑造。

舞动的交通流线使连接最大化

城市和场地之间的平滑过渡可以为人们午餐时段访客、去往农贸市场，或周末沿着步行道散步提供便利。场地的步行道连接现有的国王街码头和沃尔什湾步道，形成了一个连续的前滩步道系统，各种通达方式将吸引大量游客来到此处，从而保证这里的商业、零售、休闲娱乐设施收益。

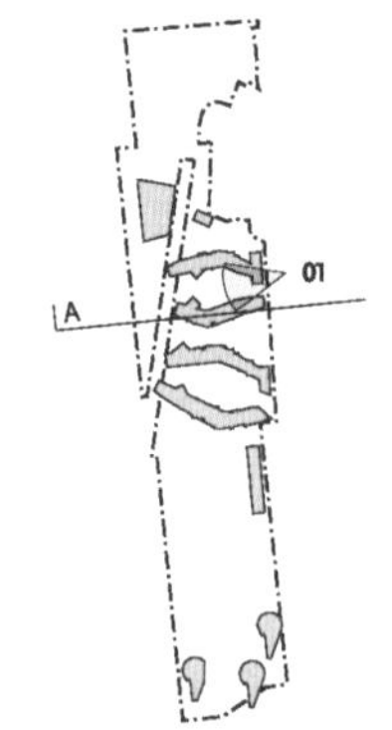

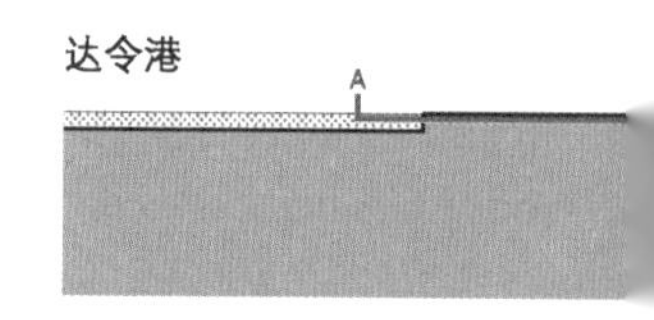

视图 01：在带状建筑间朝港口看

视图 02：沿着步行街向东看

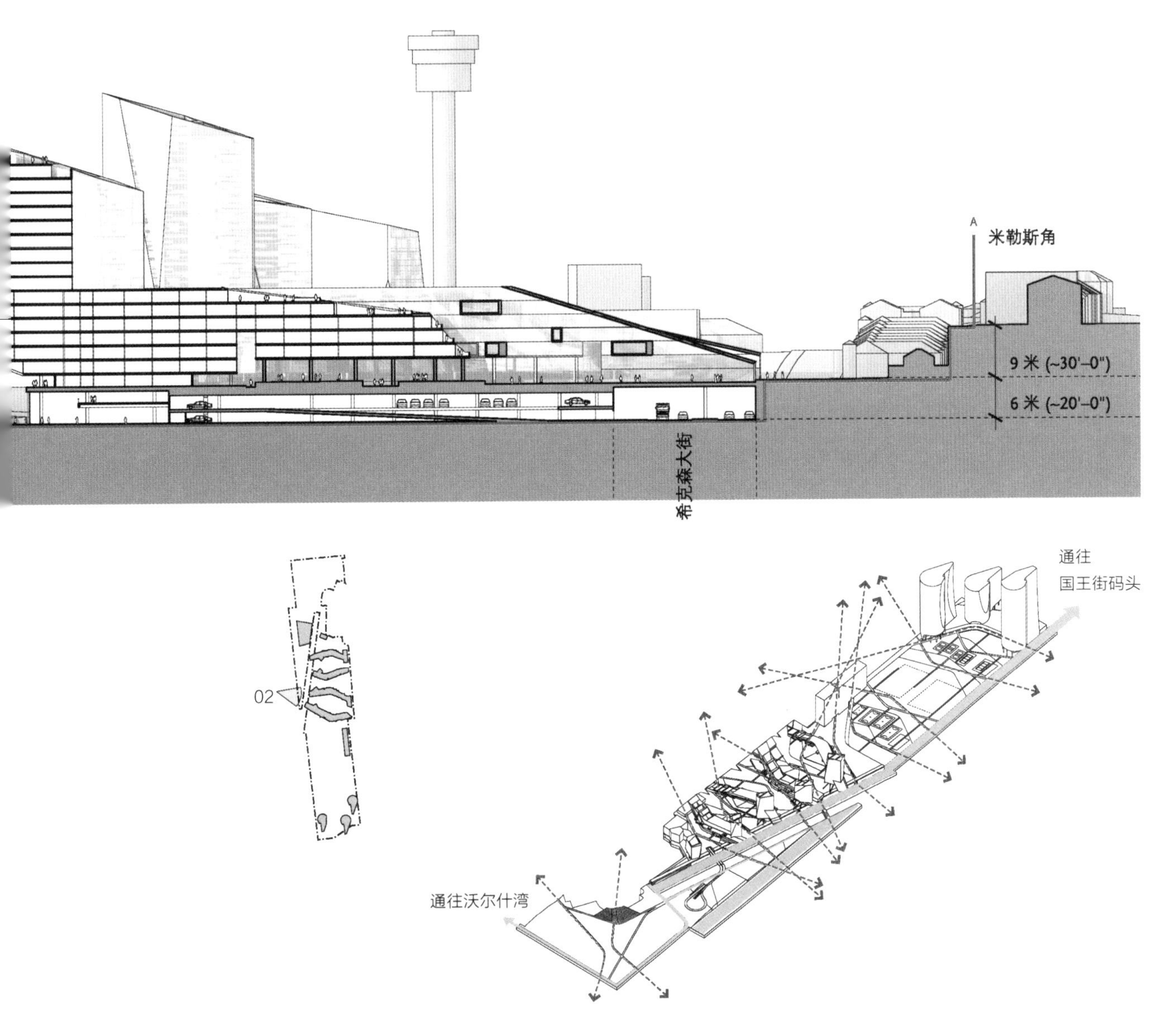

A
米勒斯角
9 米 (~30'-0")
6 米 (~20'-0")
希克森大街
02
通往
国王街码头
通往沃尔什湾

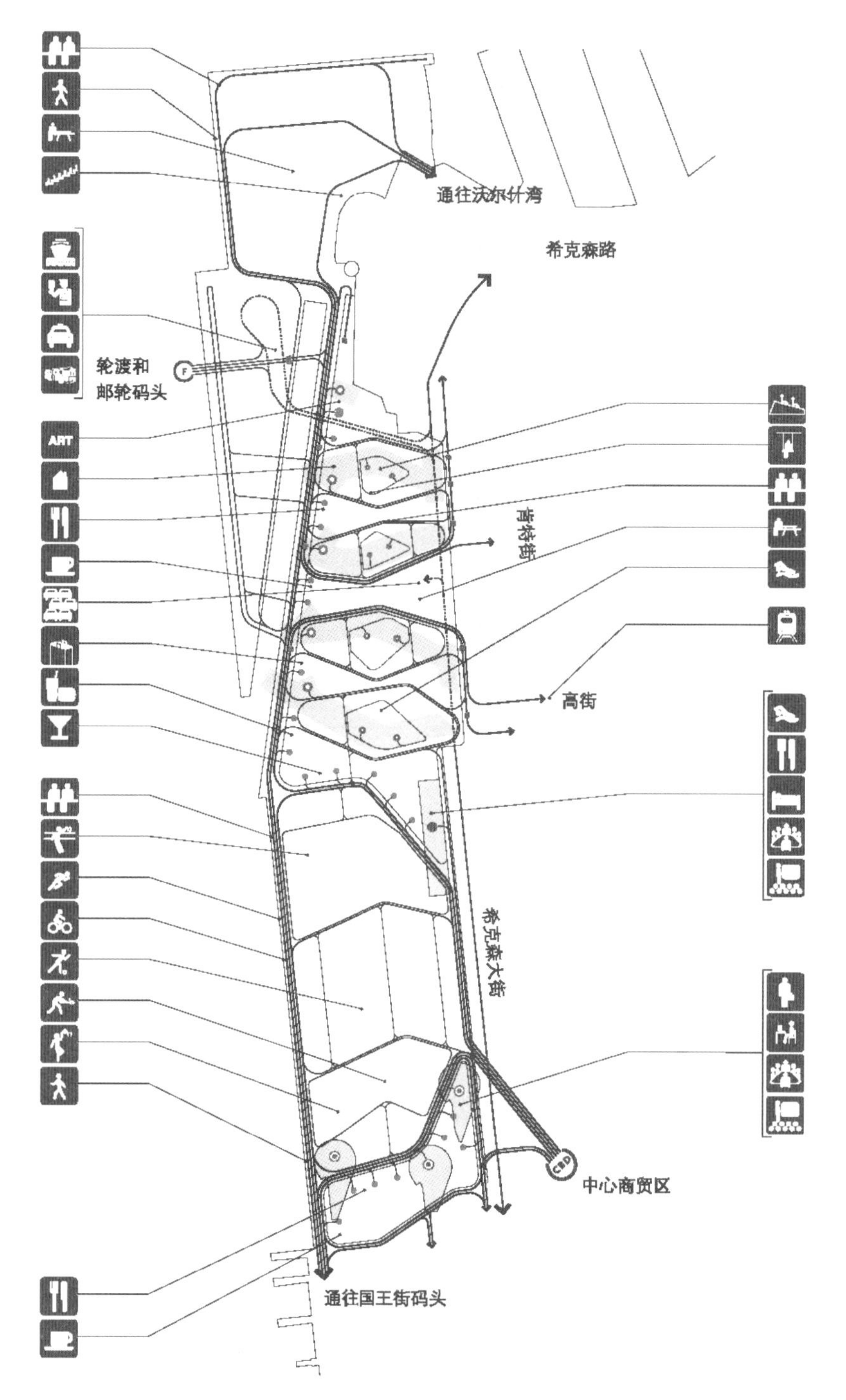

基础设施

1　步行道

步行道延伸至城市中心和现有前滩步道，形成一个连续的滨水步道系统。

2　停车场

商业停车场位于南端三座塔楼的地下。居住区停车场位于绿色基座坡道和四座带状建筑的地下，在希克森大街有出入口。

3　自行车道

自行车道与现有道路相连。

4　轻轨

轻轨系统沿着希克森大街。

5　轮渡和邮轮

在北端有一个扩建的港口和客运码头，在南端靠近国王街码头有一个小型的轮渡站。

6　公共汽车

为旅游客船终点站而设的公共汽车以及长途车站可以由希克森路进入。

7　出租车

出租车候车站位于商业建筑的底层，沿着希克森大街。

塑造空间和通道：场地既作为连接点也作为终点

连接周围街区和滨海区的行人通道通过高架建筑进一步加强，因此游客无论是在穿过或绕行建筑时都可以欣赏到水景。带状建筑蜿蜒穿过场地，划定了公共、半公共以及私密空间，有机地包围出公园，并由斜坡、小径、栅栏划出庭院，把相对隐蔽的区域和公共通道分开。没有严格的界限，生活、工作及娱乐区有机地交织在一起，有时重叠，有时有意地被分开而形成与运动和休闲、室内和室外、公共和私密之间的交流和互动。

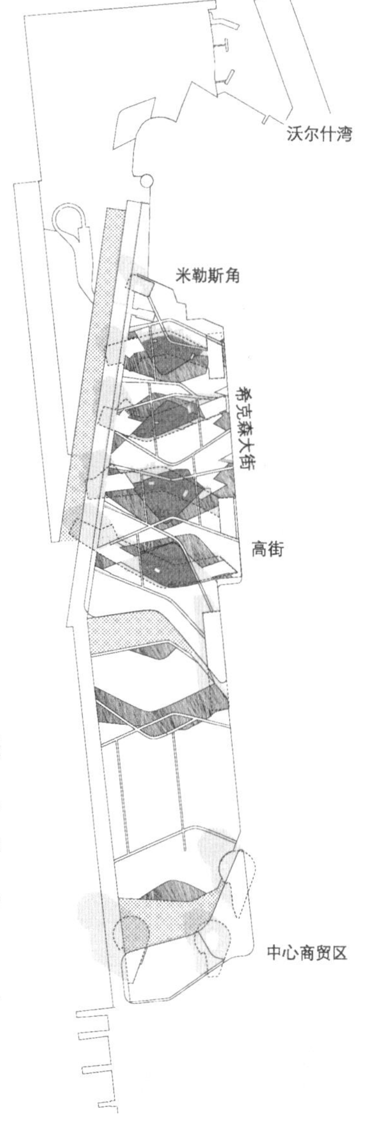

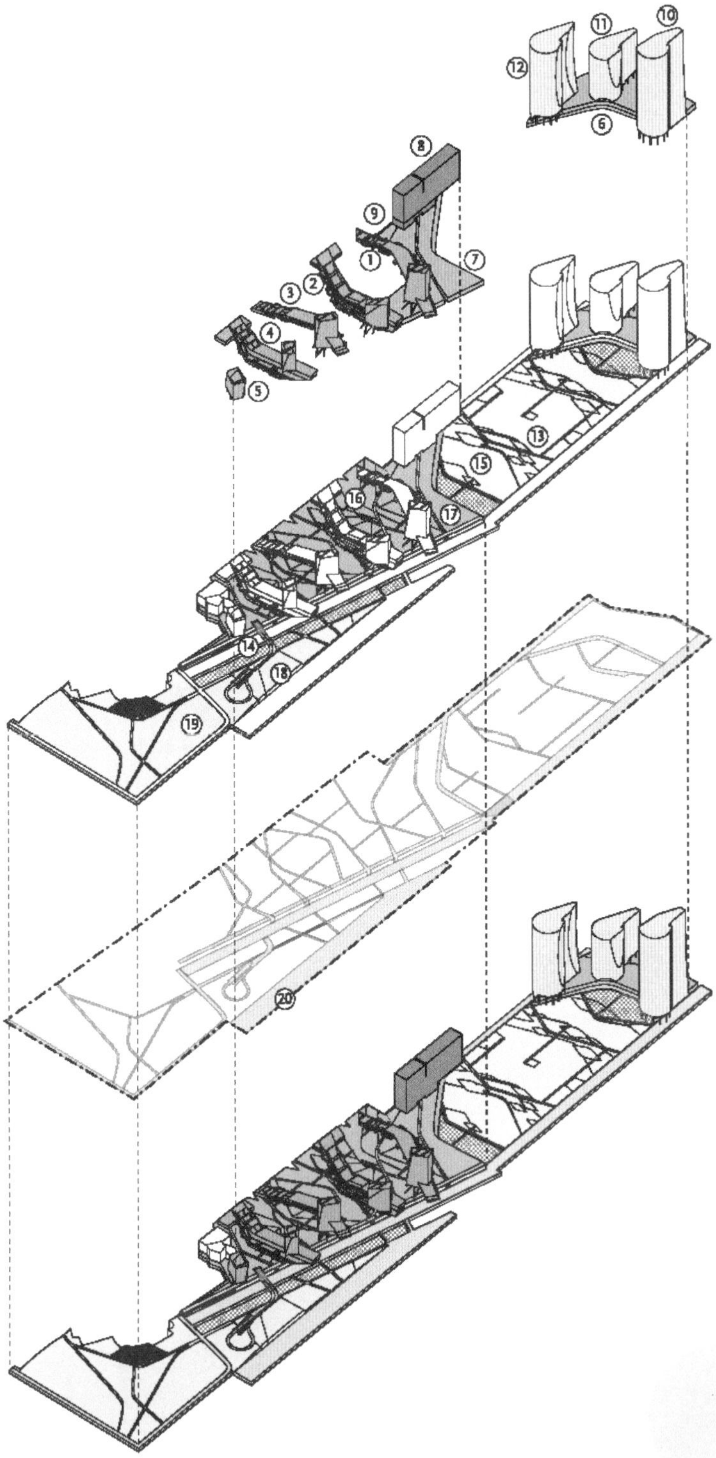

面积分布

住宅	**85 173 平方米**
1 带状住宅	28 493 平方米
2 带状住宅	15 403 平方米
3 带状住宅	19 327 平方米
4 带状住宅	16 750 平方米
5 居住塔楼	5 200 平方米
商业	**52 300 平方米**
6 底座商业区	41 800 平方米
7 底座商业区	10 500 平方米
酒店和服务	**50 000 平方米**
8 酒店	36 500 平方米
9 服务	13 500 平方米
办公	**139 854 平方米**
10 办公塔楼	59 239 平方米
11 办公塔楼	32 395 平方米
12 办公塔楼	48 220 平方米
绿色空间	**191 569 平方米**
13 城市公园	45 000 平方米
14 休闲水道	15 500 平方米
15 酒店景观	11 100 平方米
16 高架公园	38 744 平方米
17 基座公园	14 000 平方米
18 散步公园	31 225 平方米
19 半岛公园	36 000 平方米
基础设施	**62 750 平方米**
20 终点站	5 000 平方米
停车场	57 750 平方米

总建筑面积：390 077 平方米

总开放面积：191 569 平方米

总用地面积：206 000 平方米

93% 开放面积

码头资产的过滤器

场地边界不只是被翻修，还将被重新定义。为了打破现有海堤的直线性，在建筑向外延伸的同时，一条运河和两块原生湿地被引入场地，在视觉上、空间上以及策略上将水域、地形和建筑形态与错综交叉的场地紧密联系在一起。

一条步行道横贯整个场地衔接这些水边元素——通过过渡元素协调商业、公园和住宅混合功能区的高差变化——强化了城市和滨海区的联系。

场地形态交错图

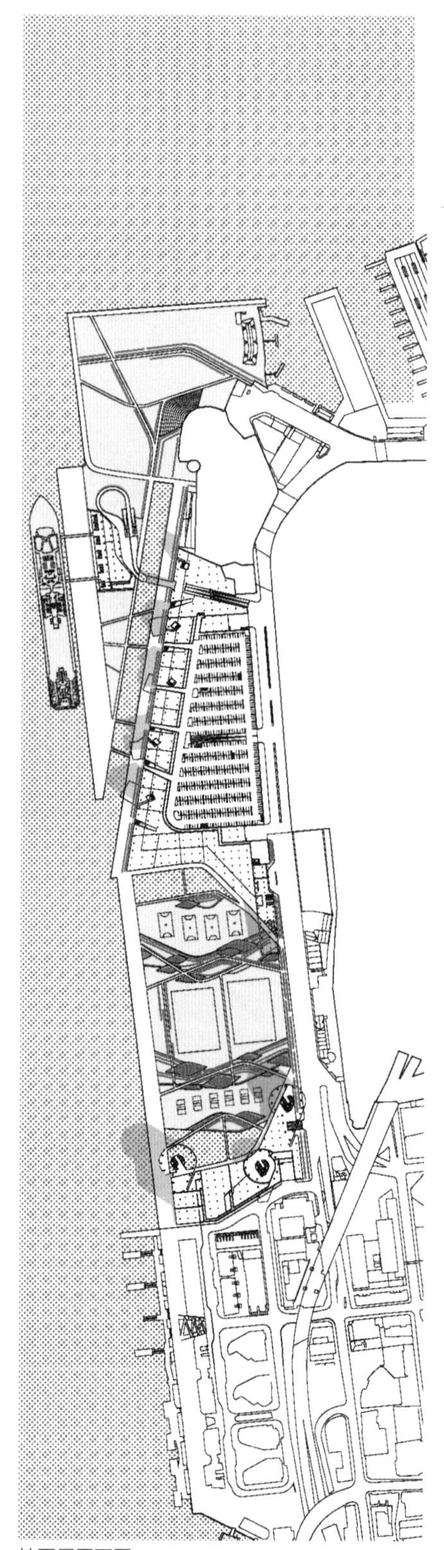

地面层平面图

私密空间

公共空间

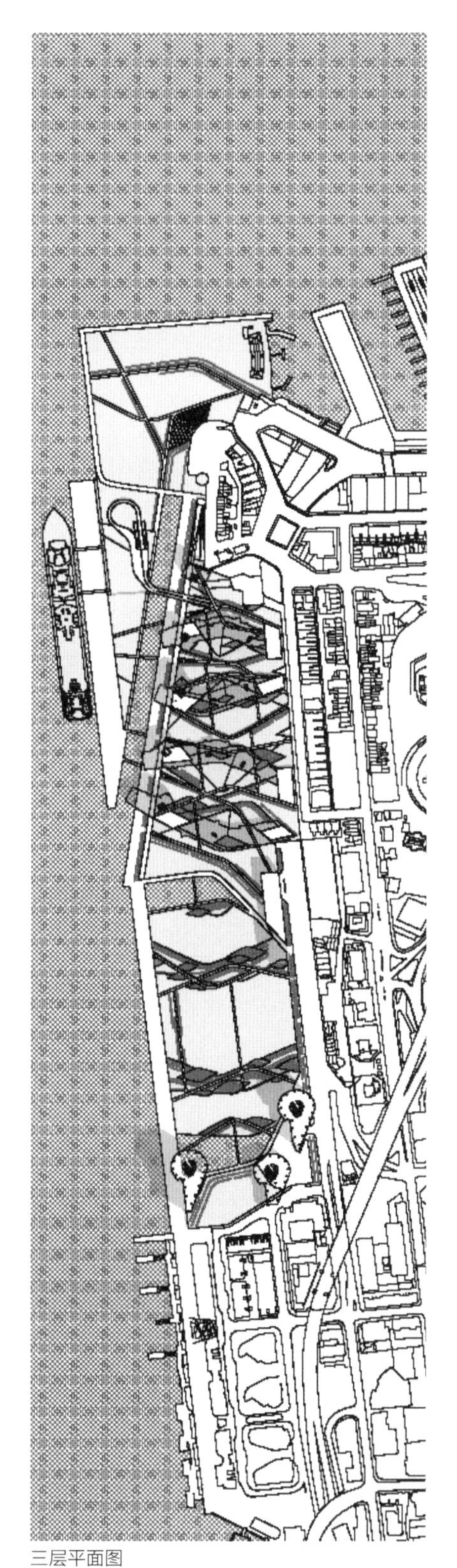

三层平面图

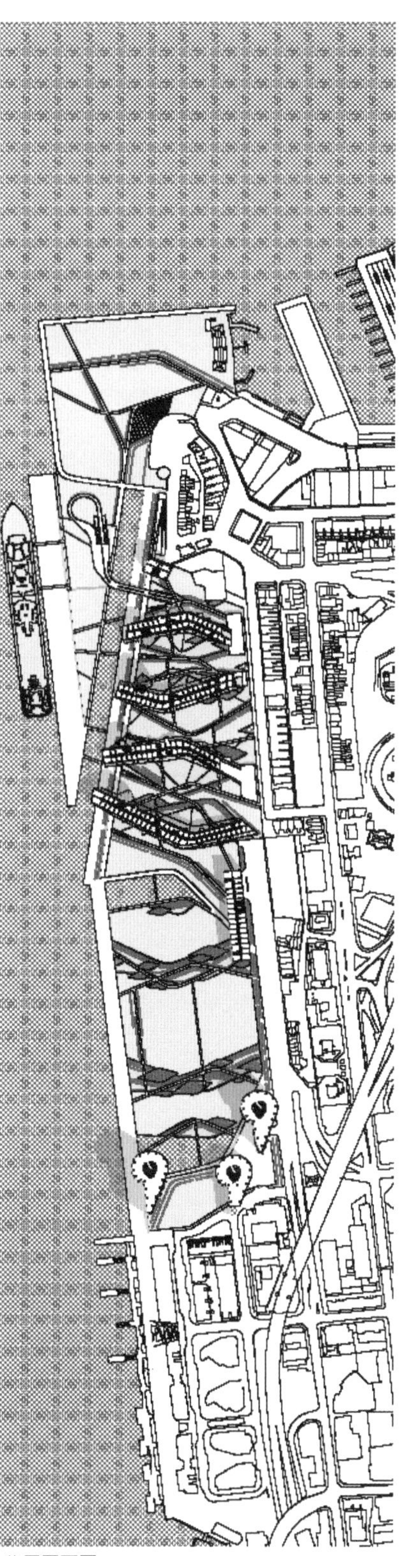

八层平面图

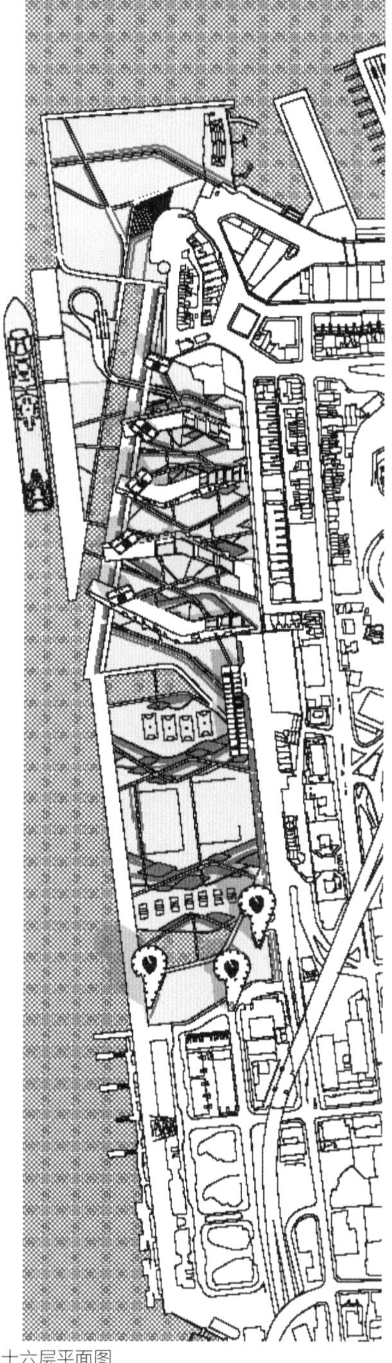

十六层平面图

分期开发的优势

对如此大面积区域进行城市开发需要分期和反复运作。确定设计参数，而不是细化解决方案能够确保更新的建筑符合整体城市设计概念，而不是远离这个概念。开发分四个阶段进行，这样可以使场地在发展的同时根据市场需要进行调整。阶段一首要任务是建立起场地与城市的联系，南部延伸到中心商贸区。阶段一开发产生的效益可以资助下一步的建设。

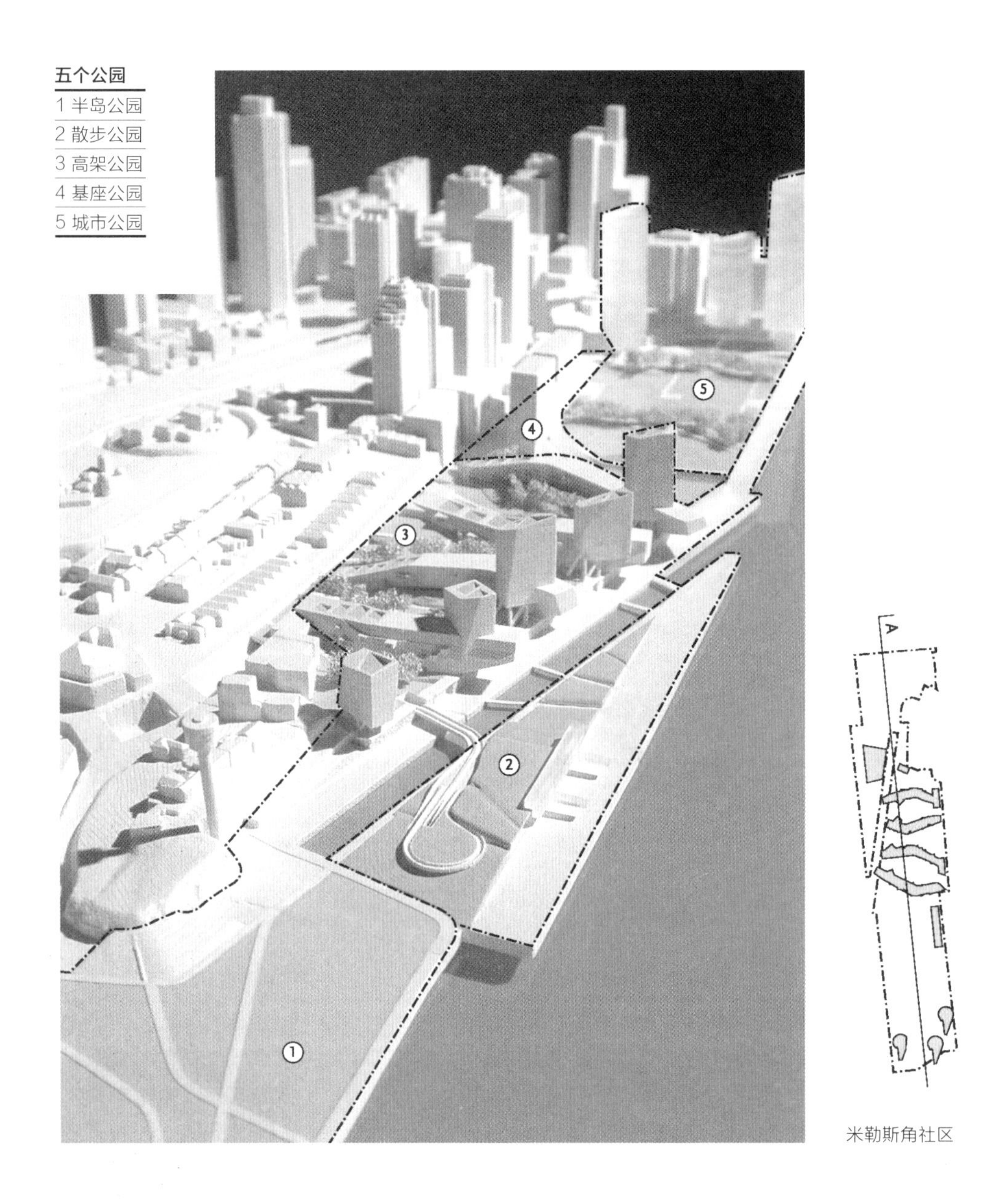

米勒斯角社区

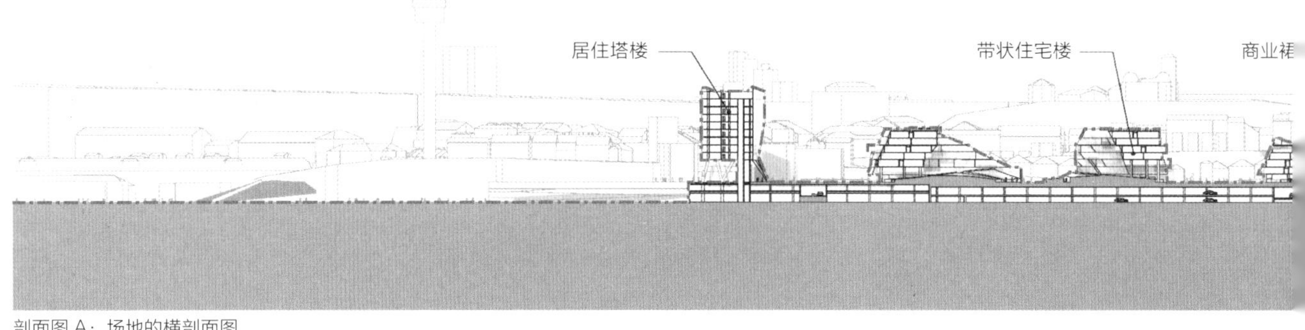

剖面图 A：场地的横剖面图

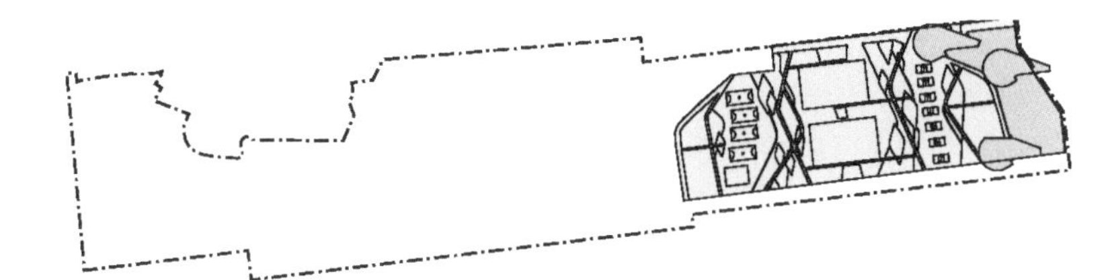

阶段一：城市区域（商业建筑 / 城市公园）

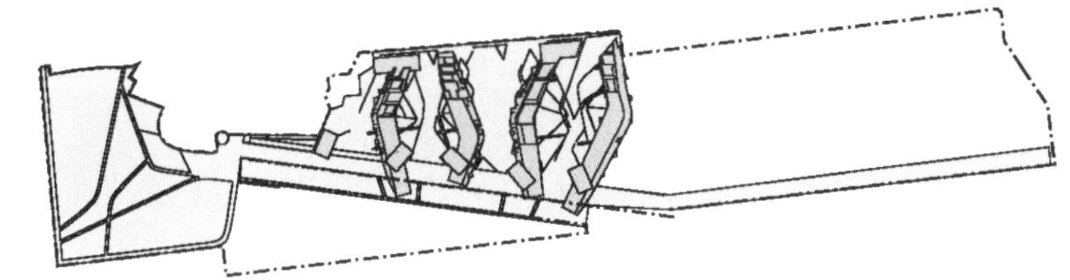

阶段二：客运站（步道公园 / 旅游客船终点站）

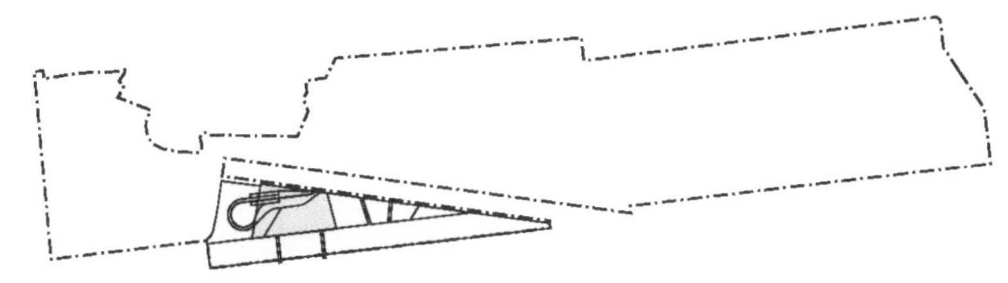

阶段三：住宅（居住建筑 / 高架公园 / 前滩港步行道 / 运河 / 半岛公园）

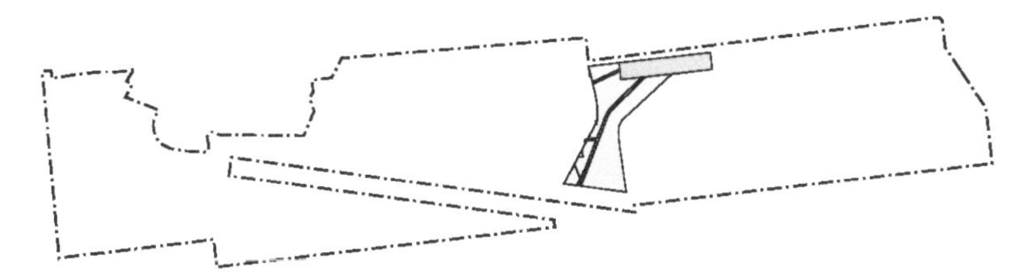

阶段四：旅游最点（游客住宿设施 / 基座公园）

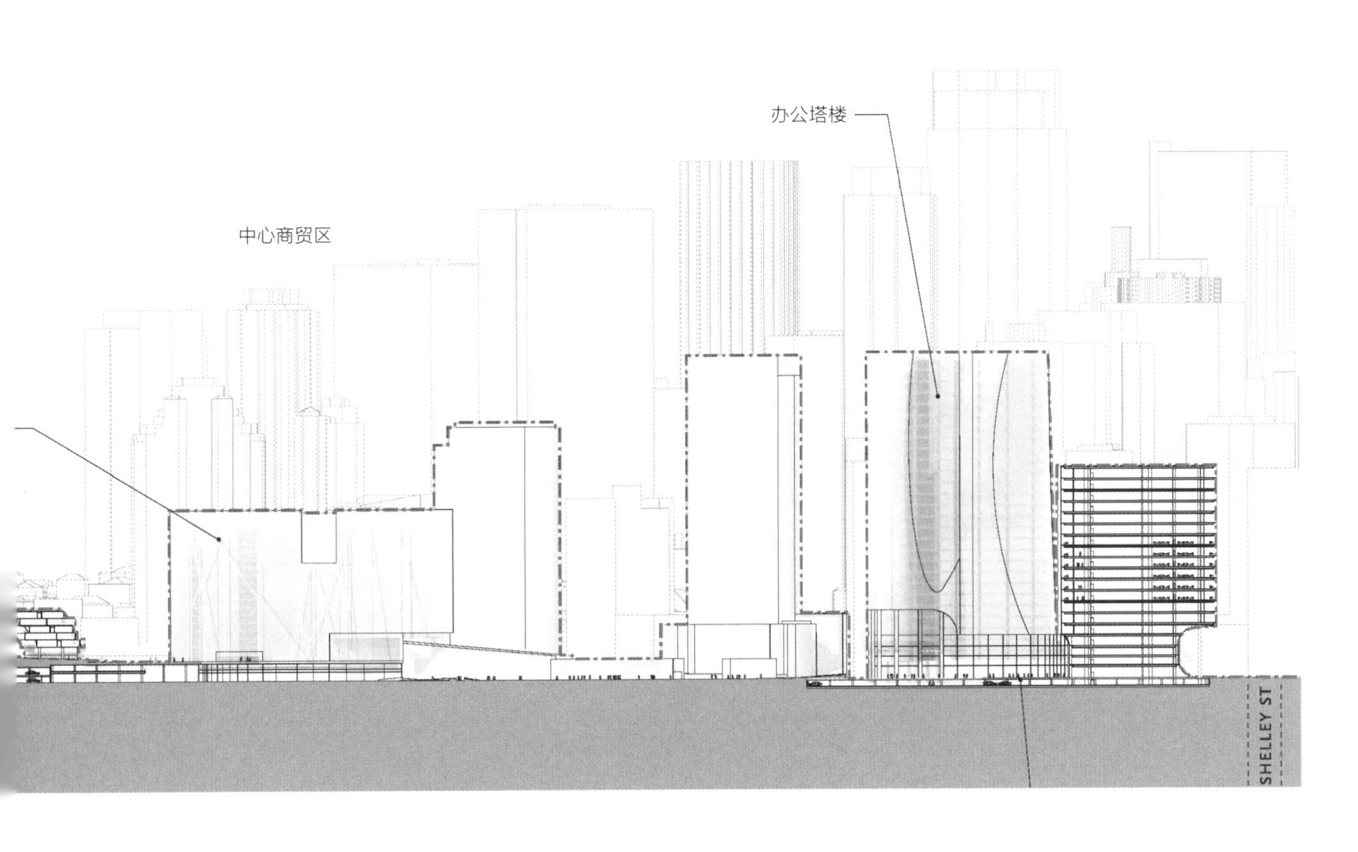

结论

东达令港开发　　澳大利亚，悉尼　　2006 年

东达令港长达 1.6 千米的复兴计划使悉尼居民和游客能够重新接触和享用这座城市最伟大的自然财富。

项目九：洛杉矶州立历史公园 Los Angeles State Historic Park

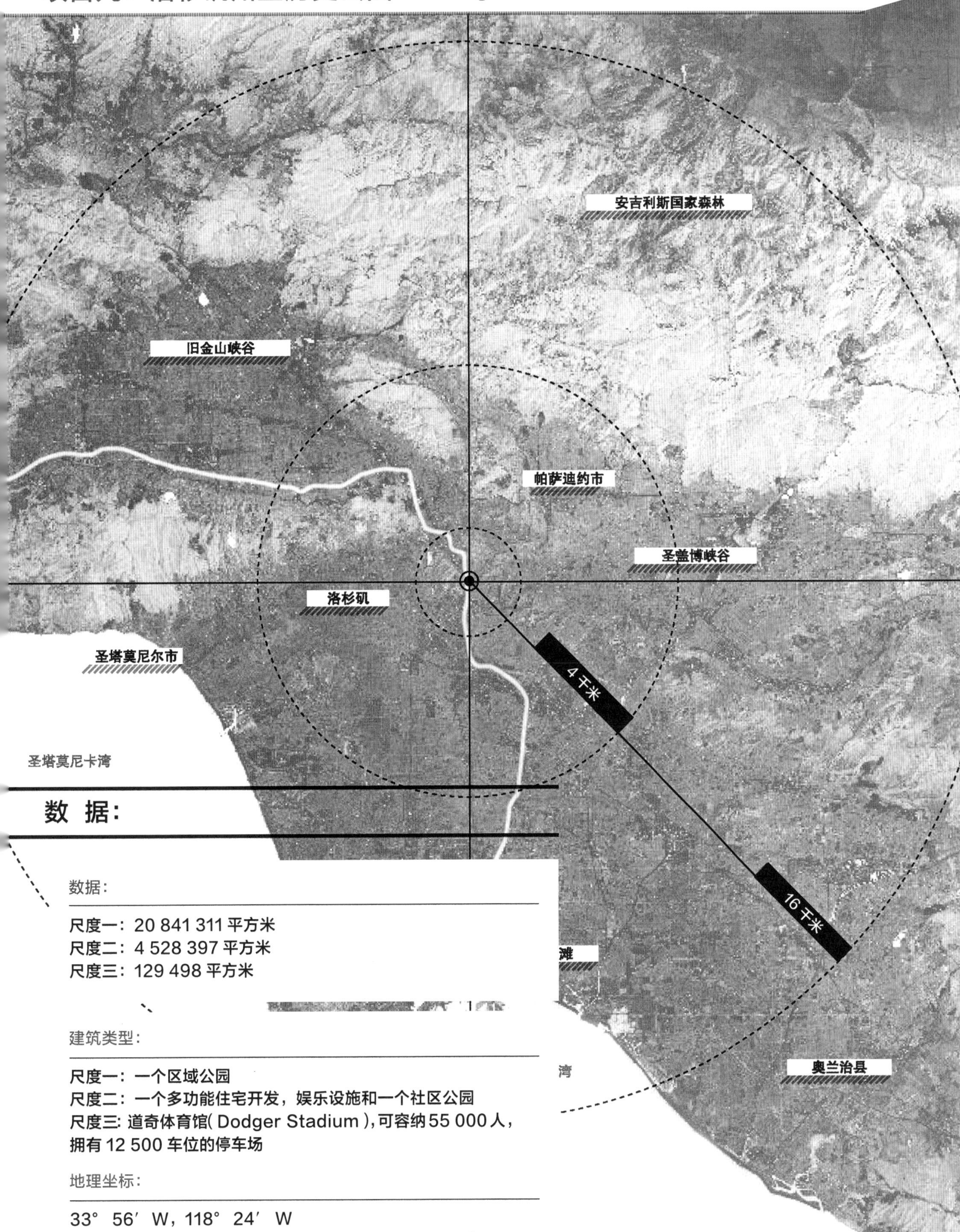

数　据：

数据：

尺度一：20 841 311 平方米
尺度二：4 528 397 平方米
尺度三：129 498 平方米

建筑类型：

尺度一：一个区域公园
尺度二：一个多功能住宅开发，娱乐设施和一个社区公园
尺度三：道奇体育馆(Dodger Stadium)，可容纳 55 000 人，拥有 12 500 车位的停车场

地理坐标：

33° 56′ W，118° 24′ W

通过扩张边界来重塑潜能

洛杉矶州立历史公园（玉米田）方案提出了一个新的方向，为场地未来的发展留有一定的空间。竞赛简要要求一个单一的公园设计。在寻找把该公园变成现实的方法中，我们关注对城市总体规划的背景因素实施大规模、战略性的重组，包括公共交通、一座新的体育馆、一个互相连接的公园并充分考虑其经济可行性。

现有的未充分开发的洛杉矶州立历史公园位于市政中心的附近，场地在建设公共绿地和组织文化强度上拥有巨大潜力。从大范围来看，其结果是一个标志性公园通过把洛杉矶河作为连接纽带将场地和一系列现有公园联系起来。从小范围来看则是一个互惠的土地交换：将现位于查韦斯溪谷（Chavez Ravine）的道奇体育馆（Dodger Stadium）换成一个项目完备的公园和住宅区。这个土地互换充分利用了体育馆的地理优势，临近市中心，坐落在地铁金线和查韦斯溪谷的新开发地点上，而且，从资本重组上获得的收入完全可以支持这个计划。

三个尺度的操作
尺度理解的转换：大尺度到小尺度的过程

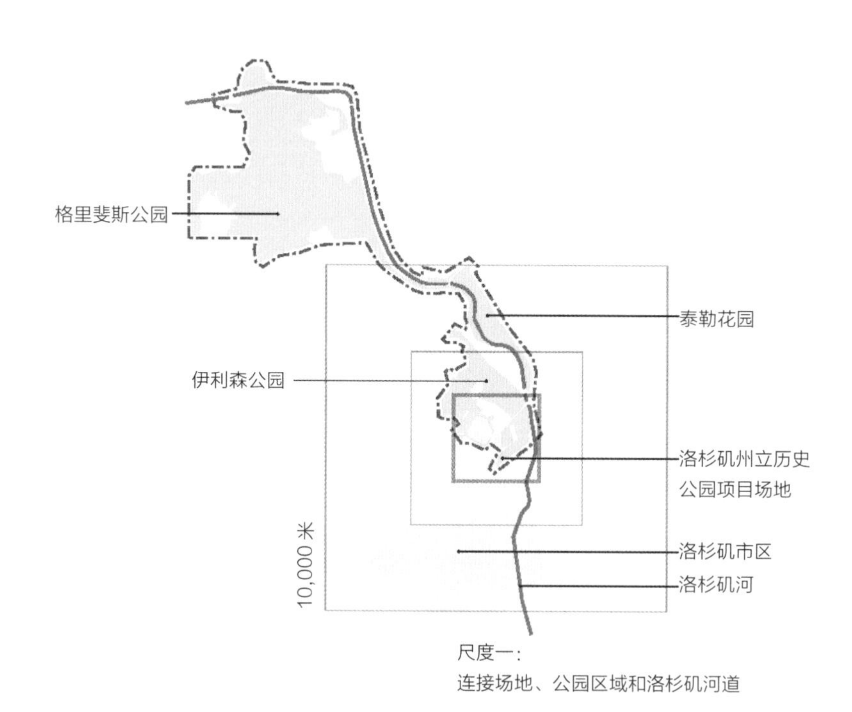

尺度一：
连接场地、公园区域和洛杉矶河道

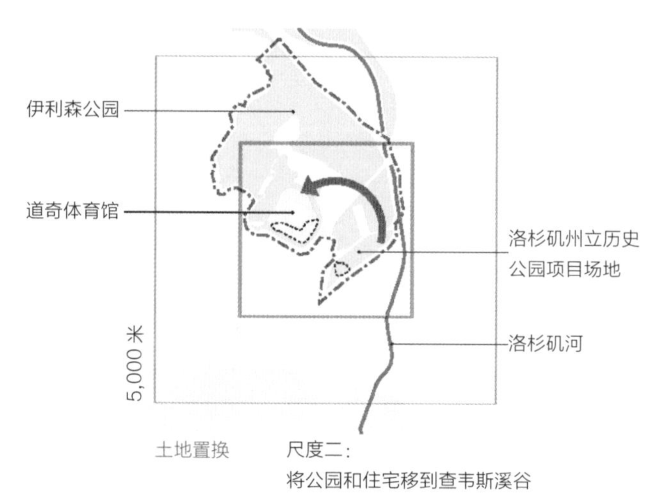

尺度二：
将公园和住宅移到查韦斯溪谷

一个切实可行的方案，一个真实空间的个案研究

洛杉矶州立历史公园场地是一个129 499平方米的地块，构成市中心和居民住宅区的边界，拥有丰富的文化历史和巨大的再开发潜力。[01] 竞赛简要要求在场地上设计一个公园。建筑师习惯于对一个场地进行常规策划，往往与土地获得、保障资金和项目建立的过程相脱离。通常在宏观决策作出之后，建筑师才进入项目，主要设计场地上的一些小元素构成如建筑

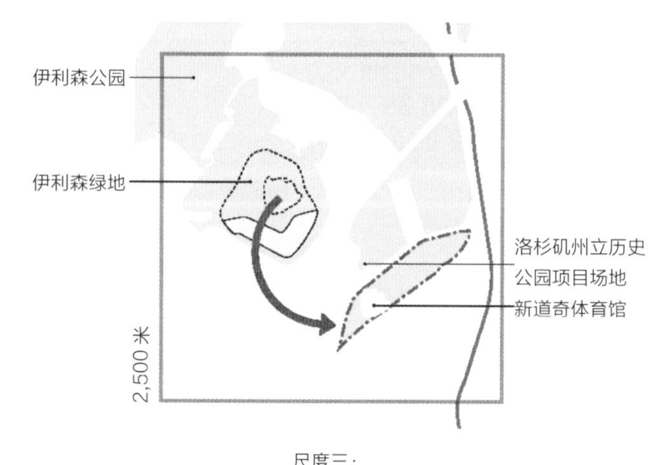

尺度三：
将道奇体育馆移到洛杉矶州立历史公园场地

物、椅凳和路径）。

该方案向建筑师的角色及其解决问题的固有观念提出质疑。我们对洛杉矶历史和发展的拓展研究被收录于《洛杉矶现状》[02]，使得我们可以在不同的场地和区域尺度中游刃有余，并且对微观变化中的宏观含义有更好的理解。在放大和缩小的转换中，可以预见洛杉矶州立历史公园成为现实最终面临的六个挑战：

1. 在洛杉矶，对配有指定娱乐活动设施的公共绿色空间的未满足的高需求。

2. 缺乏建立和长期维护公共公园的市政府和州政府的资助；每个新公园必须提供获得收入和自筹资金的现实手段。

3. 公众对恢复场地旁被混凝土围合并常年干涸的洛杉矶河抱有强烈愿望。

4. 市中心是一个未充分利用的城市核心，需要寻求项目来吸引居住人口。

5. 道奇体育馆在城市规划上是陈旧而孤立的；它坐落在查韦斯溪谷中，是开发建设住宅区的最佳地点。

6. 竞赛场地成为城市和公园之间的门户，公共交通便利，直接坐落在地铁金线上。

根据这些问题，该方案提供了一个符合周边情况的切实可行的解决方案。

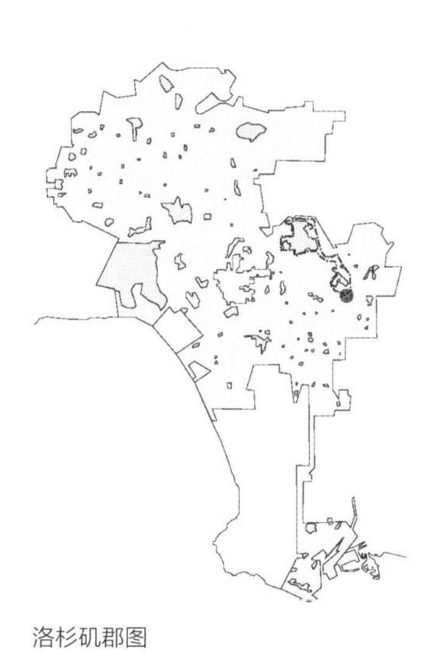

洛杉矶郡图

现有玉米田项目鸟瞰图

2003 至今场地为玉米田

1992-2000 年场地为棕色地带

20 世纪 20 年代到 1992 年场地为铁路站场

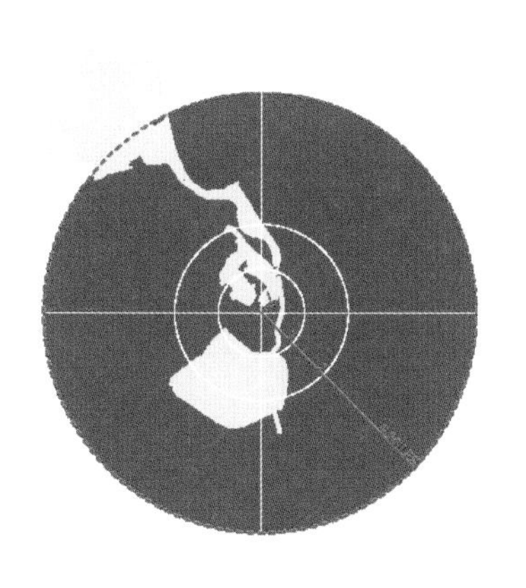

01：尽管场地占据中心位置，但与当前的大都市环境相脱离。场地作为市中心（西边）和查韦斯溪谷（东边）之间的门槛，正好位于洛杉矶河和阿鲁亚塞克河（Arroyo Seco）汇集之处的南边，此处为洛杉矶最多元化社区之一。由北斯布林街和北百老汇大街作为边界，场地坐落在市中心的心脏地带，步行即可去往市政中心和山下的查韦斯溪谷。

在一百多年间，这里曾是南太平洋铁路的河流站和铁路调车场地块。1971 年，该场地被城市列为历史纪念地。1992 年，车站关闭，铁路调车场被废弃了 12 年之久，于 2001 年被州政府以 3600 万美元买入，并从一块废地改造成玉米田作为今后建为公园的准备。2005 年，州公园娱乐部门联合加利福尼亚公园基金会和安尼伯格基金会（Annenberg Foundation），整合资源将场地开发成洛杉矶州立历史公园。

02：汤姆 · 梅恩（Thom Mayne），理查德 · 科斯莱克（Richard Koshalek）和达娜 · 厄何特（Dana Hutt），《洛杉矶现状》1-2 期（帕萨迪纳 Pasadena）：设计艺术中心大学，2001-2）；汤姆 · 梅恩，《洛杉矶现状》（L.A. Now）3-4 期，市中心生活的案例：五个提案（洛杉矶：加利福尼亚大学洛杉矶分校建筑和城市设计学院，2006）。

一个需要公共绿地空间项目的城市，一条需要被利用的河流

洛杉矶是个缺乏公园的城市。每一千个市民拥有的公共公园空间少于 4 047 平方米，远不能满足市民们对公园绿地的需求，并且 绝大多数的绿色空间被包围和私人化，普通大众无法看到。[04]

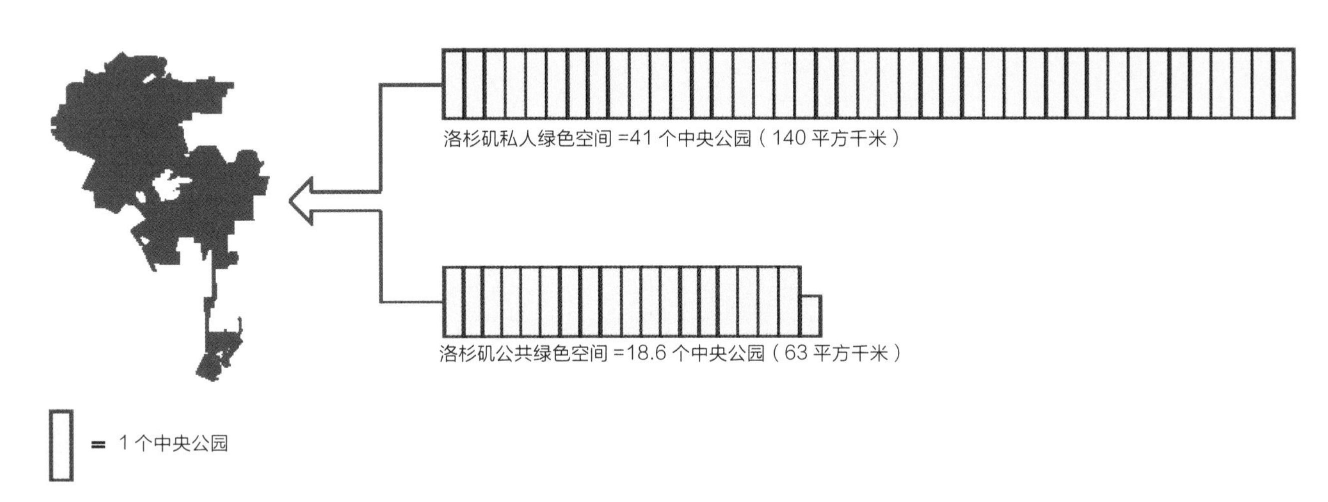

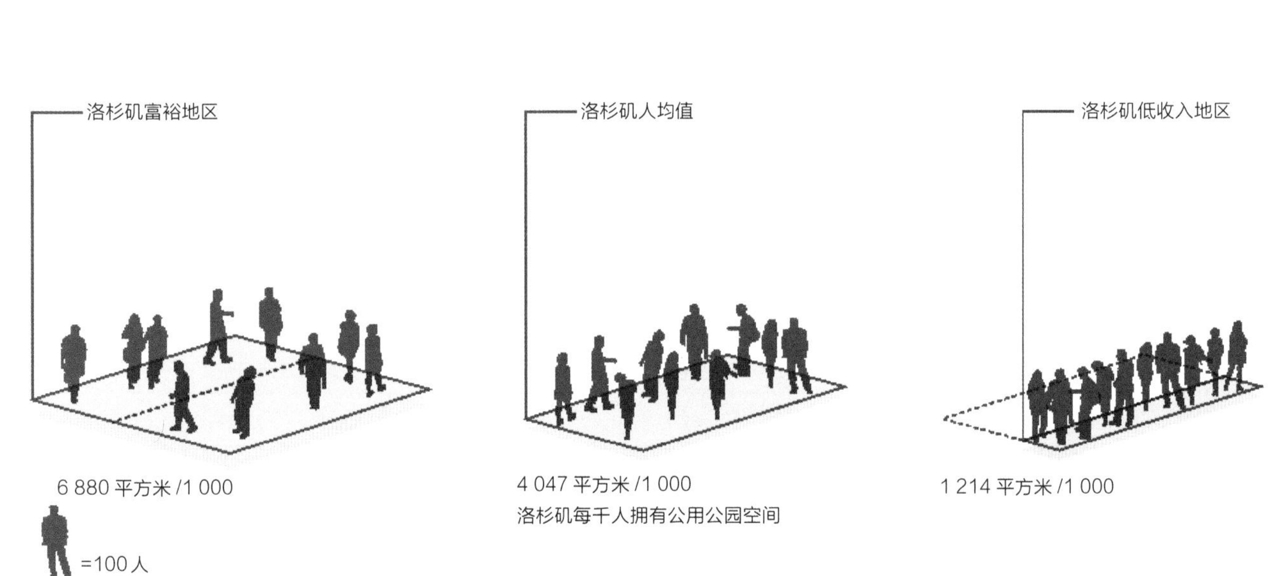

03：洛杉矶低收入地区平均每千人拥有 1 214 平方米公园，而在城市富裕地区这个数目是 6 880 平方米。美国国家标准是 24 281~40 469 平方米（公共利益上的法律核心，“在洛杉矶心脏地带的公园财产”2004 年 12 月 17 日，http://www.cityprojectca.org/pdf/heritageparkway.pdf）。

04：“洛杉矶的私人后院相当于 41 个中央公园，单海滩这一项就等于一个中央公园。我们过高估计山地的价值，而忽略了传统的公园。如果我们把 10% 的山地作为公园，其他城市会从哪里找到平衡呢？你会说山地是私人娱乐空间，虽然它们是公共的。但它们不像后院那样私人化。城市低收入地区严重缺乏公园空间是个毋庸置疑的问题。整个事情比我们通常描述困境的标语要复杂得多。”（理查德 · 维斯丁，“我们这个时代的困境：理解当下的洛杉矶”，《洛杉矶现状》，《市中心生活的案例：五个方案》，洛杉矶：加利福尼亚大学洛杉矶分校建筑和城市设计学院，2006）。

洛杉矶河被挖成沟渠，除了向格里斐斯公园（格伦代尔海峡）东部的延伸部分以及沿着长滩的最后几千米；82 千米长的河流有 77 千米被混凝土围合。将一个几乎干涸的、被混凝土围合的沟渠还原成充满水的、沙底的、天然状态的“反工程”逐渐引起人们的兴趣。

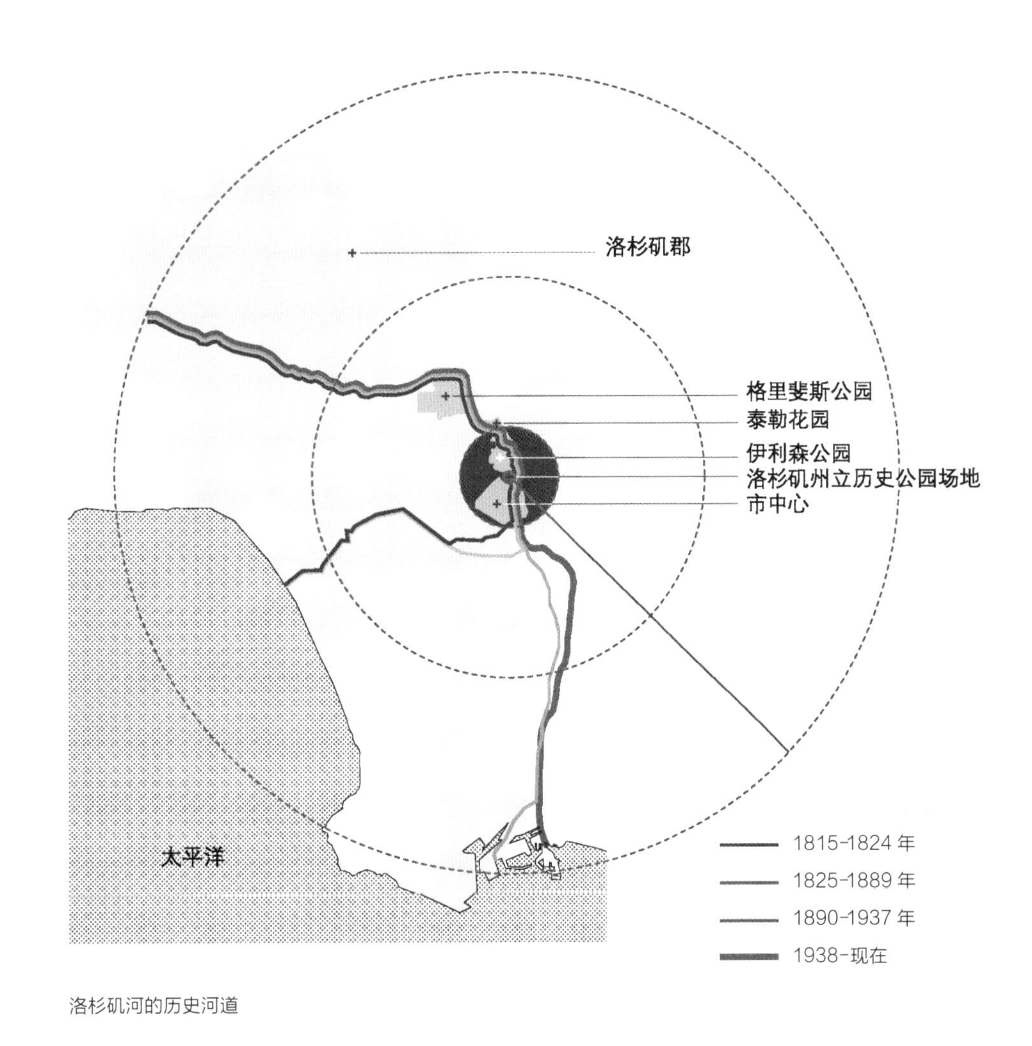

洛杉矶河的历史河道

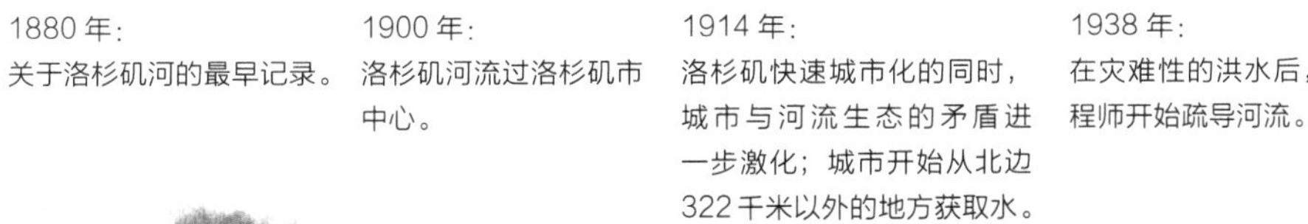

1880 年：
关于洛杉矶河的最早记录。

1900 年：
洛杉矶河流过洛杉矶市中心。

1914 年：
洛杉矶快速城市化的同时，城市与河流生态的矛盾进一步激化；城市开始从北边 322 千米以外的地方获取水。

1938 年：
在灾难性的洪水后，军队工程师开始疏导河流。

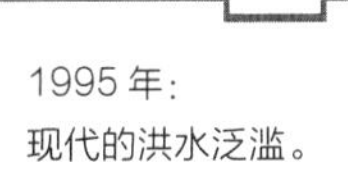

1995 年：
现代的洪水泛滥。

目前，洛杉矶河 82 千米中 77 千米被混凝土围合。

未充分利用的市中心，一个在黄金地段的孤立的体育馆

2005 年，每天在洛杉矶市中心工作的人中，不到 6% 也居住在这个区域。在市中心及其周边地区的居住人口与其他许多城市的市中心相比非常少。这意味着通勤时间较长和交通堵塞恶化。新的高密度住宅区的开发，伴随着公共服务和设施的完备，可以吸引和留住大量来自不同社会、经济和文化背景的居民。

在其现在的位置，道奇体育馆与大都市环境相脱离，而且 100% 依赖汽车通行。因此，它堵塞了高速公路，并加重了当地基础设施的负担。[05] 每次比赛，五万名观众乘坐着两万辆汽车沿着堵塞的高速公路排队，足以填满 265 个足球场大小的柏油海洋。此外，建于 1962 年的体育馆，年久失修，需要整修。它坐落在查韦斯溪谷，地段极佳且拥有绝佳视线。但每个人都在观看比赛，没人欣赏周围的景色。

查韦斯溪谷的景色，20 世纪 50 年代

道奇体育馆在建中，1962 年

道奇体育馆的俯瞰图，2006 年

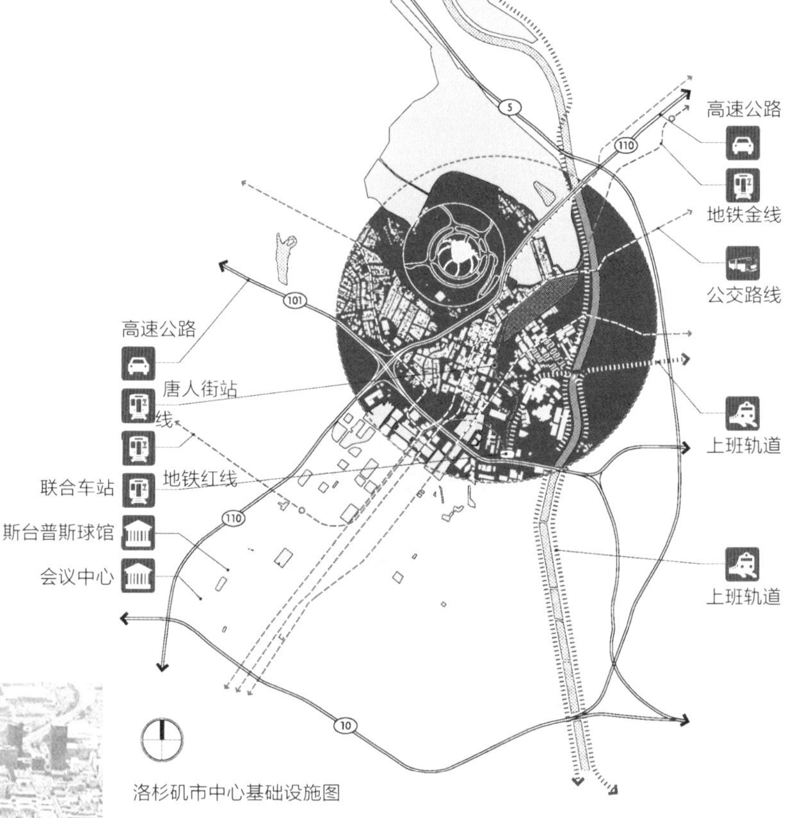

洛杉矶市中心基础设施图

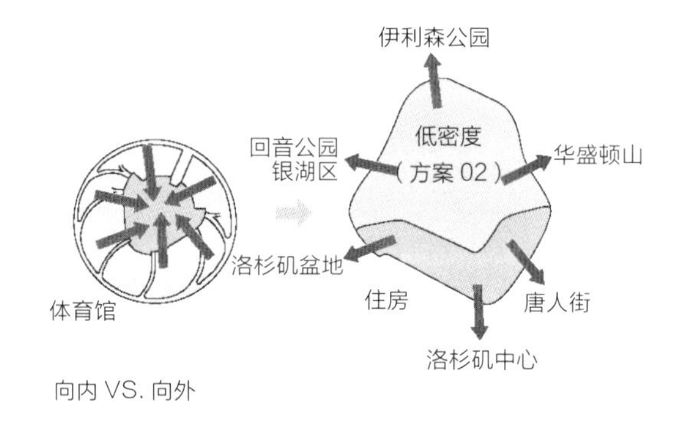

向内 VS. 向外

05：洛杉矶是一个依赖于汽车的城市。拥有超过 10 461 千米的街道，257 千米的高速公路和 40 000 个交叉路口，城市的 60% 是硬质铺地。至 2006 年，有超过 1 010 万人口和超过 580 万辆车。市中心是城市的基础设施连接点，许多交通都通向那里。当前，棒球赛前后的额外的交通拥堵负担影响了平均 270 万球迷，他们每个赛季都会参加，并陷入交通拥堵。

洛杉矶州立历史公园项目方案
伊利森公园
查韦斯溪谷
道奇体育场
洛杉矶州立历史公园
唐人街车站
联合车站
西洛杉矶
洛杉矶市中心
东洛杉矶
LA RIVER
5
110
101
10

连接点：从不同地块中形成一个统一的公园

在洛杉矶州立历史公园场地周围是格里斐斯公园、伊利森公园和泰勒花园，均为分开的个体，没有连接的资源或跨越连接的识别。该方案利用现有洛杉矶河道的基础设施作为连接结构把这些公园连接起来，组成一个紧密结合的宜人场所，而不是建造一个新公园来竞争州资金，从而保证了资源整合，减少了总体运行和维护的费用。结果是：洛杉矶州立历史公园不仅成为洛杉矶市的标志之一，也成为一个比任何单独的地块都要更具吸引力的胜地。[06]

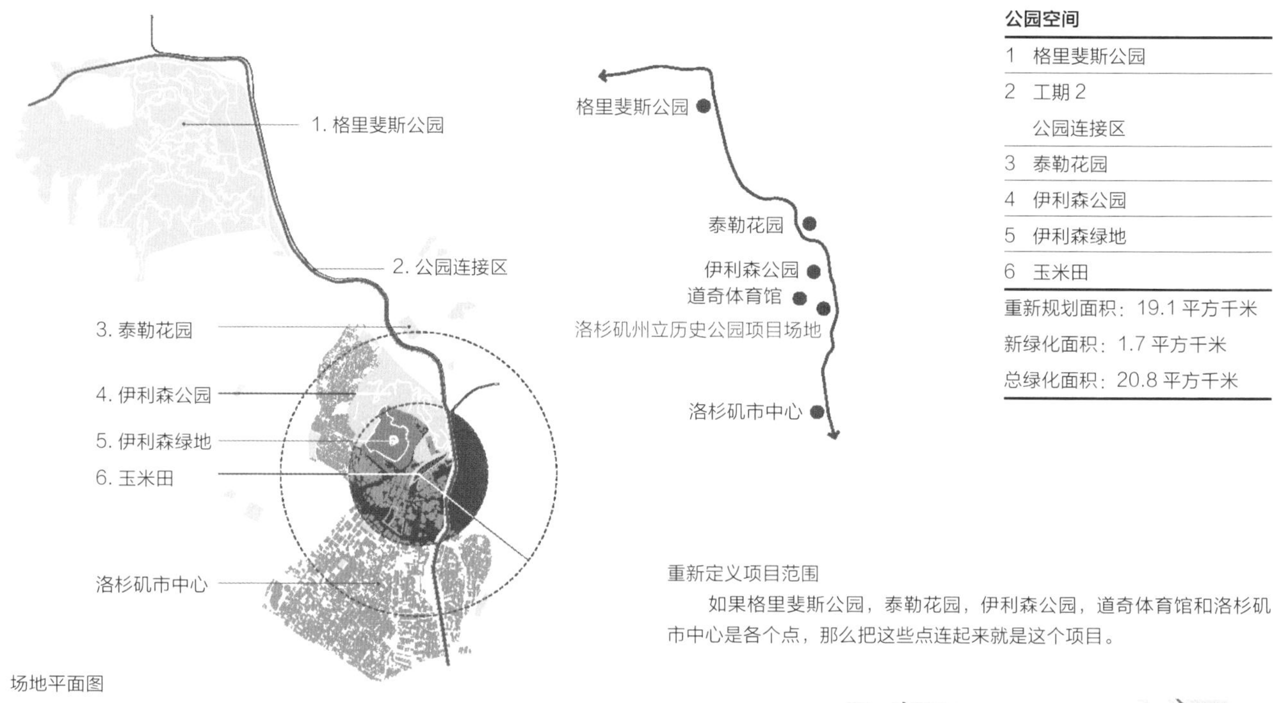

公园空间
1　格里斐斯公园
2　工期 2 公园连接区
3　泰勒花园
4　伊利森公园
5　伊利森绿地
6　玉米田
重新规划面积：19.1 平方千米 新绿化面积：1.7 平方千米 总绿化面积：20.8 平方千米

场地平面图

重新定义项目范围

如果格里斐斯公园，泰勒花园，伊利森公园，道奇体育馆和洛杉矶市中心是各个点，那么把这些点连起来就是这个项目。

一个土地置换：重新整合查韦斯溪谷和道奇体育馆的资产

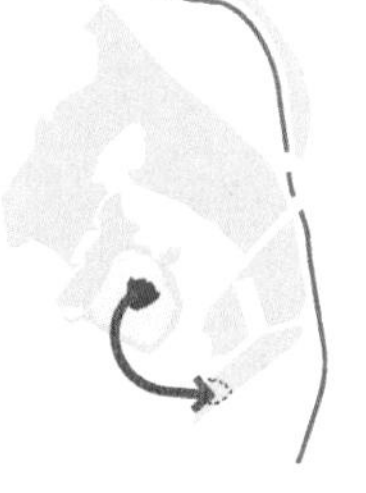

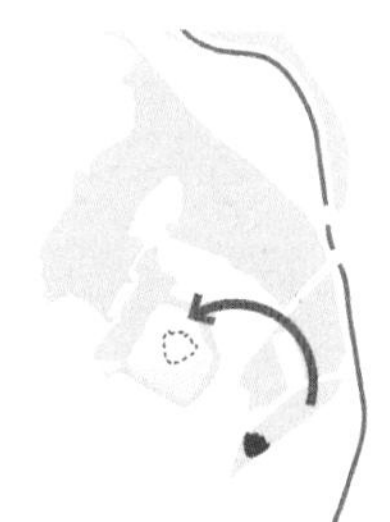

第一步：
把道奇体育馆移到玉米田场地（洛杉矶州立历史公园）。

土地置换把道奇体育馆移到一个更中心的位置，与公共交通连接起来，与随后的商业和住宅开发一起繁荣市中心。利用现有基础设施（地铁线路、停车场等）减少地面停车。体育馆占地面积变小：一个更实际的和生态的方案。

第二步：
将住宅和规划的公园空间转移到查韦斯溪谷

现有的道奇体育馆资产将开发成为 748 668 平方米娱乐公园空间和可以容纳潜在居民 2.5 万人的 323 749 平方米的混合功能住宅区。这个新伊利森绿地的新区域有助于市中心人口的多元化，现在市中心大多是空巢老人和年轻都市人。更重要的是，1 027 417 平方米的土地的出售为社区公园的运行和维护提供了及时资金保障和长期收益保证。

06：这并不是洛杉矶一个史无前例的方案。1930 年，奥姆斯特德兄弟（Olmsted Brothers）和荷兰德巴斯洛米欧事务所（Harland Bartholomew & Associates）曾提出一个关于市中心和洛杉矶河沿岸的公园和绿地空间的规划报告——《洛杉矶地区的公园、游乐场和海滩》，报告中倡议保护南加州室外公共空间。葛莱格 · 海斯（Greg Hise）和威廉姆 · 德福瑞尔（William Deverell），《设计的伊甸园：1930 年奥姆斯泰德兄弟的关于洛杉矶区域的计划》（伯克利和洛杉矶：加利福尼亚大学出版社，2000）。

3.5 亿万美元 +1 500 万美元 / 年

重新整合这些资产提出了一个让所有参与者都获益的互惠提案。据估算，城市将从最初出售给一个私人开发商的土地中获益 3.5 亿万美元，从新居民税中每年收益 1 000 万到 1 500 万美元。最重要的是，从土地置换中获得的资金可以资助整个项目。[07]

森林：
森林由现有的和改造过的栖息地组成，包括树林、草地和湿地。

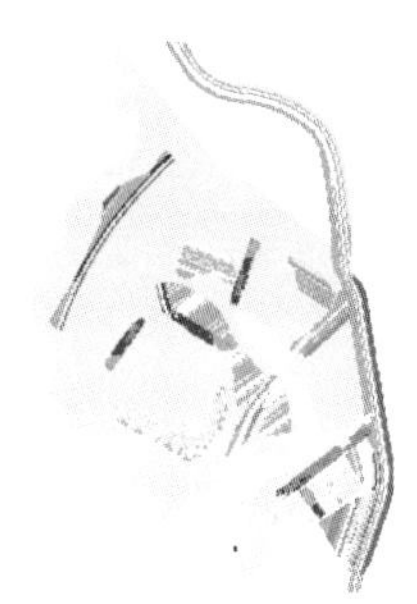

阶地：
被设计成展示花园和景观。

田地：
可以进行各种运动和娱乐活动的平地。

收入：
12 500 单元
25 000 居民
每个单元 1.5 间卧室
每英亩（4 047 平方米）50 个单元

15% 的廉价屋
开发商利润：
25 亿美元（20 万 / 单元）
市政收入：
3.5 亿美元

平面图

1 洛杉矶州立历史公园
2 新酒店、商业会议中心
3 洛杉矶河和湿地花园
4 柏树林
5 布埃纳比斯塔草地
6 柑橘森林
7 河岸小水池
8 雄伟景观点
9 山顶草原
10 体育场和网球中心
11 阶地花园
12 橡树林和登山路径
13 伊利森公园和野餐区域
14 丛林哨岗
15 观鸟台
16 瞭望台
17 地质探索室
18 户外运动场地
19 探索大道和运动草坪
20 探险丛林
21 高尔夫球场
22 美洲原住民展览 / 参观中心
23 文化绿荫路
24 伊利森绿地
25 体育馆
26 唐人街站

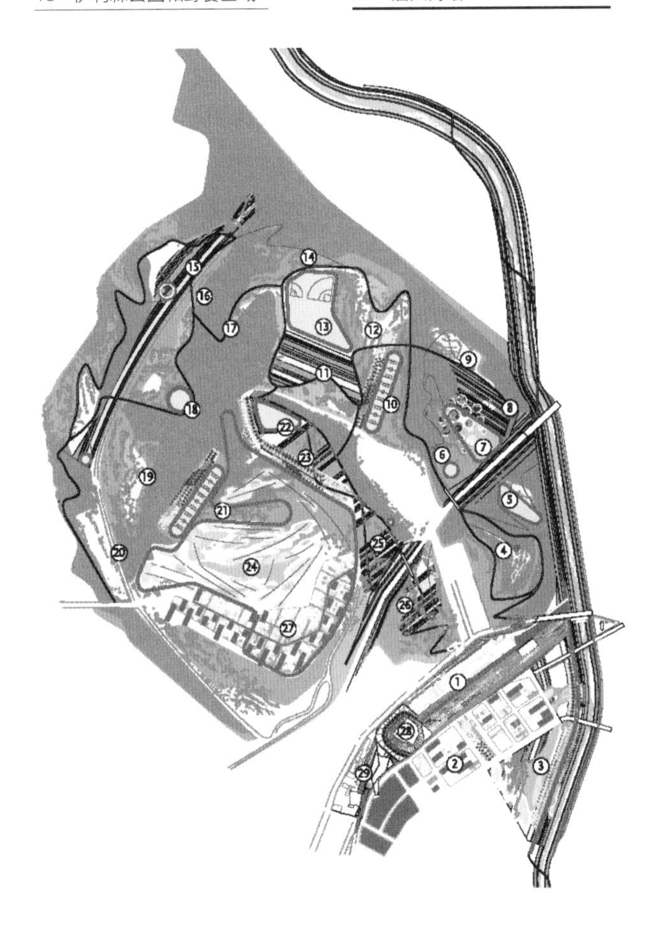

公园的项目核心

三种景观地形——森林、阶地和田地——容纳了不同的活动，从一个城市公园变成一个更加田园式的公园。

07：各方收益明细

加利福尼亚州

+ 洛杉矶州立历史公园资金 + 洛杉矶河恢复其历史原貌（开辟为公园和河边栖息地的河道）的资金 + 为调整人均绿地面积（比原先玉米田方案多很多）而增加的绿地空间的资金。

洛杉矶市

+ 新的以交通为主的开发减少交通拥挤（新体育馆建造在地铁站附近，新的基础设施以福格罗街道连接形式而建设）+ 新的区域公园和许设备提升了的伊利森公园 + 更多活跃的娱乐空间（在玉米田高架平台上和在伊利森公园里的游乐场）+ 市中心五分钟内增加 25 000 户居民——市中心居住人口的大幅增加 +3.5 亿美元用于建立新的学校、消防局、警察局、图书馆、基础设施和提议的公园（预计公园造价花费为 1.5 亿 ~2 亿美元）+ 用于运作和维护的最高每年 1 500 万美元的税收 + 新的公共服务（上面所列的）+ 新的教育设施（垂钓、自然展览、小径和观景点等）。

私人开发商

+ 每单元 20 万美元（可出租）+12 500 个居住单元 + 商业、零售、酒店的地块

道奇体育馆开发商

+ 拥有 55 000 个座位的新体育馆，设有更奢华的包厢，更为紧俏的票，更接近公共运输等 + 方便所有球迷从城市各街区进入拥有 12 500 个停车位的停车场

一个规划的绿色空间

各种活动和资源提供多样性的体验——教育、赏景或健身——最终丰富了周边居民和游客的生活。

公园项目

运动和娱乐

- 自行车、轮滑、散步
- 小径
- 登山路径
- 带休息站的跑道
- 18 洞高尔夫球场
- 8 个足球场
- 12 个网球场
- 12 个篮球场
- 12 个拍球场
- 4 个垒球场
- 2 个多功能比赛场
- 1 个奥林匹克游泳池
- 1 个滑板公园
- 4 个儿童游乐场

休闲娱乐

- 野餐草地
- 草坪
- 风景眺望台
- 垂钓
- 太极花园

研究 / 教育

- “水路”
- “绿色步道”
- “文化步道”
- “河畔步道”
- “溪谷步道”
- 铁路站场展示
- 玉米田展示
- 植物园
- 自然教育中心
- 研究中心
- 花园
- 文化节

商业饭店

- 咖啡厅
- 食品亭
- 设备租赁

生态

- 607 028 平方米森林恢复
- 323 748 平方米草地恢复
- 161 874 平方米
- 湿地 / 河岸恢复
- 雨水管理 / 保留规划

其他项目

- 拥有 55 000 个座位的新道奇体育馆
- 为 12 500 个居住单元提供新的混合功能的城市开发
- 新的商业、零售和酒店
- 新的公共服务项目，如学校、警察局以及消防局

视图 01：社交休闲空间

视图 02：滨河大道

视图 03：眺望台

视图 04：节日 / 公共活动空间

图 05：河畔花园

视图 06：运动场 / 娱乐区

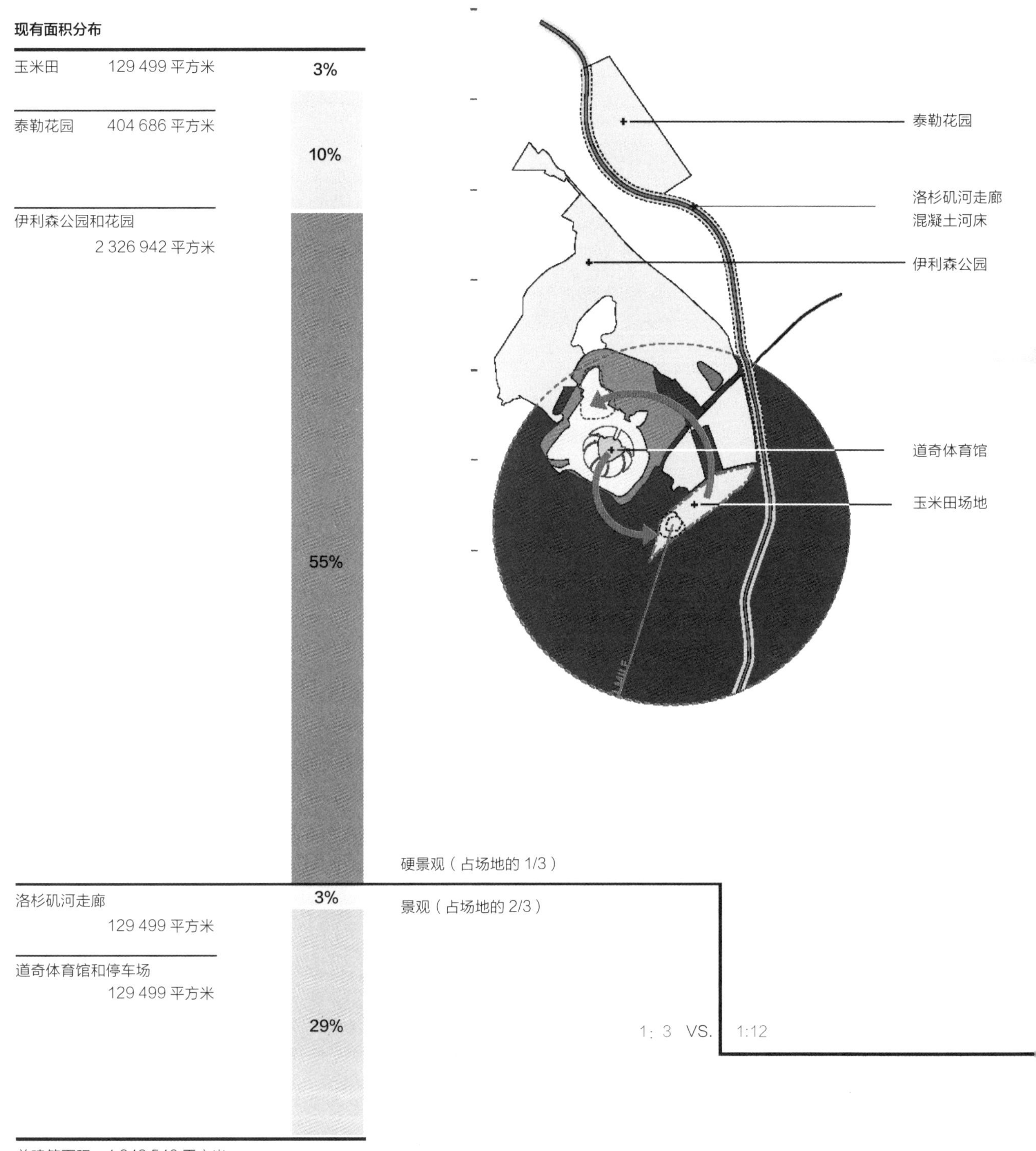

总建筑面积：1 343 546 平方米

总开放面积：2 861 105 平方米

总用地面积：4 204 651 平方米

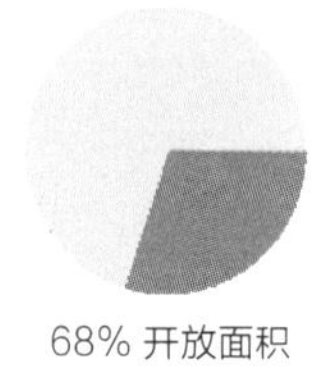

68% 开放面积

开放面积从现有总计 2.86 平方千米（大多数都是未充分开发和空置的）增加到 4.18 平方千米（新规划的和相互连接的公园）。

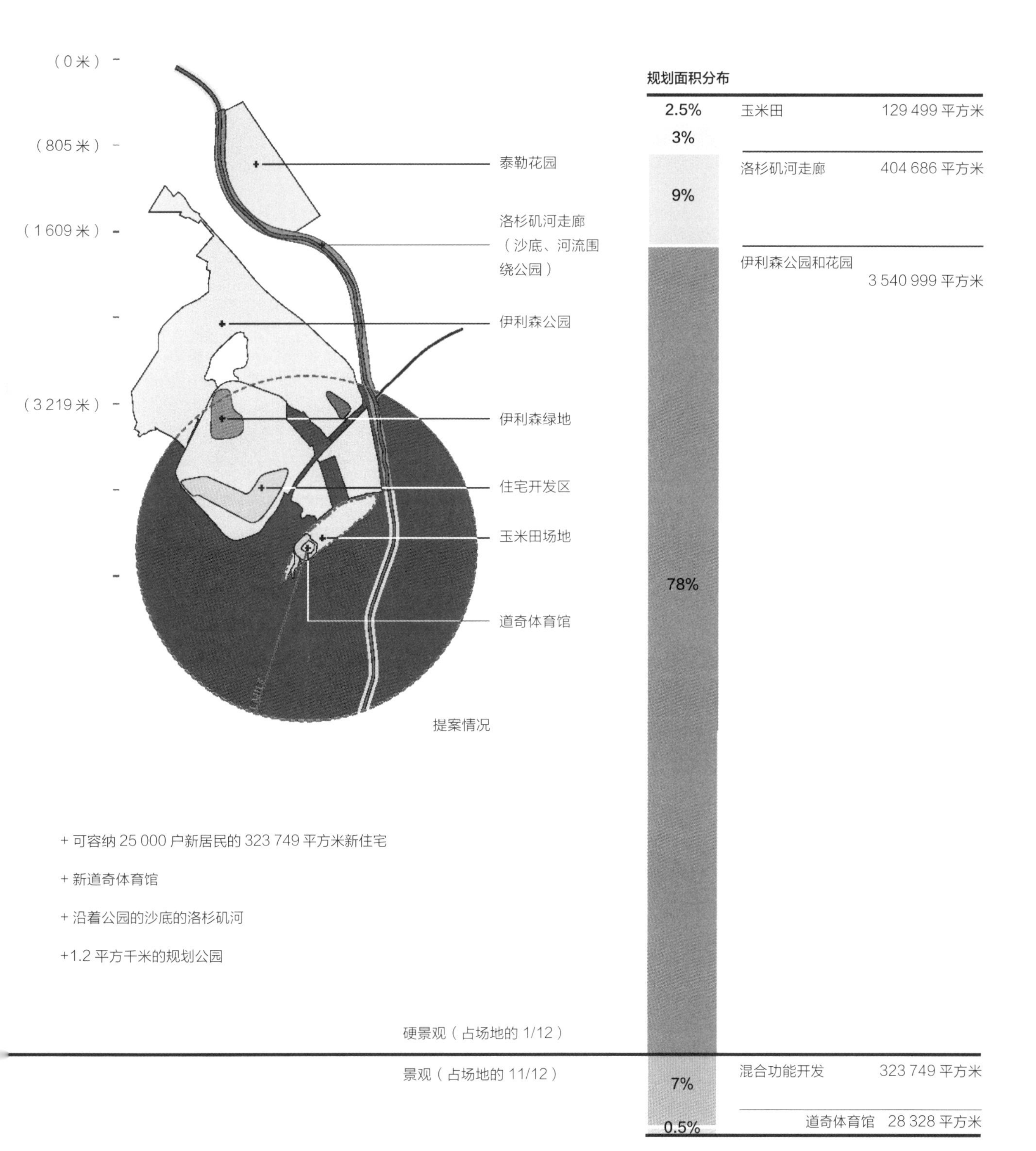

提案情况

+ 可容纳 25 000 户新居民的 323 749 平方米新住宅

+ 新道奇体育馆

+ 沿着公园的沙底的洛杉矶河

+1.2 平方千米的规划公园

当查韦斯溪谷开发为住宅和公园用地时，景观数量减少了 25%。

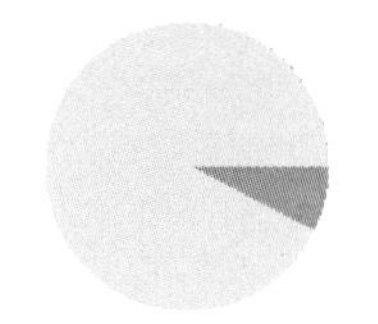

92% 开放面积

总建筑面积：352 079 平方米

总开放面积：4 176 324 平方米

总用地面积：4 528 397 平方米

开发方案

根据需求、资金等因素两个开发方案提出不同的执行策略。

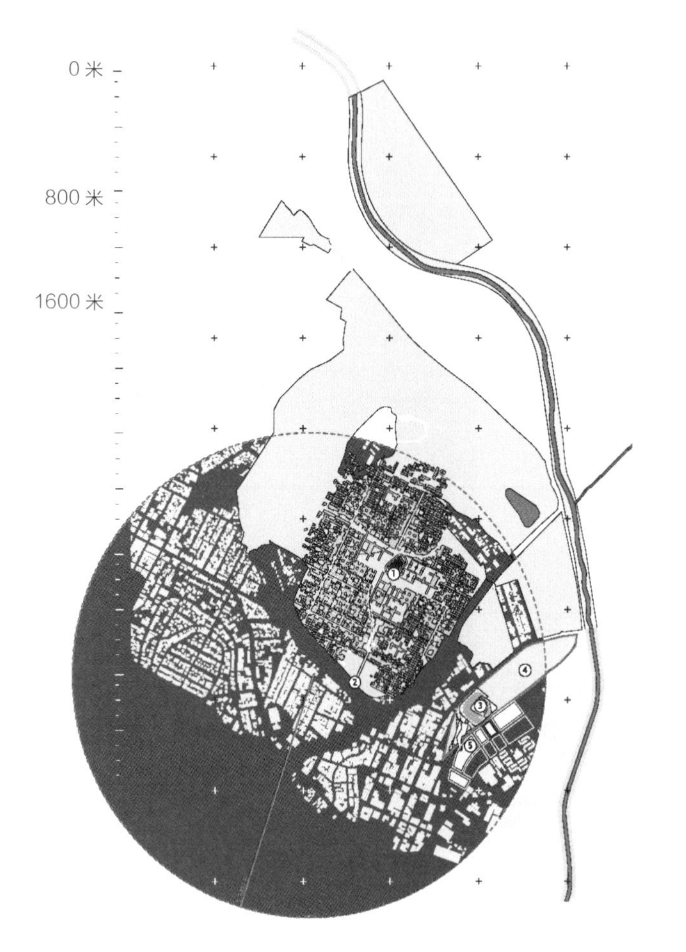

开发方案一：
片状的、低密度住宅

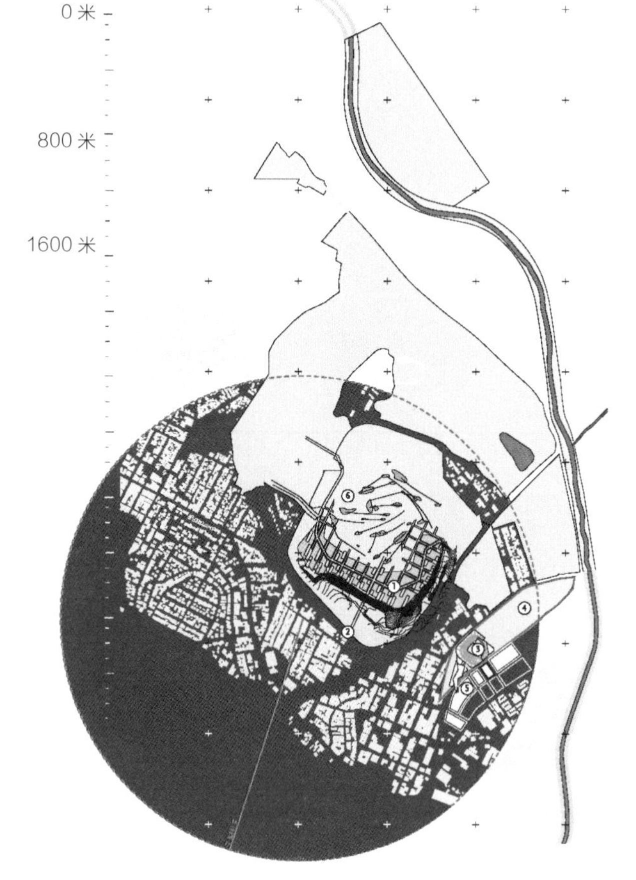

开发方案二：
竖向的、高密度住宅

开发方案一：

片状的、低密度住宅

低密度庭院和联排住宅占了场地的 50%，有 8 000 个单元。与周围住宅区相协调，庭院和联排住宅形成了一个拥有 20 000 户潜在居民的社区。

开发方案二：

竖向的、高密度住宅

高密度住宅楼占场地的 12%，有 12 500 个单元，高密度建筑物轮廓较小，空出了一个 18 洞高尔夫球场的面积。30 至 50 层的住宅楼形成了一个 25 000 户潜在居民的社区。

方案一平面图

1	住宅区开发 8 000 个单元
2	新菲格罗亚街
3	道奇体育馆
4	甲板停车场
5	潜在新开发项目

方案二平面图

1	居住区开发 12 500 个单元
2	新菲格罗亚街
3	道奇体育馆
4	甲板停车场
5	潜在新开发项目
6	新的 18 洞高尔夫球场

场地：一个连接平台，一个体育馆和一个公园

作为公园和市中心之间的门户，洛杉矶州立历史公园场地提供了一处位于连接平台上的公园景观，该连接平台架于北百老汇大街和 110 帕萨迪纳——海港高速公路之间，通过一系列坡道连接了不同水平高度的北百老汇大街和北斯布林街，从而增加了去往新道奇体育馆的交通便利性，也为其提供了一个四层的停车场（一层为地下），其顶层平台成为拥有各种活动和体育设施的高架公园。

新体育馆位于市中心美洲区，倾向于更小的占地面积，连接将依靠城市停车场来减少场地停车。现有的道奇体育馆及其整个自用的停车场不属于洛杉矶州立历史公园的范围。基于其他体育馆的经验，据估算，离地铁金线不到 100 米的新道奇体育馆将最多需要 12 500 个停车位的空间。[08] 这比现有的 56 000 个停车位少很多。[09]

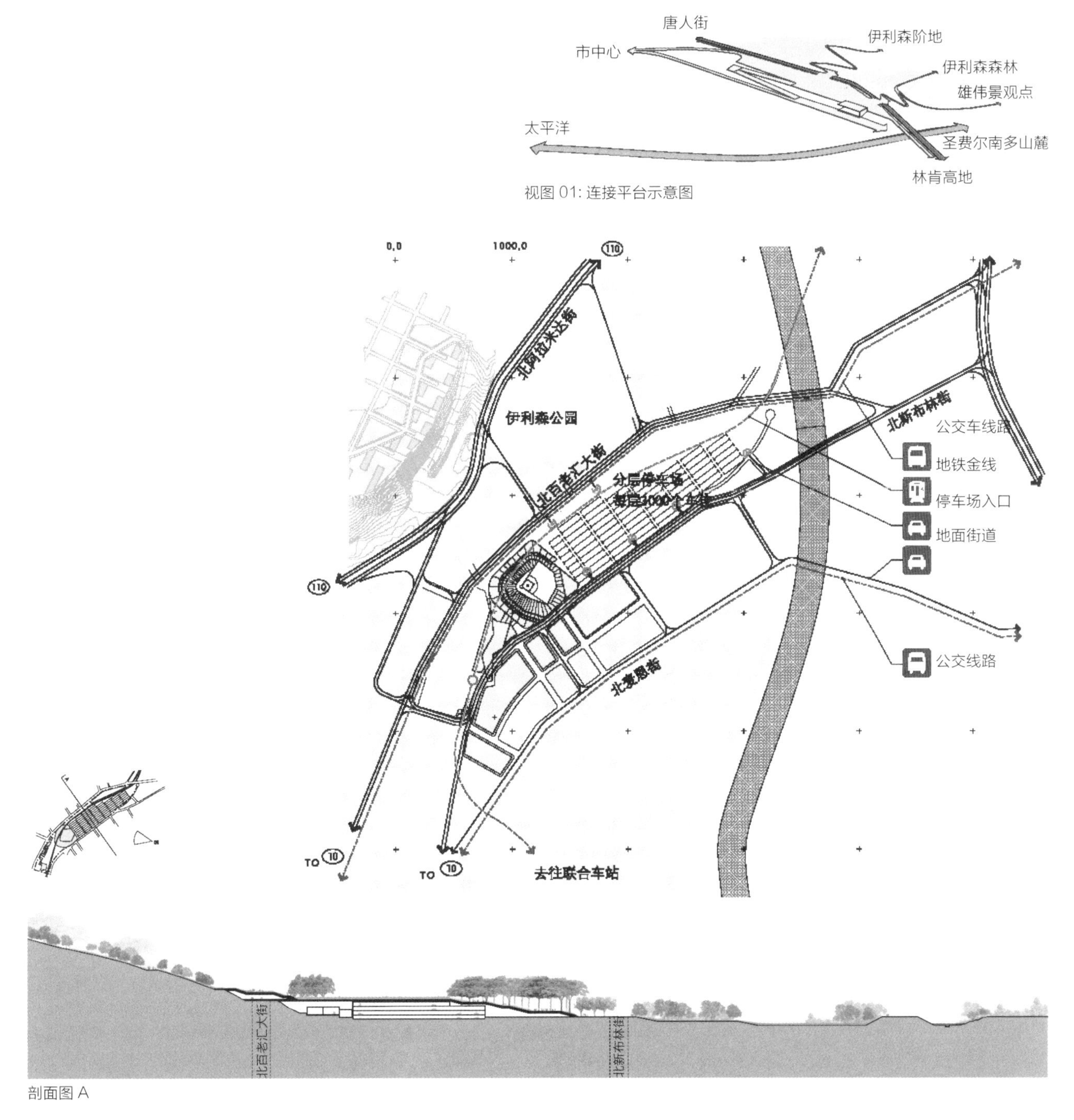

视图 01：连接平台示意图

剖面图 A

08：地铁金线沿着场地西边运行，必然会刺激北工业区的进一步开发。新的酒店、零售、商业和住宅产生的额外资金被投入建造新洛杉矶河公园水湾、河岸栖息地、自然教育设施、垂钓和人行道。

09：目前，道奇体育馆每辆车收 15 美元停车费（大约每场比赛可收 30 万美元）。为了保持收入来源，之前的体育馆增加了包厢座位。

结论

洛杉矶州立历史公园　　美国，洛杉矶　　2006 年

将道奇体育馆融合现有的市中心肌理会催化新地区开发（零售业、酒店和展览中心项目），利用现有的公共基础设施，商业、文化设施、停车场和其他设施。伊利森绿地的住宅开发，结合公共服务设施，有助于调整市中心居民与职员和游客的比例。

项目十：新新奥尔良城市开发 New New Orleans Urban Redvelpoment

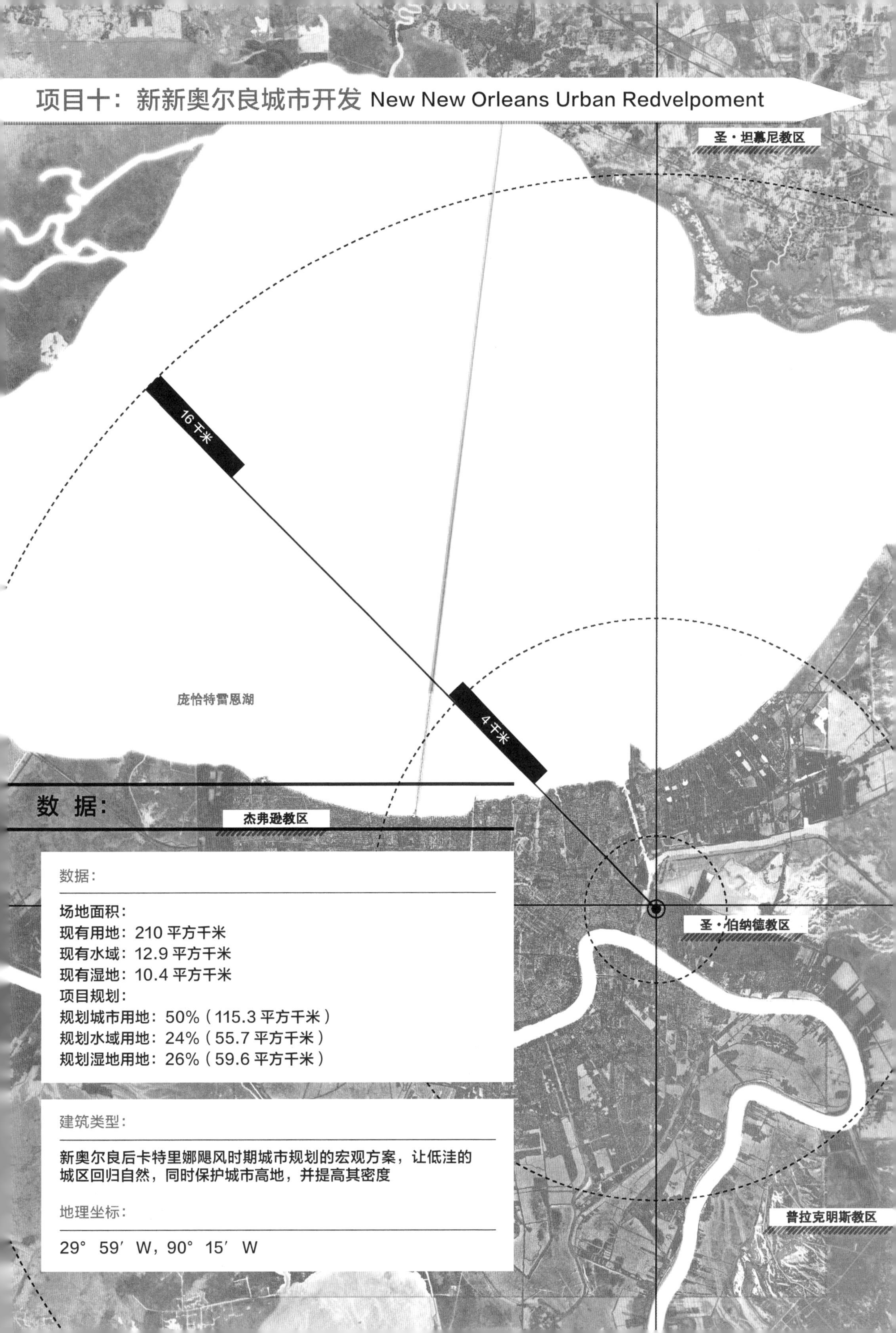

数 据：

数据：

场地面积：
现有用地：210 平方千米
现有水域：12.9 平方千米
现有湿地：10.4 平方千米
项目规划：
规划城市用地：50%（115.3 平方千米）
规划水域用地：24%（55.7 平方千米）
规划湿地用地：26%（59.6 平方千米）

建筑类型：

新奥尔良后卡特里娜飓风时期城市规划的宏观方案，让低洼的城区回归自然，同时保护城市高地，并提高其密度

地理坐标：

29° 59′ W，90° 15′ W

2005 年卡特里娜飓风之后，我们试图寻找一种重建新奥尔良的方式，但现实条件不容忽略：城市的很多区域与海平面等高或是更低。

19 世纪 90 年代以前新奥尔良是一个河口，随着土地开发，根据海拔由高向低逐渐发展。直到 20 世纪 60 年代初，最低洼的沼泽和湿地才被排干，用来提供住房。随着海平面上升及地基下沉的实际情况，这类开发项目在社会学上和技术上都表现出一种严重的威胁。不仅新奥尔良面临如此威胁，世界上很多其他海岸城市也如此，这些城市都需要用人造防御工程抵挡自然的力量，保护建于非宜居地段上的不稳定社区。这些更广泛的环境隐患亟须彻底解决。

这个项目的挑战非常明显：如何依据其生态条件利用低九区的土地？我们开发了一种新的城市策略和建筑模式来解决这些问题。在微观尺度上，希望保持新奥尔良的街道文化——传统的居民邻里之间的交流。在宏观尺度上，希望房屋可以与其周边景观的改变相呼应，从城市网格中分离，并适应紧急情况，在必要的时候能够完全自给自足。房子从安全因素的角度而言很有技术创新性——它具有漂浮的能力——从日光性能和雨水收集角度来讲也如此。这种漂浮的房子是预制的，因此易于获得而且符合成本效益。由于质量高成本低，可以批量生产。此外，漂浮的房子可以与城市基础设施脱离，独立支持 21 天。

相信这种利用陆地与水域之间区域的新办法可以将新奥尔良这样的海岸城市改造成为边缘上的家园。

怎样在陆地下沉，海面上升……且每 2.8 年遭遇一次飓风的情况下，在海平面上建造一座房屋？

新奥尔良在本世纪可能会下沉 1.82 米或更多。

“每一百年新奥尔良下沉 0.91 米”

——新奥尔良大学

新奥尔良: 0'–0" 至 10'–0"

由于全球变暖本世纪海平面可能上升 0.91 米

新奥尔良

照片 >

路易斯安那东南部消失的土地

路易斯安那东南部湿地的消失（英亩）

- 一座橄榄球场

– 每天

0.18平方千米

– 每周

1.29平方千米

– 每月

5.18平方千米

路易斯安那州几乎没有堰洲岛，特别是新奥尔良临近墨西哥湾，地势低平缺少不规则的海岸线。这与陆地的侵蚀下沉以及密西西比河水位上升结合，造成全城洪涝灾害的隐患。[01]

01：本世纪末海平面可能会比今天高出 0.91 米（约翰 · 罗奇 <John Roach>，“研究证明，全球变暖导致海平面在迅速上升”，《国家地理新闻》，2006 年 3 月 23 日，网址：http://news.nationalgeographic.com/news/2006/03/0323_060323_global_warming.html）。历经所有这些重建努力，我们获得的所有安慰和保证只有 15.24 厘米：“15.24 厘米。陆军工程兵团耗时两年花费超过十亿美元来重建新奥尔良的飓风防御系统，但当百年一遇的洪水袭击时，水面就有可能下降如此之多。”（约翰 · 施瓦茨 <John Schwartz>，“拼补城市：耗资十亿之后，一座依然面临危险的城市”，《纽约时报》，2007 年 8 月 17 日）

新奥尔良：一座“在一片不可能的土地上的必然存在的城市”[02] 新奥尔良是一座历史文化丰富的城市，深受居民热爱，然而却容易遭受飓风袭击。平均每 2.8 年就会有一次毁灭性的飓风袭击路易斯安那州海岸。此外，环境因素已经导致奥尔良教区的陆地逐渐下沉，毫不夸张地讲，城市的这片区域正在消失。[03]

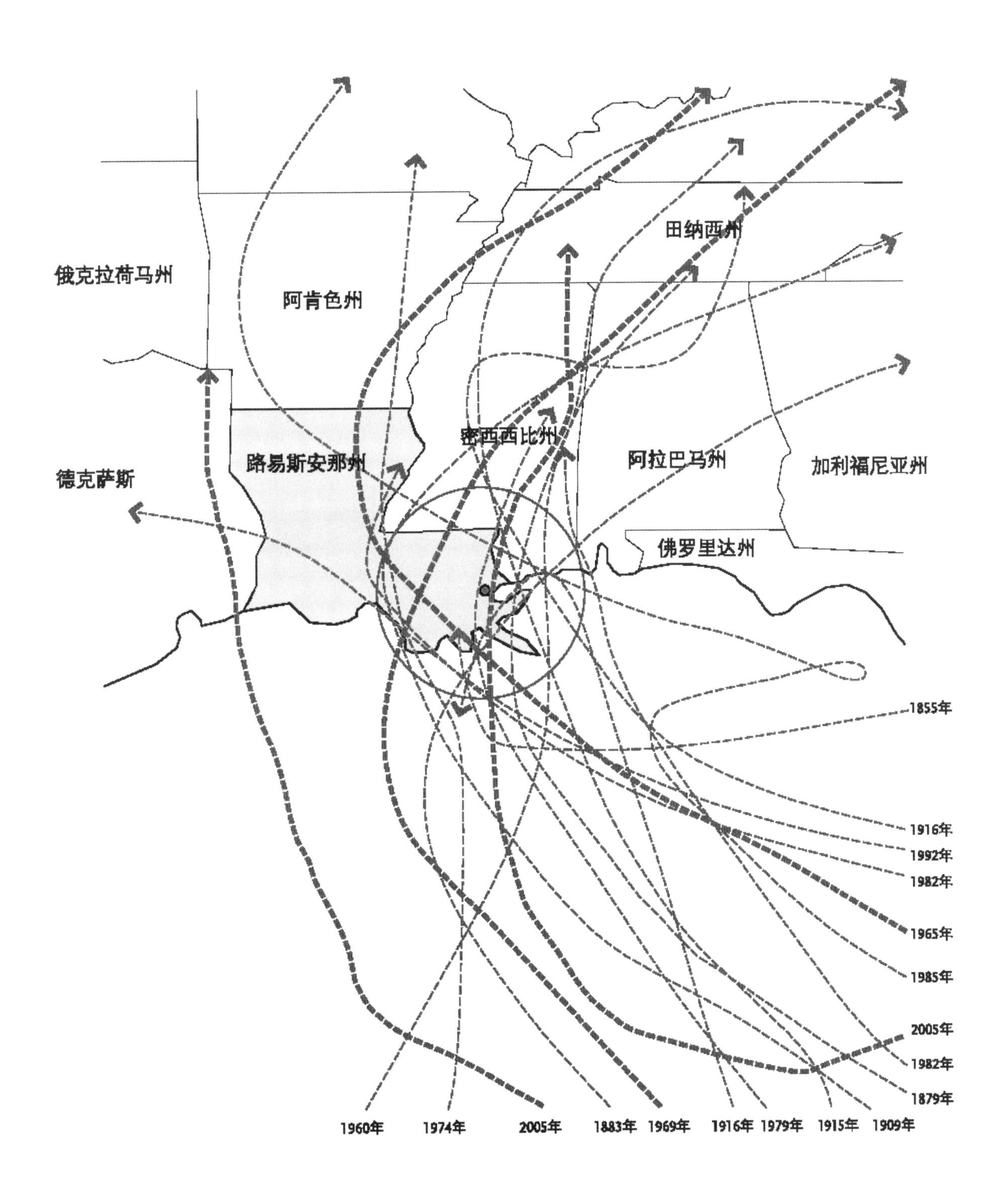

02：皮尔斯·F·路易斯（Peirce F. Lewis），《新奥尔良：城市景观的创造》，第二版。夏洛茨维尔：弗吉尼亚大学出版社，2003 年，第 17 页。

03：“新奥尔良部分地区的下沉比预想的快很多……一些低洼地区每年下沉多于 2.54 厘米”（“新奥尔良‘下沉在加速’”《英国广播公司新闻》，2006 年 6 月 1 日，网址：http://news.bbc.co.uk/2/hi/americas/5035728.stm）

新奥尔良：一座下沉中的城市，未来叵测

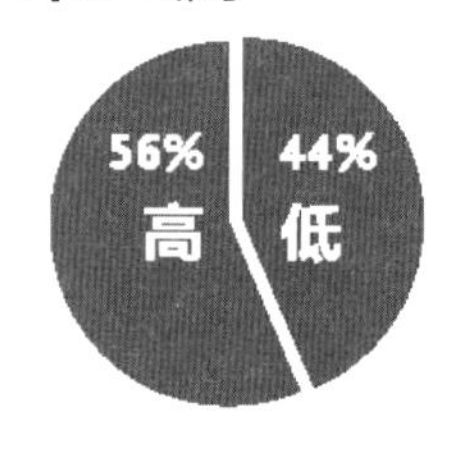

“一个关于新奥尔良‘未来’的观点从水文地理学角度来讲是令人质疑的。我们需要清醒地接受这样的事实，新奥尔良的未来也许并不包含我们现在所认识的新奥尔良。”[04]

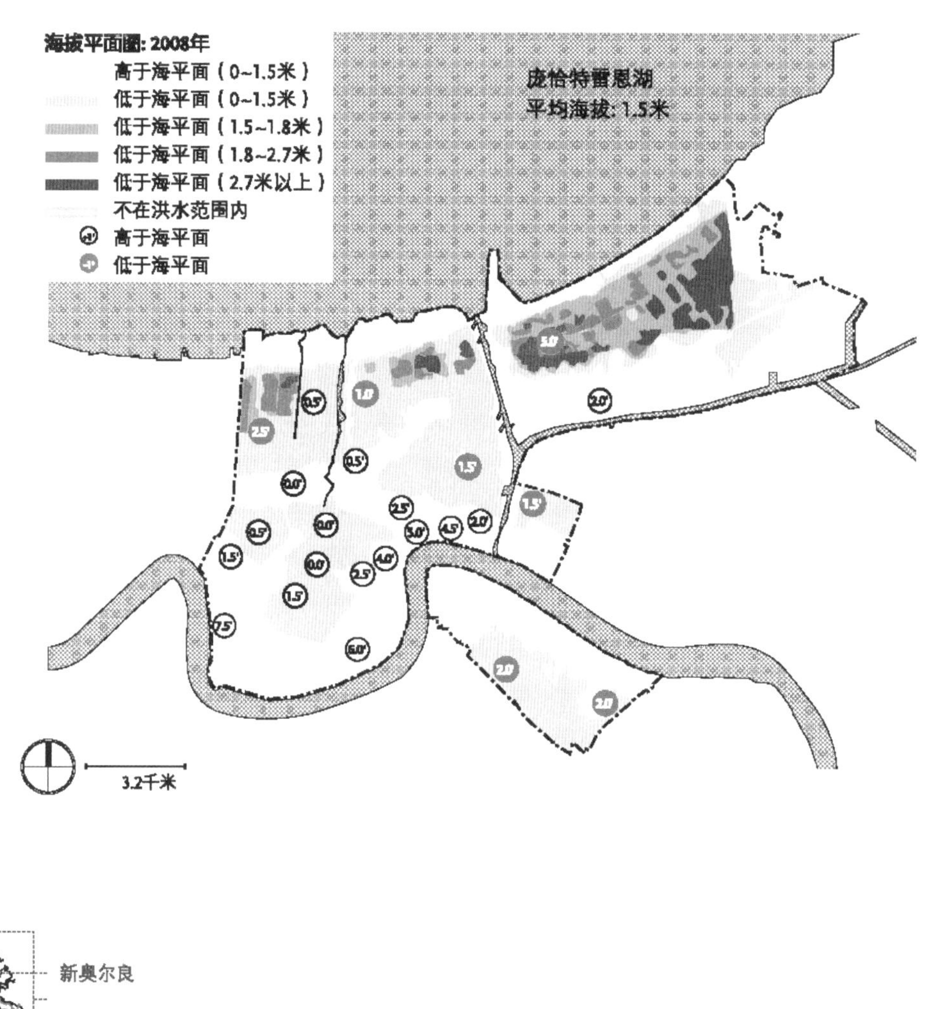

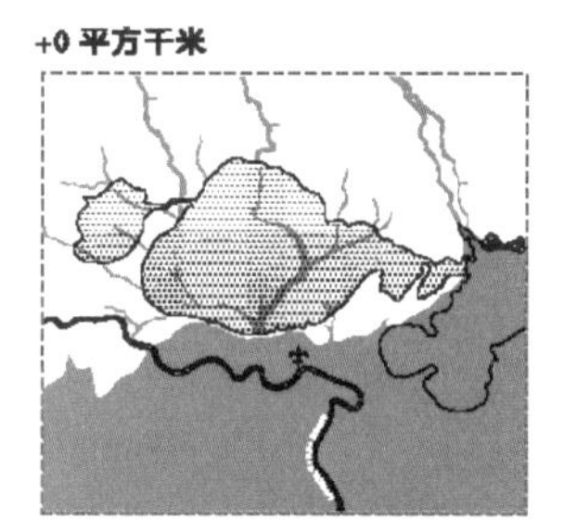

4000BC：将成为新奥尔良的区域位于墨西哥湾之下

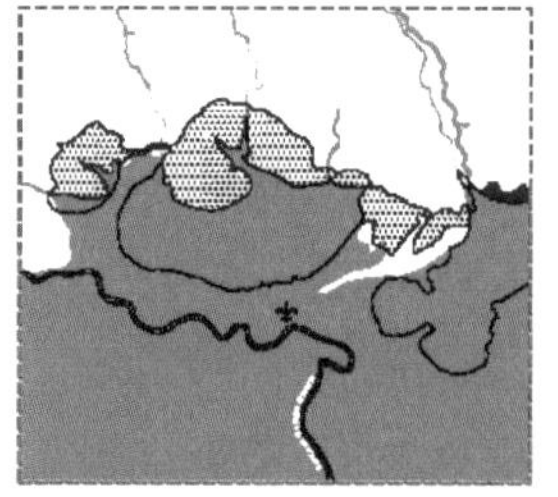

2600BC：冰川融化导致海平面上升，沉淀物在水下积累

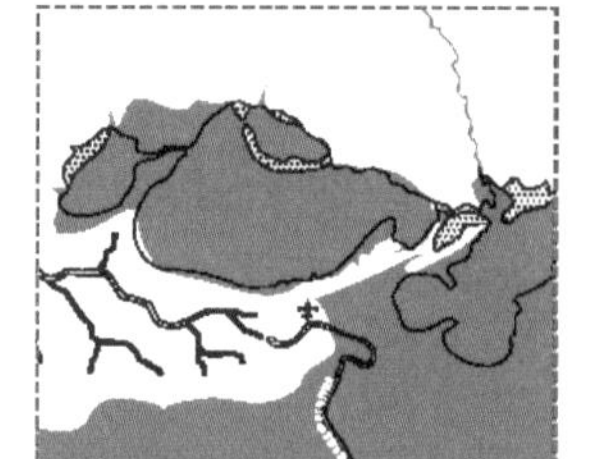

2000BC：密西西比河改道

AD1：密西西比河沉淀物形成湿地

路易斯安那东南部湿地的发展与退化[05]

04：乔夫·马纳夫（Geoff Manaugh）和尼克拉·特威利（Nicola Twilley），“灵活的城市化之上”，《什么是城市？卡特里娜飓风之后重新思考城市》，编者：费尔·斯滕博格（Phil Steinberg），罗伯·希尔兹（Rob Shields）（佐治亚雅典：佐治亚大学出版社，2008 年），第 75 页。

05：丹·斯温森（Dan Swenson），“路易斯安那东南部的上升与消失”，《皮卡尤恩时报》（Times-Picayune），2008 年 1 月 1 日，网址：http://blog.nola.com/graphics/2008/01/last_chance.html（图片）；洪水深度之上，美国应急管理局，“卡特里娜飓风为美国灾害损失评估系统（HAZUS-MH Loss Estimation）估算了水深，新奥尔良，路易斯安那州”（2008 年），网址：http://www.fcma.gov/library/viewRecord.do?id=2011.

到 2050 年城市又将有百分之十二的区域等于或低于海平面。

据预计，至 2050 年新奥尔良将下沉 76.2 厘米。[06]

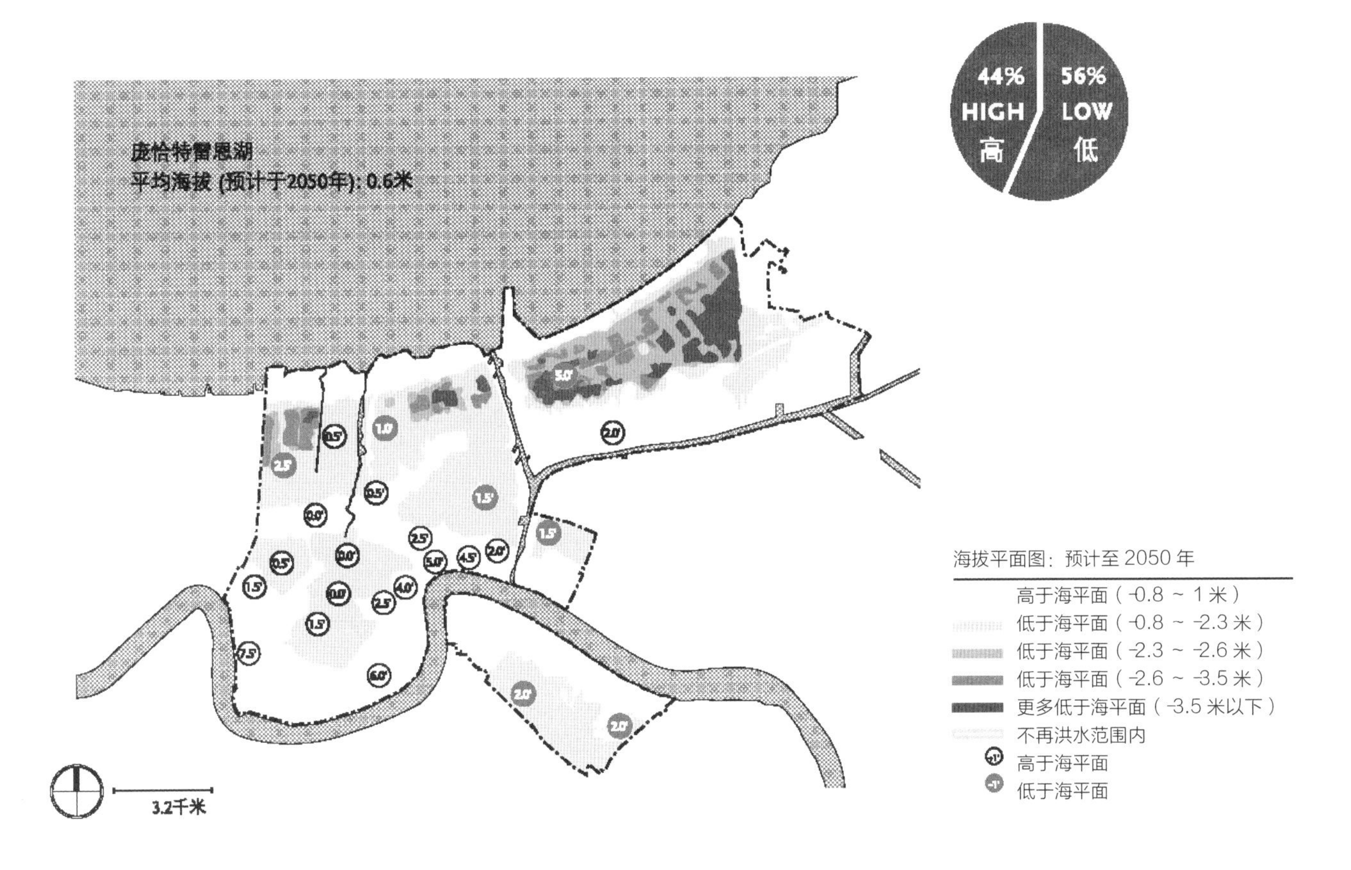

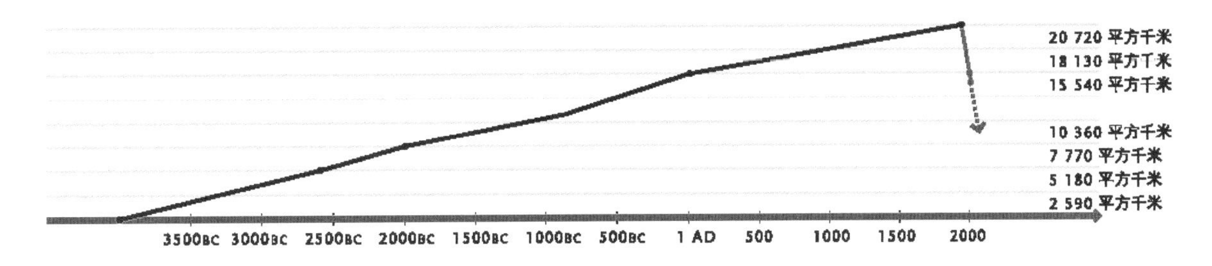

+5 180 平方千米 (自从 AD 1)

1932 年：新奥尔良继续城市化进程，并在湿地上开垦荒地，建设堤坝工程，河流沉淀增多。

-5 180 平方千米 (自从 1932年)

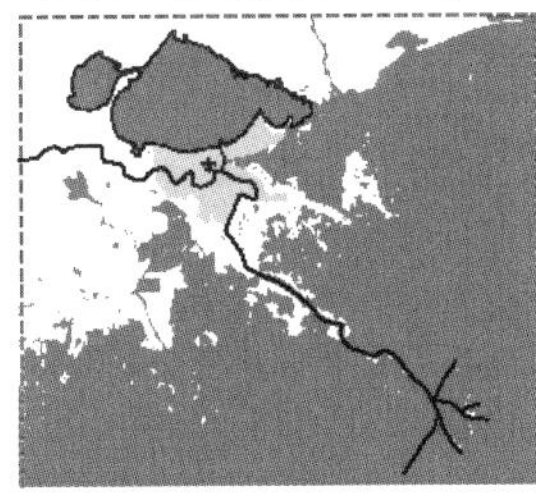

2000 年：沉淀速度减慢，湿地面积缩小。

*1932-2000 年：5 180 平方千米土地消失（相当于 970 000 个足球场）

-811 平方千米 (自从 1932年)

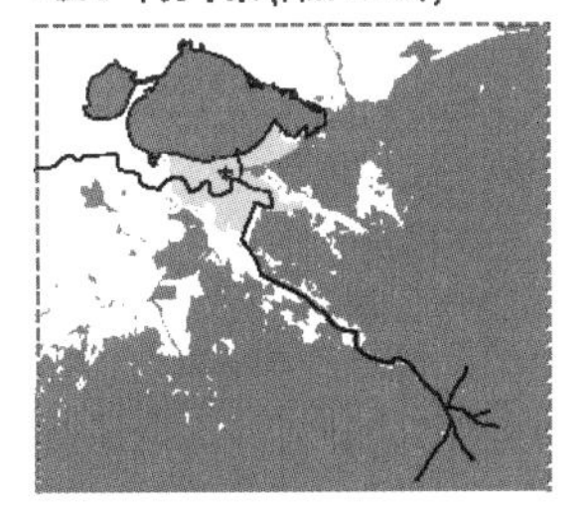

2005 年：飓风卡特里娜和丽塔摧毁了湿地。

*2000-2004 年：约有 811 平方千米的土地消失（相当于 151 758 个足球场）

-3 755 平方千米 (自从 2005年)

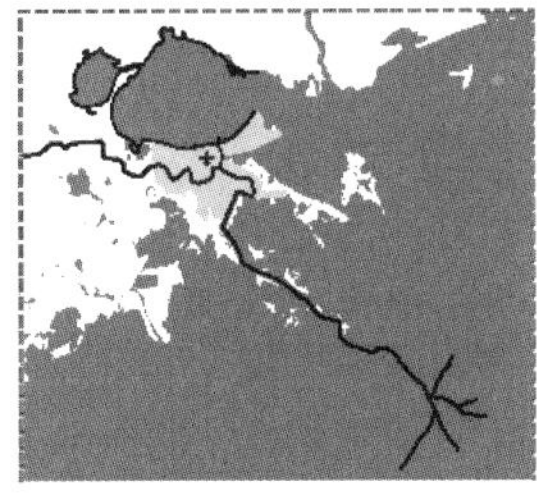

2050 年：地质学家预计从 2005 年到 2050 年期间每年将有 65 平方千米的土地消失（相当于 333,394 个足球场）。

06：布莱恩·汉德韦尔克（Brian Handwerk），“卫星发现，新奥尔良下沉比预计的快”，《国家地理新闻》，2006 年 6 月 1 日，网址：http://news.nationalgeographic.com/news/2006/06/060601-new-orleans.html.

2005 年卡特里娜飓风袭击，迫使这座城市正视自己的生态现实

卡特里娜飓风造成的破坏范围很广，整个受灾范围几乎与英国国土面积相当。[07]

卡特里娜飓风是美国历史上破坏最严重的自然灾害之一。被摧毁的堤坝和下沉的地基力加剧了洪水的破坏力。

- 新奥尔良市 80% 的地区被洪水淹没
- 城市 50% 的人口被疏散
- 62% 的房屋被损毁

低洼的居民区中湖景区（Lakeview）、詹蒂伊区（Gentilly）和新奥尔良东区是最为脆弱的（它们的海拔低于海平面 1.5~3.4 米），低九区也成为城市不健全的防洪系统的牺牲品。只有建于自然堤坝边高地上的城市历史区域免遭新奥尔良人工防御工程灾难性失败的一劫。[08]

卡特里娜飓风带来的后果，2005 年

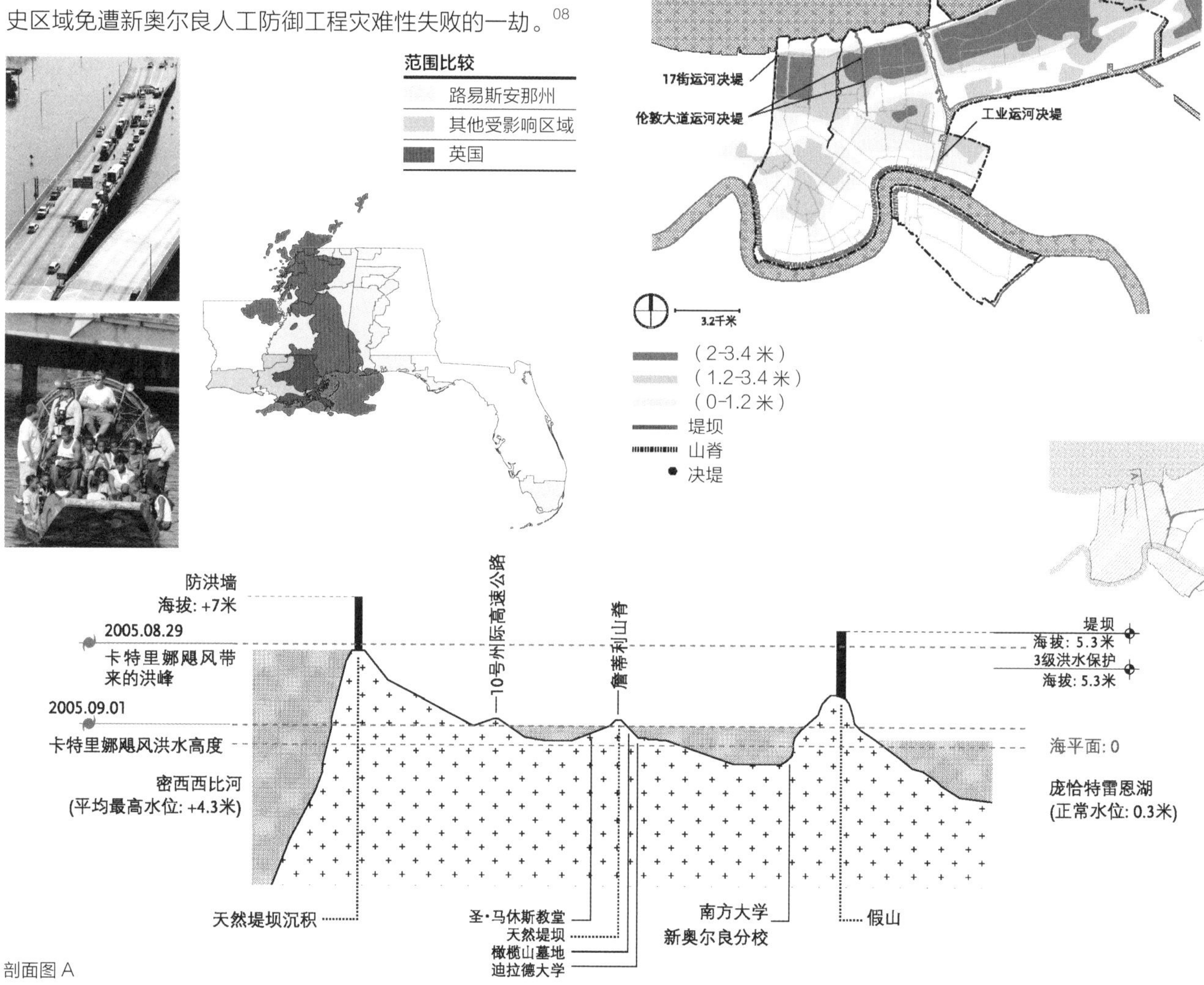

剖面图 A

07：2005 年 8 月 29 日卡特里娜飓风袭击了路易斯安那州，一夜之间使新奥尔良市人口骤减。多处决堤后这座防御城市被洪水淹没。很多房屋或当场被毁，或严重损坏后被拆除。至 2008 年 3 月，城市三分之一的地址无人居住（布鲁金斯研究员大都会政策项目及大新奥尔良社区数据中心，“卡特里娜三年之后”，《新奥尔良索引》，2008 年 8 月，第 22 页，网址：http://gnocdc.s3.amazonaws.com/NOLAIndex/ESNewOrleansIndexAug08.pdf）。

08：人为造成的土地下沉和土壤侵蚀加剧了灾害，不均匀的破坏分布进一步凸显出先前存在的社会经济及种族的不平等。至 2007 年 7 月，卡特里娜飓风前人口的大约 67% 返回了城市，经济不发达区域的居民返回率最低，例如低九区只有 20% 的返回率。

一个具有创意的方案：漂浮的房子 [09]

漂浮房屋的设计概念源于两个方面。

1. 设计一种地基，可以使房子脱离基础设施和公共设施而运行，这些设施在低九区尚未修理，而且可能再次失效。

2. 在地基之上设计一幢房屋，完全与自然环境结合，尊重新奥尔良的地方特色，富含可持续发展技术。

一个内部的机械装置使房层建筑结构在洪涝灾害时可以升高 3.7 米，并脱离市政设施网格，独立支持 21 天。

由于新奥尔良很有可能再次遭受洪水侵袭，城市要求所有新建筑都要高于地面 1.5~2.4 米，该设计遵从这些要求，但也不会让居民住在高跷上。

美国三位环境科学家在一篇社论中提出七个建议，其中第一条是那些低于海平面的区域应该被“滨海湿地替代……或是建造可以适应沿海洪涝的房屋（例如，建在桩柱上或者可以漂浮）”[10]。

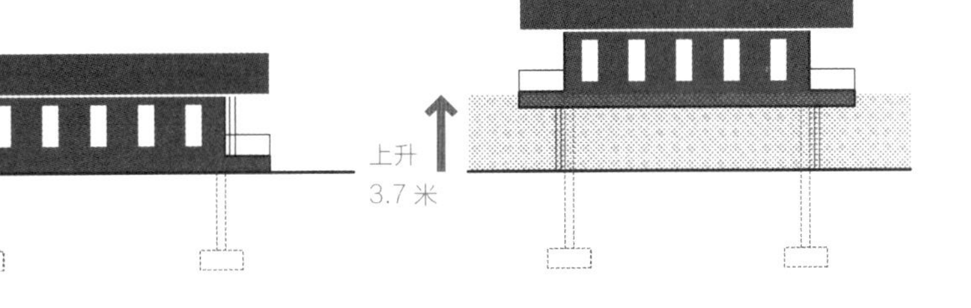

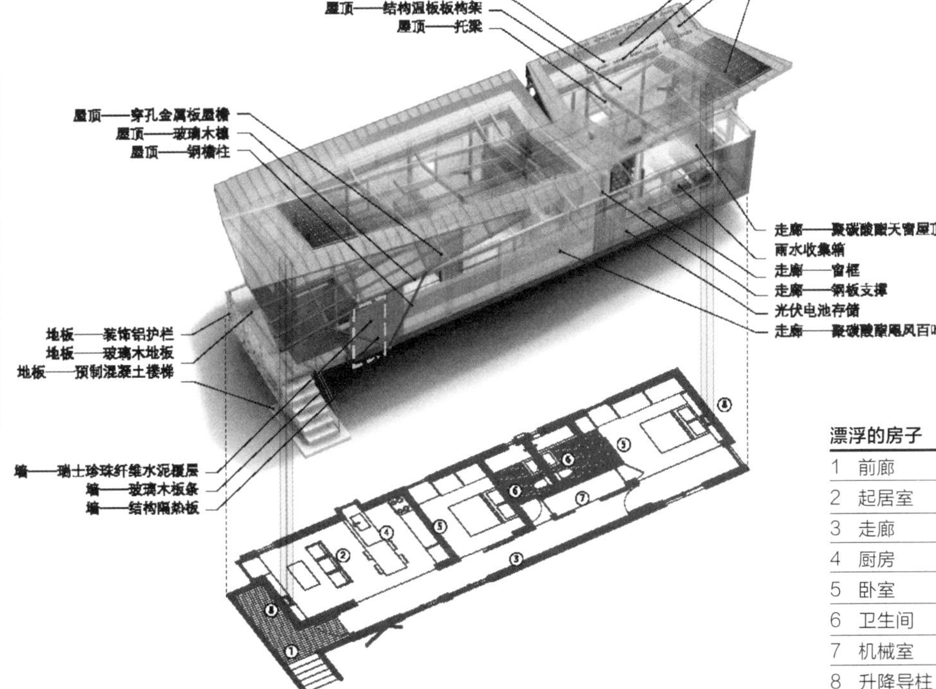

漂浮的房子

1 前廊
2 起居室
3 走廊
4 厨房
5 卧室
6 卫生间
7 机械室
8 升降导柱

09：2007 年“Make It Right”基金会邀请十三家建筑事务所为低九区设计廉价住房模型，墨菲西斯事务所是其中一家。作为这个努力的延伸，利用与学术界长期的合作关系，墨菲西斯事务所与加州大学洛杉矶分校建筑与城市设计系合作，开发并修建了一个房屋模型，并与克拉克建筑公司、加州大学洛杉矶分校建筑系的学生一起在校园里建起了这个房屋的构件，之后被运往新奥尔良进行组装。

10：罗伯特·科斯坦萨（Robert Costanza），威廉·米驰（William J. Mitsch）和约翰·戴（John W. Day Jr.），“建设可持续发展和令人称心的新奥尔良”，《生态工程》第 26 期（2006 年 7 月 31 日）：第 318-319 页，网址：http://swamp.osu.edu/PDF/NewOrleans.pdf.

底座与外壳：一座由部件组成的房子

房屋：在新奥尔良流行的盒式房屋可以被分成房屋本身和房屋的地基两个主要部分。新奥尔良和低九区鲜明的文化体现在这些独特而多彩的房屋中，当地居民总会出大力气设计自己的房屋。为了让低九区的居民再次精巧地展示自己的文化，我们重新设计了建造房屋的地基。

我们以房屋的性能为首要目标，创造了一种有可能在全球推广的模型。[11] 一副类似于汽车底盘的支架用以容纳所有自给自足房屋必需的构件，房屋外壳、走廊和屋顶都附着于这个支架。

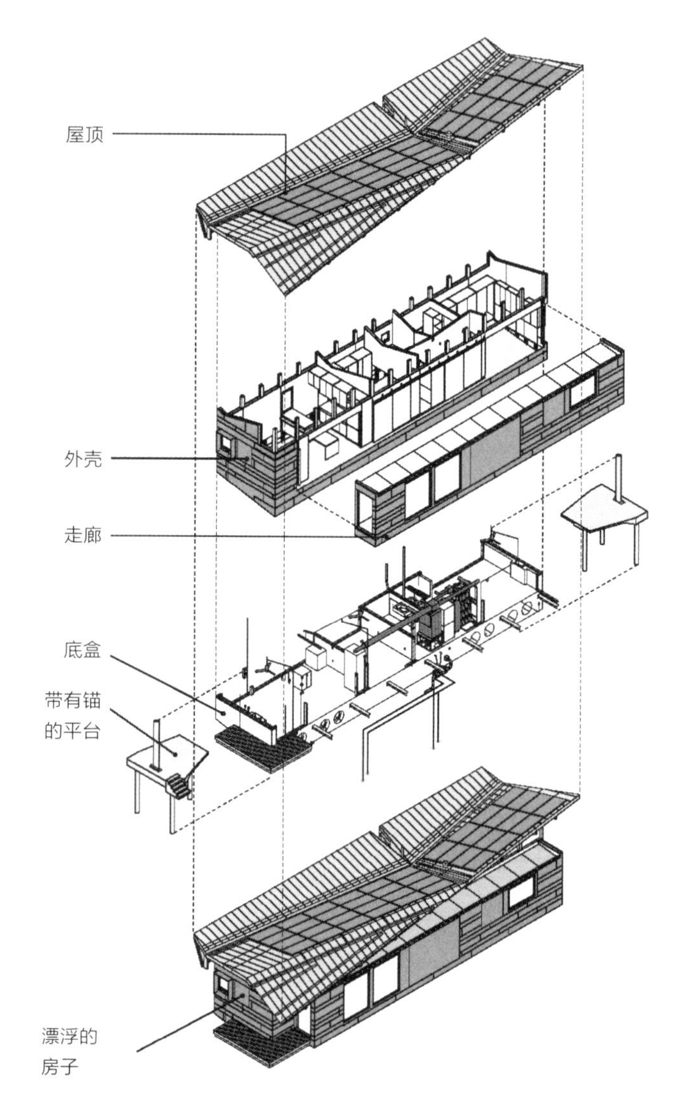

理论上，任何一种盒式房屋都可在可调节的基盘上进行组装。

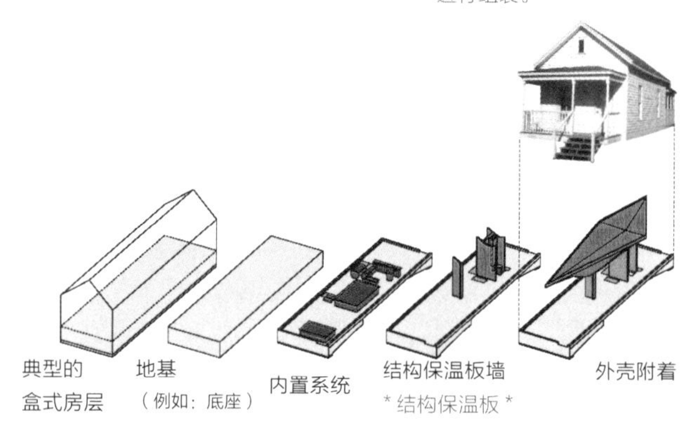

底盘：房屋的地基需要既特定又兼容，就像汽车底盘一样。自我支撑的结构容纳了所有关键机械和技术设备，为房屋提供电、水和新鲜空气。发泡聚苯乙烯泡沫材料经过处理，被装入玻璃纤维增强的混凝土中，形成一个牢固而有弹性的地基，可以随着洪水的升高而漂浮，从而保护房屋免受水和气候的威胁。[12]

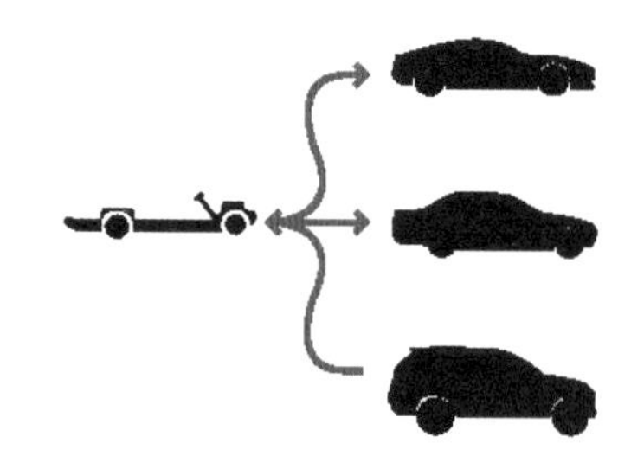

11. 这个有重要意义的设计具有可伸缩性，可以超越一个场地、区域乃至城市的范围。漂浮的房子设计极有可能影响其他具有相似环境的地区。

12：底座是房屋的主要元素，其他结构都围绕它组织装配。它包含一层加厚的基板、一个服务核心和 个大型屋顶雨水收集箱，其设计尽可能地利用异地的车间人工成本和质量控制。这种预制构件由泡沫塑料和玻璃纤维增强的混凝土构成，大小适合标准平板拖车，可以整块运送至场地，还可预安装所有需要的墙锚、管道及用电和机械路由器。所需的系统储存和内部基础设施在供应商的构件厂房预制并安装。预制构件单元在场地内被放置在前后平台之间的四块固定的混凝土台上，混凝土台在洪水情况下可以成为房屋的锚点。依靠当地劳动力和传统建造技术可在场地内建造平台和与之相关的地基梁。最后，标准化的墙构架、室内装修元素、预制屋顶和余下的系统组成部分在场地内进行组装。底盘详尽的设计和有效的形式不需要复杂的维护。液态丙烷和废水箱置于屋外，过滤器、电池和机械构件则置于屋内。

新新奥尔良城市开发项目方案

逆向工程区域，越过实用性的临界线

尽管漂浮的房子适用于面临洪水威胁的区域，但也有一个临界线。在这个临界线之外，即使是漂浮的房子也不是一个明智的解决办法。新新奥尔良城市开发方案阐述了一种多方面的策略，将新奥尔良损坏最为严重的低洼地段由居住用地还原为自然状态的湿地，同时增加架高城市区域的密度，为奥尔良教区的居民提供所需住房。

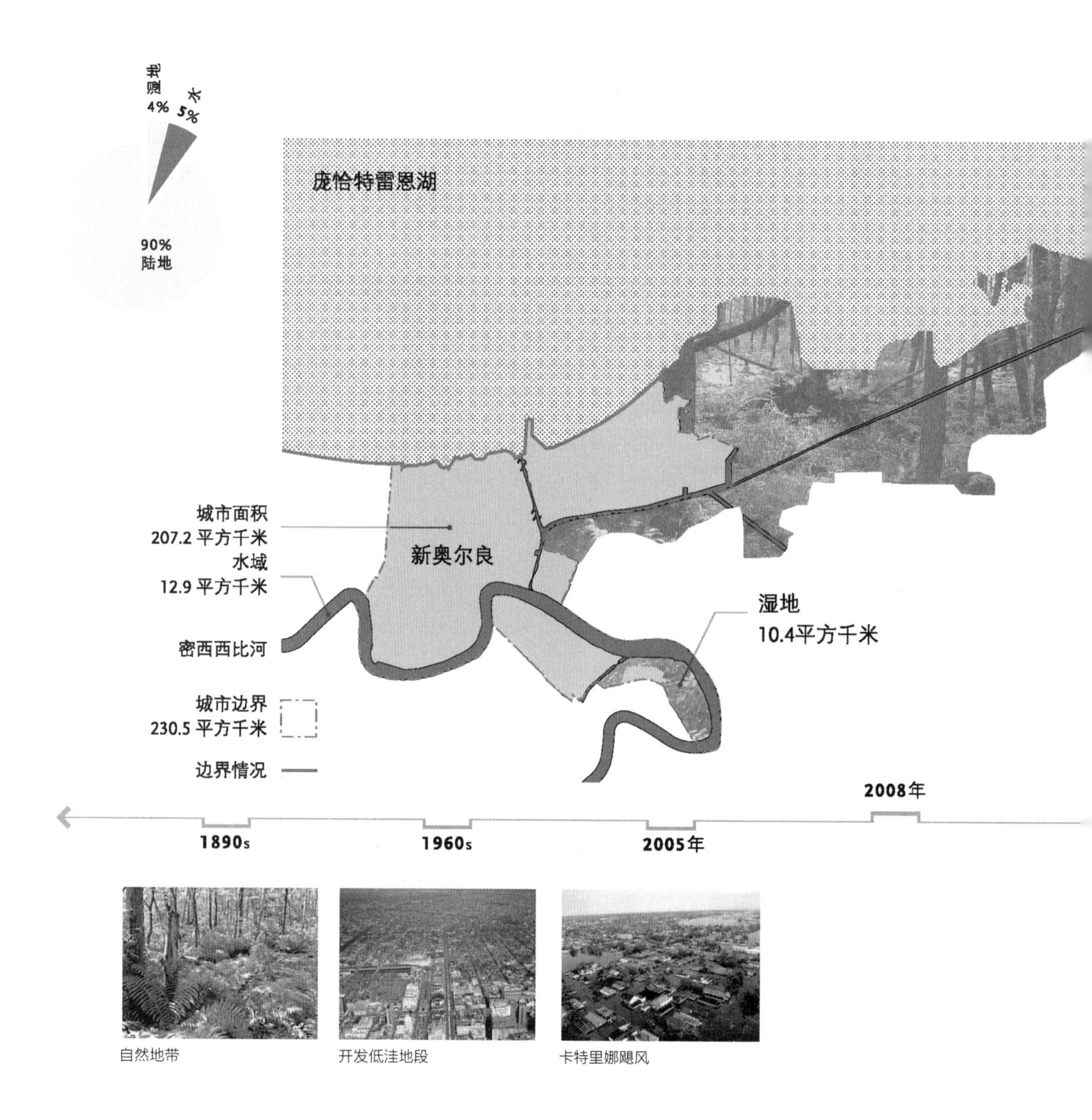

自然地带

开发低洼地段

卡特里娜飓风

该方案利用新奥尔良的现代条件来指导城市到2050年的转变，改造面临最大洪水威胁的地区；低洼地区被还原为湿地，允许水通过落潮和流动覆盖地面，从而保护城市不受洪水和风暴的侵害。城市高地上空置的房地产用地被密集开发，同时低洼地上被破坏和废弃的地产通过开垦为城市湿地和公园而回归自然。这种人口转移有利于改善新奥尔良重新安居的动向。曾经居住在低洼区的人口搬迁到更高、更安全的地段。

与传统的从乡村到城市的单向开发相反，该方案以一种负责任的和成本效益高的方式，结合区域效应（生态、环境、地质等）完成了开发循环。据预计，新奥尔良将缩小至原来的四分之三，其耗费为237亿美元，相比之下重建防洪系统则预计需要花费390亿美元。

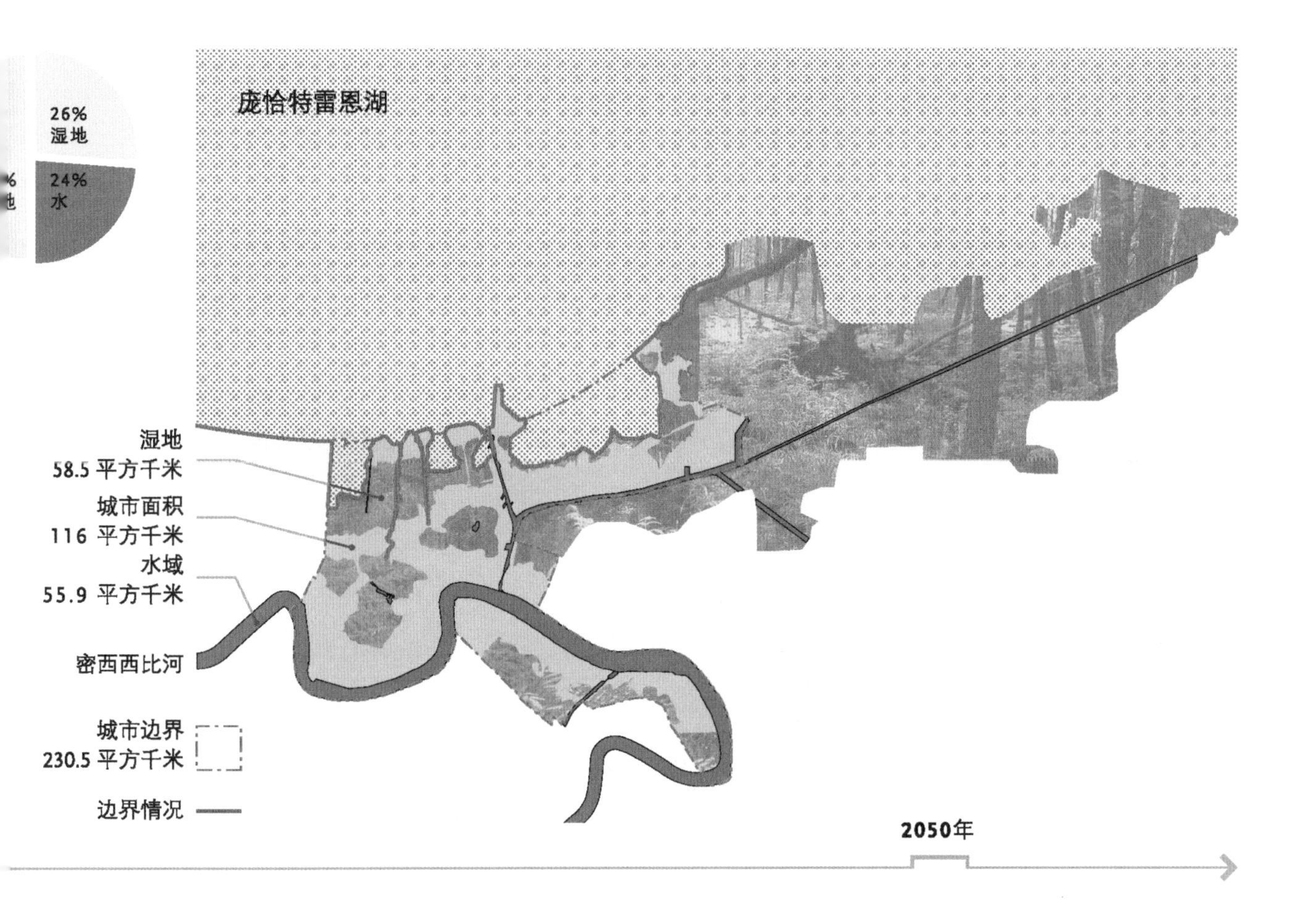

回归自然

由我们界定的新奥尔良包含 207.2 平方千米城市区域、12.9 平方千米水域和 10.5 平方千米湿地——所有进一步的数据都是基于这 230.5 平方千米的区域。

奥尔良教区与新奥尔良市同义，是路易斯安那州 64 个教区之一。新奥尔良位于密西西比河和庞恰特雷恩湖之间，墨西哥湾上游 169 千米处。据市政府称，新奥尔良的官方定义包含 52% 的陆地和 48% 的水域。很多种统计基准可以被用来描述奥尔良教区，而这些图片是我们用以计算的基础。

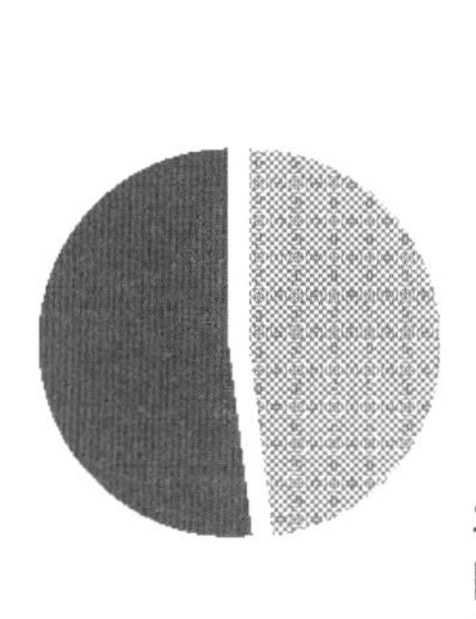

平方千米
陆地: 469
水: 440
总面积: 909

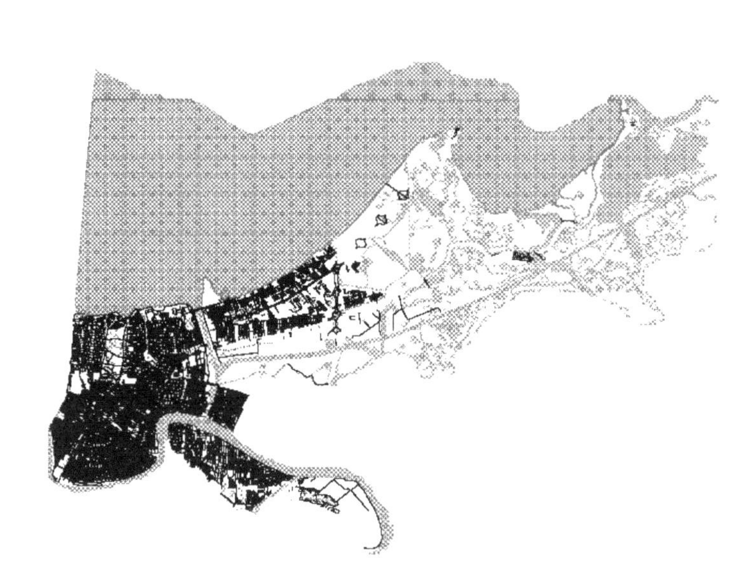

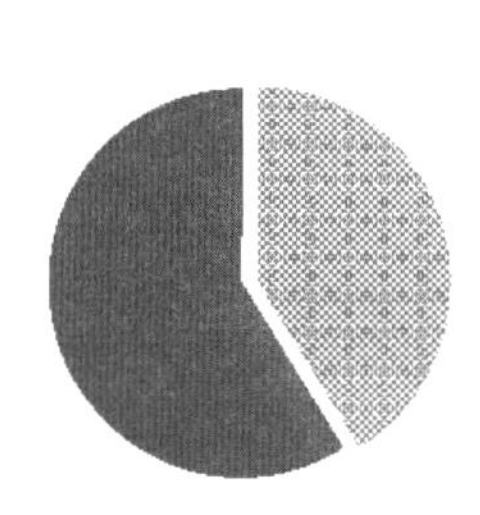

平方千米
陆地: 311
水: 220
总面积: 531

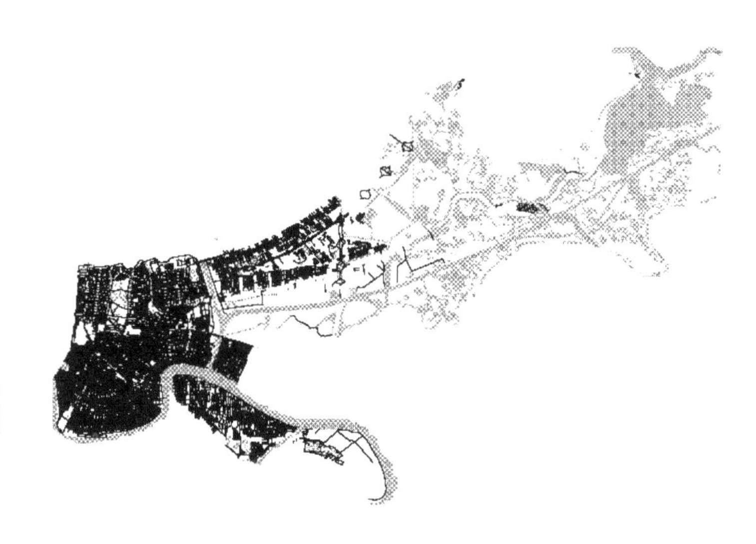

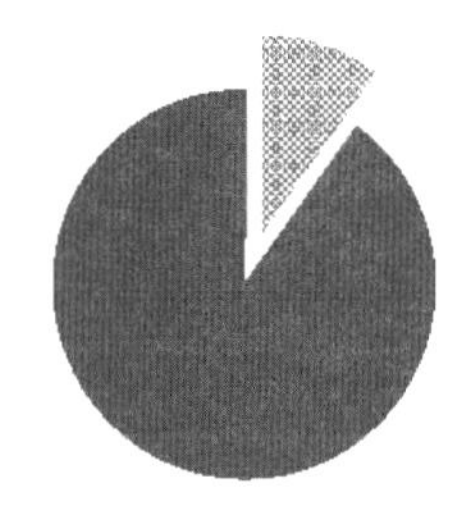

平方千米
陆地: 207
水: 23
总面积: 230

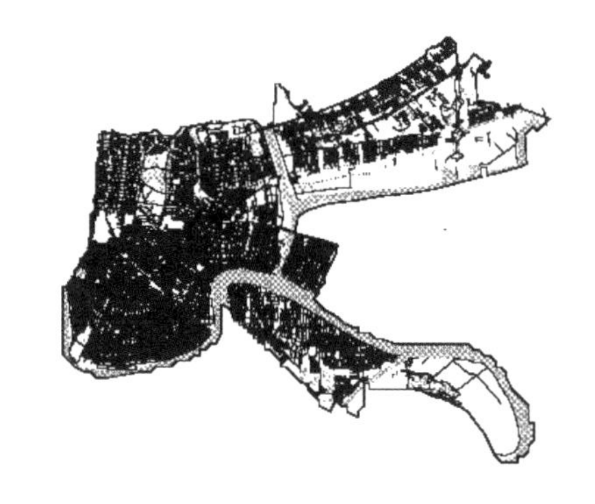

三个阶段的方案实现灵活城市化

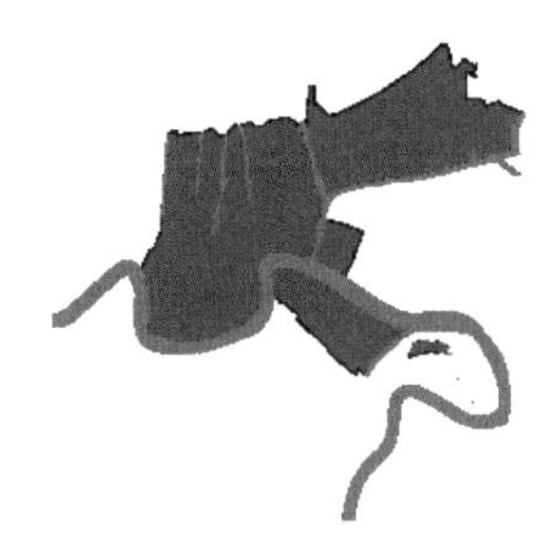

现状：2008年

　　教区毁坏最严重的低洼地区的人口搬迁到更高、更安全的地方，方案分为三个阶段：

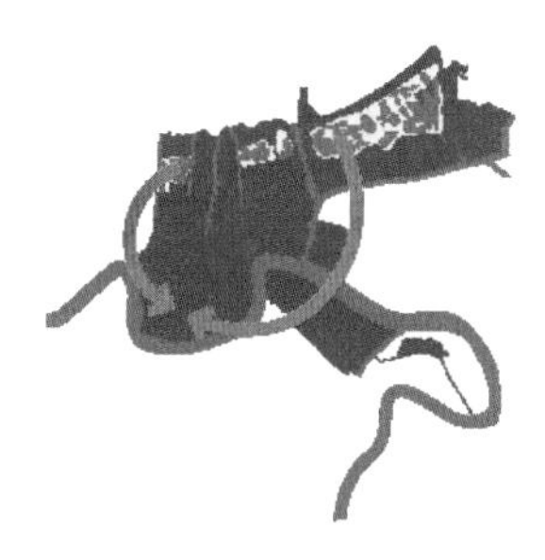

阶段一：2015年

阶段一：撤离（最）低洼地区

· 在低九区、东部湿地区域以及所有高危地区迅速部署漂浮的房子模型。

· 重建那些未遭卡特里娜飓风袭击但之前就已毁坏或废弃的地产。

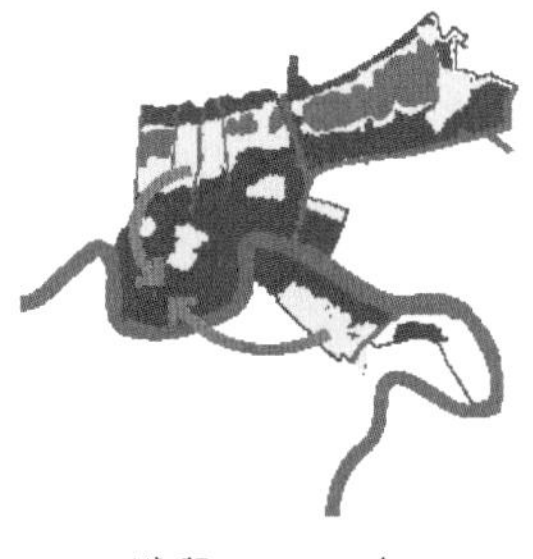

阶段二：2021年

阶段二：撤离（较）低洼的地区

· 鼓励居民搬离所有面临危险的开发区域，依据联邦应急管理局划分的洪水区，通过买断项目，确定被损害的和高危的地产，为拥有这些地产的居民提供经济补偿。

· 湿地还原启动。

· 保护所有重要的历史文化资产。

阶段三：2050年

阶段三：潜加高地密度

· 继续鼓励居民搬离高危区域。

· 继续保护重要历史文化资产，比如圣·伯纳德区、詹蒂利台地和低九区。

· 与历史学家、市行政官员、社区代表和规划师合作评估区域中的重要历史文化资产，做出关于资产保护的最后评定。

· 完成对湿地的还原。

现状：
后卡特里娜时期（2008 年）

144 730 人居住在 91.06 平方千米的低洼地区。新奥尔良的人口密度是 1 601 人 / 平方千米。71 657 处被毁坏和废弃的地产可以被复原或被还原为湿地。

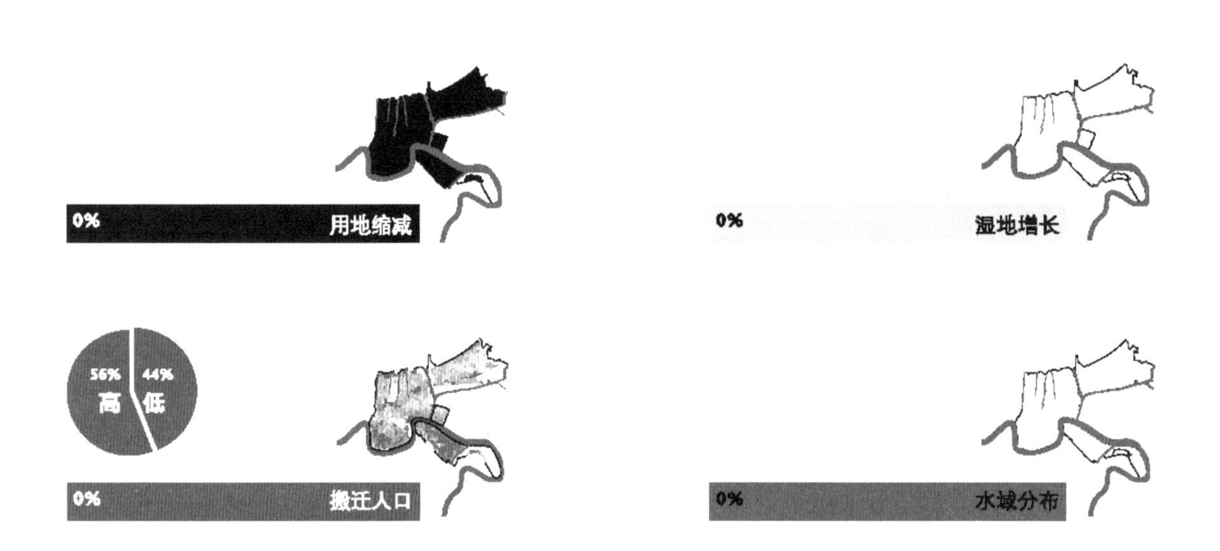

2008 年数据

327 000	总人口
	207 平方千米 城市区域
	23 平方千米水面
184 400	人（总人口的 56%）居住在高地
144 730	人（总人口的 44%）留在面积为 91.06 平方千米的低洼地段
0	人（人口的 0%）迁移
0	平方米（总面积的 0%）还原为湿地
	城市面积缩小 0%
	人口密度：1 601 人 / 平方千米

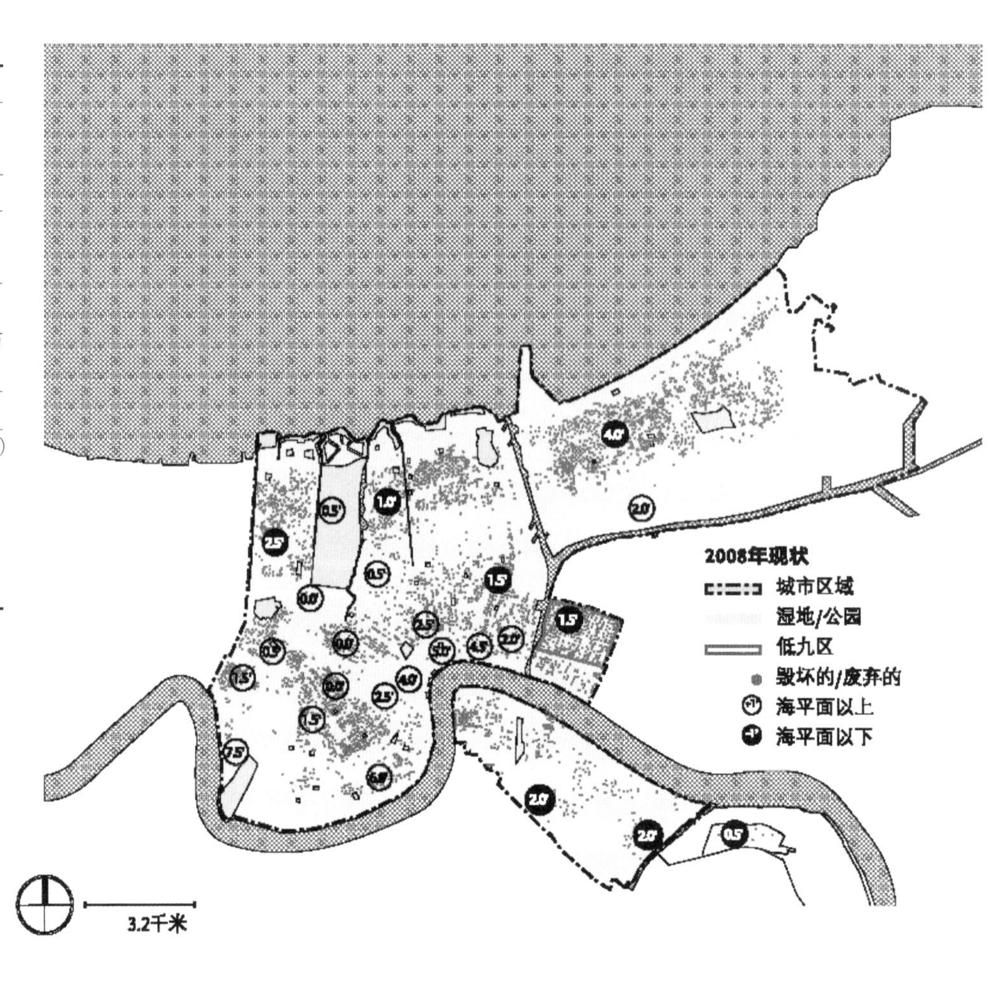

阶段一：
撤离（最）低洼的地区（2008—2015 年）

3 274 人将从 38 平方千米的低洼地区搬迁到更高的地段。人口密度将成为 1 934 人 / 平方千米。

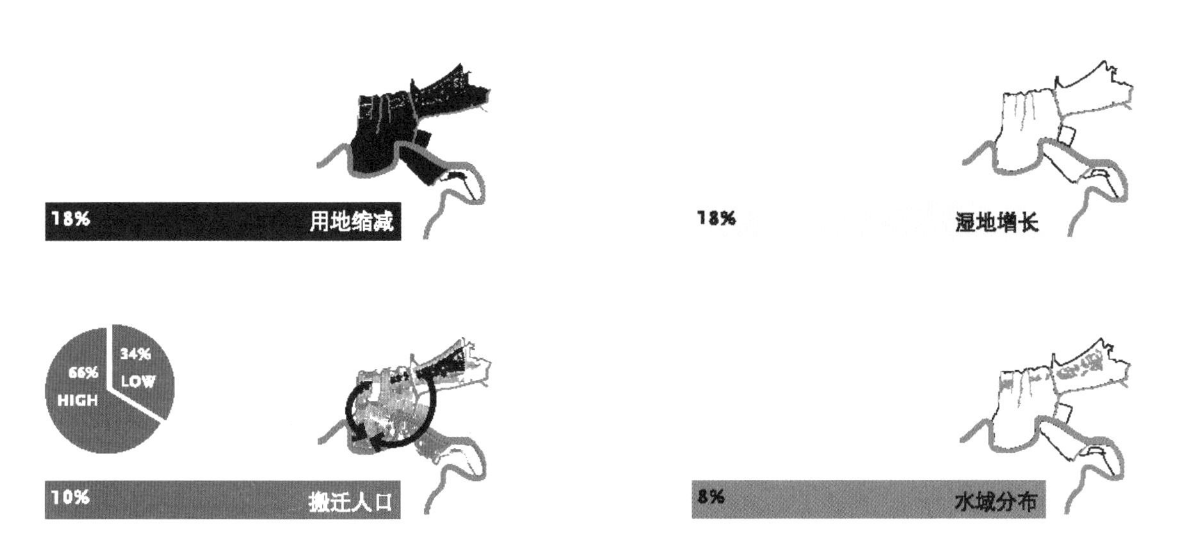

	2015 年数据
218 674	人（总人口的 66%）居住在高地
110 456	人（总人口的 34%）留在低洼地区
34 274	人（总人口的 10%）搬迁
	38 平方千米（总面积的 18%）回收为湿地
	城市区域缩小 167.55平方千米（18%）总面积的 82% 为城市区域
	人口密度：1 934 人 / 平方千米
	新奥尔良下沉 5.4 英寸（13.7 厘米）
12 796	被损坏和废弃的地产用地被重建

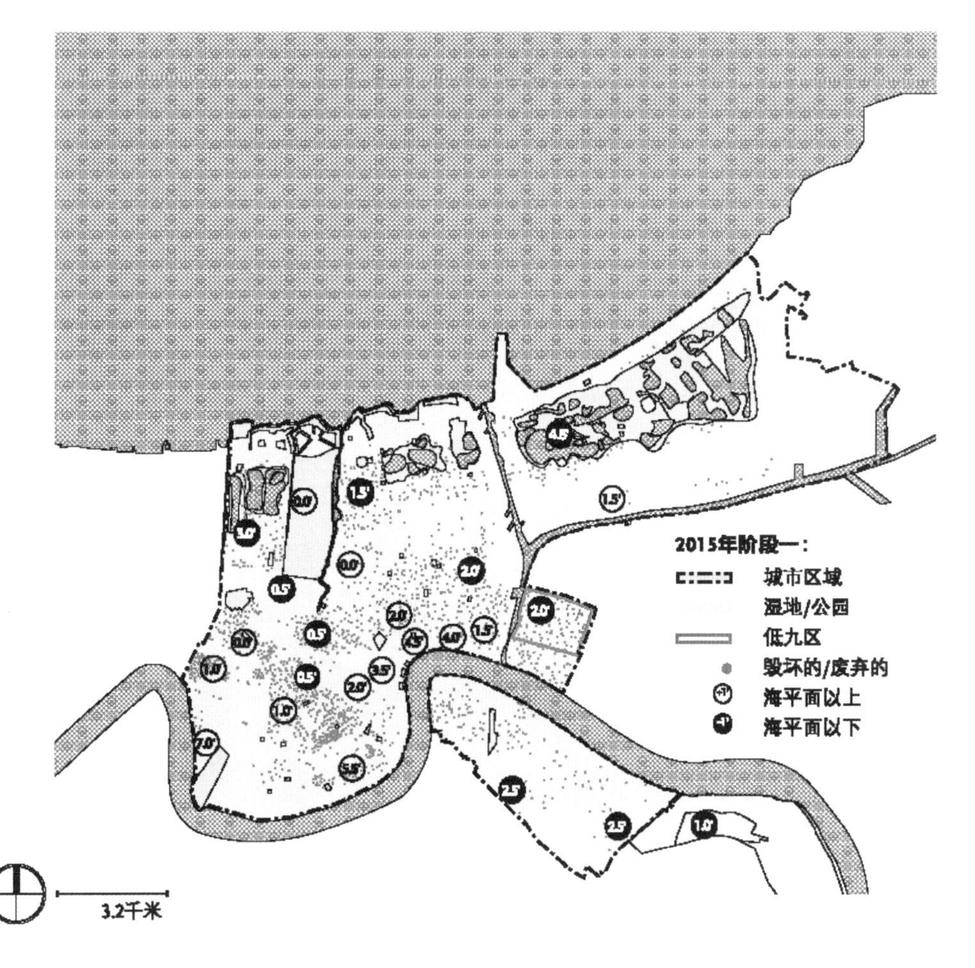

阶段二：
撤离（较）低洼的地区（2015—2021 年）

63 293 人将从 36.75 平方千米的低洼地区搬往较高地段。人口密度将成为 2 516 人 / 平方千米。新奥尔良下沉 10.7 厘米。9 895 处被毁坏和废弃的地产将被重建或还原为湿地。

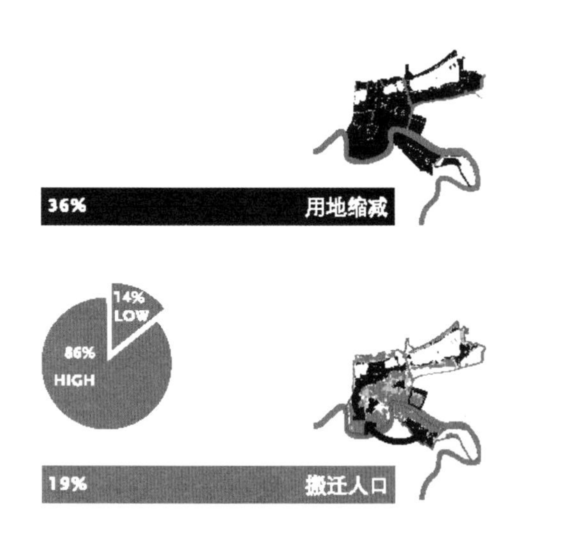

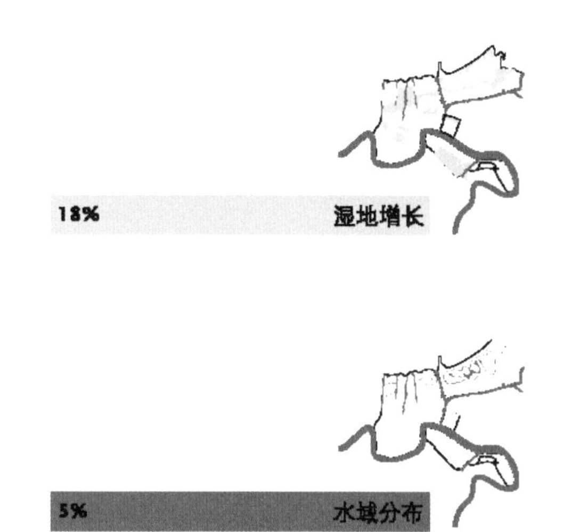

	2021 年数据
281 968	人（总人口的 86%）居住在高地
47 162	人（总人口的 14%）留在低洼地区
63 293	人（总人口的 19%）搬迁
36.75	平方千米（总面积的 18%）还原为湿地
	累计 130.8 平方千米（城区面积的 36%）缩小
	本阶段城市区域缩小 18%
	总面积的 64% 为城市
	人口密度：（2 516 人 / 平方千米）
	新奥尔良下沉 10.7 厘米
9 895	被损坏和废弃的地产用地被重建

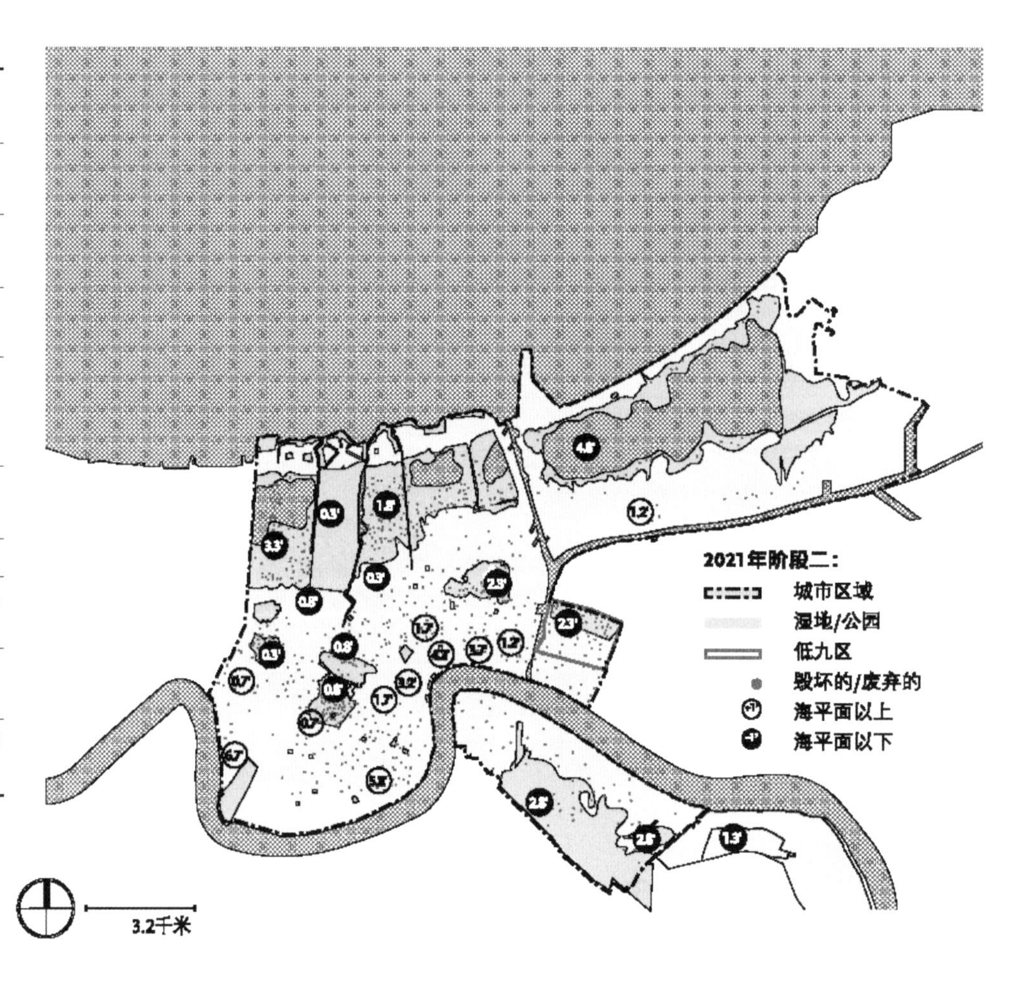

阶段三：
增加高地密度（2021—2050 年）

47 162 人将从 16.32 平方千米的低洼地区搬迁到更高的地段。人口密度将成为 2 673 人 / 平方千米。

新奥尔良下沉 51.6 厘米。48 962 处被毁坏和废弃的地产将被重建或还原为湿地。

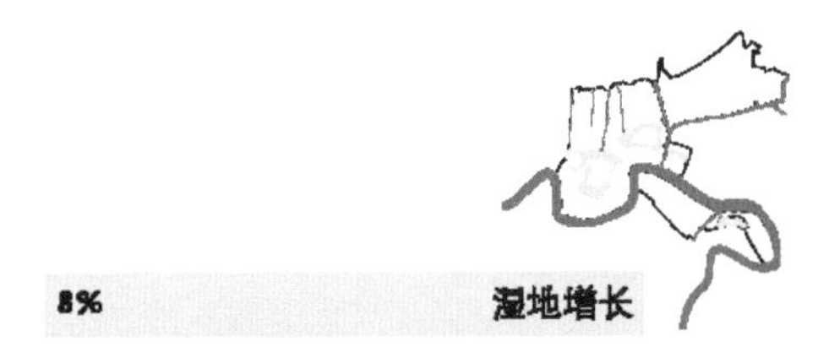

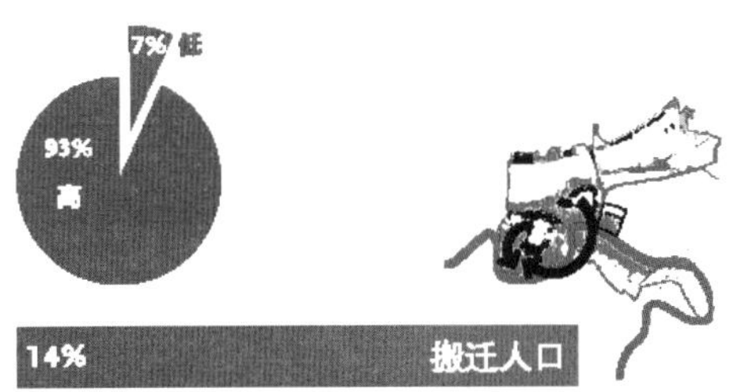

	2050 年数据
306 000	人（总人口的 93%）居住在高地
23 130	人（总人口的 7%）留在低洼地区
47 162	人（总人口的 14%）搬迁
	16.32 平方千米（总面积的 8%）还原为湿地 城市区域累计缩小 114.48平方千（44%），本阶段缩小 8%
	人口密度：2 673 人 / 平方千米 新奥尔良下车 51.6 厘米
48 962	被损坏和废弃的地产用地被重建

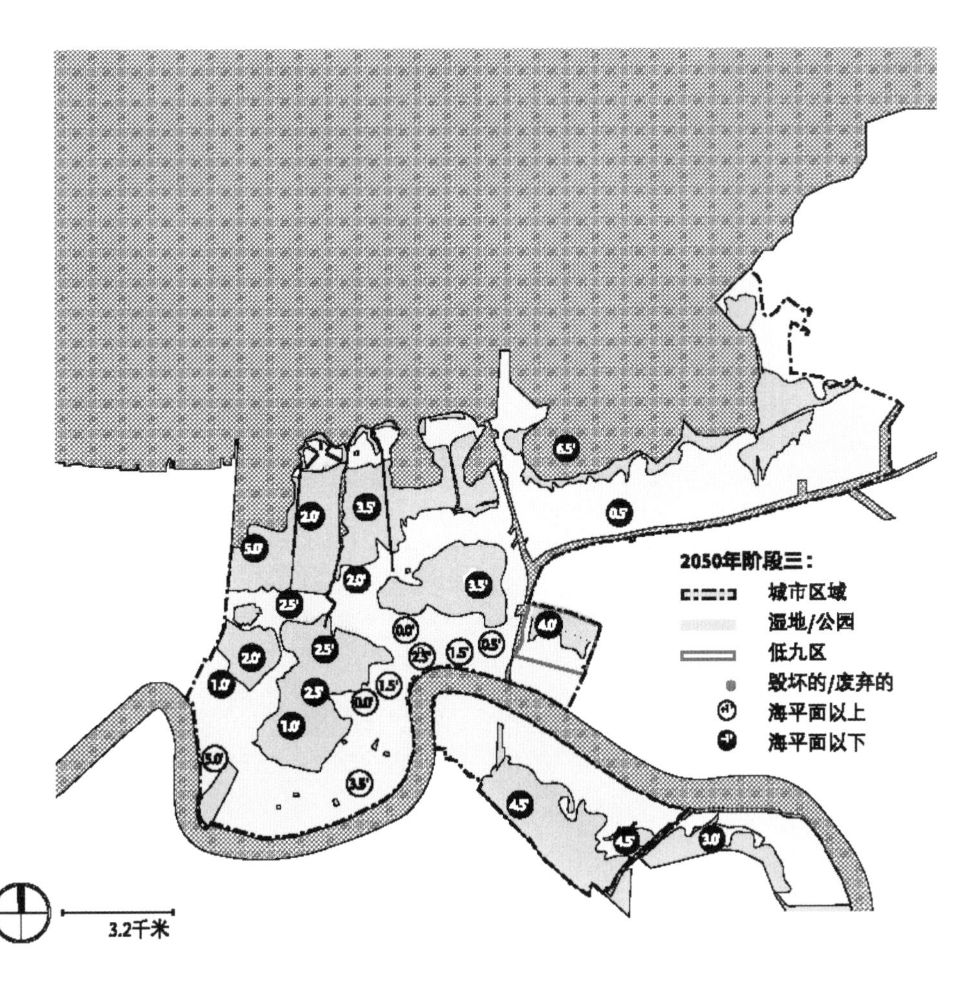

一条变化的边界，一座缩小的城市：

“如今媒体中讨论的将城市的防洪系统升级以抵抗 5 级风暴的预算超过了 300 亿美元。即使如此，统计失败的可能性(被更大风暴袭击)也远高于荷兰的类似项目。”[13]后卡特里娜时期重建：“但是，在这里建设 5 级防御的费用惊人，技术上也十分复杂。它绝不止仅仅是修建更高的堤坝：城市必须有大规模的改造，包括排水渠和泵系统、大尺度的环境重建以补备缓冲湿地和堰洲岛，甚至包括在远离城市的墨西哥湾建造海闸。成本预算还无法估算，但据州政府官员称，这样的工程花费可以轻易地超过 320 亿美元，而且将耗费数十年来完成。”[14]

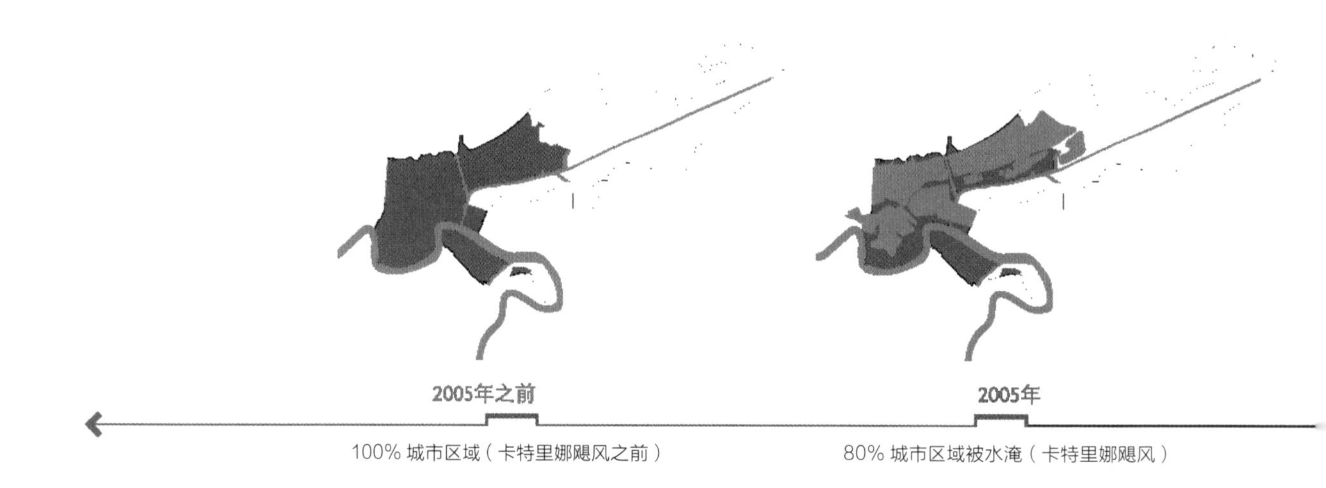

* 欧仁妮 · 波尔驰和苏珊 · 沃车尔编著，《灾后重建城市场所：从飓风卡特里娜而来的教训》，费城：宾夕法尼亚大学出版社，2006 年。

** 基础设施。水：32 亿美元（布鲁斯 · 艾格勒〈Bruce Eggler〉，“新奥尔良的水费将升高”，《皮卡尤恩时报》，2007 年 10 月 4 日）；电：25 亿美元（来源：安特吉公司〈Entergy Corp.〉）；交通运输：48 亿美元（科尔曼 · 华纳〈Coleman Warner〉，“新奥尔良规划师们的构想将花费 140 亿美元”，《皮卡尤恩时报》，2007 年 1 月 31 日，电信：4~6 亿美元。

*** 约翰 · 施瓦茨，“耗资 10 亿美元之后，新奥尔良依然面临危险”，《纽约时报》，2007 年 8 月 17 日。

**** 依据 2000 年普查的平均市场价值：购买所有被水淹的地产的预算成本为 139 亿美元，不到改进供水控制系统所需花费的一半。

***** 预计平均每 4 047 平方米拆迁重建费用为 15 万美元。

13：肯尼斯 · 福斯特（Kenneth R. Foster）和罗伯特 · 吉根加克（Robert Giegengack），“规划一座边缘上的城市”，《面对危险和灾害：飓风卡特里娜带来的教训》，编辑：罗纳德 · 乔尔 · 丹尼尔斯（Ronald Joel Daniels），唐纳德 · 凯蒂（Donald F. Ketti）和哈罗德 · 康罗瑟（Harold Kunreuther）（费城：宾夕法尼亚大学出版社，2006 年），第 49 页。

14：约翰 · 施瓦茨，“建立新奥尔良充分的防洪安全体系需要数亿资金和数十年时间”，《纽约时报》,2005 年 11 月 29 日。

一份成本分析

该方案不仅是对社会负责的，也具有较高的成本效益：逆向建设城市部分比重建堤坝节省成本。一座缩小的城市实际上更为紧凑、更富有活力。

累计数据

306 000	人（总人口的 93%）居住在高地
23 130	人（总人口的 7%）留在低洼地区
121 600	人（总人口的 37%）搬迁
	91 06 平方千米 （总面积的 44%）还原为湿地
	城市区域缩小 114.48 平方千米（44%）
	城市区域现在相当于总面积的 56%
71 657	人口密度：2 673 人 / 平方千米 西雅图：2 586 人 / 平方千米 明尼阿波利斯：2 690 人 / 平方千米 洛杉矶：3 078 人 / 平方千米
	新奥尔良下沉 76.2 厘米
	被损坏和废弃的地产用地被重建
	居民户数 低洼地区： 257（99 户 / 平方千米） 在人烟稀少的区域： 247（95 户 / 平方千米）

重建的两个策略

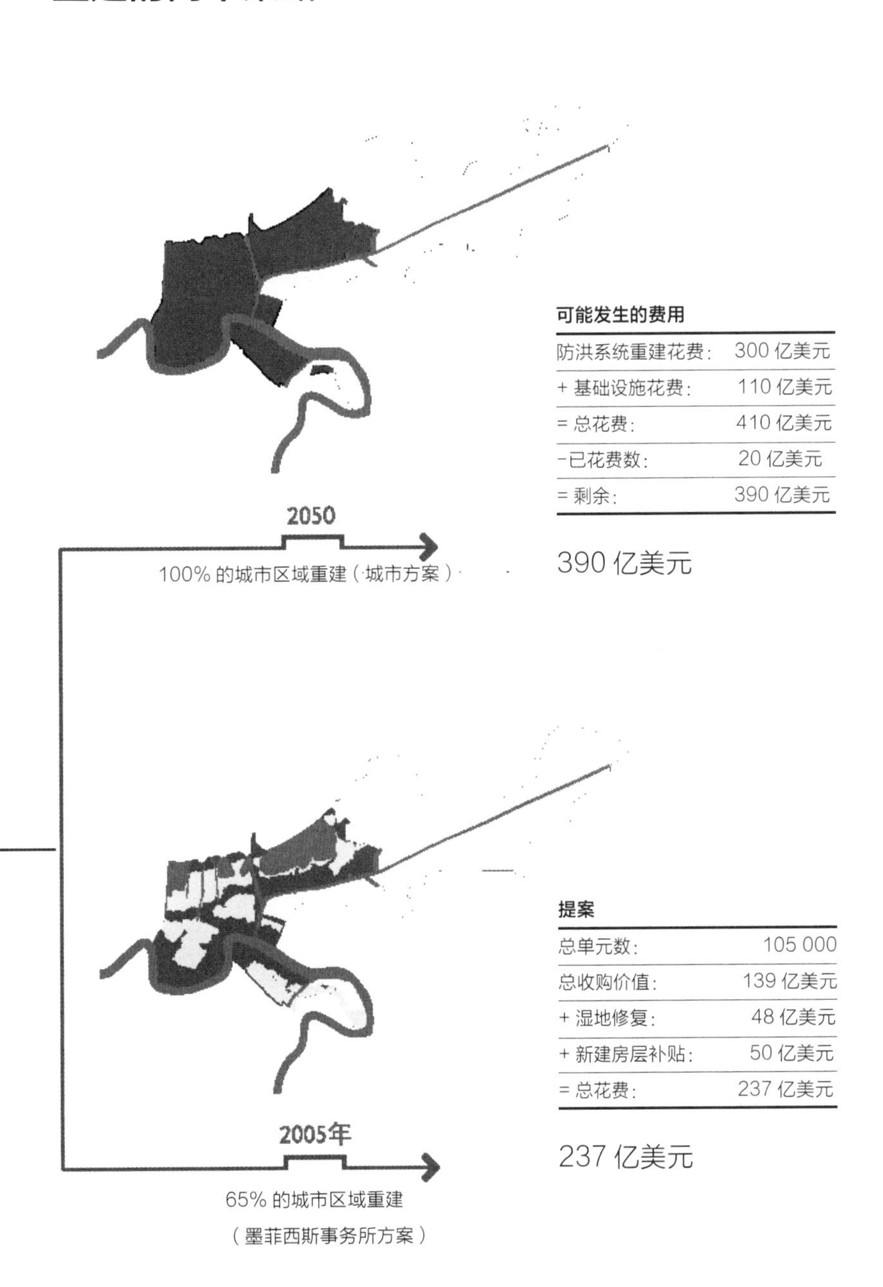

可能发生的费用

防洪系统重建花费：	300 亿美元
+ 基础设施花费：	110 亿美元
= 总花费：	410 亿美元
–已花费数：	20 亿美元
= 剩余：	390 亿美元

提案

总单元数：	105 000
总收购价值：	139 亿美元
+ 湿地修复：	48 亿美元
+ 新建房层补贴：	50 亿美元
= 总花费：	237 亿美元

将新奥尔良缩小至四分之三大小的花费（237 亿美元）少于重建防洪系统所需的花费（390 亿美元）。

一座为边缘地区设计的房屋

新奥尔良是一座位于边缘的城市，坐落在陆地和水域之间模糊而摇摆的交界，总是在处理建筑和自然环境之间的问题上存在矛盾。

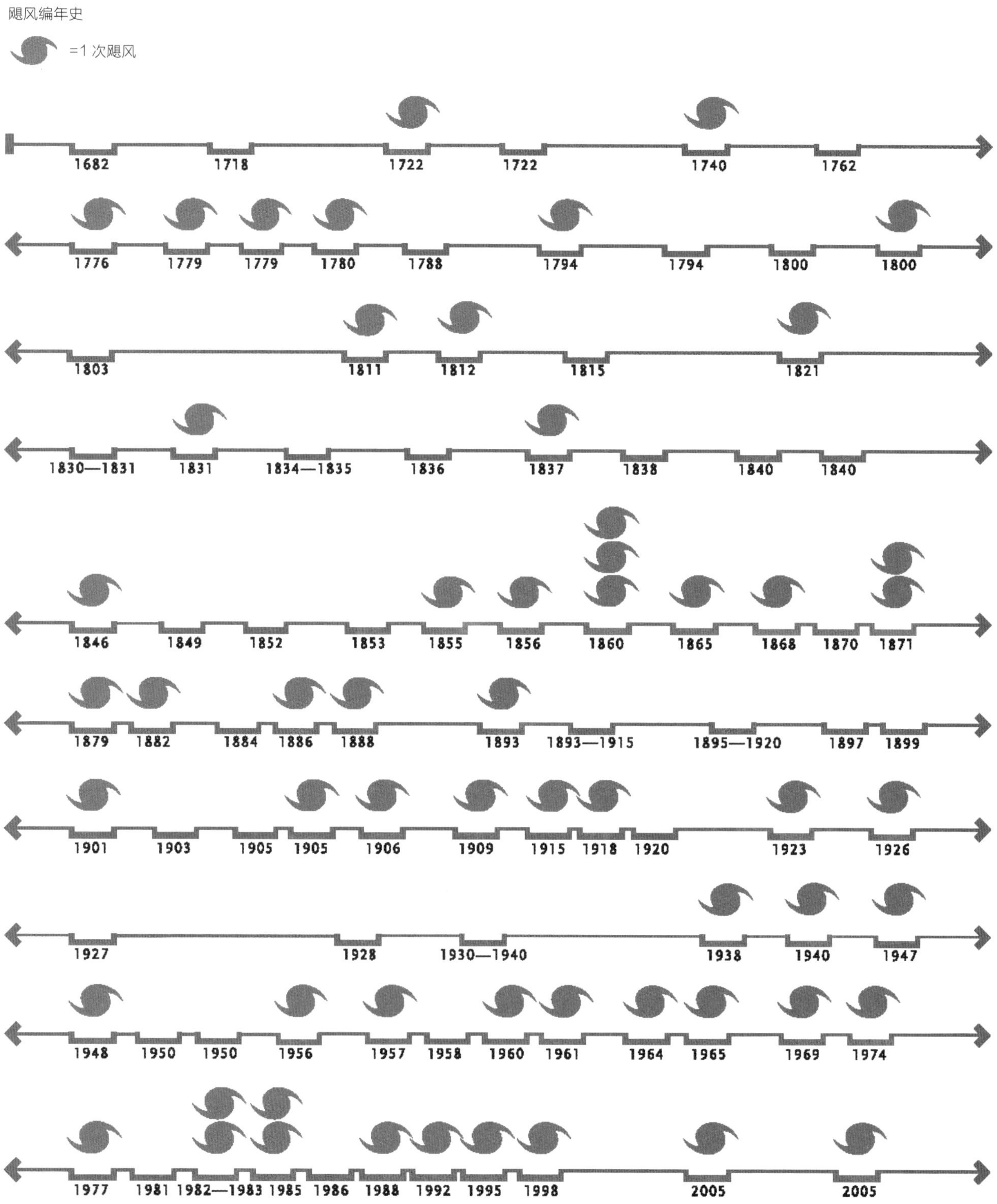

飓风编年史

=1 次飓风

1682 1718 1722 1722 1740 1762

1776 1779 1779 1780 1788 1794 1794 1800 1800

1803 1811 1812 1815 1821

1830—1831 1831 1834—1835 1836 1837 1838 1840 1840

1846 1849 1852 1853 1855 1856 1860 1865 1868 1870 1871

1879 1882 1884 1886 1888 1893 1893—1915 1895—1920 1897 1899

1901 1903 1905 1905 1906 1909 1915 1918 1920 1923 1926

1927 1928 1930—1940 1938 1940 1947

1948 1950 1950 1956 1957 1958 1960 1961 1964 1965 1969 1974

1977 1981 1982—1983 1985 1986 1988 1992 1995 1998 2005 2005

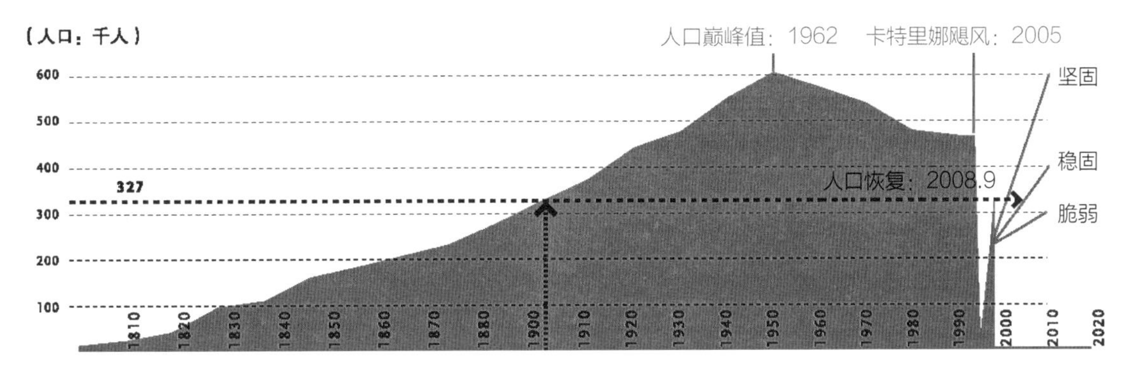

人口曲线图和三个未来预测 *

* 人口恢复资料来源：2008 年美国人口普查，大新奥尔良社区数据中心和埃斯丘 + 杜美兹 + 里普勒（Eskew+Dumez+Ripple）建筑师事务所。

该方案以实际情况为基础，向内部转移城市密度，并改变其边缘的用途，形成城市环境可持续发展的延伸。

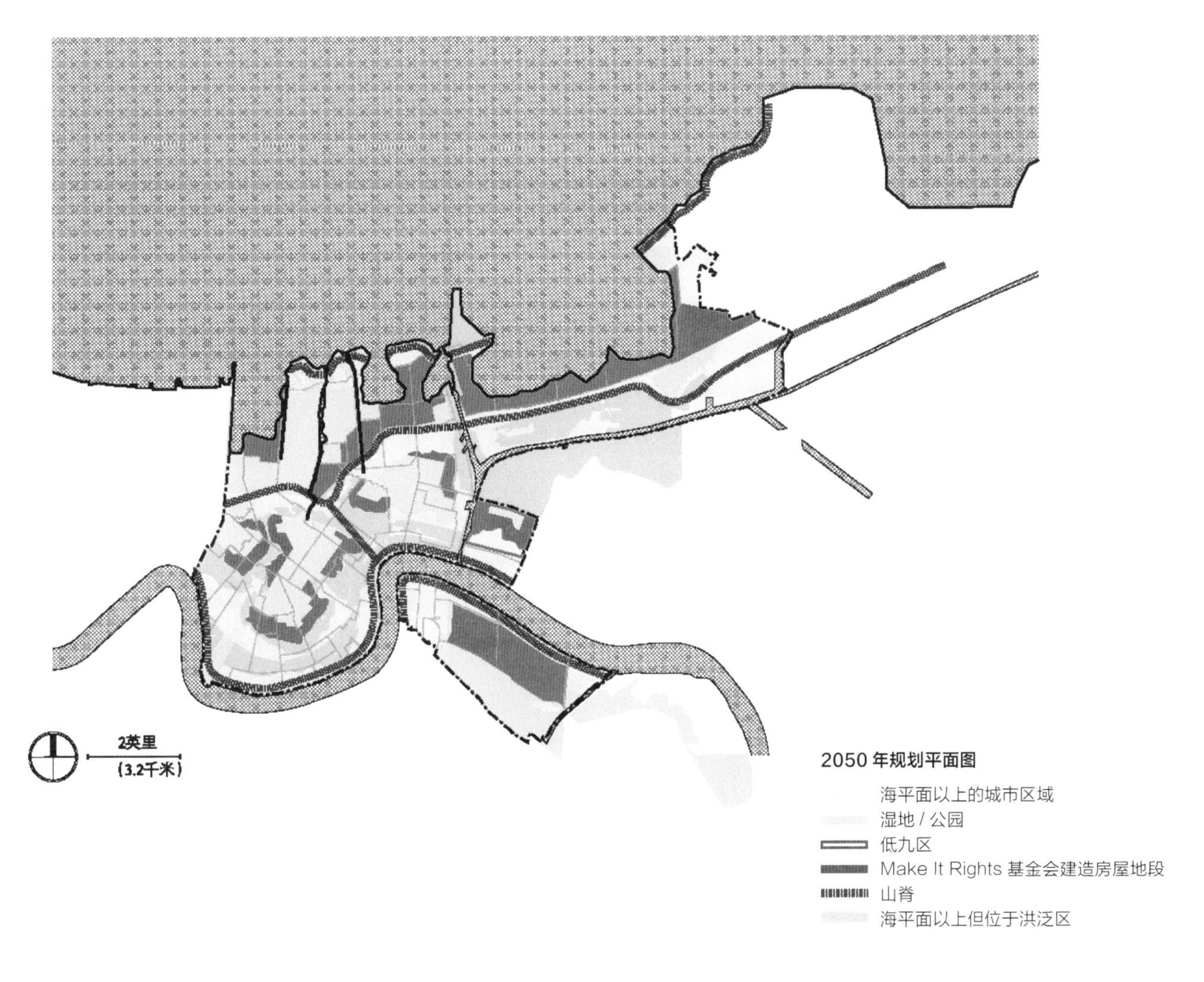

结论

新新奥尔良城市开发　　　美国，新奥尔良　　　2007 年

小型、可漂浮、自给自足的房子在新奥尔良已建的城市硬环境和未建的城市软环境间建起桥梁，提供了一种使用土地的新方式，将新奥尔良这座城市重新改造成为一座边缘上的家园。

项目十一：格林威治南部远景规划 Greenwich South Visioning

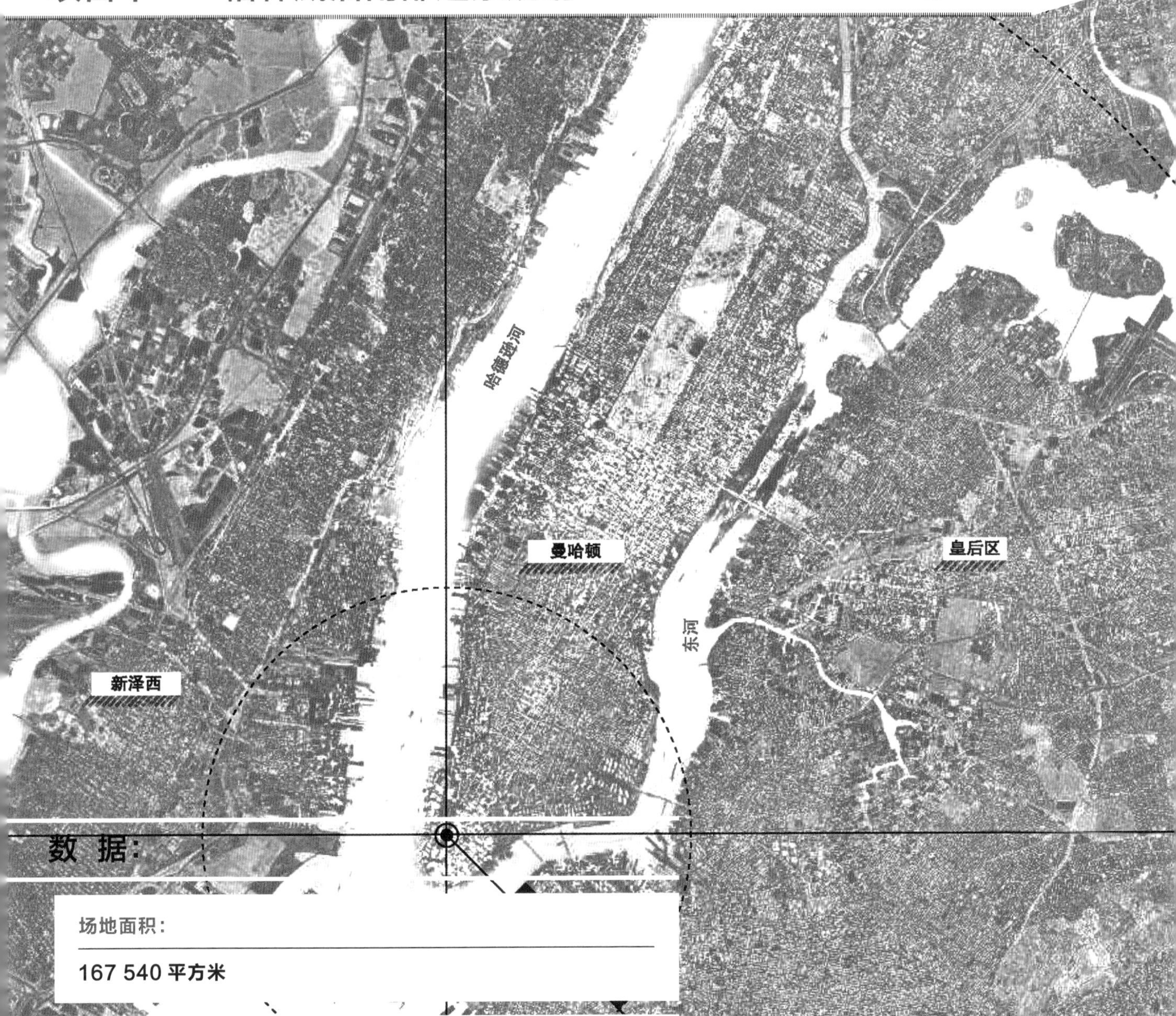

数 据：

场地面积：

167 540 平方米

项目规划：

总建筑面积：373 195 平方米
总开放面积：182 833 平方米

建筑类型：

167 540 平方米开放空间（运动和休闲公园），居住、办公、商业和文化设施

地理坐标：

40° 42′ N，74° 00′ W

空间而非表面

格林威治南部远景规划把曼哈顿下城一个缺少特色的区域转变为一个标志性的区域。作为一个城市“岛屿”，施工场地通过两期工程重新设计，把这一区域变成连接其各个区域以及右临区域的黏合剂。在第一阶段，一个被架高的公园向下延伸到布鲁克林—炮台公园隧道，向东重新连接到华尔街金融区，向西连接到曼哈顿下城的炮台公园。

在第二阶段，对曼哈顿与其水域边缘的历史性连接进行开发，利用该施工场地作为炮台公园不断变化的海岸线的历史性标志，讲述一个曼哈顿发展的故事。炮台公园的南端则被重新定义，公园被加宽，嵌入了不同的建筑项目和多个连接点，向北延伸至一个新的住宅和商业区，以创建炮台公园北边的集合社区。

这个设计构思假定场地上已存在的条件是不固定的或者不是永恒不变的。不适宜的边缘条件被重新调整或者解除，历史参考线（基准面）再一次被巩固或者显示。在空间上而非表面上，重新把被街道和隧道隔离的场地与其周围邻区相连接，为一个欣欣向荣、可持续发展的都市区域提供了关键点。

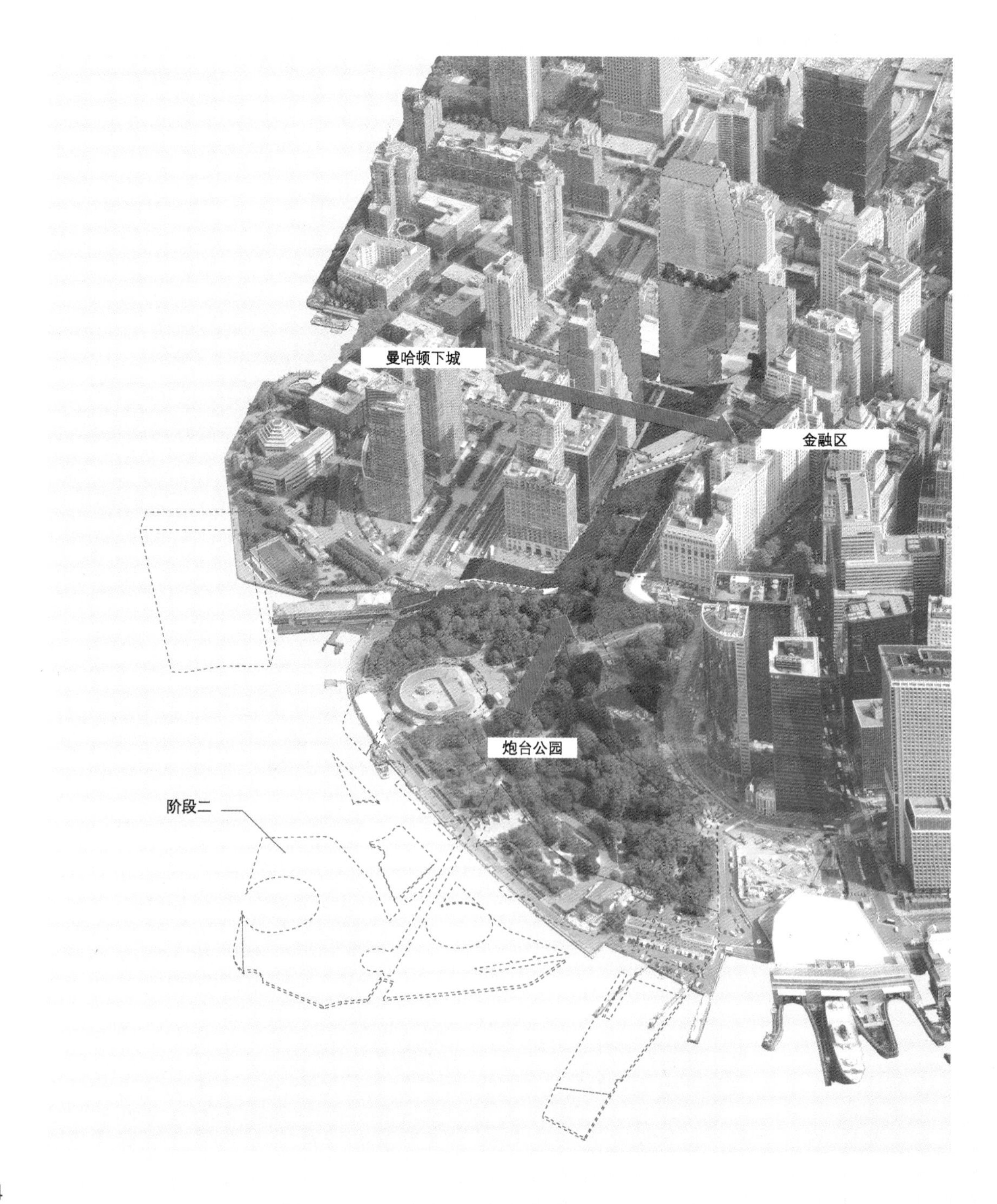

曼哈顿下城的地质历史

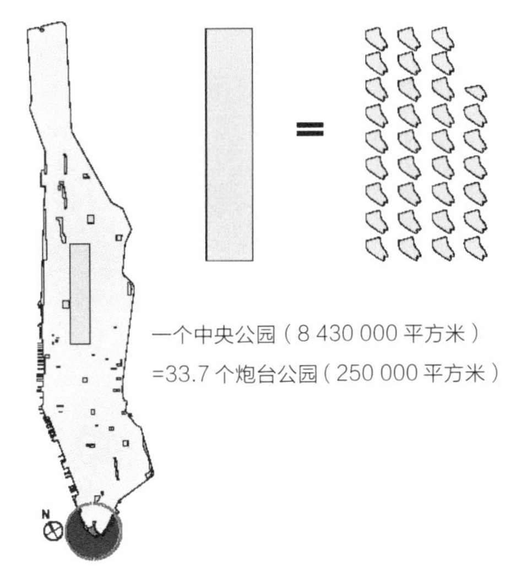

作为冰川期的地质产品，曼哈顿曾经是拥有很多山丘的森林岛屿。随着欧洲移民的到来，开始了大规模的重新建造过程，山丘被推平，山谷和河流被填平，海岸线被重新修造。老纽约城（新阿姆斯特丹）开始建于曼哈顿的上部，也就是本场地所在的位置。早期的移民依据地质条件建造房子，用补丁式的城市网格铸就了城市。然而早在十九世纪早期，纽约市批准了一项提案，统一了从 14 街以北一直延伸到华盛顿高地的城市网格。

对比这样的统一性，曼哈顿下城始终处于一种与其水域之间的小心谨慎的平衡中。曼哈顿下城与东河和哈德逊河在边界上的不断磨合，使曼哈顿下城边界已经向外延伸了。通过增设水面平台和码头，曼哈顿下城重新定义了其边界。每次修理和更换水面平台和码头时，都朝外面拓展，给土地和开发利用争取了更多的空间。[01]

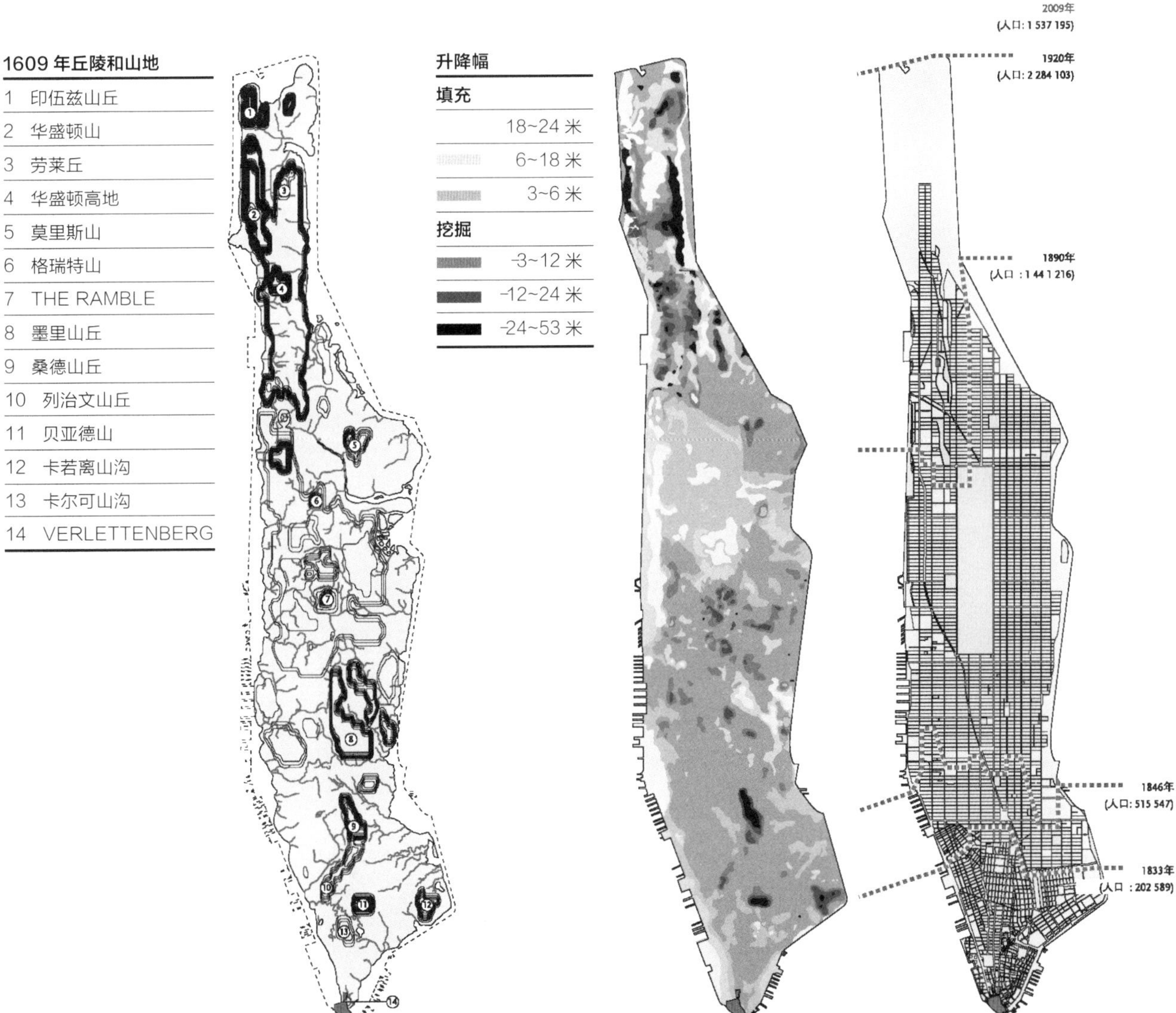

曼哈顿 1609—2009 年：填充和挖掘　曼哈顿 2009 年：记录的人口增长

01：这里所陈述的历史背景主要来源于尔瑞克`桑德森（Eric W. Sanderson）的著作《曼纳哈塔：一部纽约市的自然史》（纽约：阿布拉姆斯，2009）。桑德森想象 2409 年的曼哈顿，写到：“孩子们会在炮台公园耍……建筑城堡中玩耍，在当地的池塘里钓鱼。皮划艇，橡皮艇将会和今天的 ipod 一样普及，船围绕新的景观在水中互相追逐，这些景观是在焕然一新的总督岛的原生生态系统中建造的。溪流蜿蜒通过城市，为溪鳟提供了栖息地。曼哈顿的白领们可以在一个秋天的夜晚，出门看戏或者是棒球赛前，从办公室出来漫步到街道，在敏内塔河边钓鱼休闲。区域规划将保障就近有大片可以周末远足的自然地块并且配备安全、卫生、便宜的公共交通。”

不断变化的海岸线

1609 年：早期曼哈顿渲染图

1626—1976 年：建造阿姆斯特丹碉堡。在接下来的几十年里，它被四次占领并被四次更名：詹姆斯堡、威廉堡、安妮堡和乔治堡。

1683—1688 年：詹姆斯堡前面的沙滩上被放置一门大炮，这就是“炮台”的由来。

1851 年：曼哈顿下城渲染图

1609 年：亨利 · 哈德逊率领的荷兰探险队发现纽约湾。当时曼哈顿是有着许多山和溪流的森林岛屿，德拉瓦印第安人居住在此。

1623 年：荷兰定居者在现有的炮台公园登陆，建立新阿姆斯特丹，并设立了第一个“炮台”来保卫城市。

1776 年：美国人从英国人的手中夺取了乔治堡和炮台，占领了英国护卫舰。

1790 年：乔治堡被销毁，炮台第一次成为一个公众广场。

1855 年：炮台公园被填满，岛屿的边际线得以延伸，完全把城堡花园融入曼哈顿。

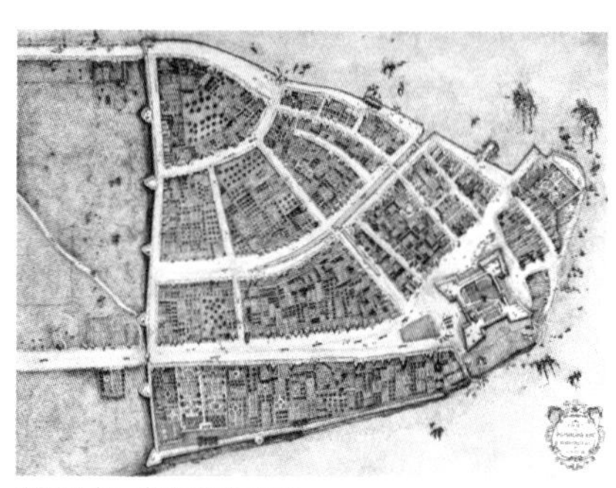
1660 年：新阿姆斯特丹

1776—1783 年：英国军队重新攻克和占领了炮台和堡垒一直到美国独立战争结束。

1808—1811 年：美国军队在海上建立西炮台（后来称为城堡公园，最后改为克林顿城堡）。

1855—1890 年：艾莉丝岛开放前，当大批移民到达纽约州时，城堡公园成为 800 万未来美国人登陆美利坚合众国的第一站。

1966 年：州长纳尔逊 · 洛克菲勒宣布通过填地来恢复该地区的计划。

1968 年：纽约州议会创建炮台公园市级管理局，负责将这片地区开发为混合功能的住宅、商业区和公共公园。

1974 年：曼哈顿下城的景象

2009 年：竞赛场地位于一个填海地段上，甚至五十年前这块地还未存在，填土大多是来自附近的世贸中心遗址的挖掘。

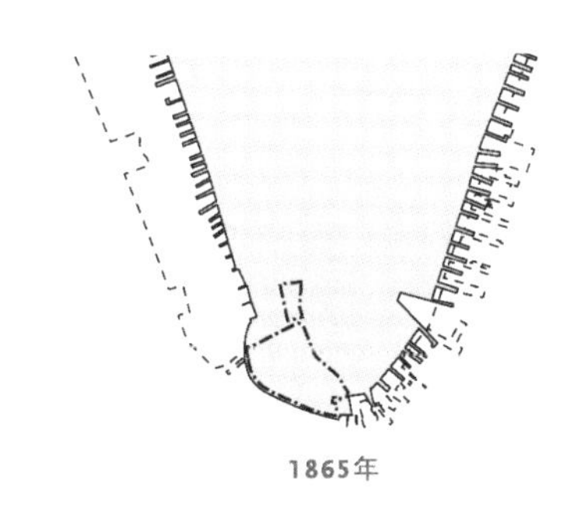

1865年

1980 年：第一批公寓大楼——大门广场——施工建设开始。

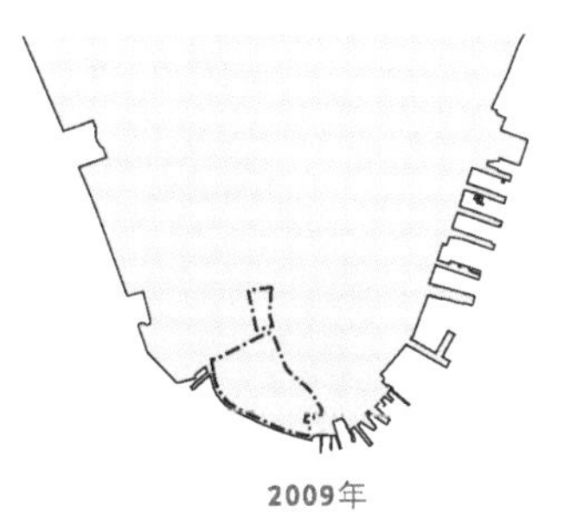

2009年

1896 年：城堡公园被改造为纽约的水族馆

1946 年：城堡公园重命名为克林顿城堡，并被定为国家级保护景点。

1986 年：克林顿城堡开始出售参观自由女神像和埃利斯岛的门票。

1942 年：曼哈顿下城

1995 年：为了吸引整个家庭来比区域定居，炮台公园城市管理局采取一项政策，要求开发商建造不小于 1,000 平方英尺（93 平方米）的公寓。

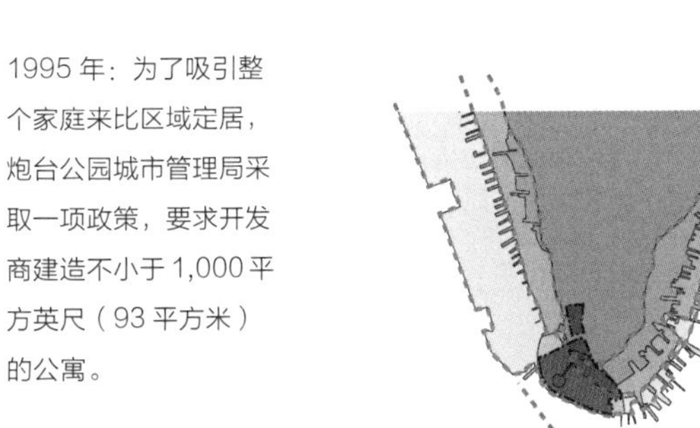

曼哈顿开发：1609—2009 年

今天的曼哈顿

对于早期居民来说今天的曼哈顿下城是完全认不出来了。隧道在地下贯穿，道路和轨道在地上纵横交错，被延长的河岸边，渡轮和船只忙碌往来。溪流和运河没有保存下任何痕迹，浇固在摩天大楼峡谷中，只能从现在的道路形状上来追溯原来溪流和运河的轨迹。

在高楼大厦之间，除了大片中央公园，口袋状的小型开放空间继续保留作为曾经是广袤绿地的曼哈顿的微小残骸。包裹在混凝土中，曼哈顿支撑着成千上万人的生活，种类繁多的公司、机构和群体。通过发展一些基础设施路径冲破城市表面的界线，这些界线现在看来似乎更是任意搭建的栅栏，而不是有意识的切入城市织物的切口。例如，在场地附近，西街和布鲁克林－炮台公司隧道入口将金融区的一部分从炮台公园城切离出来。

2009 年：曼哈顿下城

曼哈顿下城

1 世界金融中心
2 世贸中心遗址
3 圣尼古拉斯教堂提案施工场地
4 炮台公园城
5 犹太人遗产博物馆
6 罗伯特 · 瓦格纳公园
7 三一教堂
8 美国联邦储备系统
9 纽约银行
10 华尔街
11 联邦议会大厦
12 纽约股市交易所
13 博灵格林公园
14 史密斯索尼亚美国印第安人自然博物馆
15 炮台公园
16 克林顿城堡
17 自由女神 / 艾莉丝岛渡轮
18 斯坦顿岛渡轮
19 总督岛渡轮
20 弗朗西斯酒馆

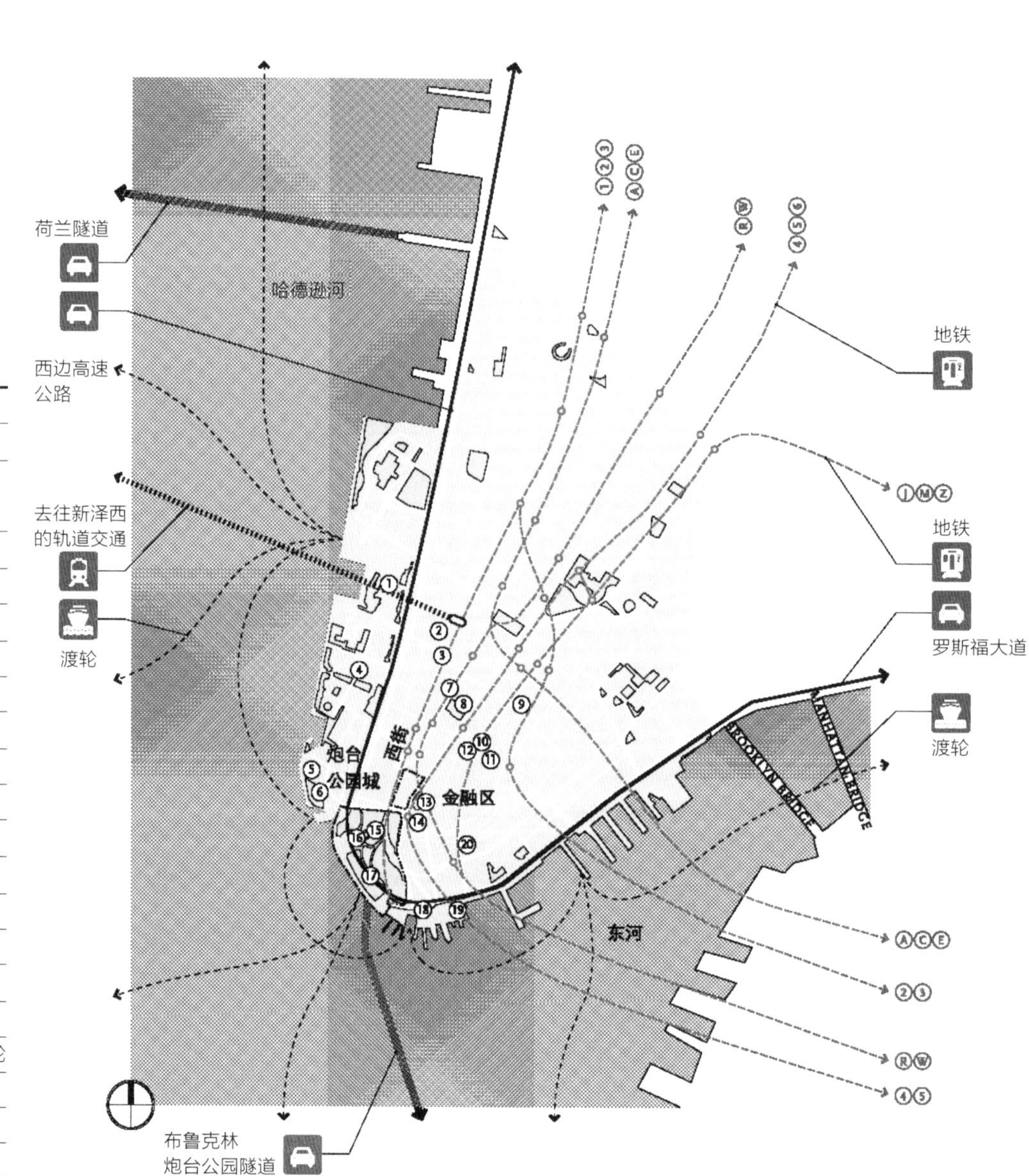

对周边环境进行调查以掌握机会

为了发掘该地区的潜力，项目分布、地方特质和区域模式都被记录在案，以揭示当地建筑功能分布的缺陷，并定义新的可能性。

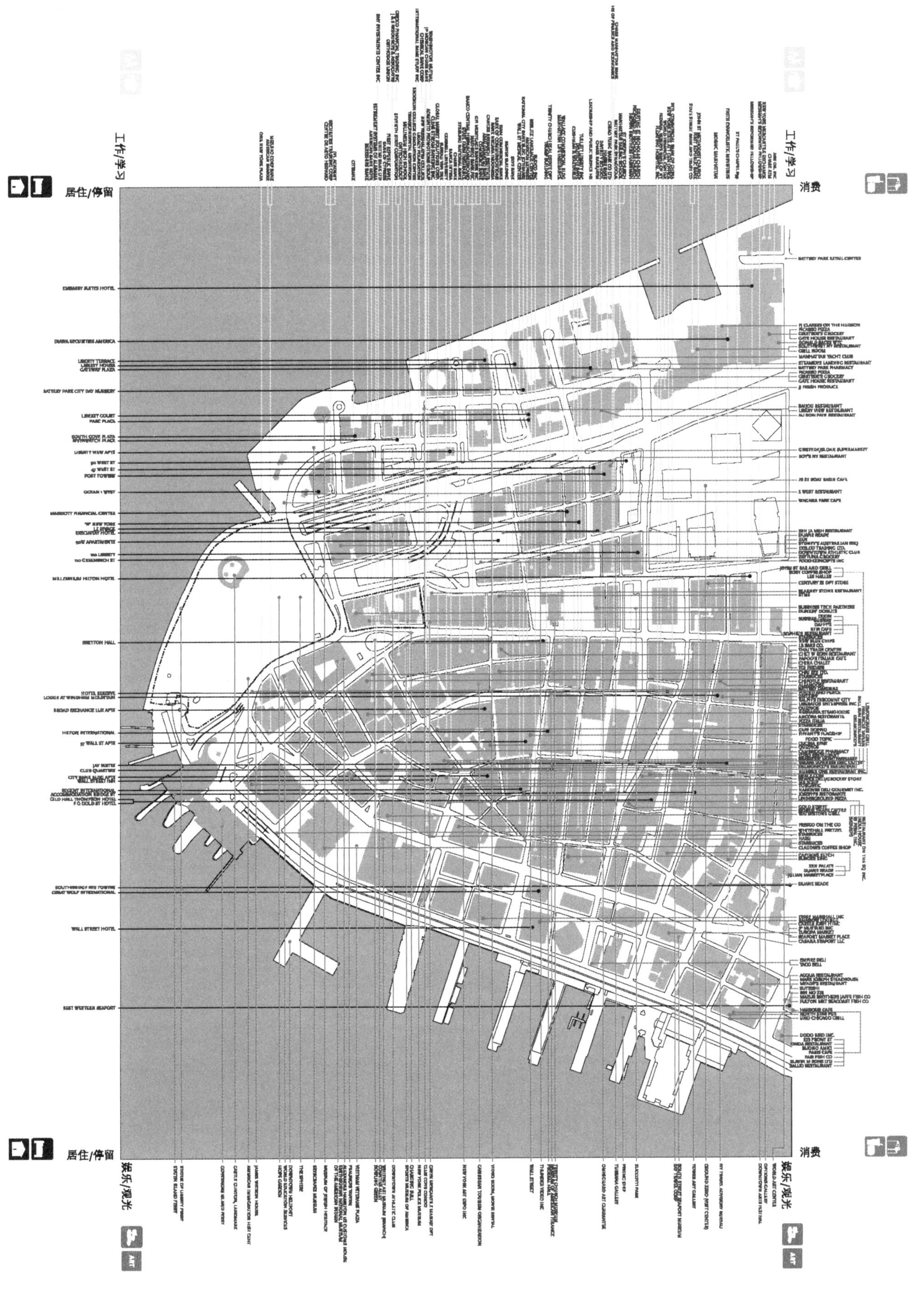

格林威治南部远景规划项目方案
下东区边缘
小意大利
特里贝克地区
西边高速公路
市政中心
世界贸易中心场地
炮台公园
金融区
百老汇街
西街
威廉斯伯格桥
罗斯福大道
东河
曼哈顿桥
布鲁克林桥
布鲁克林－炮台隧道
总督岛

炮台公园北区：开发的两个阶段

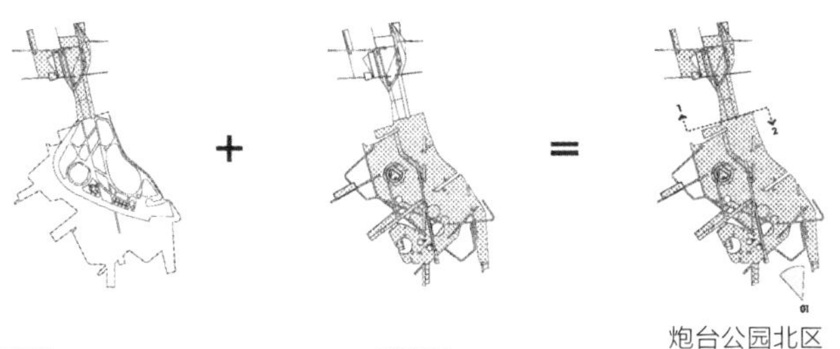

阶段一	
居民楼	125 791 平方米
办公楼	11 892 平方米
公园	38 148 平方米
商业区	17 273 平方米
连接桥	2 961 平方米
总面积	303 089 平方米

阶段二	
居民楼	85 471 平方米
公园	129 078 平方米
商业区	2 574 平方米
水上平台	12 647 平方米
总面积	252 940 平方米

方案分为为两个阶段，既建立一个公园，同时又开掘一个项目区域，大小合适且具有足够标志性，形成了炮台公园北区。

炮台公园北区透视图

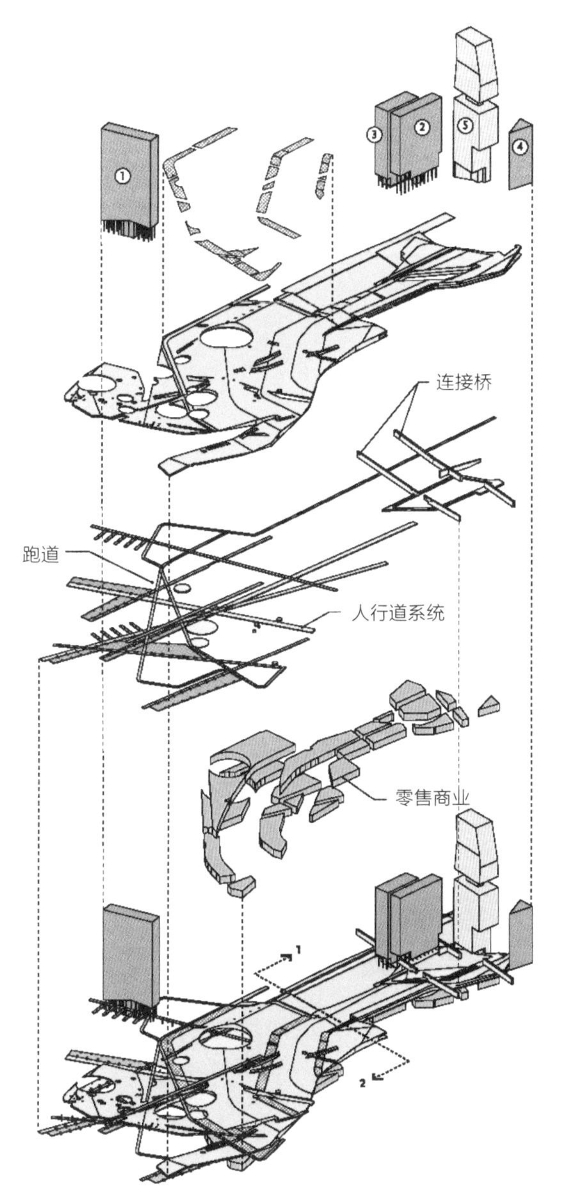

面积分布

比例	类别	面积	说明
38%	**住宅**	211 262 平方米	1　40 层塔楼 2　28 层塔楼 3　28 层塔楼 4　28 层塔楼
7.7%	**商业**	43 020 平方米	一楼零售商业有沿着室外连廊的铺面
21.3%	**办公楼**	11 892 平方米	5　64 层塔楼
30%	**绿化空间**	167 225 平方米	
3%	**基础设施**	15 608 平方米	

总建筑面积：373 195 平方米

总开放面积：182 833 平方米

总用地面积：218 868 平方米

83% 开放面积

第一阶段：缩小间隙

阶段一将一个“都市岛屿”发展为一个多层次项目的连接性组织。住宅楼和商业楼在公园空间周围和下方交织穿过、环绕，伸展到分划的布鲁克林 -炮台公园隧道入口和曼哈顿西区公路隧道一直到罗斯福大道。

架高的桥和基座连接这些界线，在三维空间上使这一区域重焕活力[02]。开放空间被层叠在城市网格上，绿化空间深入到场地，从炮台公园延伸到上面越过新形成的架高的基座。这些组合力量被基础设施和项目分高多年的邻近区域重新缝合到一起。

通过定义这些分划区域，很显然本设计提案的首要措施是向东重新连接到金融区(华尔街)，向西连接到炮台公园城。

公园最北端为一座商业楼和一座居住楼，在密度和高度上与周围环境相协调。[03] 塔楼和基座可以容纳一个密集的多功能项目，包括住宅、商业、办公、零售和开放空间。这些项目策略性地分布将新形成的连接最大化。

多层的设计构思能让光线穿透并深入到低楼层。都市公园区的底层为零售商店，为经过这里的居民和游客提供便利，同时在中心坐落的零售广场鼓励人们步行穿越场地。

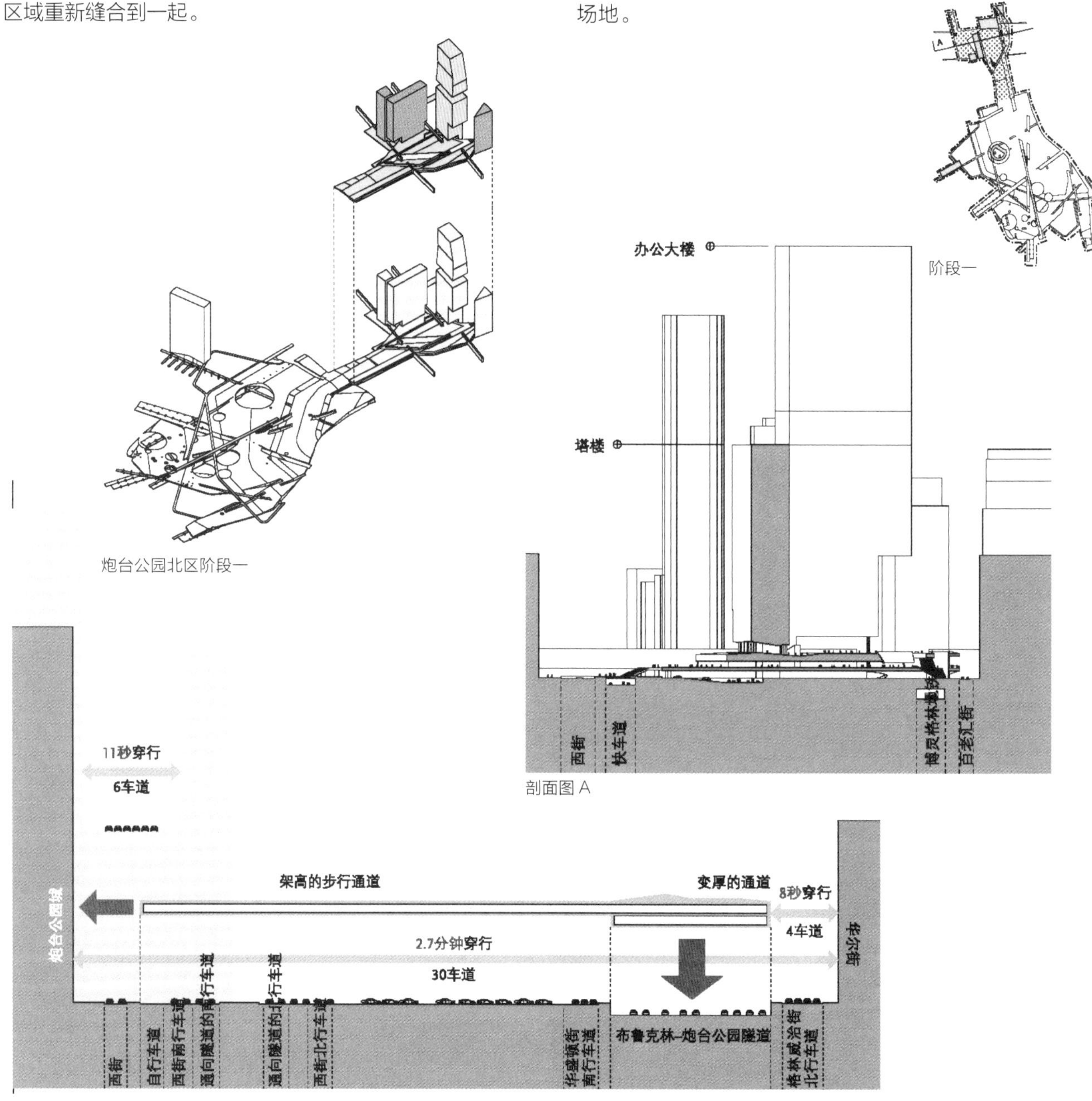

阶段一

炮台公园北区阶段一

剖面图 A

02：由于该场地庞大而多样的基础设施阻碍并横溢在城市的表面，我们将城市设计策略扩至三维空间。作为建构这一设计策略的中心元素，该公园的基座，迂回穿梭在布鲁克林 -炮台公园隧道上面，锻造了跨越这一区域的连接，该区域以前没有建筑项目而且难以穿越。

03：住宅部分的设计策略是以开放空间和连通性为首要条件，同时产生多种多样和变化的都市经历，蕴藏丰富的空间、美学和规划的机会。位于场地北面边缘的一座中高居民塔楼作为起点，波动曲折的居住楼逐一展开并且优雅地环绕在场地的西边，将开放空间编织在一起，创建了与炮台公园和海滨强烈的视觉和物理连接。与居住塔楼紧密相邻，一座商业塔楼升高到相邻塔楼的高度，令新的炮台公园北部社区更为醒目。

第二阶段：再现历史轨迹

阶段二将公园向上拉伸穿越该场地，将场地延伸到新的炮台公园北区，同时借鉴了水域边缘的扩张。该公园与纽约港的关系重新得以塑造，引导游客穿过公园，到达水边。

由于曼哈顿的历史，炮台公园在更大程度上与岛屿边缘的合成纹理相互交织在一起，我们利用历史海岸线，一方面改变公园内部的形状，另一方面向 2009 年的公园边界之外延伸。其结果是：营造了炮台公园一个新的边界。[04]

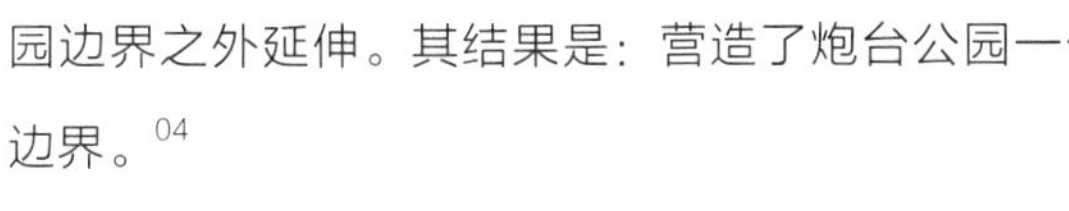

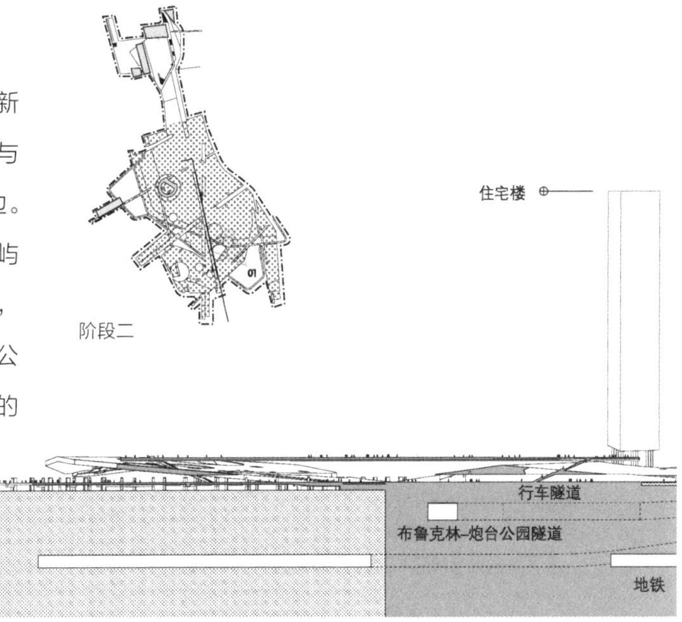

阶段二

剖面图 A

视图 01

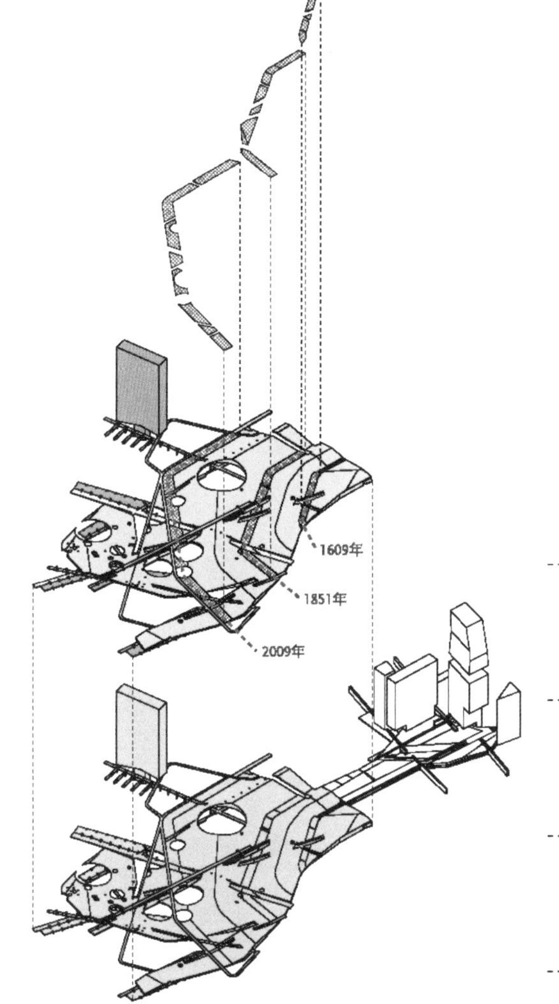

炮台公园北区阶段二

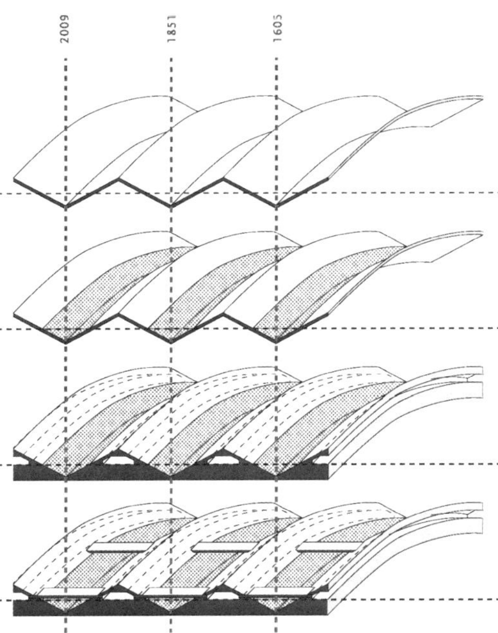

阶段一：一个褶皱的地表形态为炮台公园提供了一个原始的形状，山脊和山谷定义了历史上水域边缘的形状和位置。

阶段二：山谷填满水，与海平面持平，借鉴岛屿以前的边界形状。

阶段三：山脊提供一个可以嵌入以社区为主体的项目，以加大公园的利用度。

阶段四：漫步路和跑道在场地展开作为曼哈顿下城更为折中的道路网的延伸。

水道及护堤项目途经山谷的图表——呈几何形是城市历史边界的体现

04：在关键时刻，水域适时地划分了炮台公园和纽约港之间的历史性边界，将公园锚固在其历史背景内。一个组织性系统在此被建立，在突起的景观与水域相接的地方，先前的海岸线上显露出来，轻易地被基地上布置的道路系统所穿越。虽然山谷形成了水道，地貌中的山脊被植入以社区为主体的项目。曼哈顿下城的电力网格穿越过场地，形成一系列的休闲码头、轮渡站和一个港湾，进一步完善新的水面边界。
一条海滨长廊在水边延伸，或拥抱河岸或挑出水面，为思考曼哈顿与其水域之间脆弱而可塑性的连接提供了据点。

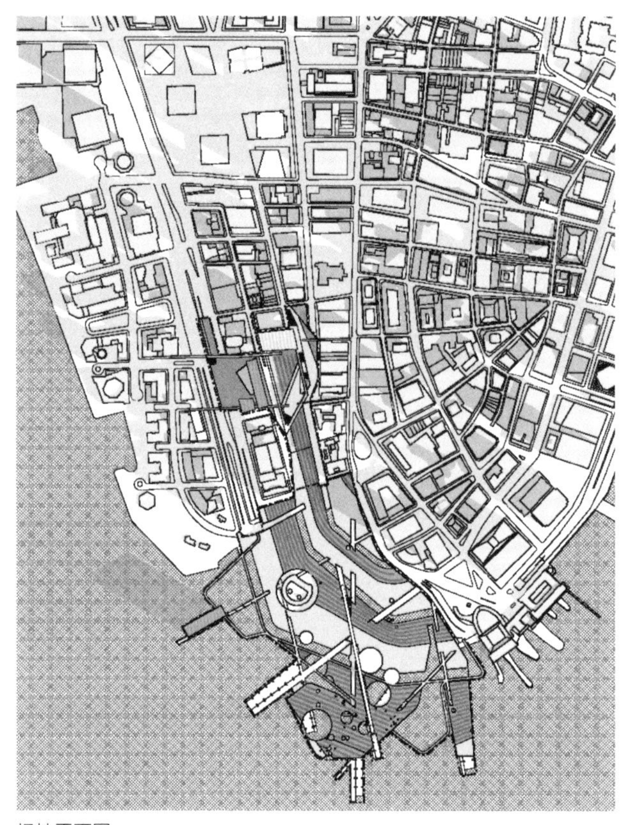

场地平面图

炮台公园北区

结合在一起，两期工程创造了 167 540 平方米的绿化公园，中间植入了丰富的零售和商业空间，最终为曼哈顿下城的居民提供了一个舒适的社区。

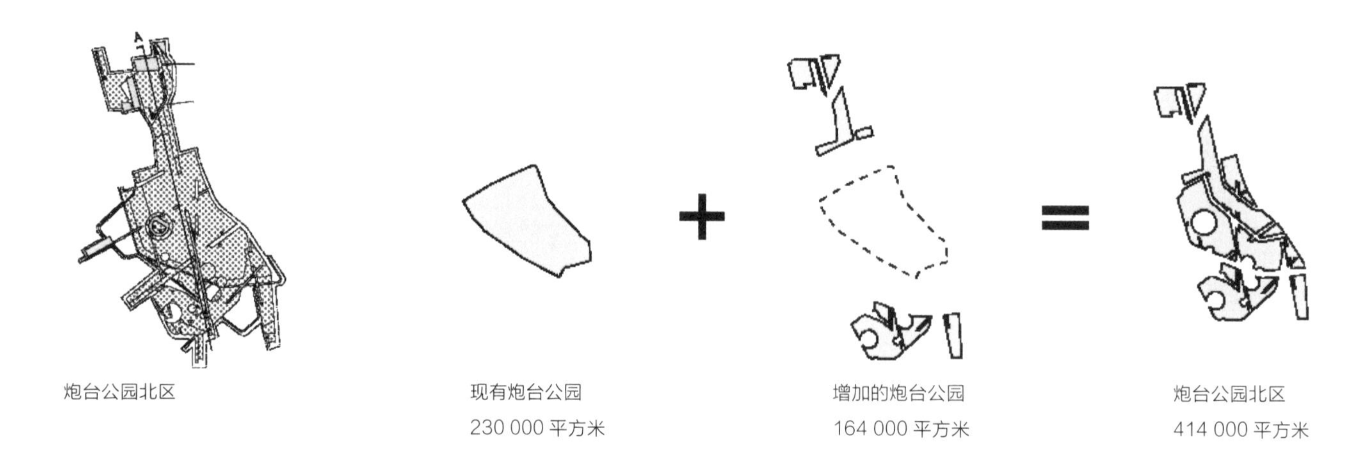

炮台公园北区

现有炮台公园
230 000 平方米

增加的炮台公园
164 000 平方米

炮台公园北区
414 000 平方米

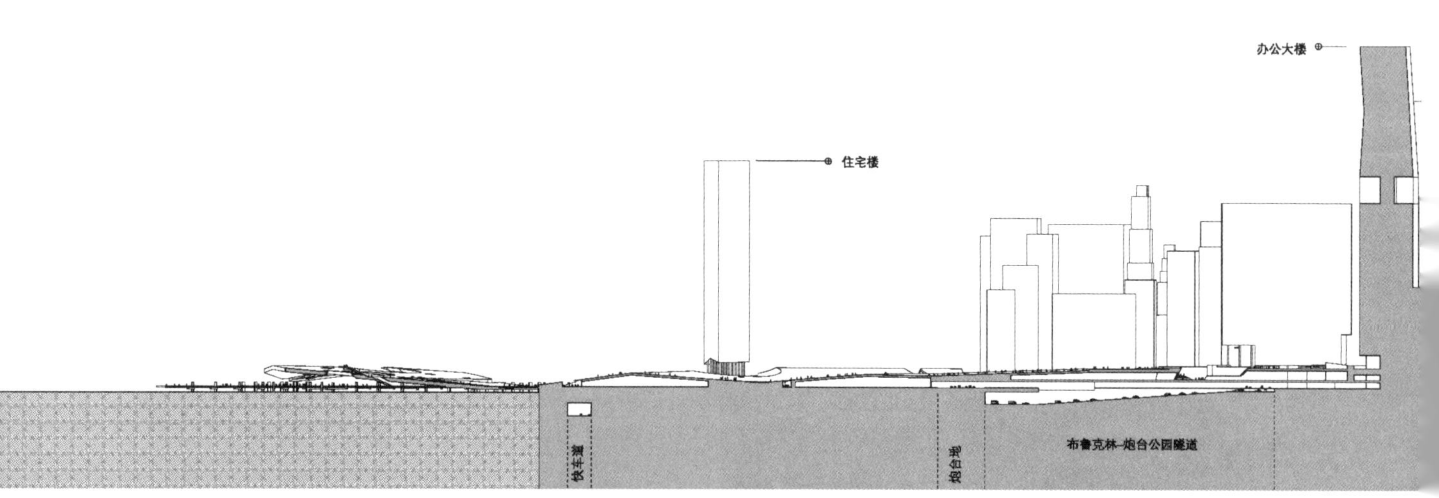

剖面图 A

一个规划的（增值）公园

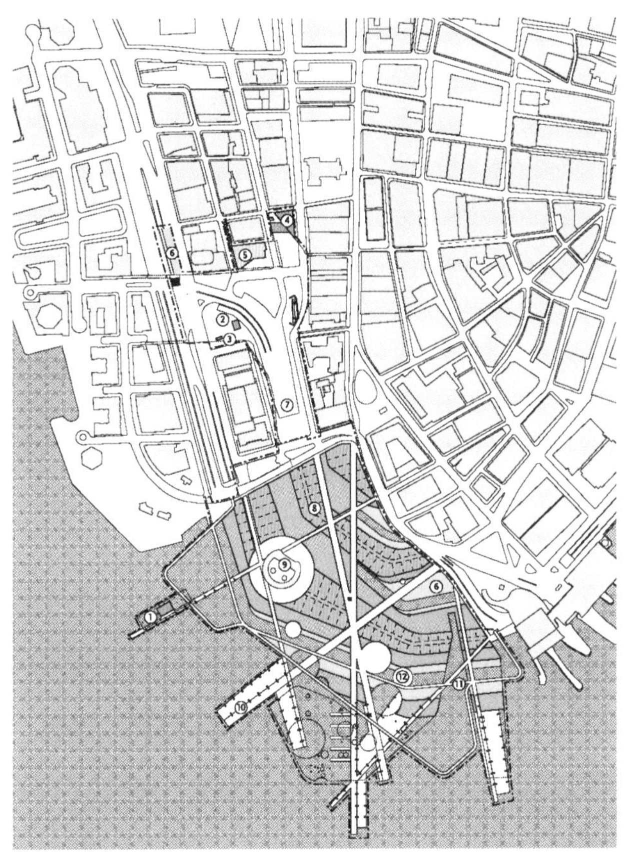

一层平面

1	40 层高塔楼	7	炮台公园隧道入口
2	28 层高楼	8	商业拱廊
3	28 层高楼	9	克林顿城堡
4	28 层高楼	10	规划完备的码头
5	64 层高楼	11	跑道
6	绿化空间	12	公共广场

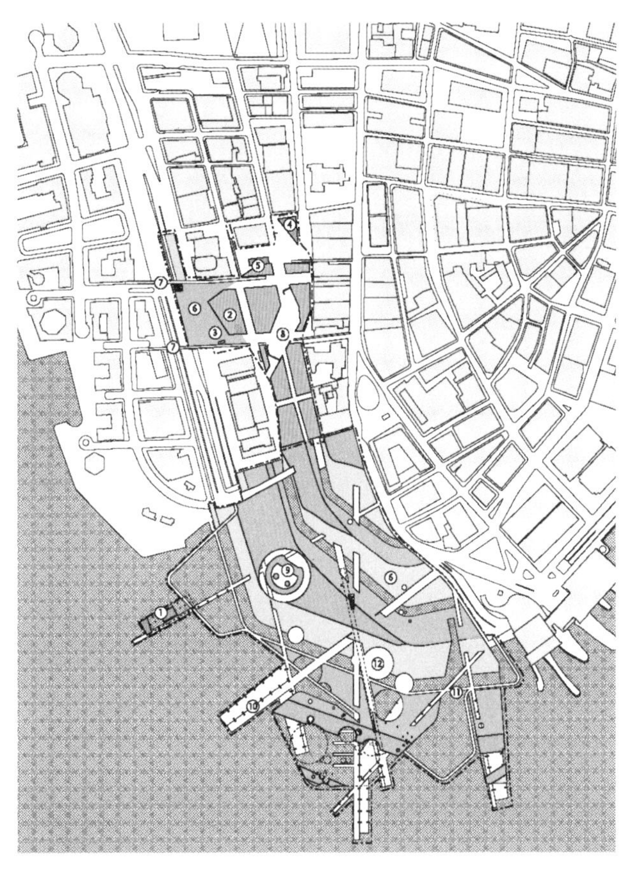

二层平面

1	40 层高塔楼	7	人行天桥
2	28 层高楼	8	都市峡谷 / 零售中心
3	28 层高楼	9	克林顿城堡
4	28 层高楼	10	规划完备的码头
5	64 层高楼	11	跑道
6	绿化空间	12	公共广场

一个可以穿越的连接系统，一个扩展了的绿化景观

现有视图：布鲁克林—炮台公园隧道

提案视图：布鲁克林—炮台公园隧道

格林威治街被扩展成一个公园道路，将炮台公园连接到世界贸易中心区，甚至更远。

炮台公园及其周围地区不是基础设施的枢纽，而是充当交通的协助者，过滤地上和地下多样化的交通模式和流线，并将行人、汽车、轮渡、地铁的终点站连接到一起。

一个多层次的三维的景观促进和加强场地内部以及与外部的联系，同时重新指引和分离行人和车辆流动，以提高城市环境。

一种新的可以穿越的联系在百老汇和西街之间形成，通过两座跨越华尔街和炮台公园的步行天桥，两者之间可以直接通行; 延展的炮台公园上升并出挑在隧道出口上面，又倾斜回落同格林威治街汇合。

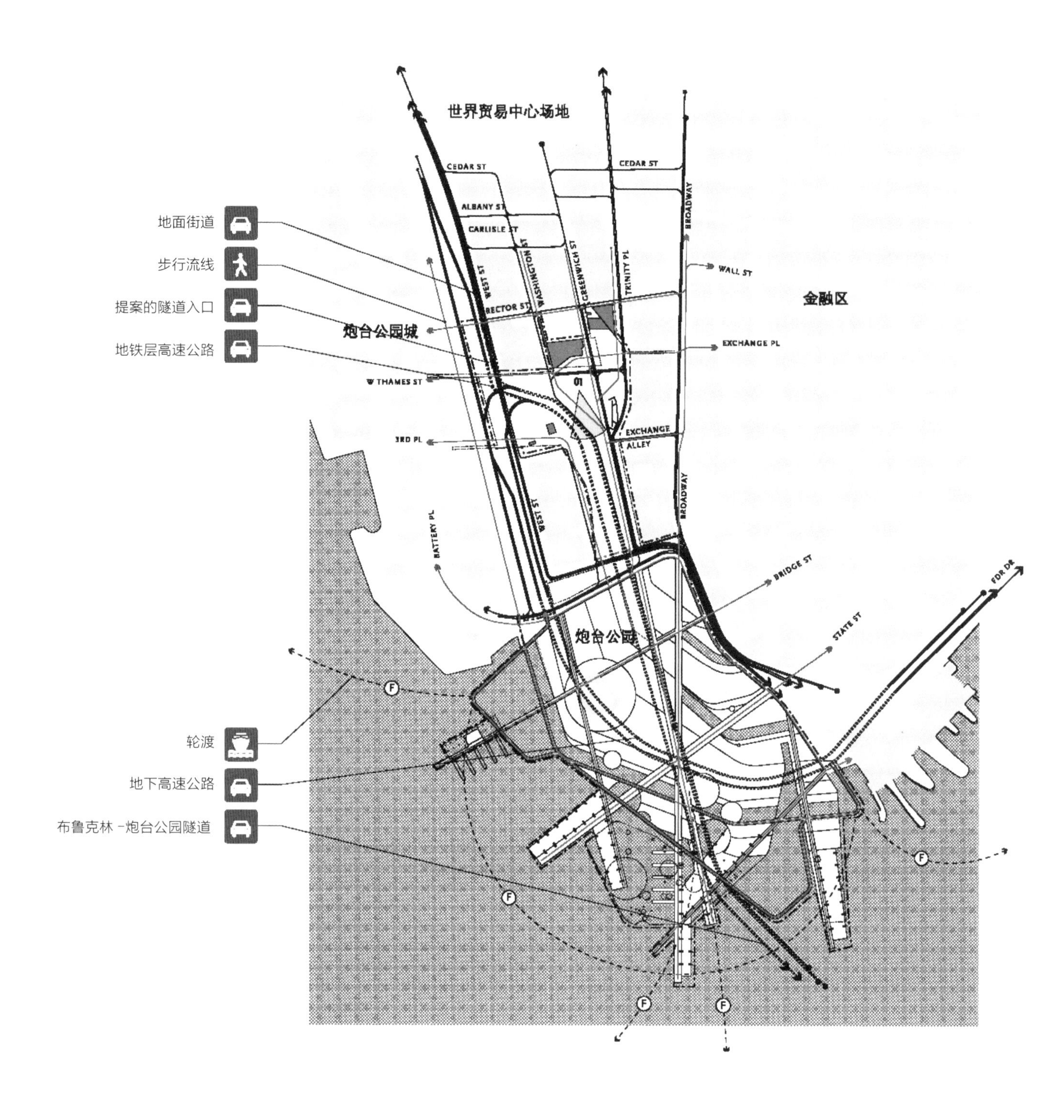

结论

格林威治南部远景规划　　美国，纽约　　2009 年

这个城市是一系列的施工场地，因为连续但是永远分散的工作在不断进行着。炮台公园北区项目作为现今的一个三维尺度的连接来定位，作为自我创造历史背景中最近一个时期的重复。因此，建筑师所面临的挑战是要同时面对过去和未来。

项目十二：浦东文化公园 Pudong Cutural Center And Park

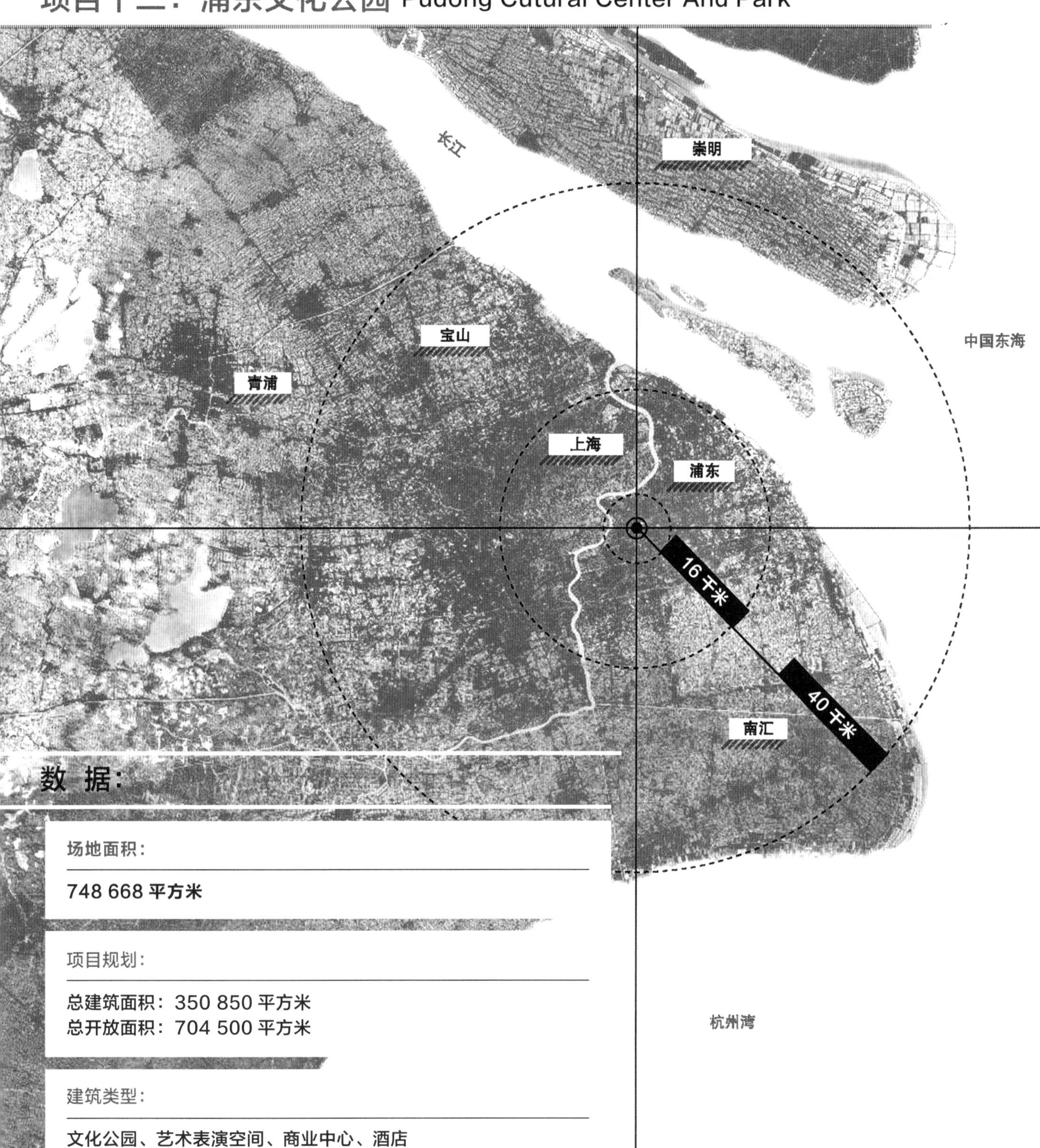

数　据：

场地面积：

748 668 平方米

项目规划：

总建筑面积：350 850 平方米
总开放面积：704 500 平方米

建筑类型：

文化公园、艺术表演空间、商业中心、酒店

地理坐标：

31° 12′ N，121° 26′ W

历经十四年从零到城市的蜕变：一夜而就的城市的设计策略

该方案汲取了前十一个项目植根于场地环境的经验，并把这些经验使用在一个空地上。如何把复合城市转化成一个设计方案，而这个方案却不包含其定义中的一个参数？

浦东文化公园项目比本书的其他项目多出一部分，它需要把一个外部组织系统叠加到大面积的空地上，从而理清潜在的机会和流线。位于上海最新的城市开发区浦东，由于没有“输入”参数，这个场地是一个缺少历史、身份和环境特征的区域，毕竟项目竞赛的时候，浦东新区（PND）只有十四年的历史。[01] 在如此浓缩的时间内从农田转变成大都市，谁会在快速建设的同时还考虑对社区的影响呢？当新旧互动关系不存在时，如何通过设计达到一般需要几百年发展才能形成的城市复杂的丰富性呢？城市的有机生长是对特定的气候、地理、文化和历史的回应，但是今天城市建设速度是由经济增长速度决定的。时间的瓦解也抹杀了百万个体对城市生长的微观影响，而这些微观影响的积累正是城市的灵魂和意义。

目前有两个影响城市设计的因素：第一是城市发展受到更多来自全球尺度而非本土尺度的影响，虽然还停留在本地阶段；第二是更多的建筑出现在城市边缘，这些地方还没有形成环境和肌理。组合的“本地”影响力是概念性的、潜在的或不明确的，这些不定因素导致了结构的缺失，除了物理条件之外没有其他出发点。

但如果说像浦东新区这样一个经过十多年成为繁华的地区发展没有任何环境和文脉，这样的论断有误导之嫌。这样的案例会带来新问题，会改变人们对城市建设的理解，但也并不证明这里没有环境和文脉。这里有对当地自然系统的改造，有文化历史和社会实践，也有传统和现代碰撞产生的价值。这里的问题是，当传统手法不足以解决问题时，应使用什么样的策略。如果现在没有一个清晰的地貌，如何设计一个这样的地貌来结合当地文化和艺术传统？如果语境（context）最字面的理解是“与文本”，即补充已经出现的合理性，那么语境或许可以被重新定义为“揭示那些不易辨认的东西”？

该方案对于目前城市化困扰人们最多的问题之一给出了一个临时的答案，即白纸规划（tabula rasa planning）的必要性和不可能性。这个方案提出了另一种组织点、线、面系统的策略，即把白板环境轨迹的预测或预期的“编织片”（braided tablet）作为设计出发点。虽然这种策略在一开始有些武断，但这些元素能迅速产生高度的异质城市空间（idiosyncratic urban space），与白板规划形成的“刮片”（scraped tablet）城市和通用城市（generi cdties）相反。[02]

培育：一个启动增长的方法

浦东文化公园项目探讨了如何在非场地（缺乏环境和文脉的空地）上进行建设。我们强调该场地潜在和预期的潜力，而非假设此处无环境文脉，选择性地强调环境中的几个已经（或即将）存在的因素，而没有给场地强加一个先入为主的概念。

一个点、线、面的组织系统——作为形式和流线的基本构件——将围绕在场地内外的潜在轨迹和密度规范起来。该方法的灵感来源于类似的植物培育过程，刻意将独立的多元文化特质混合起来。该方案设计的目标即将一个缺乏环境和文脉的地区转变成有特色的场所。

方案不采用单一的类型，而倾向于组织生态把景观和建筑混合交织起来，软化不同形式的边界（一个类型学的拼接手法），同时把公园和文化中心的功能穿插起来（模糊项目功能和事件），从而形成完整、独特的混合建筑物种，将浦东文化公园打造成上海作为全球文化之都的标志。

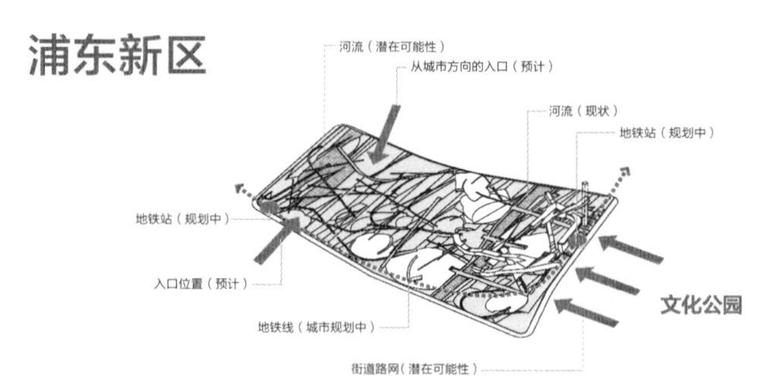

01：自 1992 年以来，上海一直以每年两位数的速度增长，并转化成一个新兴的商业之都。而最具代表性的则是浦东新区：一个多功能、出口导向的、国际化大都市延伸区。浦东位于黄浦江的一侧，与上海旧城区隔岸相望，它是当今世界上最大的建筑规划场地之一，是现代中国向全球经济转变的标志。由于浦东的快速发展——很大程度受资本经济的驱动，缺乏旧城区典型的城市便利设施和功能——浦东缺乏重要的文化设施。

02：所谓的通用城市（generic city）是包括基本生活需要的城市——一个静态和浅层的网格、交通系统、管道基础设施、排水系统和垃圾清除系统。有时候这些城市是舒适的，也可能很干净，当然是在一定程度上。这些城市通常对文化和城市化生产阻力较小。改变这种城市的唯一途径是颠覆它。

在非场地上建设：一个原生空间的案例

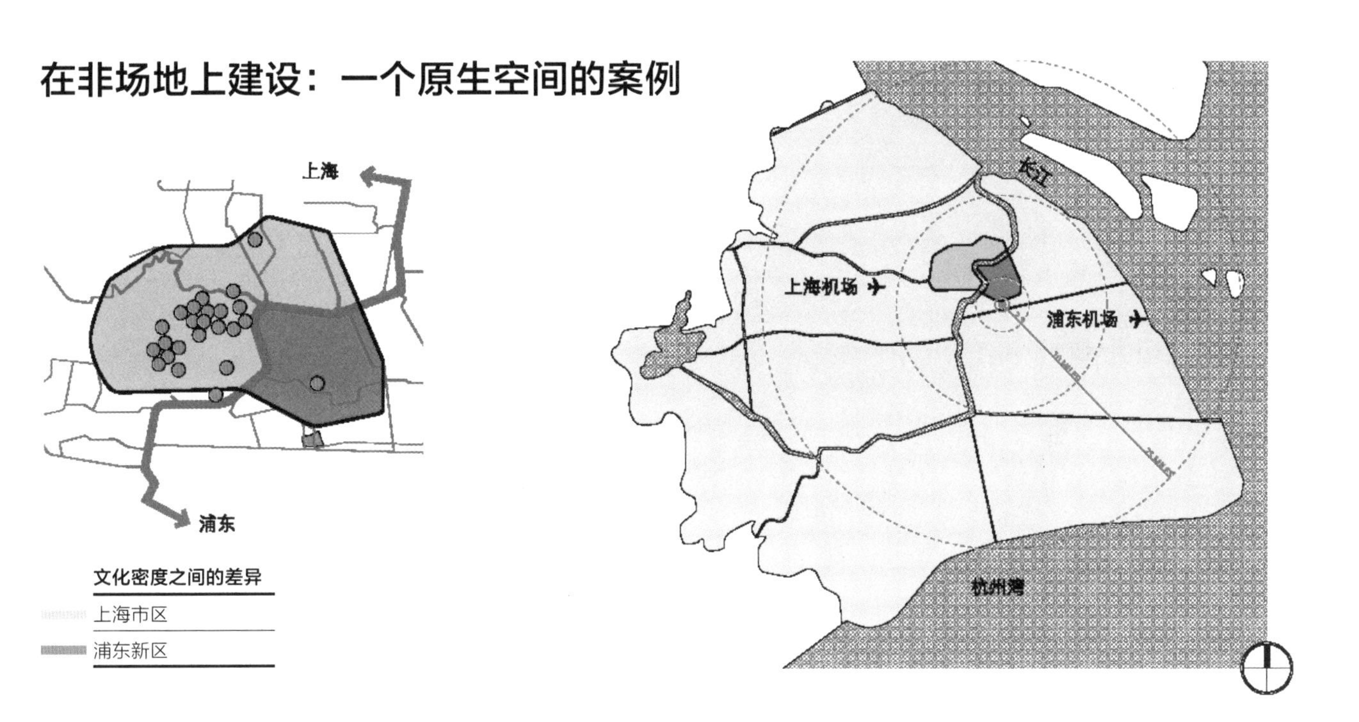

2003 年该项目竞赛之时，浦东新区只有 14 年历史！

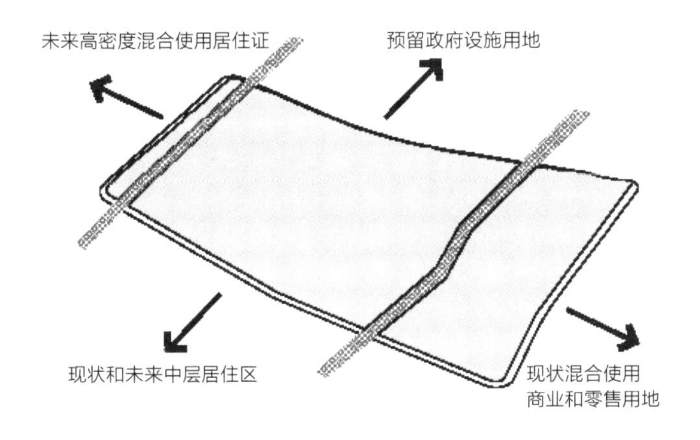

浦东文化公园[03]的定位是展示当代中国文化和传统，应避免那种将西方文化符号移植到中国城市景观的惯常做法。因此不能依赖于非本土性的拼贴，必须建立组织策略使场地在周围环境中培育本土形式，并符合场地自身的空间和时间。[04]

浦东新区物质和经济的快速增长——伴随着大面积灵活性文化空间的缺失——使这里更加迫切地需要建设一个国际化的集建筑、艺术、时尚和技术于一体的“文化磁铁”。

朝（非）场地方向看

03：浦东文化公园竞赛由浦东规划局主办，目的是确定浦东新区和大上海地区的形象。竞赛简要指出：“文化公园是建设现代文化磁石、现代视觉艺术和时尚景象的重要组成部分。文化和时尚形象的建立是国际大趋势，也是上海文化景观的重要补充。”

04：该设计与上海“一城九镇”方案完全相反。“一城九镇”方案是将上海周围 9 个农村地区嫁接成典型的国外小镇风貌（比如小英格兰、小意大利、小荷兰等），或对中国历史建筑符号进行现代翻版。为了阻止上海城市单中心发展模式和城市边缘的郊区化蔓延，上海政府于 2001 年确立了 9 个发展区，计划到 2020 年这些新建城镇可容纳多达一百万人口。这些新建城镇复制了国外城镇风貌，包括英国、意大利、荷兰、德国、西班牙、加拿大等，还有两个城镇复制了传统中国的建筑形式。

上海
黄浦江
南浦大桥
城市规划轨道交通
上海环线路
浦东新区
锦绣路
前程路
高科西路
浦东文化公园项目方案

线、点、面：运用生态学

线、点、面是组成一个新词汇的基本、抽象、无等级的元素，这个新词汇非场地（nonsite）是从培育（cultivar）这个词衍生出来的，形容拼接的产品把这些基本元素变异成扭曲、畸形、不对称的形态混合体。当被使用在非场地时，这个过程可以使组合城市的综合形式在环境缺失的情况下运转。

培育（cultivar），一个混成词，来源于栽培（cultivated）和多样性（variety），为生物学术语，指为了满足某种特定的文化需求将两个物种杂交（通过基因融合或嫁接）而形成新的果实。同理，这个方案把多个互相竞争的系统杂交在一起，可以提高系统的整体性能和智能。在这个场地，本土文化和现代策略混合可以形成新的建筑感觉。

功能的杂交可以产生更强的效果，最终强化有机体；当可知的形式碰撞、融合或省略时，不可知的形式出现。[05]这个复合系统不是随机的，而是根据本地环境的外力和流量精心策划和编排的。比如，节点或者丘状形态看起来随机布局，就像渔竿上的水滴落在水面上，但它们却有复杂的秩序和具体位置，就像混乱本身，被定义为任何一个系统从可以预测的开始而实现不可预测的结果。用线、点、面组成的景观和屋顶景观策略把城市嫁接到田园，把文化嫁接到休闲，把密度嫁接到开放地区。

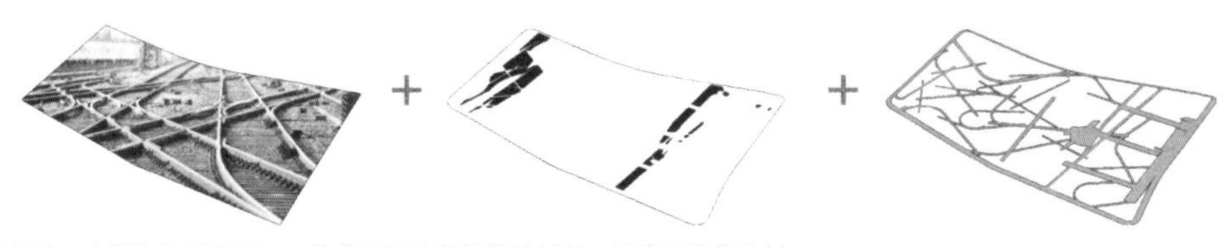

线：基础设施元素及环形流线——也就是高速路、水路和轨道交通——作为不同功能间的连接体、混合体和催化剂，把场地和更大范围的环境联系起来。

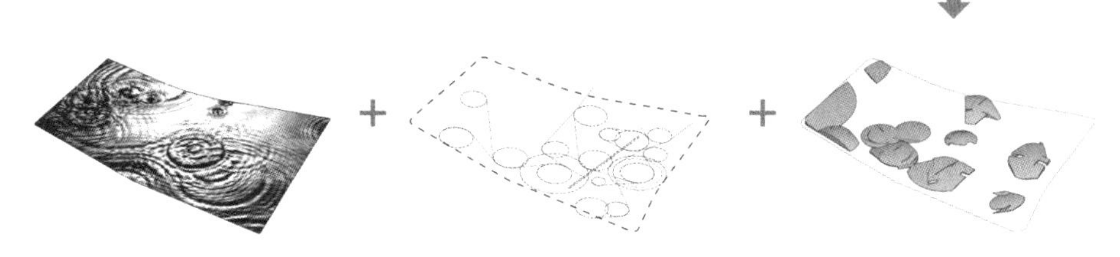

点：根据预测的密度分布在场地中的强度结点，这些元素比较灵活，可以容纳多功能项目和举行大型活动，包括文化活动领域。

面：一系列的斜坡面，为嫁接丘状结点提供了平面条件。山脊和山谷形成了清晰的地貌特征，这是一个不受紧缩水平面约束的基准面。

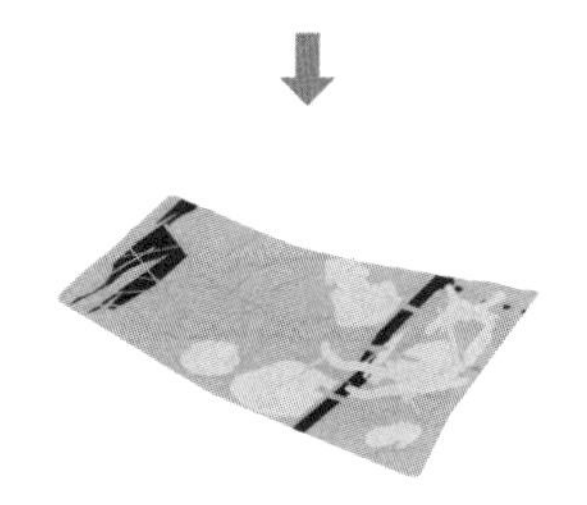

05：“在世界的任何地方都可以看到衔接和杂交。生物正被电脑力量所转变；反之亦然。人类心理的新见解改写了产品设计和市场营销的基本规则。当这些转变发生时，真正的创新正在发生，文化本身正在演变。”（克瑞斯·安德森，TED 创始人）

从白板（Tabula Rasa）到白板丛（Tabula Plexus）

- 1~50 人
- 50~100 人
- 200 人以上

日间场地使用图

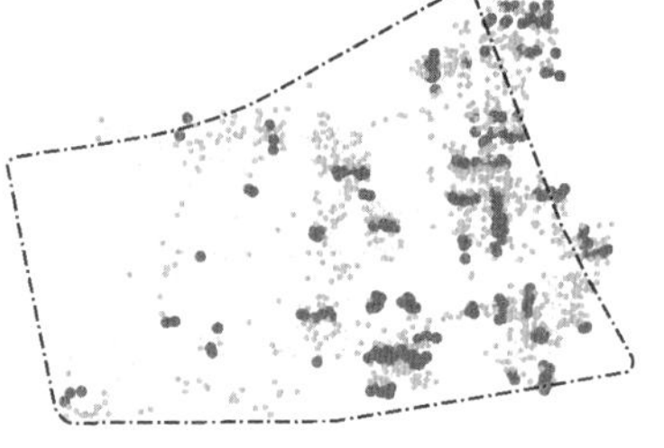

夜间场地使用图

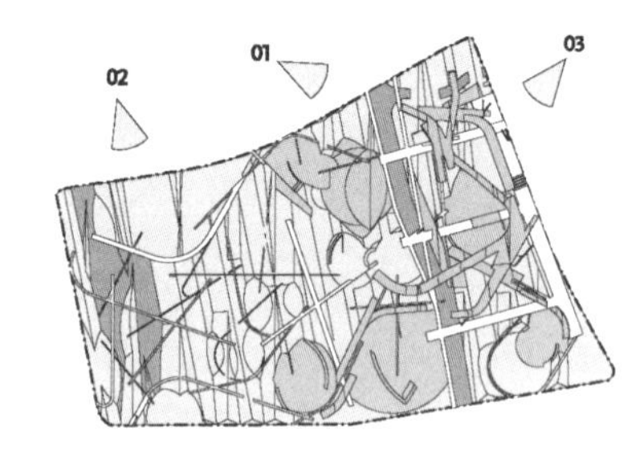

人流和密度分析图

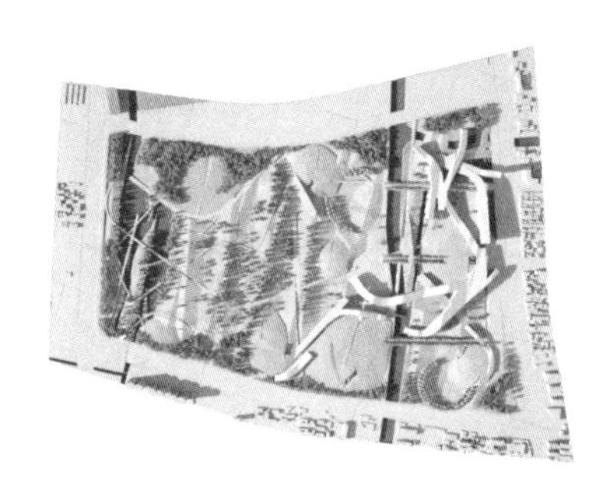

与传统的规划手法，即假设或创建一个白板作为设计出发点相反，设计师的做法则是建立一个非格网框架的复合系统，形成一个“网”——白板丛——在这个系统里各种功能交叉、混合、重叠和融合，而没有等级分别。

从复杂性中有机地产生

朝向表演艺术综合楼

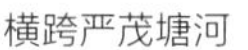

横跨严茂塘河

酒店和媒体塔楼

尽管历史城市所拥有的丰富的社会文化关系层次需要几个世纪的发展，该方案通过合并非等级的子系统提供相似的演变过程，这些子系统就是那些在浓缩的时间框架和当地尺度中产生的类似历史城市的那种复杂属性。这个过程旨在通过交织和并列的活动而产生城市演变的效果。在这里差别需要被叠加而非消除，需要被模糊化而非清晰区分。形式被搅入类型学的汞合金和多种语言的杂交，生产出一个新的建筑物种，这个物种模糊了景观和建筑、积极与消极、事件与功能之间的界线。[06] 新的空间关系产生于错综复杂的交叉处，并很明显地受到相邻和重叠关系的影响。一些实践的假设（比如，沿着规划的流线布置功能密度）回应了给定的系统，有些片段被采纳而有些则消失，结果形成了根据场地和基于使用者微观条件的设计。正式的起源则是重叠和冲突的副产品；系统相互作用而产生变化、阻力以及和其他健康的生态系统的副产品。

06：“自然界中没有对立。这朵玫瑰和那棵奥地利松树的对立物是什么？只有人类的思想引出了对立的概念。无论是个体或一类物体都没有对立面，同样，颜色、声音、材质和感觉也都没有对立物。”（沃尔特　考夫曼《无罪恶感和司法：从选择恐惧症到自主》纽约：维登出版社，1973 年，第 76 页）

将点、线、画的系统及其产生的机会合并

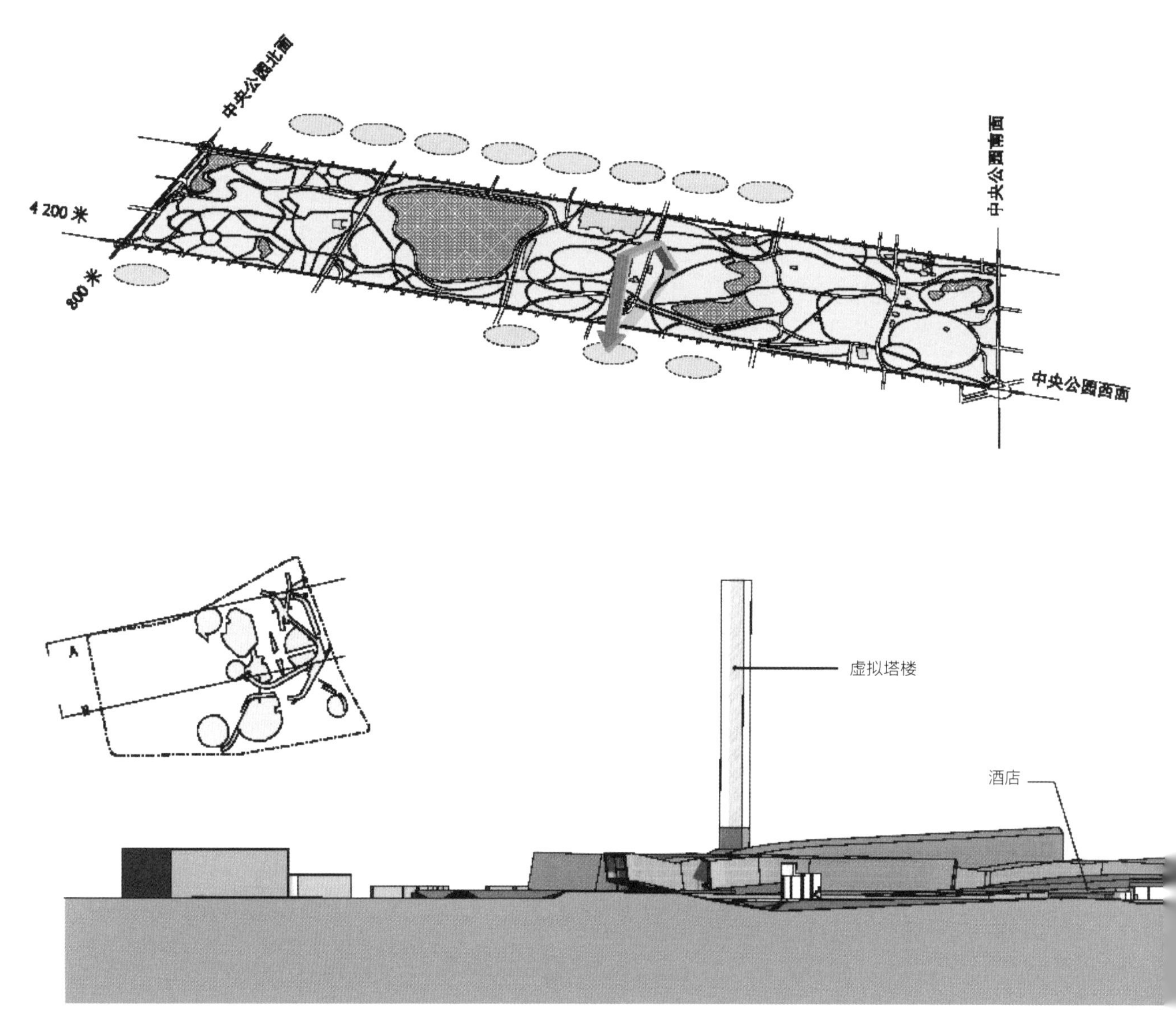

剖面图 A

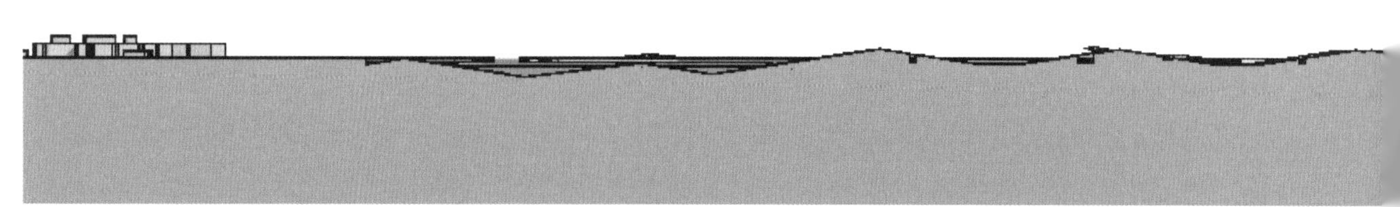
剖面图 B

激活地形而产生最大的分化：将项目集中放置在浦东文化公园（748 668 平方米）中心地带，文化机构嵌在场地边缘。景观和建筑互相叠加，使人无法区分二者的边界和起始。而一个相反的模型是中央公园（3 411 500 平方米），主要的文化和市民设施位于场地边缘，在中间只放置很少的配套设施。浦东文化公园模型的优点是在一个场地上混合多种功能和系统，可以产生多样性和更多机会。

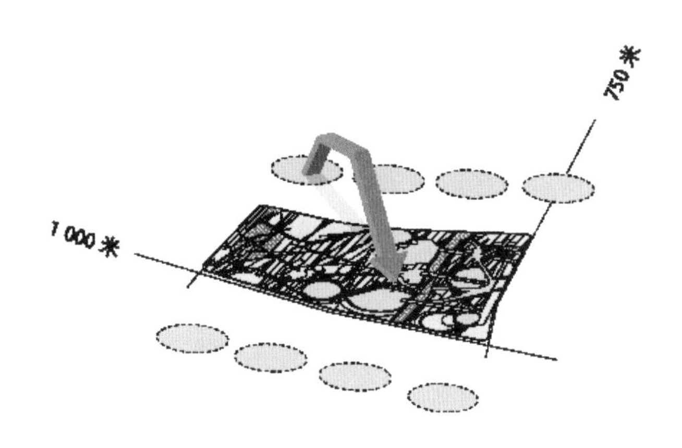

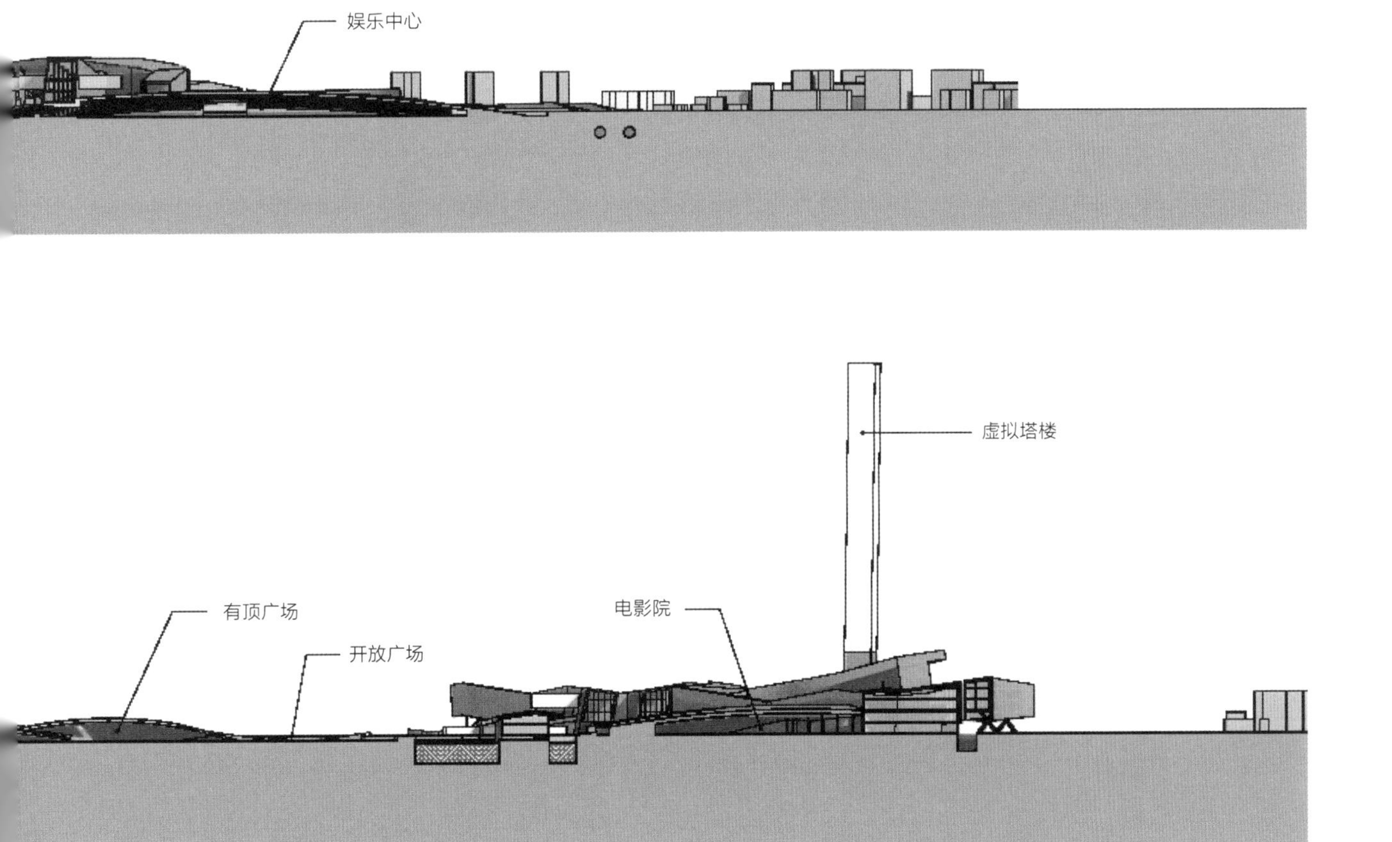

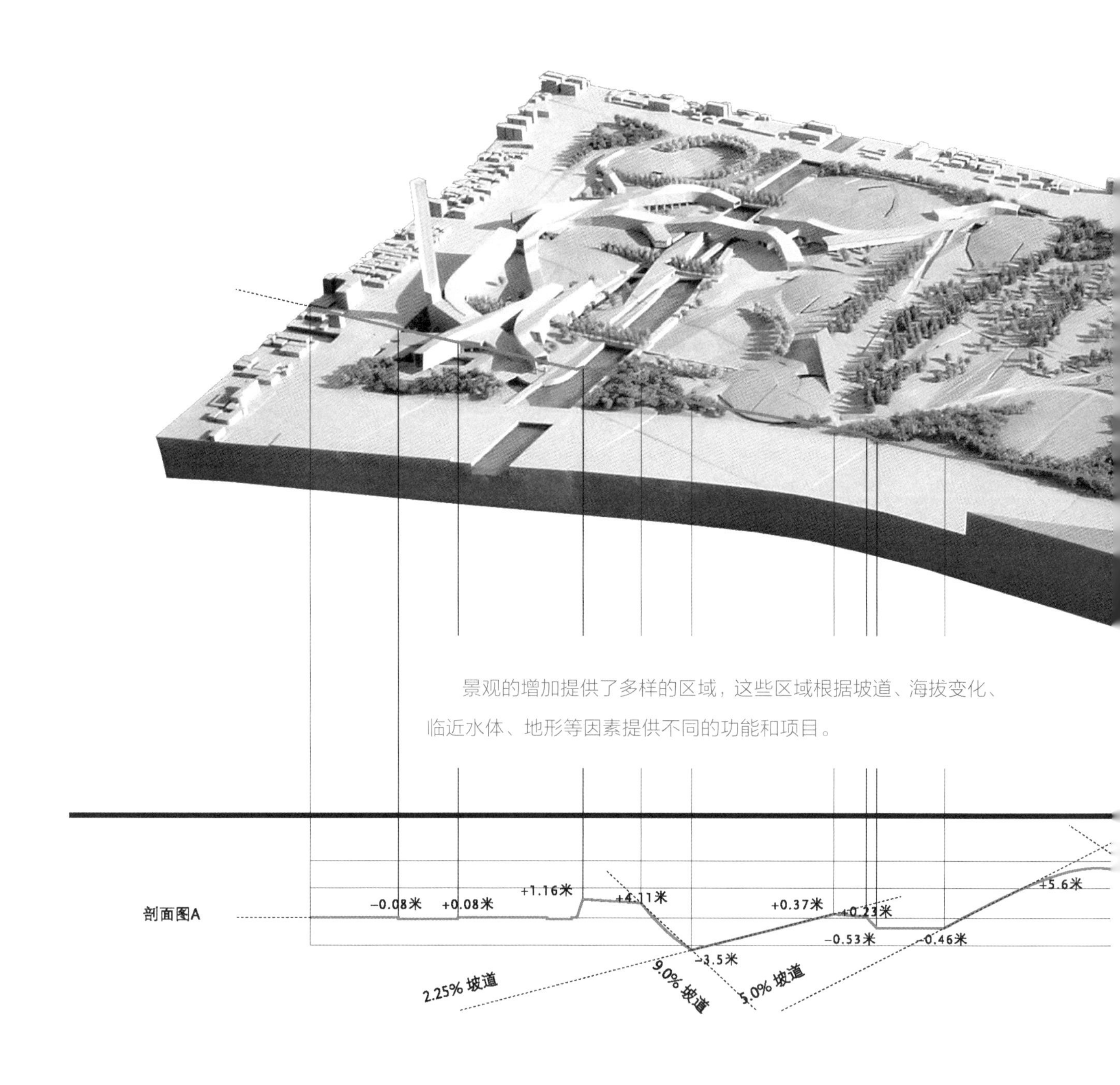

景观的增加提供了多样的区域，这些区域根据坡道、海拔变化、临近水体、地形等因素提供不同的功能和项目。

场地表面的改变形成了山脊和山谷，把场地从喧闹的城市中庇护起来。平地各种功能项目密布，包括草坪、花园、运动场、游乐场、河口区、雕塑花园；丘状区主要包括文化、商业、酒店和其他功能建筑。缠绕在丘状和平地之间的是网状结结，网格不仅把服务系统组织到场地中，也把文化建筑和景观流线编织在一起。

景观的衔接生成多样的生态

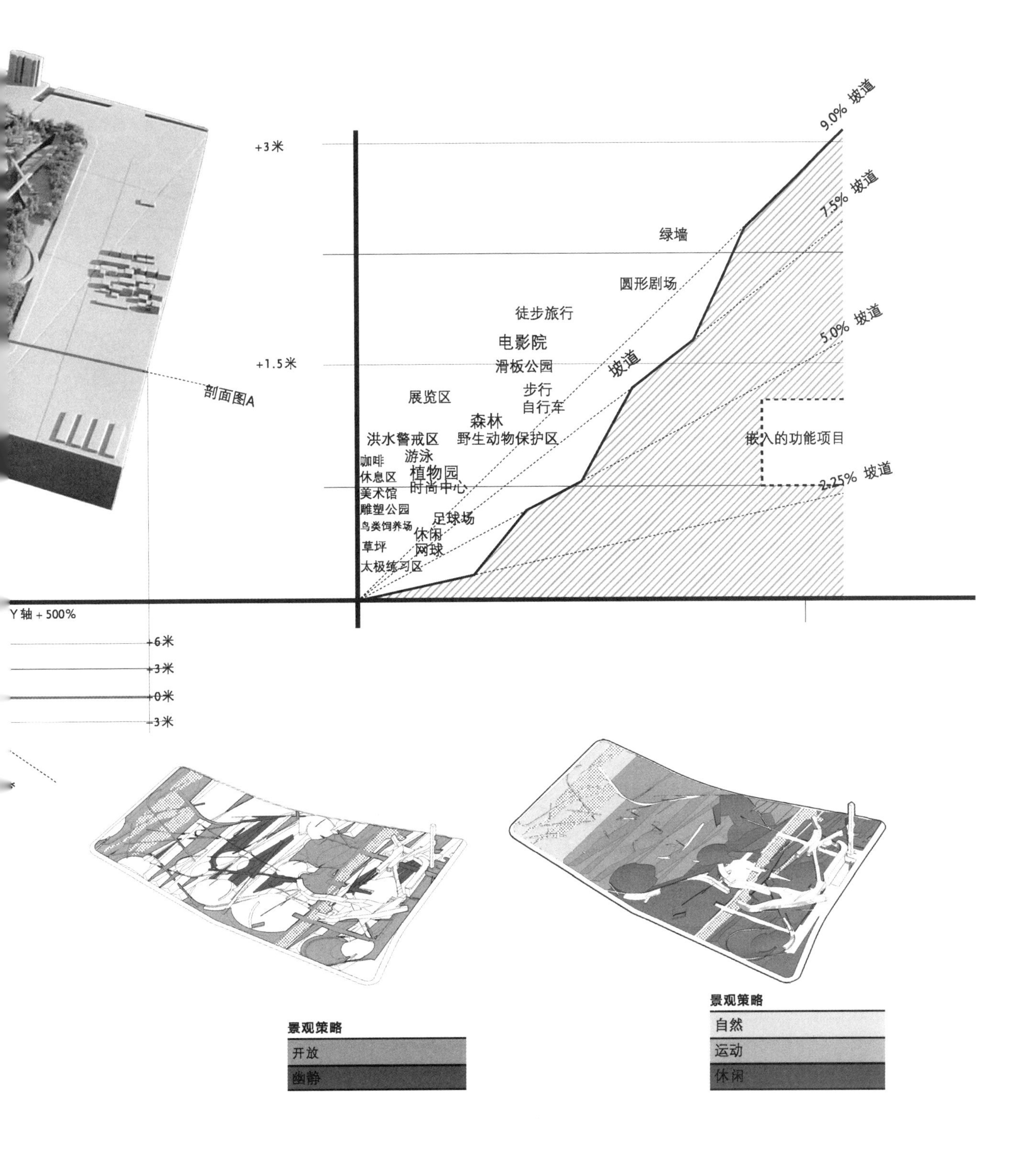

浦东的新文化形象

该方案把城市和田园、文化和娱乐、高密度和开放空间紧密联系起来，形成植根于环境的有黏合力的形态。

15 雕塑公园

27 河口公园

17 展示区

19 运河公园 / 大跑道

13 广场 / 地铁站 / 绿色顶棚

24 下沉花园

23 植物栽培园

20 大草坪

每个城市的张力（自然或人造）都有其自身的力量和活力。我们让这些现有的历史元素和动态以自身的空间和时间维度展开，在空白场地加强建设的复杂性，这种方式一般作为泛型开发的出发点。街道、广场、建筑、流线、集群和平面——一切都是生成流动性的材料。当不同的生态系统相交，某些特征出现或者消失，随着时间的推移又变得清晰。这个新的DNA有高度的可复制性，它可以投射到外部，影响周围地区的发展。

项目分布

1 河口	11 转角公园	20 大草坪
2 娱乐中心	12 电影院	21 城市公园
3 室外圆形剧场	13 轻轨站	22 儿童乐园
4 有顶广场	14 浦东现代艺术博物馆	23 植物栽培园
5 开敞广场	15 雕塑公园	24 下沉花园
6 会展中心	16 城市广场	25 太极练习台
7 时尚中心	17 展示区	26 洪水警戒区
8 地下停车入口	18 展览馆	27 河口公园
9 酒店	19 运河公园	28 野生动物保护区
10 零售		29 城市滑板公园

场地平面图

交通流线：感受公园

规划的道路、自行车道、步行道、水路以及主题步道，比如时尚步道和艺术步道，都根据现有流线系统布置，将服务和文化建筑编织到景观中，并都通过流线网络联系。

现有基础设施线路延伸至场地中，将场地和大上海地区的高速路、水路和地铁系统联系起来。从 1990 年起，浦东建设了 3 条地铁线、4 座大桥、5 条跨江隧道。另一条正在规划中的地铁线将穿过场地，两个规划的地铁站分别位于沪南路和前程路的交叉口、高科西路和锦绣路交叉口。

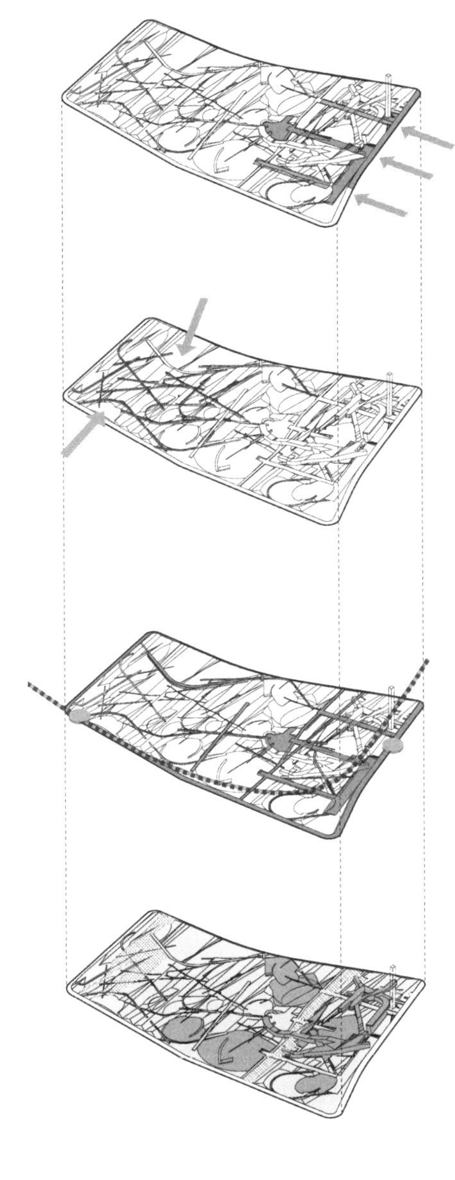

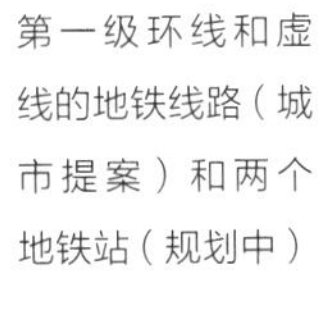

94% 开放面积

总建筑面积：350 850 平方米
总开放面积：704 500 平方米
总用地面积：748 663 平方米

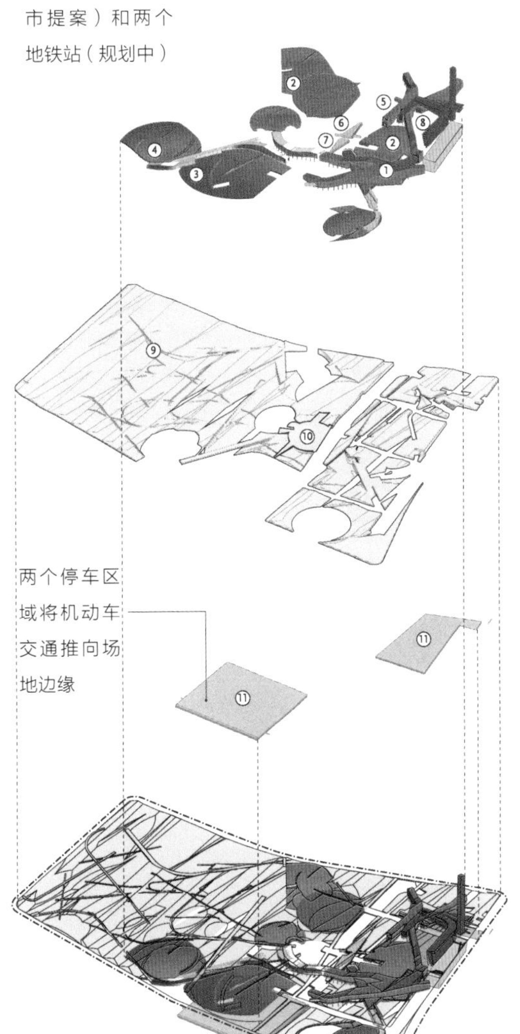

面积分布

比例	类别	面积
13.2%	**文化设施**	**139 900 平方米**
	1 艺术表演	16 900 平方米
	2 休闲	25 000 平方米
	3 时尚	42 000 平方米
	4 展览区	30 000 平方米
	5 博物馆	26 000 平方米
6.8%	**商业设施**	**71 850 平方米**
	6 商业	6 000 平方米
	7 服务业	65 850 平方米
5.9%	**酒店**	**62 000 平方米**
	8 酒店	62 000 平方米
66.8%	**绿地空间**	**704 500 平方米**
	9 公园	704 500 平方米
7.3%	**基础设施**	**77 100 平方米**
	10 广场	32 600 平方米
	11 停车场	44 500 平方米

浦东艺术表演中心

2 500 个座位

黑盒剧场

音乐厅

视频制作设备

总建筑面积：16 900 平方米

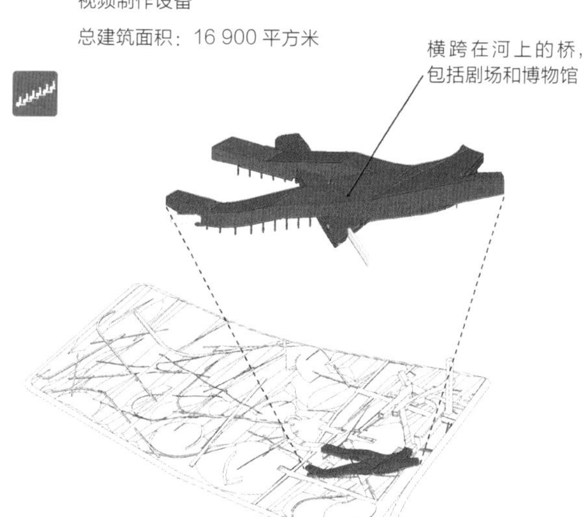

服务和商业

饭店

咖啡厅

零售

停车

总建筑面积：6 000 平方米

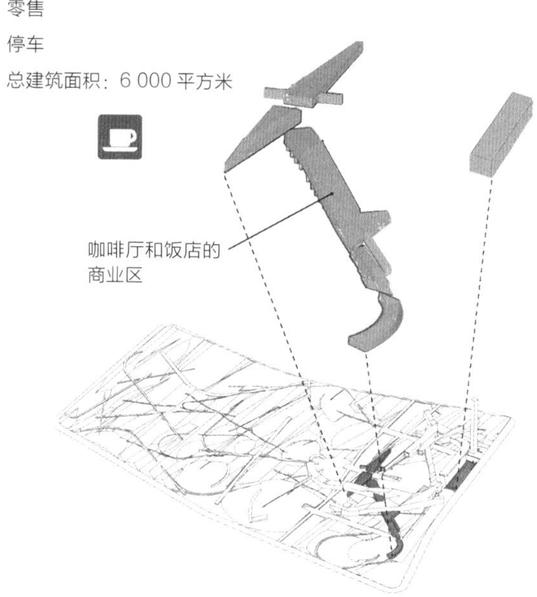

混合型功能项目

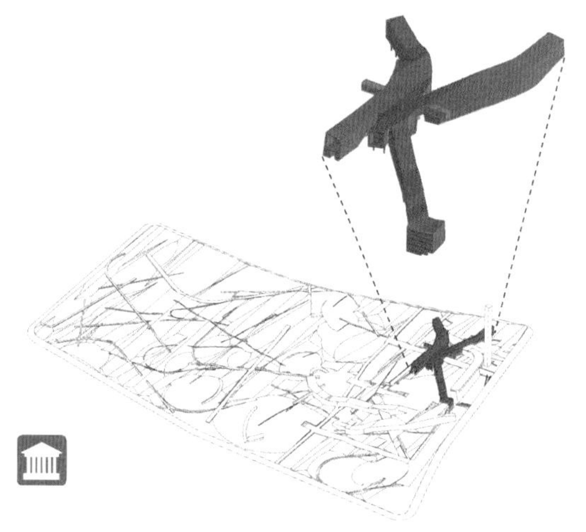

浦东现代艺术博物馆

博物馆和美术馆

教育设施

博物馆支持中心

艺术家居住和工作室

总建筑面积：26 000 平方米

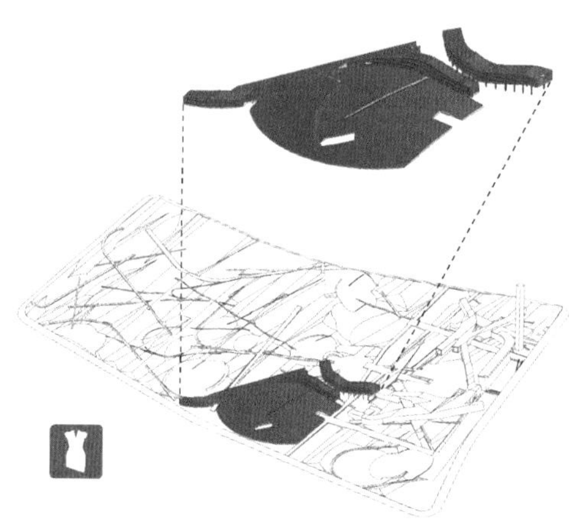

时尚区

时尚集市

设计工作室

展示区

表演区和跑道

总建筑面积：42 000 平方米

休闲活动

国际影院

浦东娱乐中心

总建筑面积：25 000 平方米

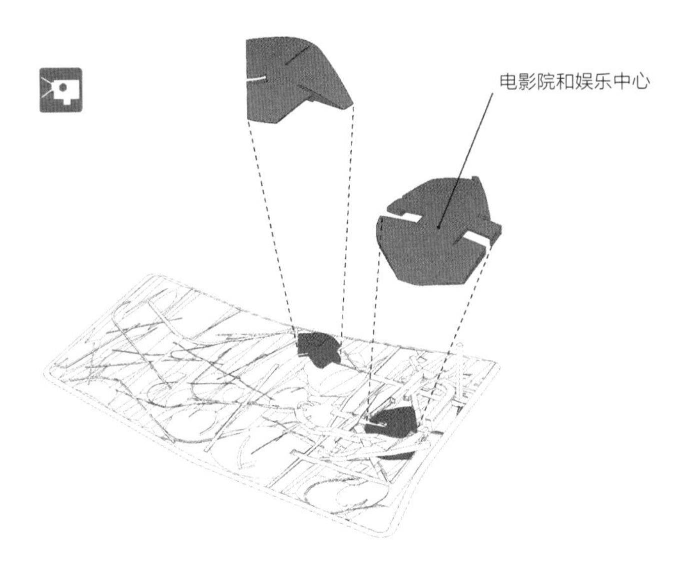

其他

酒店

聚会场所

媒体大厦

总建筑面积：62 000 平方米

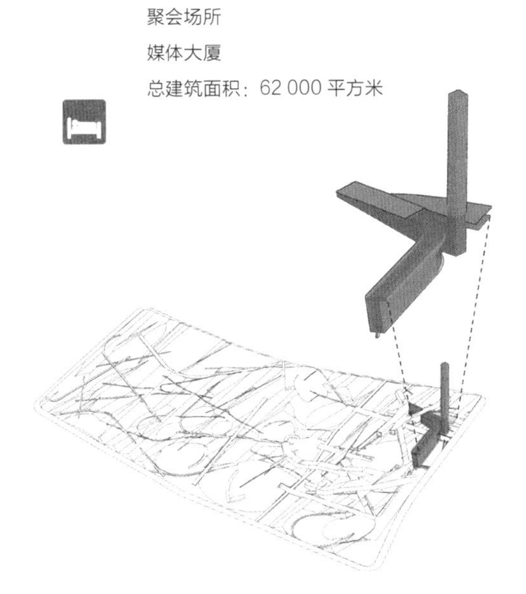

功能空间有不同的尺度和形式以适应各类活动和展览。为了平衡浦东地区文化和商业的比例，该地区首个大型文化中心配有一个艺术表演中心、现代艺术博物馆、时尚区域以及绿地空间。

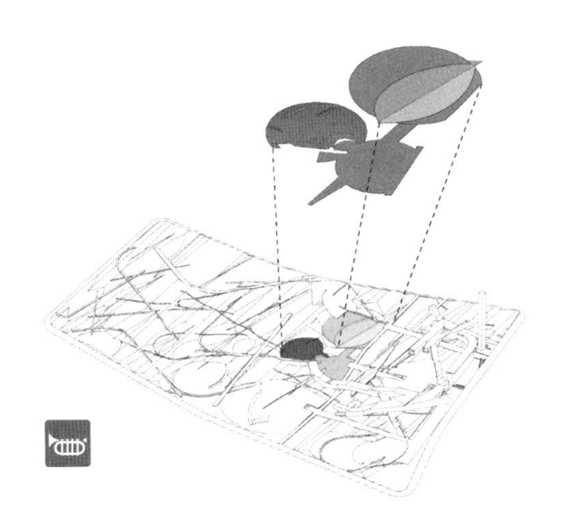

国际交流

拥有 5 000 个座位的圆形剧场

有顶广场

开放广场

展览馆

总建筑面积：32 600 平方米

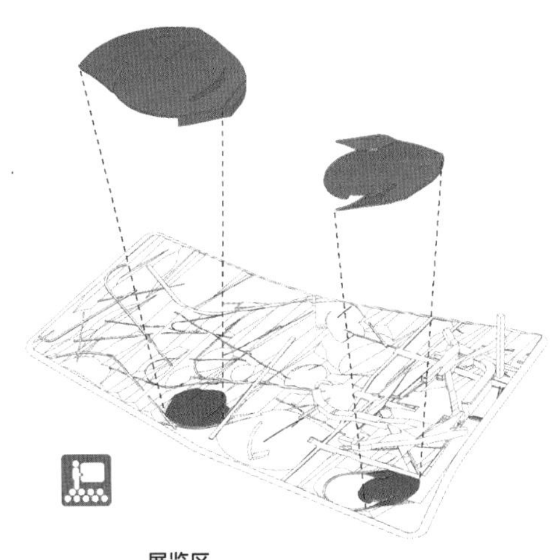

展览区

展览馆

会议馆

总建筑面积：30 000 平方米

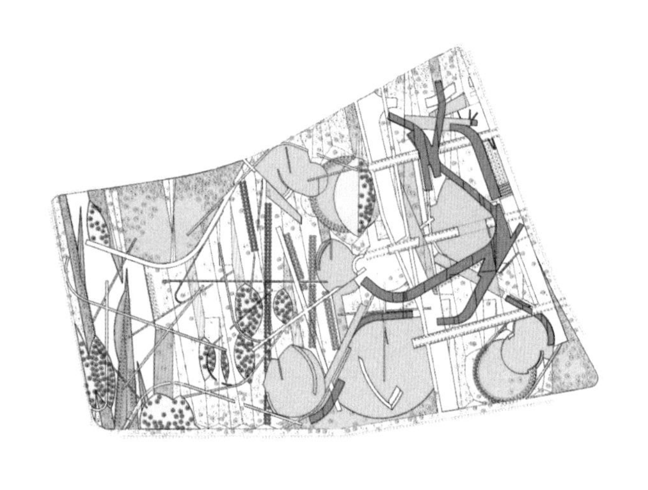

冬季景观

东坡：高草草原
西坡：矮草草地
北坡：林地野花
南坡：野生花园
草坪
河口：湿地植被
绿地屋顶：景天属植物
植被培育：花卉及地被
试验田：入侵物种
特色树种 1：银杏
特色树种 2：含羞草
培育树种
陆地常青树
混合森林
湿地树种
行道树：东方梧桐

不同季节的生态

特定种类的花草树木被精心地安排在场地内，根据高度、季节变化等因素确定位置。自然这个概念从正式演变到程序，随着昼夜、季节和年度变化。景观在初期就被纳入到设计过程，通过划分功能来调节社会互动。

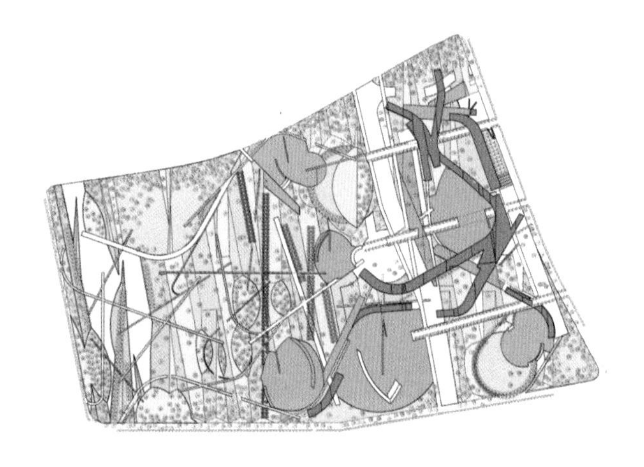

春季景观

东坡：高草草原
西坡：矮草草地
北坡：林地野花
南坡：野生花园
草坪
河口：湿地植被
绿地屋顶：景天属植物
植被培育：花卉及地被
试验田：入侵物种
特色树种 1：银杏
特色树种 2：含羞草
培育树种
陆地常青树
混合森林
湿地树种
行道树：东方梧桐

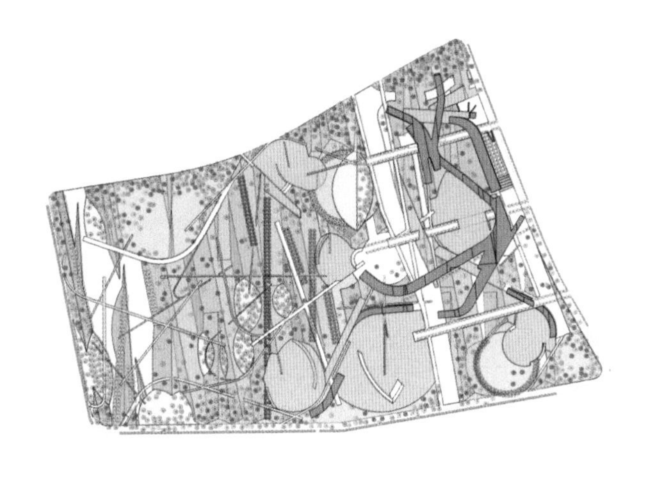

夏季景观

东坡：高草草原

西坡：矮草草地

北坡：林地野花

南坡：野生花园

草坪

河口：湿地植被

绿地屋顶：景天属植物

植被培育：花卉及地被

试验田：入侵物种

特色树种 1：银杏

特色树种 2：含羞草

培育树种

陆地常青树

混合森林

湿地树种

行道树：东方梧桐

地面层则成为了一个积极的工具，由城市环境所塑造，反过来又塑造其周围环境。通过正式的动态和战略的主动，它脱离了水平平面而形成了层次，交织成增厚的剖面，缓和现有的建筑形态，生产出更复杂和多变的空间。

该方案促进物理设计与地质、水文和生物等多尺度的互动。这个包括线、点和面的框架系统作为润滑剂可以支持生态的多样性（森林、湿地和河口等）。

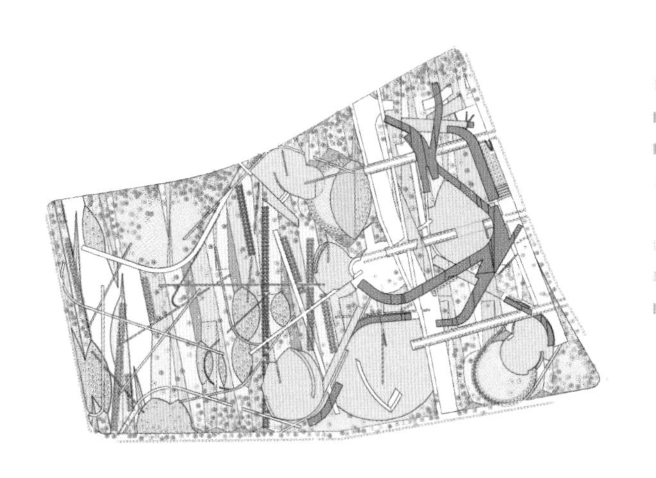

秋季景观

东坡：高草草原

西坡：矮草草地

北坡：林地野花

南坡：野生花园

草坪

河口：湿地植被

绿地屋顶：景天属植物

植被培育：花卉及地被

试验田：入侵物种

特色树种 1：银杏

特色树种 2：含羞草

培育树种

陆地常青树

混合森林

湿地树种

行道树：东方梧桐

结论

浦东文化公园　　中国，上海　　2003 年

为了实现城市的复杂性，该设计并没有使用复杂元素，而是通过简单元素促成复杂的互动。通过这个简单过程，浦东文化公园充满了多种感知体验，从正式的广场到亲密的河口花园，所有这些结合起来形成了复杂的秩序，可以带动周边地区的发展并作为未来发展的原型。

致 谢
Acknowledgements

近四十年前（1972 年），当墨菲西斯事务所成立的时候，我的初衷是创造一种开放、灵活、有弹性的合作惯例，使我们可以根据每个独特的项目量身打造新的设计团队。本书收录的项目就是这种追求的体现，具有综合性和跨学科性。项目不仅出自我的工作室也包括其他外部资源：有的来自我参加过的专业合作竞赛，有的来自我和加州大学洛杉矶分校及其他学校学生的合作，还有的来自我职业生涯中与各界朋友密切的学术交流，同时也来自与全世界各种机构的合作。

我首先需要感谢的是我以前的学生 Stephanie Rigolot，她是我的工作室过去三年的主要合作者，为工作室做出了很重要的贡献。她从一开始就辅助负责这个项目，就像一个真正的编辑。通过持久和耐心的倾听、细心的研究、策略上的质疑，她把我零碎的想法和草稿翻译并整合成连贯而清晰的文字。她准确运用文字和优美语言的天赋只是文章生动的一部分；她还能够深入挖掘我通过绘图或语言表达的想法，并将每个项目解释得清晰明了。我向她的精神致敬，是她的精神支持她和我一起完成把脑中的想法转化成文字这个复杂的过程。

我还要把我的感谢献给 Eui-Sung Yi，他对理清这本书的初期概念框架提供了极为宝贵的帮助。也要感谢 Penny Herscovitch，她是一位值得信赖的合作者，为我的工作室的众多研究项目和发表作品付出了巨大的努力，同时也要感谢她为本书提供的大量研究、写作和编辑工作。

本书收录的作品代表了在过去的十几年时间由墨菲西斯事务所的专业团队完成的城市设计项目。这个专业设计团队包括：Chandler Ahrens, Andrew Bat Csorba, Natalia Traverso Caruana, Tim Christ, Mario Cipresso, Ben Damron, Simon Demeuse, Martin Doscher, Graham Ferrier, Paul Gonzales, Ed Hatcher, Ted Kane, Hunter Knight, Silvia Kuhle, Ungjoo ScottLee, Marta Male, Andrea Manning, Rolando Mendoza, Jean Oei, Brian O' Laughlin, Nadine Quirmbach, Josh Sprinkling, Legier Stahl, Martin Summers, Alexander Tamm-Seitz, Patrick Tighe, Rose Mendez, Christopher Warren, Brandon Welling, 以及 George Yu。

对我们事务所有重要贡献的一个人是 Anne Marie Burke，她在本书出版过程中担任设计者、作者和出版商之间的联络人。她注重细节和精确性的眼力贯穿整本书的每一页。本书最后一次修订，从材料的编纂到贯通，则归功于设计师 Willem Henri Lucas。他在乏味的复杂主题和诗意的概念、追求和美感之间创造了一个美妙的平衡。

很多意外的运气使这本书最终得以出版。很多人都是带着项目来找我：有些是潜在的客户，有些是同行寻找竞赛团队合伙人，有些是我过去任教学校的同事。最早奠定本书雏形的重要人物是 Richard Koshalek，他早在 2000 年就找到我，希望在加州大学洛杉矶分校（UCLA）和设计学院艺术中心（Art Center College of Design）之间建立合作，并挑战洛杉矶传统的城市设计理念和方法。他的想法是创造一个对话，可以提出新的政策和创意理念，最终对城市中的旧难题提出政策上的新解决方案。这个建议促成了双方学校教师和学生的通力合作，发表了四期《洛杉矶现状》。如果没有以下这些人的支持，这个非同寻常的合作过程是不可能实现的，我要感谢他们：Sylvia Lavin（建筑和城市设计系主任），Juliana Morais（第一、二期的项目负责人），以及 Eui-Sung Yi（第三、四期的项目负责人），所有加州大学洛杉矶分校的同仁，Richard Koshalek, Dana Hutt 以及艺术中心的工作人员。

在《洛杉矶现状》出版不久，我被邀请在加州大学洛杉矶分校和马德里欧洲大学的学生之间建立类似的合作，研究马德里城市发展区域中类似的规划问题。Eui-Sung Yi 作为我学术上的左膀右臂辅助了所有的合作过程，他担任了工作室日常工作的主要责任。他的努力、奉献、认真以及帮助给予学生完成涉猎范围广泛而复杂的城市项目的信心。在《洛杉矶现状》的第三、四期，以及《马德里现状》这本书中可以看到他的作品。我要再次感谢

Sylvia Lavin，她对西班牙合作计划的支持对促成这个项目有不可估量的贡献。Beatriz Matos，马德里欧洲大学的教授，也同样坚定地促成这个合作项目，并资助学生到洛杉矶来学习洛杉矶项目的经验。从一个实践的角度，《洛杉矶现状》和《马德里现状》预示着墨菲西斯事务所的一个重要转折。我们工作的关注点从具体的建筑实体设计转移到更加策略性和侧重基础设施的设计手法上。

接下来的项目受到《洛杉矶现状》项目的影响并延续了这个方向。有三个方案都是被同行邀请一起参加的竞赛。我要感谢 James Corne（洛杉矶州立历史公园）、Gerdo Aquino（浦东文化公园），以及 George Hargreaves（东达令港）邀请我加入到他们的项目。每个设计师及他们优秀的团队在概念形成、项目创造性的合作过程和决策中都发挥了同等重要的作用。每个人都有独到的思考轨迹、出发点或关注点，使整个过程更加丰富多样，最终得到富有成效的概念性交流和结果。

我还要深深地感谢那些帮助我们定期审阅文字并提出建议的人。Richard Weinstein 作为审稿人从项目开始就参与其中，他敏锐地分析每个案例的论点和整本书的内容，并把握概念的连贯性，为很多项目提供了宝贵的经验和贡献。我要感谢 Lebbeus Woods，一个值得信赖的朋友、导师、同事和评论家，他富有洞察力的编辑和优美的文字成就了最终稿。我也要感谢在编辑过程中提出宝贵意见的其他朋友们。我要感谢 Stan Allen 对概念的敏锐判断，Bill Fain 对一些实际问题的关心和坚持，Alexander Garvin 对项目的可行性以及政治现实敏锐的观察和见解，John Kaliski 在设计项目中坚持人性尺度以及被感知层面设计而并非只停留在概念层面，Lars Lerup 对这个项目不懈的支持并鼓励我加入自己的声音，Paul Nakazawa 可以实现把问题在全球和本土尺度之间不断地切换，Albert Pope 严厉苛刻的批判，以及他对我的想法理解的广度，最后还有 Michael Sorkin 坚持加入政治因素以及他的反讽意味。

我和工作室的众多同事一起工作了很多年，我要对他们每个人表示衷心的感谢，同时我也非常感激那些在过去三十年中和我进行专业探讨、默默支持我的智者们。他们是 Jeffrey Kipnis、Eric Moss、Steven Holl、Wolf Prix，以及 Peter Cook。他们每个人都在我的事业发展中起到了举足轻重的作用，在每月、有时候每周一次的交流中，我们建立了信任和亲密的关系，这使我们能够自由地交流想法和信息，并相互鼓励支持。

我要感谢 Blythe Alison-Mayne 女士，她不懈地耐心包容我思考过程中的即兴、随意，以及宽容我情绪和精力的波动起伏。她能够让我的工作更有条理并把我从混乱中拉回来，挑战我，强迫我连贯思考，质疑我，让我集中注意力，她不知疲倦地把我们的工作和生活都安排得井井有条。她用感情和智慧指导我，毫不动摇地支持我继续冒险。她是我两个儿子的母亲。如果不是这三十年来我们两人相濡以沫的生活，我不可能了解我自己。

本书中文版承蒙书艺（香港）出版社（Shuyi Publishing）朱明晖小姐（Andrea Mingfai Chu）的鼎力支持，是她意识到该书对中国读者的价值，并不辞辛苦地主持了该书的翻译和出版。

我也非常感谢同济大学设计和创意学院的丁峻峰老师，他组织了三位建筑师朋友在繁忙的工作之余完成了本书的中文翻译工作。

我还想感谢我的朋友南加州大学建筑学院院长马清运先生，他慷慨的帮助使本书得以在中国出版。

最后，还要感谢卜冰先生在百忙中为此书做了审阅工作。

汤姆 · 梅恩 /Thom Mayne